麻类所所部全景

麻类所长沙创新试验基地

麻类所沅江石矶湖综合试验基地

中国农业科学院南方经济作物研究中心大楼

2009年9月27日，中国农业科学院党组书记薛亮（右一）到麻类所视察工作

2010年12月19日，中国农业科学院翟虎渠院长（右二）到麻类所指导工作

2012年5月，湖南省委常委、长沙市委书记陈润儿（左二）视察麻类所

2013年10月23日，湖南省人民政府张硕辅副省长（前左）到麻类所调研

2014年9月，中国农业科学院李家洋院长（左三）到麻类所指导工作

2014年11月，中国工程院副院长刘旭（前右四）到麻类所视察工作

2015年4月，农业部种植业管理司曾衍德司长（左三）、中国农业科学院原副院长雷茂良（左五）等一行到麻类所指导工作

2016年7月4日，中国农业科学院党组书记陈萌山（中）到麻类所指导工作

2016年11月22日，农业部党组成员、中国农业科学院院长唐华俊（前右三），中国农业科学院副院长王汉中（前右二），中国工程院院士官春云（前左三）来所指导工作

2017年6月27日，农业部党组成员、办公厅主任叶贞琴（左三），中国农业科学院党组成员、副院长李金祥（左五）到麻类所调研

2008年11月8日，召开庆祝麻类所成立50周年庆典大会

2009年2月5日，国家麻类产业技术体系建设启动大会在北京召开

2010年9月19日，麻类所举办中国农业科学院麻类酶制剂中试车间启动仪式，图为新落成的酶制剂中试车间

2011年2月26日，湖南省人民政府副省长徐明华（前右二）出席“中国农业科学院南方经济作物研究中心”启动仪式

2014年5月，召开学科与团队建设座谈会

2014年6月，麻类所与江西井竹实业有限公司签订专利转让协议

2014年12月，麻类所与德人牧业在湖南省常德市共建麻改饲试验基地和院士专家工作站

2015年，对机构和人员进行优化调整，图为中层干部竞聘上岗动员大会

2015年1月27日，麻类所陈万权所长与中国农业科学院李家洋院长签订创新工程绩效任务书

2016年4月，与湖南省花垣县签订科技合作协议，以科技合作助力“精准扶贫”

2016年12月，麻类所与美国健康实业有限公司签订战略合作协议

2017年6月，麻类所与汉麻投资集团签订战略合作协议

2017年12月，首次成立麻类所工会，麻类所第一届工会代表合影

2008年5月，麻类所主持研究的“优质高产苎麻新品种中苎1号的选育与推广”获中国农业科学院科学技术成果奖一等奖。图为中苎一号

2009年，“主要麻类作物专用品种选育与推广应用”获中华农业科技奖一等奖。图为中饲苎1号

2009年，“中国农作物种质资源本底多样性和技术指标体系及应用”获国家科技进步奖二等奖。麻类所为参加单位，图为部分获奖成果

中红麻10号

中红麻11号

中红麻12号

中杂红305号

2009年，“高产优质多抗中红麻系列新品种（中红麻10号、中红麻11号、中红麻12号、中杂红305）的选育和推广”获中国农业科学院科学技术成果奖二等奖

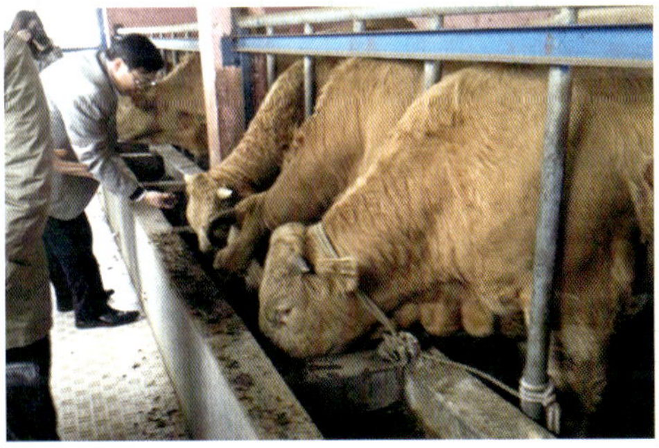

2014年2月，“苎麻饲料化与多用途研究和应用”获湖南省科技进步奖一等奖

2014年，“苎麻剥麻机的研制与应用”获湖南省科学技术进步奖三等奖。图为剥麻机推广应用样机

2015年，“一种环保型麻地膜的制造工艺及用其制备的麻地膜”获中国专利优秀奖。图为麻地膜覆盖栽培试验现场

2015年9月，“苎麻与肉鹅种养结合研究和应用”获中国农业科学院青年科技创新奖。图为肉鹅采食苎麻

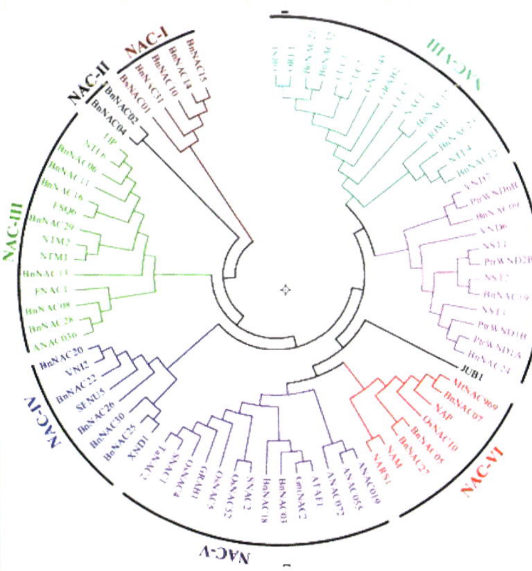

基于转录组挖掘的苎麻NAC家族序列进化分析

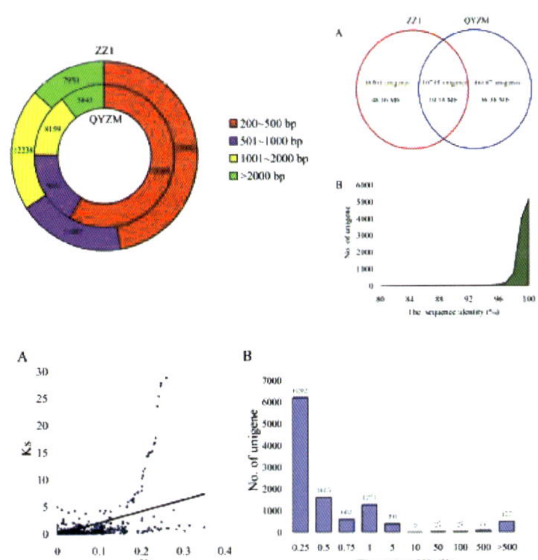

野生和栽培种苎麻的比较转录组研究

2016年，“苎麻转录组研究”获湖南省自然科学奖三等奖

2016年，“育苗基布及其制造方法”获中国专利优秀奖

2016年，“高效节能清洁型麻类工厂化生物脱胶技术”获中国农业科学院杰出科技创新奖。图为科研人员正在进行生物脱胶实验

2017年，中萝1号、中萝2号等高山萝卜品种成为萝卜主产区主栽品种，图为中萝1号在贵州威宁示范推广现场

“麻改饲”研究实现产研结合，推动南方草食畜牧业发展。图为常德德人牧业“麻改饲”推广示范基地的奶牛养殖现场

2010年10月29日，麻类所承办联合国工发组织红麻项目第二次协调会暨学术研讨会

2011年6月15日，麻类所承办中欧麻类作物可持续发展和多用途开发研讨会暨2011年欧盟第七框架计划招标宣讲会

2014年9月5日，联合国粮食及农业组织（FAO）助理总干事王韧博士等一行3人访问麻类所

2015年2月，麻类所与马来西亚共建红麻联合育种试验站

2015年5月，麻类所与加拿大麦克马斯特大学共建中加植物病原菌分子生态学联合实验室

2015年7月27—28日，由麻类所承办的2015年中欧麻类生物质材料可持续发展研究（FIBRA）项目对接会在北京举行

2015年8月，麻类所与韩国忠南国立大学建立中韩蔬菜分子育种联合实验室

2015年12月，麻类所与波兰弗罗茨瓦夫大学共建中波麻类分子生物学联合实验室

2016年1月，李德芳研究员等3人赴马来西亚签定中马红麻育种基地协议

2016年6月，王玉富研究员赴德国参加第十三届欧洲工业大麻协会的国际研讨会并作大会报告

2016年10月，麻类所与波兰天然纤维及药用植物研究所、粮农组织欧洲亚麻及其他韧皮纤维植物合作研究组织签订中波麻类科技合作框架协议

中国农业科学院
麻类研究所所志
2008—2017

中国农业科学院麻类研究所 编

IBFC

中国农业科学技术出版社

图书在版编目（CIP）数据

中国农业科学院麻类研究所所志. 2008—2017/中国农业科学院麻类研究所编. —北京：中国农业科学技术出版社，2018. 9
ISBN 978-7-5116-3615-7

Ⅰ. ①中…　Ⅱ. ①中…　Ⅲ. ①中国农业科学院—麻类作物—研究所—概况—2008—2017　Ⅳ. ①S563-242

中国版本图书馆 CIP 数据核字（2018）第 083551 号

责任编辑　史咏竹
责任校对　李向荣

出 版 者　中国农业科学技术出版社
北京市中关村南大街 12 号　邮编：100081
电　　话　（010）82105169（编辑室）（010）82109702（发行部）
（010）82109709（读者服务部）
传　　真　（010）82106626
网　　址　http://www.castp.cn
经 销 者　各地新华书店
印 刷 者　北京地大天成印务有限公司
开　　本　787 mm×1 092mm　1/16
印　　张　25.5　　**彩插**　24 面
字　　数　621 千字
版　　次　2018 年 9 月第 1 版　2018 年 9 月第 1 次印刷
定　　价　128.00 元

编纂委员会

参加编写人员	（以姓氏笔画为序）				
马　兰	王玉富	王真栋	文庆华	尹志成	龙正武
龙松华	龙超海	占　莎	叶春玲	吕　拓	朱四元
朱作华	朱爱国	刘　珊	刘　娟	刘头明	刘佳杰
汤清明	许　英	孙进昌	李建军	李德芳	杨　辉
肖爱平	余永廷	张瑞香	陈　平	陈　权	陈安国
陈建华	陈继康	陈基权	易永健	郑　科	赵立宁
胡镇修	段盛文	侯文新	栾明宝	高春生	郭　媛
唐　超	唐　蜻	唐守伟	黄思齐	梅时勇	龚友才
彭源德	蒋群策	粟建光	喻春明	程超华	童华兵
谢纯良	廖勇凤	谭志坚	戴志刚	戴求仲	

终　审	陈万权　邱化蛟　臧巩固　吕江南　王朝云　李德芳
摄绘 编排 说明	孙进昌　廖勇凤
责任校对	孙进昌　熊谷良

序言

甲子轮回，盛世修志。在举国上下深入学习贯彻党的十九大精神、隆重庆祝我国改革开放40周年之际，中国农业科学院麻类研究所也迎来了她60周岁生日。值此建所60周年前夕，我们组织续编了《中国农业科学院麻类研究所所志（2008—2017）》，作为所庆的献礼。

麻类所作为我国唯一的专业从事麻类科学研究的国家级公益性农业科研机构，60年来，历经风雨坎坷，跨越苦闷彷徨，战胜艰难险阻，承受了产业冲击的严峻考验，不仅守住了麻类科学阵地，搭建了一批国家级平台，培养了一批高端人才，支撑了麻类产业发展，保持了麻类学科的完整性、系统性和传承性，而且在学科深化和拓展方面进行了不懈的探索，取得若干重要研究成果，为我国麻类产业发展和研究领域的拓展做出了应有的贡献。麻类研究所60年的成长历程，彰显了新中国麻类科技事业发展的坎坷轨迹。

一个甲子的沧桑巨变，60年风雨兼程。10年，是麻类所一个短暂的发展阶段；60年，是麻类所从诞生到成长的一个历程。然而，在历史的长河中，只不过是弹指一挥间，麻类所的未来任重而道远。以镜为鉴，可正衣冠；以史为鉴，可知兴衰。在建所60周年之际，我们奉献出近10年历程的所志，记录了10年来我们走过的历程，总结了成功的经验和失败的教训，既是我们麻类所人承前启后、继往开来的精神财富，也是经过60年的发展不断选择、不断优化、稳定遗传的"麻类所基因"。

《中国农业科学院麻类研究所所志（2008—2017）》，肩负着对过去10年进行真实记录的重要使命，纵述历史，横陈现实，全面回顾了麻类所以人为本、以研为本的各项事业的兴衰起伏和变化动态。10年的时间跨度，数百人孜孜不倦的奋斗历程，被浓缩在这字里行间。通过她，读者将对麻类研究所有一个深度的感知；通过她，我们可以总结成绩，汲取经验，扬长避短，充分认识并发挥自身的特色和优势；通过她，我们可以鉴往知新，探究麻类作物等南方经济作物科学研究演变趋势，构思未来发展战略与方向。

盛世修志，志以存史。《中国农业科学院麻类研究所所志（2008—2017)》所彰显的历史积淀和文化底蕴，将激励麻类所的今人和来者，以“三个面向，两个一流，一个整体跃升”为目标，不断开拓创新，创造出无愧于前人的更加辉煌的业绩。

由于时间和水平有限，错误和遗漏在所难免，敬请读者批评指正。

中国农业科学院麻类研究所所长：陈万权

2018年10月18日

凡例

一、本志的编纂，坚持实事求是的思想路线，以“改革、发展、稳定”为主线，记述上要“强化宏观，突出特点，展现优势”。

二、本志的记述上限为 2008 年，下限为 2017 年，对一些特定事物或内容因首次入志，为保证事物自身的完整性，记述上限略有突破。

三、本志继续运用述、记、志、传、图、表、录 7 种体裁，采用篇章节与条目相结合的结构形式。

四、本志的篇目设计以体现中国农业科学院麻类研究所 10 年改革为主体，采取大篇体式，横分门类，纵述史实，注意继承与创新的结合。

五、坚持人物生不立传的原则，人物通过以事系人的方式记入相关内容。

六、本志中使用的有关数字，原则以档案记载为准，档案未做统计的，按各部门的统计实录。

七、入志资料以档案、文献、实物、声像资料为主，口碑资料为辅。入志资料除引用原文的，一般不注明出处。

八、本志的语体、纪年、称谓、计量的使用，遵循国家有关行文规定。

九、本志由各承编人员分工分头编写。

十、《中国农业科学院麻类研究所所志（1998—2007）》中由于客观原因未能记入的内容在本志相关章节内酌情补入并作适当追溯。

目录

第一篇　概　述

第一章　发展历程 …………………………………………………… 3
　第一节　基本情况………………………………………………… 3
　第二节　科研概况………………………………………………… 5
　第三节　人才队伍建设…………………………………………… 7
　第四节　成果转化………………………………………………… 8
　第五节　条件建设………………………………………………… 8

第二章　机构设置与运行 ………………………………………… 11
　第一节　组织机构沿革 ………………………………………… 11
　第二节　组织机构决策 ………………………………………… 15
　第三节　组织机构运行 ………………………………………… 20
　第四节　职工队伍建设 ………………………………………… 28

第二篇　科学研究

第三章　综　述 …………………………………………………… 43
　第一节　基础研究 ……………………………………………… 43
　第二节　重要研究进展 ………………………………………… 44

第四章　南方经济作物种质资源研究…………………………… 48
　第一节　麻类作物种质资源研究 ……………………………… 48
　第二节　特色蔬菜种质资源研究 ……………………………… 55
　第三节　南方饲料作物种质资源研究 ………………………… 57
　第四节　其他作物种质资源研究 ……………………………… 59

第五章　南方经济作物遗传育种研究 …… 62
第一节　麻类作物遗传育种研究 …… 62
第二节　特色蔬菜育种研究 …… 64
第三节　全国麻类作物品种试验 …… 64
第四节　苎麻属无融合生殖研究 …… 66

第六章　南方经济作物栽培与收获技术研究 …… 67
第一节　麻类作物栽培研究 …… 67
第二节　南方经济作物栽培研究 …… 69
第三节　重金属污染耕地修复 …… 69
第四节　麻类作物生产机械研究 …… 70
第五节　南方经济作物生产机具研究 …… 72

第七章　农产品生物加工综合利用研究 …… 74
第一节　麻类脱胶技术研究 …… 74
第二节　综合利用技术研究 …… 76
第三节　特色蔬菜加工技术研究 …… 77
第四节　麻纤维产品与加工技术 …… 78

第八章　南方经济作物有害生物防控研究 …… 80
第一节　麻类作物病虫害研究 …… 80
第二节　南方经济作物有害生物防治研究 …… 81

第九章　农产品质量安全与检验检测 …… 83
第一节　检验检测技术服务 …… 83
第二节　检验检测技术研究进展 …… 83

第三篇　成果转化

第十章　科技兴农 …… 89
第一节　科技下乡与技术培训 …… 89
第二节　技术咨询 …… 92
第三节　技术服务 …… 95

第十一章 知识产权与成果推广转化 …… 99
第一节 知识产权管理 …… 99
第二节 新品种/新技术推广 …… 100
第三节 技术转让 …… 102

第十二章 试验基地管理 …… 109
第一节 产权试验基地 …… 109
第二节 租赁试验基地 …… 110
第三节 共建试验基地 …… 110
第四节 拟建试验基地 …… 111

第十三章 企业管理 …… 112
第一节 企业概况 …… 112
第二节 重大活动 …… 112
第三节 经营与管理 …… 115

第四篇 管理与服务

第十四章 科研管理 …… 119
第一节 科研规划 …… 119
第二节 项目管理 …… 127
第三节 科研经费管理 …… 130
第四节 成果管理 …… 132
第五节 科技平台管理 …… 212
第六节 研究生管理 …… 220
第七节 国际合作与交流 …… 226
第八节 学术组织与专业刊物 …… 238
第九节 中国农业科学院科技创新工程实施 …… 243
第十节 国家麻类产业技术体系建设 …… 252

第十五章 行政管理 …… 265
第一节 运行机制的改革 …… 265
第二节 回归公益性事业单位的探索 …… 269

第三节　文秘与档案工作…………………………………………… 276
第四节　安全生产与综合治理……………………………………… 279
第五节　科技传播………………………………………………… 283
第六节　信息化建设……………………………………………… 286

第十六章　党建和精神文明建设………………………………… 289
第一节　所党委会………………………………………………… 289
第二节　所纪委会………………………………………………… 294
第三节　群团组织………………………………………………… 294
第四节　民主党派………………………………………………… 297
第五节　精神文明建设…………………………………………… 298

第十七章　人力资源管理 ………………………………………… 300
第一节　人才建设与职工培训……………………………………… 300
第二节　劳动工资与社会保障……………………………………… 310
第三节　离退休工作……………………………………………… 316

第十八章　财务管理 ……………………………………………… 317
第一节　部门预算管理…………………………………………… 317
第二节　部门预算项目管理………………………………………… 319
第三节　国库支付管理…………………………………………… 319
第四节　国有资产管理及政府采购………………………………… 323
第五节　会计管理………………………………………………… 329
第六节　部门决算管理…………………………………………… 331

第十九章　条件建设 ……………………………………………… 333
第一节　基本建设………………………………………………… 333
第二节　修缮购置………………………………………………… 337
第三节　基建项目和修缮项目仪器设备…………………………… 340

第二十章　物业管理 ……………………………………………… 350
第一节　房屋管理………………………………………………… 350
第二节　交通工具管理…………………………………………… 351
第三节　水电管理………………………………………………… 354

第四节 食堂管理…………………………………………… 354

第二十一章 沅江试验站管理 ………………………………… 356

第一节 概 述………………………………………………… 356

第二节 固定资产管理…………………………………………… 356

第三节 承担的有关科研试验…………………………………… 357

第四节 站务管理………………………………………………… 358

第五篇 人物简介、名录与大事记

第二十二章 人物简介 ………………………………………… 363

第二十三章 其他人员名录 …………………………………… 377

第二十四章 大事记（2008—2017 年） ……………………… 386

第一篇

概　述

第一章 发展历程

第一节 基本情况

中国农业科学院麻类研究所（以下简称麻类所）1958 年创建于湖南省沅江市，2001 年整体搬迁至长沙市，位于长沙国家高新技术产业开发区麓谷内，是我国从事麻类作物研究的唯一国家级综合性专业研究所和国家麻类产业技术体系（以下简称麻类体系）依托单位。研究领域从单一麻类作物拓展到南方饲料作物、南方特色蔬菜、南方果树等南方经济作物，从脱胶微生物延伸到农产品生物加工、质量安全、南方果树、农田面源污染治理等。

到 2017 年年底，全所在职职工 171 人，其中研究员 22 人、副研究员 33 人；具有博士学位人员 45 人，硕士、博士研究生导师 49 人；拥有中华农业英才 1 人、全国农业科研杰出人才 3 人；麻类体系首席科学家 1 人、岗位科学家 11 人；中国农业科学院科技创新工程（以下简称创新工程）首席科学家 9 人；中国农业科学院（以下简称中国农科院）青年英才计划 A/B 类人才各 1 人、D 类人才 2 人；中国农科院农科英才 3 人，其中领军人才 A 类 1 人、C 类2 人；中国农科院青年英才科研培育工程院级人才 1 人，其他省部级人才 5 人。

研究所内设机构 17 个，包括办公室、党办人事处、科研管理处、成果转化处、财务处、基建办公室 6 个职能部门，种质资源、南方饲料作物与利用、一年生麻类育种、多年生麻类育种、特色蔬菜、栽培、麻产品、生物加工、植物保护 9 个研究室，以及沅江试验站、新技术推广中心（2017 年更名为锦农农业科技有限公司）2 个二级法人机构。

全所土地面积（包括征用和租用）为 60.28 公顷，房屋建筑面积 53 851.57 平方米。建有国家麻类作物育种中心、国家种质长沙苎麻圃、国家麻类种质资源中期库、国家麻类产业技术研发中心、农业部麻类生物学与加工重点实验室、农业部麻类产品质量监督检验测试中心、农业部沅江麻类资源重点野外科学观测试验站、农业部麻类生物学与加工重点实验室、农业部植物纤维产品质量安全风险评估实验室、湖南省麻类作物遗传育种与麻产品生物加工重点实验室、湖南省麻类工程技术研究中心、中国农科院农产品加工酶制剂中试车间、中国农科院农产品加工微生物菌种保藏库、中国农科院生物质能源研究长沙分中心、中国农科院南方经济作物研究中心（以下简称经作中心）、中国农科院麻产品质量安全风险评估研究中心15个国家和省部级科技创新平台，以及中加植物病原菌分子生物学联合实验室、中加植物病理与抗体研发联合实验室、中马国际红麻育种实验站、中韩蔬菜分子育种实验室、中波麻类分子生物学联合实验室5个国际合作平台；在湖南长沙、沅江、花垣、汉寿西湖，湖北利川、十堰，山东泰安，海南文昌、贵州威宁等地建有试验示范基地。

建所以来，围绕科技创新、集成创新和协同创新，承担包括国家“973”前期、“863”计划、国家科技支撑计划、农业部公益性行业（农业）科研专项、“948”引智计划、科技部（中华人民共和国科学技术部，全书简称科技部）国际合作计划、国家自然科学基金、麻类体系和创新工程等国家或省部级科研项目688项；获得各类科技成果奖励104项，其中，获国家奖11项（主持5项，参加6项）；育成新品种94个；获得各类知识产权139件，其中授权发明专利44件；编纂著作110部；发表科技论文1 896篇。先后接待了来自亚、欧、美、澳、非等洲、国家和国际黄麻研究小组（IJSG）、联合国粮农组织（FAO）、联合国工业发展组织（UNIDO）、国际天然纤维组织等国际组织的高级官员和著名学者105批389人次；参加了IJSG诸多研究项目、推广活动以及FAO、UNIDO麻类生产和加工研究项目、欧盟联合承担第七框架计划麻类项目（FIBRA）、中波、中德、中希合作项目；通过主持多边、双边国际合作重点项目，与美国、俄罗斯、意大利、法国、捷克、荷兰、澳大利亚、波兰、芬兰、丹麦、日本、印度、孟加拉国、泰国、马来西亚、印度尼西亚、朝鲜、韩国、突尼斯、菲律宾等20多个国家建立了紧密的合作关系。

自2009年麻类体系正式启动以来，作为该体系的依托单位和首席科学家单位，麻类所带领全国主产麻区的麻业产、学、研等机构，联合开展麻类产业技术研发和推广应用研究工作，全所的1名首席科学家、11名岗位科学家和1名试验站站长，带领全所科研人员一直承担着育种、加工、设施设备等麻类产业技术方面的研究及沅江苎麻试验站研究和推广工作，持续推动国家麻类技术创新和产业发展。

2014年启动申报创新工程以来，新一届领导班子以体制机制创新为重点，以“申报一项创新工程、新建一栋实验大楼、筹建一个综合基地、引进一批领军人才、制订一套规章制度、开发创收突破一千万元（2015年提出）”（简称“5＋1”工程）为抓手，在发展定位、研究转型、学科拓展、条件平台、成果转化、人才引进和创新团队建设等方面加强顶层设计，统筹推进麻类所全面发展、良性循环。

确立了“以南方经济作物为主要研究对象，以麻类作物为重点，应用基础和应用研究相结合的社会公益性国家级农业科研机构”的总体定位，“建设现代农业科研院所，努力实现管理科学化、成果大型化、人才国际化、民生幸福化”的总体目标，“以人为本，以研为本，顶天立地，稳健发展”的发展思路，“民主办所，开放兴所，快乐科研，幸福生活，团结奋斗，共创未来”的发展理念。

建立起以引进与培养“双管齐下，双轮驱动”“不求所有，但求所用”和“宁缺毋滥，保证质量”相结合的选人用人机制、以定性与定量考核相结合的绩效分类考核办法，以

“基本工资＋岗位工资＋绩效工资”三元工资结构和“以奖代罚，多劳多得”业绩导向相结合的分配机制，建立健全了提升行政能力、执行能力、创新能力和服务能力的涵盖全所各项工作的一系列规章制度，运用不相容岗位相互分离、内部授权审批控制、归口管理、预算控制、财产保护控制、会计控制、单据控制、信息内部公开等内部控制基本方法，基本形成了麻类所内控制度体系。

围绕国际科技前沿动态、国家重大需求和现代农业建设主战场，通过学科优化调整，形成了作物种质资源学、作物遗传育种学、农产品质量与加工、植物保护等 4 个学科领域和南方经济作物种质资源与利用、南方饲料作物种质资源与利用、一年生麻类作物遗传改良、多年生麻类作物遗传改良、南方经济作物栽培与收获技术、农产品加工微生物遗传改良与应用、麻纤维产品与加工技术、特色蔬菜资源与遗传改良、南方果树遗传育种、南方马铃薯遗传育种、南方葱姜蒜遗传育种、农产品质量风险评估、南方经济作物有害生物防控、南方农田面源污染治理等研究方向。确立了“三三”制学科布局，即“1/3 的研究力量从事麻类传统学科研究，1/3 的研究力量从事新兴学科研究，1/3 的研究力量从事基础理论和共性技术研究”；制定了“135”发展目标，即实现“1 个创新团队引领国际前沿、3 个创新团队达到国际先进水平、5 个创新团队处于国内行业领先地位”；形成了夯实传统学科、扶植特色学科、培育新兴学科的学科建设思路。

麻类体系和创新工程的稳定经费支持，盘活和撬动了各类存量资源。科研经费从 2007 年的 2 013.5 万元增加到 2017 年的 4 644.79 万元；根据中国农科院对 33 个研究所的综合评价结果统计，麻类所的发展实力从 2012 年全院排名倒数第一名提升到 2017 年第十七名，发展速度跃居全院第三名，人均实力排名第十八名。

目前，麻类所正在按照习近平总书记在中国农科院建院 60 周年贺信中提出的“三个面向、两个一流、一个整体跃升”指示精神，麻类所正在努力构建创新工程和麻类体系，推进从拟转企研究所向公益性研究所、麻类所向南方经济作物研究所“两个转变”，为建成国际一流的现代农业科研院所，实现管理科学化、成果大型化、人才国际化、民生幸福化的总体目标而不懈努力。

第二节　科研概况

2008 年以来，为适应麻类体系的需要，麻类所的科研工作以麻类体系建设为主开展。以产品为单元，以产业为主线，根据产业发展需求，为建设从产地到餐桌，从生产到消费，从研发到市场等各个环节紧密衔接、服务国家目标的现代麻类产业提供重大技术支撑，解决基础性、前瞻性和应急性的生产技术难题。

2013 年创新工程启动后，麻类所整合麻类体系资源优势，调整科研力量，以“服务产业发展重大科技需求，跃居世界农业科技高端”为使命，以建设“世界一流农业科研院所”为目标，聚焦国际科技前沿和产业重大需求，围绕三级学科体系，2015 年 1 月建立起以创新团队为主体的科研组织模式和以长期稳定支持为特征的科研投入机制。组织参与国家农业科技创新联盟和跨所、跨学科的区域性农业问题研究以及重大科技问题的协同创新、联合攻关。2017 年，全所科技创新工程试点期考核全院排名第十三位，顺利进入全面推进期。通过实施人才团队建设、科技创新平台建设和基础设施建设以及重点学科建设，麻类所在 2008—2017 年的 10 年中，科技创新能力大幅度提升。

一 科研投入

1998—2007 年，全所承担各类科研项目 177 项，获得科研经费共计 7 846.37 万元。2008—2017 年，全所承担国家、省部级等科研项目 264 项，争取到位的科研经费 26 394.24万元，其中 2008 年 2 417.76 万元，2009 年 1 675.7 万元，2010 年 1 745.71 万元，2011 年 1 368.5 万元，2012 年 1 833.67 万元，2013 年 1 556.78 万元，2014 年 1 628.93万元，2015 年 4 086.15 万元，2016 年 5 436.25 万元，2017 年 4 644.79 万元。随着 2015 年科技创新工程经费的到位，全所每年获得的科研经费从之前的 1 000 余万元增加到 4 000 余万元。主要来自麻类体系和创新工程建设项目。科研经费的大幅提高带动国家各类经费投入逾 2 亿元。

二 科研产出

2008—2017 年，获得科技成果奖励 29 项，其中作为项目主持单位的获奖成果有 21 项，包括省部级奖 8 项，即中华农业科技奖一等奖 1 项、湖南省科技进步奖一等奖 1 项、中华农业科技奖三等奖 1 项、湖南省自然科学奖三等奖 1 项、湖南省科技进步奖三等奖 2 项、湖南省技术发明奖三等奖 2 项；中国优秀专利奖 3 项，湖南省专利优秀奖 1 项；以及院级奖 8 项，即中国农科院科学技术成果奖一等奖 1 项、二等奖 4 项、中国农科院杰出科技创新奖 2 项、中国农科院青年科技创新奖 1 项。作为项目参加单位的获奖成果 8 项，包括国家科技进步奖二等奖 1 项（第六完成单位）、省部级奖 5 项、院级奖 2 项；授权专利 129 件，其中发明专利 34 件、实用新型专利 95 件；育成品种 62 个，其中苎麻 2 个、黄麻 10 个、红麻 23 个、亚麻 9 个、大麻 8 个和蔬菜等其他作物 10 个；制订行业标准 9 项；出版著作 21 部，其中主编 17 部、参编 4 部；获得软件著作权 24 项；发表论文 686 篇，其中 SCI 收录 153 篇（含院选核心期刊 36 篇）。

三 国际合作情况

2008 年以来，麻类所有 60 批 139 人次分赴 13 个国家进行考察、合作研究、学术交流、攻读学位和短期培训；接待了来自 14 个国家和 IJO（IJSG）、FAO、UNIDO、国际天然纤维组织等国际组织的官员、专家 35 批 109 人次；承担国际合作项目 25 项，包括 IJSG 项目，“948” 项目、中波项目、中德项目、中希项目、中国与东盟项目、科技部国际科技合作与交流专项、亚洲区域合作项目，资助经费 1 320.5 万元；主办或承办国际学术会议 4 次；建立国际合作平台 5 个。通过拓展国际合作渠道，提升了麻类所在国际舞台上的话语权和发展空间。

第三节 人才队伍建设

坚持凭实绩、重公德选拔德才兼备的年轻干部和“引进培养双管齐下、双轮驱动”“不求所有，但求所用”“宁缺毋滥、保证质量”的选人用人原则，推行领导干部竞争上岗制、民主推荐制、考察预告制、任前公示制、试用考察制等选拔方式，推进了选拔中层干部工作的科学化、民主化、制度化，建立并健全了干部录用、培训、考核及管理等各项制度，为进一步搞好“传帮带”工作创造条件。一方面引进领军人才，借助中国农科院青年英才计划，引进了中国农科院青年英才计划 A 类和 B 类人才各 1 名、D 类人才 2 名。储备了一批符合麻类所长远发展以及学科方向特别是新兴学科发展需要的优秀青年人才，为新兴学科的拓展奠定了基础。另一方面通过中国农科院农科英才培育工程和研究所实施“三个一”人才工程，即每个团队至少引进 1 名青年英才计划人才、聘请 1 名团队科技顾问、遴选 1 名优秀青年重点培养的人才团队建设计划，结合建立稳定的青年学术交流机制、“派出去、请进来”、联合培养、基层锻炼等机制，培养了一批包括中华农业英才、全国农业科研杰出人才、中国农科院农科英才在内的领军人才。通过资源整合、人员重组，实现了创新团队和研究室一体化、干部队伍年轻化、行政管理精简化、后勤服务社会化。

10 年间，年轻的科技人才在科研工作中发挥的作用逐步显现，一批高学历的年轻科技人员在争取科研项目中崭露头角。一是科技人才总量稳步增长，2017 年专业技术人才 110 人，相比 2007 年净增 25 人，同比增长 23%，人才总量增长与事业发展需求的差距逐步缩小；二是人才素质不断提高，截至 2017 年 12 月底，全所研究生及以上学历为 78 人，相比 2007 年增加 51 人；专业技术人才高、中、初级结构比例从 2007 年的 1∶0.7∶1.1 转变为 2017 年的 1∶0.76∶1.35；三是科研队伍结构得以优化，2007 年全所专业技术干部和工人的比例 1∶1.03，在专业技术干部队伍中高级职称人员占 42%以上。2008 年以来，在保证在职职工队伍整体稳定的前提之下，重点加强了科技队伍后备力量的引进和培养，2017 年全所专业技术干部和工人的比例调整为 1∶0.56，扭转了科研人员与工人比例长期倒挂的局面，科技队伍整体水平有了较大提高，人才梯队断层现象明显改善，为实现人才队伍的代际转移奠定了基础。

第四节 成果转化

2008年以来，依托麻类体系和创新工程建设，实施“一个创新团队对应一个基地、对接一个企业，开发创收突破100万元”的“三个一”工程，大力开展所企合作、所地合作、所所合作，与北京天之草光伏农业科技有限公司、黑龙江大庆天之草生物材料科技有限公司、山东济南诺能生物工程有限公司、山东泰安金飞虹织造有限公司、江西井竹实业有限公司、湖南德人牧业有限公司、北京汉麻投资集团有限公司、深圳市井竹农业科技控股有限公司等8省（市、区）的100余家企业、地方政府、科研院所签订各类技术合作协议或框架协议102个，联合研发生物脱胶、麻育秧膜、汉麻、饲用酶、麻改饲、麻类副产物资源化利用等产品和技术。通过创新工程增量资金撬动公司运行、产品开发、技术咨询、技术转让、技术服务等其他资源，促进科技成果转化应用。2008—2017年，开发创收稳步增长，从2007年的236.09万元增加到2017年的2 341.7万元，10年开发创收收入达到6 434.16万元。从2015年开始麻类所每年横向收入超过1 000万元，2016年开始在职职工年收入实现翻番，离退休职工年收入增长了49%，2017年，在职职工人均年收入达到15.47万元。

与湖南花垣、涟源和沅江、湖北利川等地方政府和湖北省农业科学院、湖南农业大学、中国热作院椰子研究所、武汉市农业科学技术研究院、十堰市农业科学院、湖北省农业科学院中药材研究所等科研院所在人才培养、学科建设、资源共享、平台建设、学术交流、成果示范和基地共建等方面签订科技合作协议，建立发展战略同盟，促进共同发展；在新疆（新疆维吾尔自治区，全书简称新疆）昌吉（昌吉回族自治州，全书简称昌吉）开展萝卜试配组合综合评价、中萝1号区域试验和亚麻高效高产栽培试验；在湖北恩施和湘西等武陵山区以技术扶贫和人才扶贫等方式开展定点扶贫工作，产生了较好的社会影响，2017年，麻类所成为湖南省农业科技创新联盟副理事长单位，湖南省棉麻丝创新联盟牵头单位（申报中），获批长沙市科技创新服务单位，为对接本地企业、服务湖南经济社会发展搭建了新平台。

第五节 条件建设

2008—2017年，麻类所基本建设投资稳步增长，共获得条件建设投资15 789.46万元，其中基建项目投资11 198.46万元（自筹投资649.598万元），修缮购置项目投资4 591万元。通过这些项目的实施，麻类所基本上形成了集科研办公、试验基地、推广示范于一体的较为完善的基础设施和仪器设备。

一　固定资产

从建所至 2007 年，麻类所固定资产投资为 4 719.8 万元，其中 5 万元以上仪器设备 1 067.25 万元，房屋面积 39 450.81 平方米。2008—2017 年，新增固定资产投资 8 211.4 万元，新增房屋建筑面积 1 4420.56 平方米，新建科研温室及大棚 19 944 平方米，购置或升级改造仪器设备（含农机具）440 台（套），其中 5 万元以上仪器设备 202 台（套）。

二　科技平台

10 年来，共新建 11 个科技创新平台，包括国内科技平台 6 个、国外科技平台 5 个。国内科技平台有：国家麻类种质资源中期库（2008 年）、国家麻类产业技术研发中心（2008 年）、经作中心（2011 年）、农业农村部（中华人民共和国农业农村部，全书简称农业农村部）麻类生物学与加工重点实验室（2011 年）、中国农科院麻产品质量安全风险评估研究中心（2012 年）、农业农村部植物纤维产品质量安全风险评估实验室（2014 年）。国外科技平台有：中加（加拿大麦克马斯特大学）植物病原菌分子生物学联合实验室（2015 年）、中加（加拿大多伦多大学）植物病理与抗体研发联合实验室（2016 年）、中韩（韩国中南国立大学）根茎类蔬菜分子育种联合实验室（2015 年）、中马（马来西亚 UPM 大学）红麻国际联合实验站（2015 年）、中波（波兰天然纤维与药用植物研究所）麻类分子生物学联合实验室（2015 年）。投资 3 980.508 万元，购置或升级改造仪器设备，实验室装备水平得到持续改善，为学科拓展和科研转型提供了科技平台支撑。

三　基础设施

（一）土地资源

全所征用和租用土地面积分别为 42.28 公顷和 18 公顷，其中沅江试验站征用土地 38.73 公顷，长沙所部征用土地 3.55 公顷；在望城国家农业科技园和望城白箬铺分别长期租地 8 公顷和 10 公顷。

（二）房产资源

建成大楼 4 栋，包括麻类加工酶制剂中试车间 1 978.7 平方米、国家麻类种质资源中期库大楼 1 225.64 平方米、农业农村部麻类产品质量监督检验测试中心大楼 1 541.05 平方米、南方经济作物综合实验室 7 994.10 平方米；配备了功能齐全的所区配套设施；投资 703.46 万元，修缮房屋面积 17 813 平方米。营造出集科研、办公、生活于一体的人文环境。

（三）试验基地建设

配套建成科研办公辅助用房 4 个，包括长沙白箬铺创新试验基地农机具库房 160 平方米、水泵房 38.94 平方米、正门传达室 37.01 平方米和沅江试验站石矶湖试验基地动物实验房 1 580 平方米；在长沙创新试验基地和沅江石矶湖试验基地分别建成 1 760 平方米智能温室和 19 328 平方米的果蔬科技园，建成 16 亩（1 亩≈667 平方米）饲料作物种质资源圃。投资 1 581.54 万元，对野生纤维植物保存圃、麻类所所区、农业部沅江麻类资源重点野外科学观测试验站、长沙创新试验基地等基础设施进行了综合改造。

（四）信息化建设

2008—2017 年，共投资 308 万元推进信息化建设工作。购置台式电脑 175 台，便携式电脑 83 台；完成了网络基础环境和所门户网站的升级改造、机房标准化和设施设备规范化以及信息安全保障的硬件和软件的配置；电子文献资源建设实现院所同步，参与中国农科院 26 个标准数据库共建；完成数字化远程教育系统建设，实现会议课程同步直播、重播、课件下载、课程教学等功能。2017 年年底，麻类所门户网站并入中国农科院网站群和电子政务系统统一管理；建成麻类所 OA 协同办公平台，实现了传统办公模式向电子化办公模式的转变。

（五）科技文献资料

拥有图书室 136.7 平方米、资料室 104.97 平方米、期刊室 163.2 平方米，收藏图书 25 600 册、期刊 16 900 册和 资料 14 500 册。

（六）办公辅助设施

对所区大院环境进行了改造整治和绿化美化，院内安装了门禁系统、车辆出入管理系统和一站式视频监控系统；会议室和学术报告厅建成了有线电视网络、LED 显示屏、现代化的多功能设备，配备有中央控制机、多媒体投影机、电动大屏幕、DVD、音响设备，具备完善的远程视频会议系统。

第二章　机构设置与运行

2008年以来，根据农业部[①]和中国农科院的文件精神和不同时期各个阶段的工作需要，麻类所内设机构先后进行了3次大的调整，并进行了相应岗位设置和人事任免。

第一节　组织机构沿革

2004年3月以来，麻类所一直按科技型企业组织机构模式运行和管理。2007年4月根据农业部农科（政）函〔2007〕第44号文件，麻类所成为麻类体系建设的牵头单位后，这种现代企业运作模式与科研单位事业发展和麻类体系建设任务越来越不相适应。为遵循科研工作的内在运行规律，满足科研事业发展需要，麻类所决定恢复事业单位建制，并于同年11月，以农科麻办〔2007〕87号文向中国农科院提出调整麻类所机构设置的请示，同年12月18日，中国农科院人事局以农科人干函〔2007〕125号文件批复同意：将综合办公室更名为综合处（保留人事处、党委办公室的牌子）、科技与产业部更名为科技管理处、财务管理部更名为计划财务处，共3个职能部门；成立苎麻研究室、红麻黄麻研究室、亚麻大麻研究室、生物加工研究室、设施农业研究室、质量信息研究室6个研究部门和后勤服务中心，保留沅江实验站（图2－1）。

为加强科技开发和产业队伍建设，加大产业开发力度，弥补事业费的严重不足，根据中国农科院翟虎渠院长到麻类所调研时在中层以上干部座谈会上的讲话精神，2009年8月，所长办公会和党委会研究决定，将全所工作重点转移到科技产业开发工作上，同年12月，增设了科技开发处，调整后的内设机构为12个。麻类所内设机构按事业单位建制正式运行。

2011年2月11日，中国农科院批复同意：在麻类所成立中国农业科学院南方经济作物研究中心，中心为非法人机构的学术性科研协作组织。为全面推动南方经济作物研究工作，麻类所以农科麻办〔2011〕23号文向中国农科院上报了《关于我所增设三个研究室及相应处级职数的请示》，2011年5月9日，中国农科院人事局以农科人干函〔2011〕45

① 中华人民共和国农业部，全书简称农业部。2018年3月，将农业部的职责整合，组建中华人民共和国农业农村部。

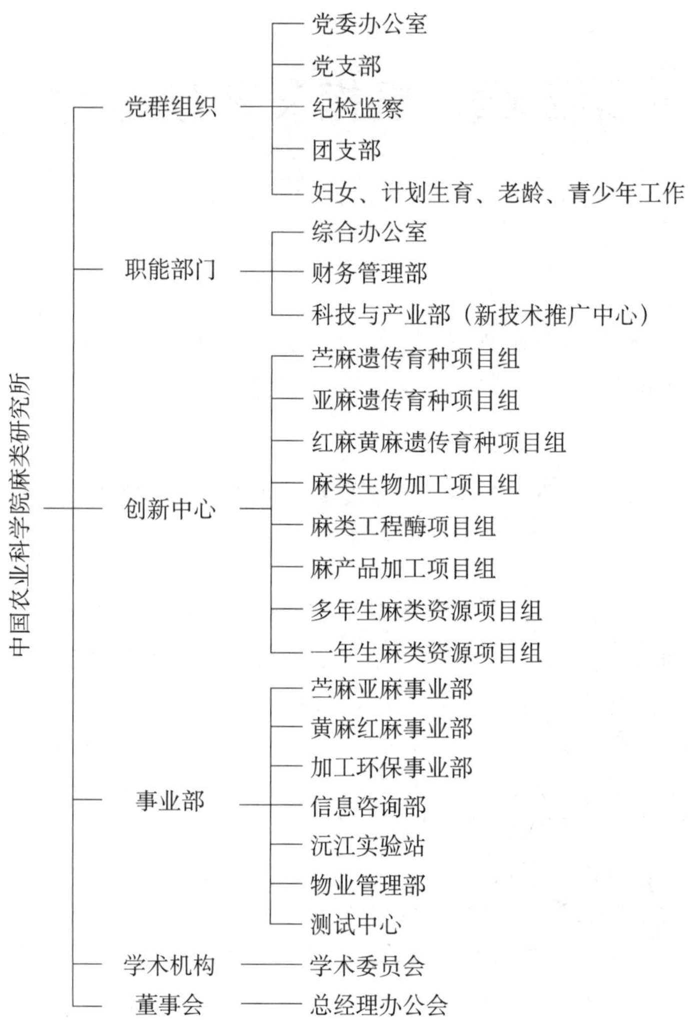

图 2－1　2008 年 1 月至 2009 年 11 月组织机构示意图

号文件批复同意：成立饲料作物研究室、农业微生物研究室、南方特色作物研究室 3 个研究室，同时增加 6 个处级干部职数，处级干部职数由原来的 19 名调整为 25 名，但由于种种原因，3 个研究室没有实质性运行。至此，内设机构调整到 15 个，其中研究室 9 个，包括苎麻研究室、红麻黄麻研究室、亚麻大麻研究室、生物加工研究室、设施农业研究室、质量信息研究室、饲料作物研究室、农业微生物研究室、南方特色作物研究室；职能部门 4 个，包括综合处、科技管理处、科技开发处、计划财务处；实验台站 1 个即沅江实验站；服务部门 1 个，即后勤服务中心(图 2－2)。

2012 年，中国农科院科技产业发展办公室从财务局分离出来，更名为成果转化局，为做好与中国农科院内设机构的工作对接，同年 8 月，麻类所以农科麻办〔2012〕42 号文向中国农科院上报《关于将我所科技开发处更名为成果转化处的请示》，同年 9 月，中国

- 中国农业科学院麻类研究所
中国农业科学院南方经济作物研究中心
  - 党群组织
    - 党委办公室
    - 党支部
    - 共青团
    - 妇女、计划生育、老龄、青少年等工作
    - 纪检监察
  - 职能部门
    - 综合处
    - 科技管理处
    - 科技开发处（新技术推广中心）
    - 计划财务处
  - 研究室
    - 苎麻研究室
    - 亚麻大麻研究室
    - 黄麻红麻研究室
    - 生物加工研究室
    - 设施农业研究室
    - 质量信息研究室
    - 饲料作物研究室
    - 农业微生物研究室
    - 南方特色作物研究室
    - 沅江实验站
  - 服务部门
    - 后勤服务中心
  - 学术机构
    - 学术委员会

图 2－2　2009 年 12 月至 2015 年 9 月组织机构示意图

农科院以农科农干函〔2012〕83 号文批复同意：将麻类所科技开发处更名为成果转化处。

2014 年 1 月，陈万权就任麻类所所长后，根据学科发展国际前沿动态和国家产业发展的战略需求，于 2014 年 4 月围绕创新工程申报工作，完成了三级学科体系的顶层设计，形成了 4 个学科领域 9 个研究方向的重点选题，并对科技资源进行了重新配置。同年 12 月 30 日中国农科院以农科院办〔2014〕346 号文公布了创新工程第三批试点研究所及科研团队名单，麻类所组织申报的 9 个创新团队全部入选。

2015 年 5 月新一届领导班子组建基本到位后，为适应新型学科体系构架下的资源配置机制，更好地实施创新工程，2015 年 8 月麻类所以农科麻办〔2015〕52 号文上报《关于内设机构及处级干部设置的请示》，同年 10 月 12 日，中国农科院人事局以农科人干函〔2015〕113 号文批复同意：增设办公室、党办人事处、财务处、基建办公室，撤销综合处、计划财务处、后勤服务中心；保留科研管理处、成果转化处、沅江试验站；成立种质资源研究室、南方饲料作物与利用研究室、一年生麻类育种研究室、多年生麻类育种研究室、特色蔬菜育种研究室、栽培研究室、麻产品研究室、生物加工研究室、植物保护研究室 9 个研究室，原有 9 个研究室全部撤销。增加处级干部职数 7 名，调整后内设机构为 16

个，处级干部职数为 32 名。同年改组了麻类所新技术推广中心，将后勤服务中心职能归并到新技术推广中心，下设种业农化部、科技贸易部和物业部 3 个部门，麻类所全资控股，实行企业化运行（图 2 - 3）。

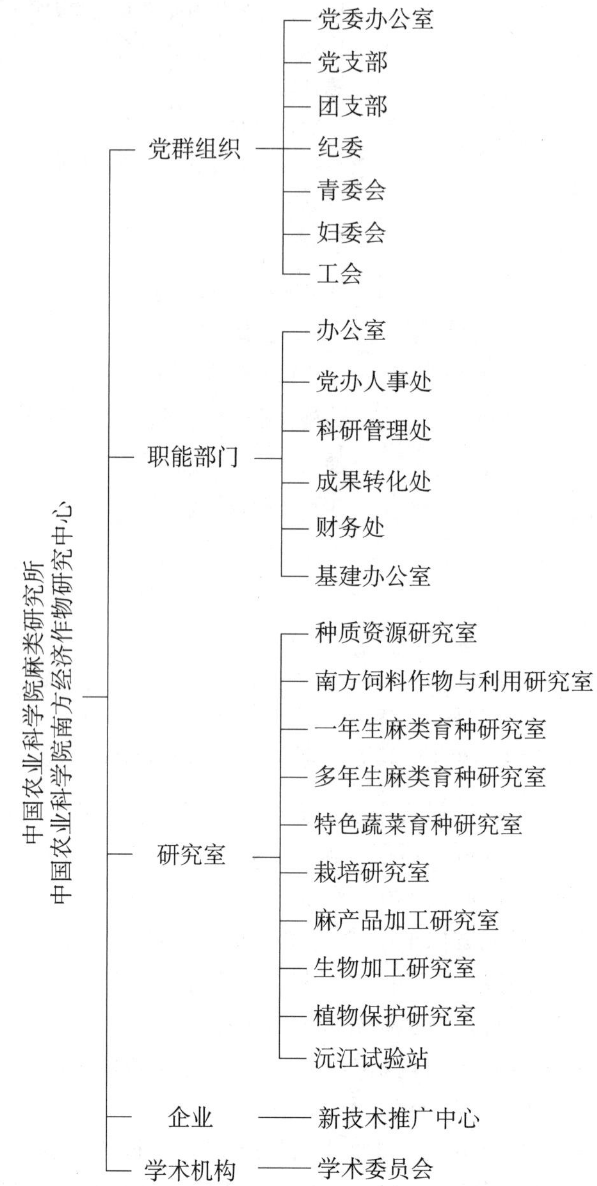

图 2 - 3　2015 年 10 月至 2017 年 12 月组织机构示意图

注：2011 年 2 月 11 日，成立中国农业科学院南方经济作物研究中心，2013 年 12 月被清理撤销，2014 年 12 月恢复；2012 年 9 月，科技开发处更名为成果转化处；2013 年 12 月，成立青委会、妇委会；2015 年 10 月，撤销后勤服务中心、饲料作物研究室、农业微生物研究室、南方特色作物研究室。2017 年 12 月，成立工会、纪委。2017 年新技术推广中心更名为锦农农业科技有限公司。

第二节 组织机构决策

一 所党政领导班子更替

2008—2017 年的 10 年间，麻类所领导班子先后进行了一次调整和一次换届。

2009 年 8 月 20 日，中国农科院党组对麻类所领导班子进行了增补，以农科院〔2009〕12 号文件任命：李德芳、黄志辉为麻类所副所长，至此所级领导班子调整到位，其成员是：熊和平、王朝云、贺德意、臧巩固、李德芳、黄志辉 6 人。

2014 年起，农业部和中国农科院正式启动对麻类所党政领导班子的换届工作。至 2017 年 1 月，麻类所完成了所行政领导班子的换届，具体情况如下。

2014 年 1 月，农业部党组以农任字〔2014〕23 号文任命：陈万权为麻类所所长；任职时间自 2014 年 1 月 24 日算起（农任字〔2015〕59 号）；同年 12 月，中国农科院以农科院任字〔2014〕43 号文件《关于贺德意免职的通知》：研究决定，免去贺德意的麻类所副所长职务，按规定办理退休手续；2015 年 7 月 10 日，中国农科院党组以农科院党组发〔2015〕16 号文件《关于王朝云等 5 人职务任免的通知》：经 2015 年 5 月 7 日院党组会议研究，并征得中共湖南省委同意，决定王朝云、李德芳、吕江南任麻类所副所长，免去臧巩固、黄志辉麻类所副所长职务，保留副所级待遇；2017 年 2 月 8 日，中国农科院以农科院任字〔2017〕3 号文件《关于邱化蛟任职的通知》：经 2016 年 12 月 29 日院党组会议研究，并征得中共湖南省委组织部同意，决定邱化蛟任麻类所副所长。新的所行政领导班子成员是陈万权、邱化蛟、王朝云、李德芳、吕江南。

至 2017 年 7 月 10 日，麻类所完成了党委领导班子的换届工作，具体情况如下。

2014 年 2 月 8 日，中国农科院以农科院党组发〔2014〕8 号文件《关于陈万权同志任职的通知》：经 2016 年 12 月 29 日院党组会议研究，并征得中共湖南省委组织部同意，决定陈万权任麻类所党委副书记；2015 年 4 月 3 日，农业部以农党组发〔2015〕32 号文件《关于熊和平同志免职退休的通知》：经研究，决定免去熊和平麻类所党委书记职务，按规定办理退休手续；同年 7 月 7 日，农业部以农党组发〔2015〕51 号文件《关于陈万权同志任职的通知》：经部党组 2015 年 4 月 23 日会议研究，并征得中共湖南省委同意，决定陈万权任麻类所党委书记；同年 7 月 10 日，中国农科院以农科院党组发〔2015〕30 号文件《关于王朝云等 2 同志职务任免的通知》：经 2017 年 5 月 7 日院党组会议研究，并征得中共湖南省委同意，决定王朝云任麻类所党委副书记、纪委书记；免去陈万权麻类所党委副书记职务；同年 9 月 10 日，中国农科院党组以农科院党组发〔2015〕34 号文件《关于同意中共中国农业科学院麻类研究所委员增补委员的批复》：原则同意李德芳、吕江南为增补委员侯选人；2017 年 1 月 23 日，农业部党组以农党组发〔2017〕14 号文件《关于邱化蛟、陈万权同志职务任免的通知》：经部党组 2016 年 12 月 26 日会议研究，并征得中共湖南省委同意，决定调邱化蛟同志任麻类所党委书记，免去陈万权麻类所党委书记职务。2017 年 7 月 10 日，中共湖南省委组织部以湘干组〔2017〕106 号文件《中共湖南省委组织部关于中共中国农业科学院麻类研究所党员大会选举结果的批复》：同意中共中国农科院麻类所第五届委员会第一次全体会议选举邱化蛟同志为党委书记，陈万权、王朝云为党委副书记。至此麻类所党委领导班子换届工作全部完成。新的党委领导班子成员是：邱化蛟、陈万权、王朝云、李德芳、吕江南、粟建光、孙进昌 7 人（表 2－1）。

表 2－1　2008—2017 年所领导名录

姓　名	性　别	职　务	起止年月	批准文号
熊和平	男	所长	2002.11—2013.12	农科院党组发〔2002〕63 号 农任字〔2014〕23 号
		党委书记	2002.11—2015.4	农科院党组发〔2002〕63 号 农党组发〔2015〕32 号
王朝云	男	副所长、副书记兼纪委书记	2003.1—2015.4	农科院党组发〔2003〕1 号
		副书记、纪委书记	2015.5—	农科院党组发〔2015〕30 号
		副所长	2015.5—	农科院党组发〔2015〕16 号
贺德意	男	副所长	2003.1—2014.12	农科院党组发〔2003〕1 号 农科院任字〔2014〕43 号
臧巩固	男	副所长	2003.1—2015.7	农科院党组发〔2003〕1 号 农科院任字〔2015〕16 号
李德芳	男	副所长	2009.8—2015.4	农科院任字〔2009〕12 号
			2015.5—	农科院任字〔2015〕16 号
黄志辉	男	副所长	2009.8—2015.7	农科院任字〔2009〕12 号 农科院任字〔2015〕16 号
陈万权	男	所长	2014.1—	农任字〔2014〕23 号
		兼副书记	2014.4—2015.3	农科院党组发〔2014〕9 号 农科院党组发〔2015〕30 号
		党委书记	2015.4—2016.12	农党组发〔2015〕51 号 农党组发〔2017〕14 号
		副书记	2017.1—	
吕江南	男	副所长	2015.5—	农科院任字〔2015〕16 号
邱化蛟	男	党委书记	2016.12—	农党组发〔2017〕14 号
		副所长	2017.1—	农科院任字〔2017〕3 号

二　组织决策机制

自 2002 年麻类所拟转制为科技型企业单位以来，为适应转企形势需要，从 2004 年

3 月改组事业单位建制到 2009 年 12 月，麻类所一直实行董事会、总经理办公会和副总经理办公会等有关工作制度，由董事会决策、推动全所工作。2009 年 8 月新的所党政领导班子组建增补到位和同年 12 月中层领导干部及全所职工聘用上岗结束后，废除了现代企业运作模式，麻类所自 2010 年 1 月起，按中央事业单位建制逐步完善各项规章制度，先期启动了所务会议和所长办公会议制度，实行所长负责制。2014 年 1 月陈万权上任至 2016 年 3 月中层领导干部正式聘任上岗，一直沿用上届所党政领导班子的会议制度。直至所领导班子换届完成、新一届所级领导班子组建到位后，重新明确了所务会议、所长办公会议和所长碰头会议等会议制度。

（一）董事会（试行）

由董事长主持，董事会全体成员参加。董事长不能履行职务时，由董事长指定的董事代理主持。主要讨论内容：决定全所科研、产业计划和投资方案；制订全所的年度财务预算、决算方案；制订全所的利润分配方案和弥补亏损方案；制订全所增减注册资本方案；拟定申报公司注册方案及变更公司形式；决定全所内部管理机构的设置；聘任或解聘公司经理、副总经理及部门负责人，并决定其报酬事项；拟定麻类所基本建设的总体规划；拟定麻类所人才培养规划和年度培训计划。董事会会议需有 2/3 以上的董事出席方可举行。董事会对所议事项做出决定应有出席会议的 1/2 以上董事表决通过方为有效，并写成会议纪要，出席会议的董事在记录上签名，交由综合办公室存档。

（二）总经理办公会（例会）

总经理办公会是麻类所行政业务权力机构，由总经理、副总经理、职能部门负责人参加，必要时吸收有关人员列席。由总经理主持召开（总经理因特殊情况不能履行职务时，由总经理指定的副总经理或其他人员召集主持）。主要讨论内容是：传达贯彻中共中央、国务院的方针政策和农业农村部、中国农科院的文件精神；听取各部门前一周工作执行情况汇报和本周工作安排，以及急需解决的问题；听取麻类所基本建设的总体规划；听取麻类所人才培养规划和年度培训计划；就全所工作过程中财务、人事、科研、产业、物业等各部门工作中出现的问题进行集中讨论，形成决定；总结全所年度工作情况，并进行审议。会议一般在每周周一召开。

（三）副总经理办公会

1. 科研副总经理办公会

由分管科研工作的副总经理、相关职能部门负责人、创新项目组组长参加，由分管科研工作的副总经理主持（分管科研的副总经理因特殊原因不能履行职务时，指定科技与产业部主任或其他会议成员主持）召开。主要讨论内容是：讨论全所的科研管理工作，组织实施董事会决议；组织实施全所的年度科研计划；听取全所基本科研管理制度的制订和执行情况；组织实施全所的重要科研学术活动、外事活动和国际合作事宜。一般每周召开一次。

2. 产业副总经理办公会

由分管科技产业工作的副总经理、相关职能部门负责人、事业部经理参加，由分管科技产业的副总经理主持（若副总经理因特殊原因不能履行职务时，指定科技与产业部相关负责人或其他会议成员主持）召开。主要讨论内容是：讨论全所的产业经营情况，组织实施董事会决议；组织实施全所的年度产业计划；听取全所基本科技开发管理制度的制订和执行情况；听取全所的开发项目申报、立项；检查项目执行情况；实施全所的重要科技产业活动。一般每周召开一次。

3. 物业副总经理办公会

由分管物业服务的副总经理、物业部负责人、沅江实验站负责人参加，由分管物业的副总经理主持（副总经理因特殊原因不能履行职务时，指定会议其他成员主持）召开。主要内容是：讨论有关全所第三产业及物业服务工作计划；讨论全所物业投资方案可行性论证报告；听取全所物业管理规章制度的执行情况。一般每周召开一次。

（四）所务会议

所务会议为麻类所的行政业务权力机构，讨论、研究、决定全所科学研究中的重大问题和行政重要事务。由所长、党委书记、副所长、党委副书记、纪委书记、各部门主要负责人参加。管理部门负责人、学术委员会主任、职代会主席等可列席会议。在所长主持下（所长因特殊原因不能履行职务时，指定一名副所长主持）召开。会议内容是：传达上级文件、指示，研究贯彻文件、指示精神的措施和方法；研究决定全所发展规划、年度计划、年度经费预决算、所长工作报告等；研究讨论重要规章制度和重大改革方案；研究决定职工的奖惩事宜；研究决定基建修缮计划、大型仪器设备购置与分配；研究决定其他有关全局性的重大问题。所务会议实到人数不少于应到人数的 2/3 时，方可召开会议；会议需有 2/3 的与会成员表决同意，方可通过决议；重大问题必须由所长主持会议，方可决策；所长外出时委托副所长主持召开会议，研究解决有关问题，会议情况应及时向所长汇报。所务会议一般每月召开一次。必要时，所长可临时召开会议。

（五）所长办公会

所长办公会是麻类所处理日常事务问题和所务会议决策的执行机构。由所领导班子成员以及职能部门主要负责人组成，必要时可邀请有关人员列席。由所长主持召开（所长因特殊原因不能履行职务时，所班子成员在各自业务范围内根据工作需要可以组织召开，研究部署分管工作）。会议内容是：讨论研究和决定所内各部门提出的日常事务；讨论需要提交所务会议决定的重大问题；对重大突发事件或紧急情况，来不及召开所长办公会议的，分管所领导可按照分工临机处置，并及时向所长汇报。事后须经所长办公会复议认定。所长办公会一般每周召开一次。必要时，所长可临时召开会议。

（六）所长碰头会

所长碰头会是提高所领导班子议事效率和决策能力，加强信息互通和工作互动，统筹协调推进全所各项工作的会议。由所长召集和主持，所领导出席，所办公室主要负责人列席。根据需要，可安排议题所涉及部门的主要负责人和其他有关人员列席会议。每次会议须有半数以上会议组成人员出席方可召开。会议内容是：传达贯彻上级重要指示、决定；研究向上级部门请示的重要事项和重要决策建议；听取重要工作汇报，研究布置阶段性工作，研究解决工作中遇到的问题；研究解决需要所班子有关领导配合、协调的工作事项和需要提交所班子决策的问题；研究应对重大突发事件和紧急情况；讨论审议所改革发展有关综合规划和专项规划、所年度计划、年度经费预决算、重要科研项目和投资项目、所重要规章制度等；研究全所机构设置、职能、人员编制等事项；讨论决定其他重要事项。所长碰头会根据需要临时召开。

2008—2017年总经理办公会和所务会成员如表2-2所示。

表2-2　2008—2017年总经理办公会和所务会成员名录

会议名称	起止年月	主持人	会议成员
总经理办公会	2008.1—2009.12	熊和平	王朝云，贺德意，臧巩固，李德芳（2009.8始），唐守伟，黄志辉，吕江南，童华兵，孙进昌（记录）
	2010.1—2013.12	熊和平	王朝云，贺德意，臧巩固，李德芳，黄志辉，孙进昌，唐守伟，吕江南，童华兵，杨辉，喻春明，粟建光，赵立宁，彭源德，龙超海，肖爱平，朱爱国，尹志成（记录）
所务会	2014.1—2016.2	陈万权	熊和平（2015.4止），王朝云，贺德意（2014.12止），臧巩固（2015.7止），李德芳，黄志辉，吕江南，孙进昌，唐守伟，童华兵，喻春明，粟建光，赵立宁，彭源德，龙超海，肖爱平，朱爱国，杨辉，尹志成（记录）
	2016.3—2017.12	陈万权	邱化蛟（2016.12始），王朝云，李德芳，吕江南，黄志辉（2016.6止），孙进昌，刘珊，朱爱国，汤清明，童华兵，胡镇修，粟建光，刘头明（2017.2止），戴求仲（2017.3始），赵立宁，喻春明，肖爱平，王玉富，彭源德，高春生，杨辉，廖勇凤（记录）

（七）党委会

党委会是党委议事决策的一般形式。属于党委决策的事项，按照集体领导、民主集中、个人酝酿、会议决定的原则，实行科学决策、民主决策、依法决策。党委会的主要议事内容有：认真传达贯彻执行中共中央、农业农村部和院党组的各项方针、政策和决议；需要向上级党组织请示报告的主要事项，下级党组织请示报告需要研究决定的主要事项；涉及改革发展稳定和事关职工群众切身利益的重大决策、主要人事任免、重大项目安排、大额度资金使用事项；干部任免事项；基层党组织建设和党员干部队伍建设；思想政治工作、精神文明建设、统战工作和群团工作；党风廉政和反腐败工作等。党委会原则上每月召开一次，遇有重要情况可以随时召开。党委会由党委书记主持，或由主持工作的副书记、受党委书记委托的副书记主持。应当有半数以上的党委委员到会方可召开，讨论决定干部任免事项必须由2/3以上的党委委员到会。

（八）所学术委员会

所学术委员会是由麻类所各方面代表组成的学术评议、审议和学术决策咨询机构，是加强专家学者在麻类所学术工作中的主体地位，发扬学术民主、保障学术决策规范、科学的组织。自 2008 年以来，主要开展了麻类所学科设置咨询、重点研究方向研讨、项目评审推荐、成果把关鉴定、人才学术评价等工作。到 2017 年，历时 6 届。2008—2017 年年底所学术委员会名单如表 2-3 所示。

表 2-3　2008—2017 年所学术委员会成员名录

届　次	时　间	主　任	副主任	秘　书	委　员
第五届	2004.4—2016.12	熊和平	臧巩固 刘正初	揭雨成 （2007.6 止） 唐守伟 （2007.7 始）	王玉富，王朝云，龙超海，刘正初，吕江南，李德芳，杨瑞林，贺德意，唐守伟，彭源德，揭雨成，粟建光，熊和平，臧巩固，薛召东； 外聘专家：沈丕华，张健，陈信波，2013 年 4 月增补专家：黄志辉，赵立宁，喻春明，肖爱平，朱爱国
第六届	2017.1—	陈万权	印遇龙 李德芳 王玉富	朱爱国	王朝云，吕江南，彭源德，粟建光，赵立宁，喻春明，梅时勇，戴求仲，刘头明，高春生； 外聘专家：刘选明，邹学校，张德咏，陈光辉

第三节　组织机构运行

一　部门负责人的更替

2008 年 1 月至 2009 年 12 月，麻类所仍然沿袭 2004 年以来构建的包括职能部门、事业部和项目组 3 部分组成的内部组织结构形式和聘用的二级机构负责人进行企业管理。3 个职能部门负责人是：黄志辉为综合办公室主任；唐守伟、吕江南分别为科技与产业部主任、副主任；童华兵为计划财务部负责人。8 个项目组负责人是：熊和平为苎麻遗传育种项目组组长（兼），王玉富为亚麻遗传育种项目组组长，李德芳为红麻黄麻遗传项目组组长，臧巩固为麻类生物技术项目组组长（兼），刘正初为麻类工程酶项目组组长，王朝云为麻产品加工项目组组长（兼），陈建华为多年生麻类资源项目组负责人，粟建光为一年生麻类资源项目组组长，王朝云、肖爱平分别为农业部麻类产品质量监督检验测试中心主任（兼）、副主任（兼技术负责人）。7 个事业部负责人是：汤清明为苎麻亚麻事业部经理，谭石林为黄麻红麻事业部经理，彭源德为加工环保事业部经理，谢国炎为信息咨询部经理，田小兰为测试中心经理，杨辉、彭正红分别为物业管理部经理、副经理，陈权为沅江实验站副站长。

2009 年 8 月麻类所所级领导班子调整到位后，于 2009 年 11 月启动了中层领导干部的聘用工作，12 月 14 日，以农科麻办〔2009〕85 号文件下发《关于黄志辉等同志职务任免通知》：任命黄志辉兼任综合处处长，孙进昌、刘珊任综合处副处长；唐守伟任科技管理处处长；童华兵任计划财务处副处长，主持工作，胡镇修任计划财务处副处长；吕江南任科技开发处处长，汤清明任科技开发处副处长；喻春明任苎麻研究室副主任；粟建光任红麻黄麻研究室主任；赵立宁任亚麻大麻研究室副主任；彭源德任生物加工研究室副主任；龙超海任设施农业研究室主任；肖爱平任质量信息研究室主任；朱爱国任沅江实验站副站长，主持工作；陈权任沅江实验站副站长；杨辉任后勤服务中心主任。保留刘正初正处级待遇和谢国炎、田小兰、杨瑞林、杨学文等 4 人的副处级待遇。2012 年 9 月，中国农科院批准同意将麻类所科技开发处更名为成果转化处后，于 2013 年 6 月麻类所以农科麻党委〔2013〕4 号文件下发了《关于吕江南、汤清明职务任免的通知》：根据中国农科院农科人干函〔2013〕66 号文件《关于同意吕江南、汤清明职务任免备案的批复》，任命吕江南任成果转化处处长，免去科技开发处处长职务；汤清明任成果转化处副处长，免去科技开发处副处长职务。

2014 年 1 月至 2017 年 1 月，所行政领导班子换届期间，启动了二级机构负责人的竞聘上岗工作。2015 年 8 月，麻类所以农科麻办〔2015〕51 号文件委派：龚友才为麻类所新技术推广中心董事长、法定代表人。2016 年 6 月，麻类所以农科麻党委〔2016〕17 号文件下发了《关于孙进昌等 29 人职务任免的通知》，任命孙进昌、郑科分别任办公室主任、副主任，刘珊、王真栋分别任党办人事处处长、副处长，朱爱国任科研管理处处长，汤清明任成果转化处副处长，主持工作，邓欣任成果转化处副处长，童华兵任财务处副处长，主持工作，胡镇修、栾明宝任基建办公室主任、副主任，粟建光、唐蜻分别任种质资源研究室主任、副主任，刘头明任南方饲料作物与利用研究室副主任，赵立宁任一年生麻类育种研究室副主任，主持工作，喻春明、陈平分别任多年生麻类研究室主任、副主任，肖爱平任特色蔬菜育种研究室主任，王玉富任栽培研究室副主任，主持工作；彭源德、成莉凤任生物加工研究室主任、副主任，高春生任植物保护研究室副主任，主持工作，余永廷任植物保护研究室副主任，杨辉、陈权分别任沅江试验站站长、副站长，王朝云兼任麻产品研究室主任。免去唐守伟科技管理处处长职务，保留正处级待遇；免去龙超海设施农业研究室主任职务，保留正处级待遇；免去吕江南成果转化处处长职务；免去黄志辉综合处处长（兼任）职务。2016 年 6 月，麻类所以农科麻党委〔2016〕18 号文件，任命侯文新任财务处处长助理；谭志坚任麻产品研究室主任助理。2017 年 3 月，麻类所以农科麻党委〔2017〕4 号文件，任命戴求仲任南方饲料作物与利用研究室副主任，主持工作；黄思齐任科研管理处副处长；梅时勇任特色蔬菜育种研究室副主任。详见表 2-4、表 2-5 和表 2-6。

表 2-4　2004 年 2 月至 2009 年 11 月麻类所部门负责人名录

部门		姓名	性别	职务	起止年月	批准文号
职能部门	综合办公室	黄志辉	男	主任	2007.1—2009.11	农科麻党委〔2007〕2 号 农科麻办〔2009〕85 号
	科技与产业部	唐守伟	男	主任（科技）	2007.1—2009.11	农科麻党委〔2007〕2 号 农科麻办〔2009〕85 号
		吕江南	男	副主任（产业）	2007.1—2009.11	农科麻党委〔2007〕2 号 农科麻办〔2009〕85 号
	财务管理部	童华兵	男	负责人	2007.1—2009.11	农科麻办〔2007〕9 号 农科麻办〔2009〕85 号
创新中心	苎麻遗传育种项目组	熊和平	男	组长（兼）	2004.2—2009.11	农科麻办〔2004〕18 号 农科麻办〔2009〕85 号
	亚麻遗传育种项目组	王玉富	男	组长	2004.2—2009.11	农科麻办〔2004〕18 号 农科麻办〔2009〕85 号
	红麻黄麻遗传育种项目组	李德芳	男	组长	2004.2—2009.11	农科麻办〔2004〕18 号 农科麻办〔2009〕85 号
	麻类生物技术项目组	臧巩固	男	组长（兼）	2004.2—2009.11	农科麻办〔2004〕18 号 农科麻办〔2009〕85 号
	麻类工程酶项目组	刘正初	男	组长	2004.2—2009.11	农科麻办〔2004〕18 号 农科麻办〔2009〕85 号
	麻产品加工项目组	王朝云	男	组长（兼）	2004.2—2009.11	农科麻办〔2004〕18 号 农科麻办〔2009〕85 号
	多年生麻类资源项目组	陈建华	男	负责人	2007.7—2009.11	无文件任命
	一年生麻类资源项目组	粟建光	男	组长	2004.2—2009.11	农科麻办〔2004〕18 号 农科麻办〔2009〕85 号
	农业部麻类产品质量监督检验测试中心	王朝云	男	主任（兼）	2004.3—2009.11	农质办函〔2004〕033 号 农科科质函〔2004〕18 号
		肖爱平	女	副主任	2004.3—2009.11	农科麻办〔2009〕85 号
事业部	苎麻亚麻事业部	汤清明	男	经理	2004.2—2009.11	农科麻办〔2004〕18 号 农科麻办〔2009〕85 号
	黄麻红麻事业部	谭石林	男	经理	2004.2—2009.11	农科麻办〔2004〕18 号 农科麻办〔2009〕85 号
	加工环保事业部	彭源德	男	经理	2004.2—2009.11	农科麻办〔2004〕18 号 农科麻办〔2009〕85 号
	信息咨询部	谢国炎	男	经理	2004.2—2009.11	农科麻办〔2004〕18 号 农科麻办〔2009〕85 号
	测试中心	田小兰	女	经理	2004.2—2009.11	农科麻办〔2004〕18 号 农科麻办〔2009〕85 号
		杨　辉	男	经理	2004.2—2009.11	农科麻办〔2004〕18 号 农科麻办〔2009〕85 号
	物业管理部	彭正红	男	副经理	2004.2—2009.11	农科麻办〔2004〕18 号 农科麻办〔2009〕85 号
	沅江实验站	陈　权	男	副站长	2004.6—2009.11	农科麻党委〔2004〕7 号 农科麻办〔2009〕85 号

表 2-5　2009 年 12 月至 2016 年 6 月麻类所部门负责人名录

部门		姓名	性别	职务	起止年月	批准文号
职能部门	综合处	黄志辉	男	处长（兼）	2009.12—2016.6	农科麻办〔2009〕85 号
		孙进昌	男	副处长	2009.12—2016.2	农科麻办〔2009〕85 号
		刘　珊	女	副处长	2009.12—2016.2	农科麻办〔2009〕85 号
	科技管理处	唐守伟	男	处长	2009.12—2016.6	农科麻办〔2009〕85 号 农科麻办〔2009〕85 号
	科技开发处	吕江南	男	处　长	2009.12—2013.5	农科麻办〔2009〕85 号
		汤清明	男	副处长	2009.12—2013.5	农科麻办〔2009〕85 号
	成果转化处	吕江南	男	处　长	2013.6—2016.6	农科麻党委〔2013〕4 号
		汤清明	男	副处长	2013.6—2016.2	农科麻党委〔2013〕4 号
	计划财务处	童华兵	男	副处长（主持工作）	2009.12—2016.2	农科麻办〔2009〕85 号
		胡镇修	男	副处长	2009.12—2016.2	农科麻办〔2009〕85 号
研究室	苎麻研究室	喻春明	男	副主任	2009.12—2016.2	农科麻办〔2009〕85 号
	红麻黄麻研究室	粟建光	男	主任	2009.12—2016.2	农科麻办〔2009〕85 号
	亚麻大麻研究室	赵立宁	男	副主任	2009.12—2016.2	农科麻办〔2009〕85 号
	生物加工研究室	彭源德	男	副主任	2009.12—2016.2	农科麻办〔2009〕85 号
	设施农业研究室	龙超海	男	主任	2009.12—2016.6	农科麻办〔2009〕85 号
	质量信息研究室	肖爱平	女	主任	2009.12—2016.2	农科麻办〔2009〕85 号
	沅江实验站	朱爱国	男	副站长（主持工作）	2009.12—2016.2	农科麻办〔2009〕85 号
		陈　权	男	副站长	2009.12—2016.2	农科麻办〔2009〕85 号
其他部门	后勤服务中心	杨　辉	男	主任	2009.12—2016.2	农科麻办〔2009〕85 号

表 2-6　2016 年 3 月至 2017 年 12 月麻类所部门负责人名录

部门		姓名	性别	职务	起止年月	批准文号
职能部门	办公室	孙进昌	男	主　任	2016.3—	农科麻党委〔2016〕17 号
		郑　科	男	副主任	2016.3—	农科麻党委〔2016〕17 号
	党办人事处	刘　珊	女	处　长	2016.3—	农科麻党委〔2016〕17 号
		王真栋	男	副处长	2016.3—	农科麻党委〔2016〕17 号
	科研管理处	朱爱国	男	处　长	2016.3—	农科麻党委〔2016〕17 号
		黄思齐	男	副处长	2017.3—	农科麻党委〔2017〕4 号
	成果转化处	汤清明	男	副处长（主持工作）	2016.3—	农科麻党委〔2016〕17 号
		邓　欣	女	副处长	2016.3—	农科麻党委〔2016〕17 号
	财务处	童华兵	男	副处长（主持工作）	2016.3—	农科麻党委〔2016〕17 号
		侯文新	男	处长助理	2016.6—	农科麻党委〔2016〕18 号
	基建办公室	胡镇修	男	主　任	2016.3—	农科麻党委〔2016〕17 号
		栾明宝	男	副主任	2016.3—	农科麻党委〔2016〕17 号

续表

部门		姓名	性别	职务	起止年月	批准文号
研究室	种质资源研究室	粟建光	男	主任	2016.3——	农科麻党委〔2016〕17号
		唐蜻	男	副主任	2016.3——	农科麻党委〔2016〕17号
	南方饲料作物与利用研究室	戴求仲	男	副主任（主持工作）	2017.3—	农科麻党委〔2017〕4号
		刘头明	男	副主任	2016.3—	农科麻党委〔2016〕17号
	一年生麻类育种研究室	赵立宁	男	副主任（主持工作）	2016.3—	农科麻党委〔2016〕17号
	多年生麻类育种研究室	喻春明	男	主任	2016.3—	农科麻党委〔2016〕17号
		陈平	男	副主任	2016.3—	农科麻党委〔2016〕17号
	特色蔬菜育种研究室	肖爱平	女	主任	2016.3—	农科麻党委〔2016〕17号
		梅时勇	男	副主任	2017.3—	农科麻党委〔2017〕4号
	栽培研究室	王玉富	男	副主任（主持工作）	2016.3—	农科麻党委〔2016〕17号
	麻产品加工研究室	王朝云	男	主任（兼）	2016.3—	农科麻党委〔2016〕17号
		谭志坚	男	主任助理	2016.6	农科麻党委〔2016〕18号
	生物加工研究室	彭源德	男	主任	2016.3—	农科麻党委〔2016〕17号
		成莉凤	女	副主任	2016.3—	农科麻党委〔2016〕17号
	植物保护研究室	高春生	男	副主任（主持工作）	2016.3—	农科麻党委〔2016〕17号
		余永廷	男	副主任	2016.3—	农科麻党委〔2016〕17号
其他部门	沅江试验站	杨辉	男	站长	2016.3—	农科麻党委〔2016〕17号
		陈权	男	副站长	2016.3—	农科麻党委〔2016〕17号
	新技术推广中心	龚友才	男	法定代表人	2015.8—	农科麻办〔2015〕51号

二 二级机构的职责

（一）职能部门

1. 办公室

主要职责是全所的综合协调、上传下达、机要文件、工作简报、督办催办、规章制度、创新工程、文秘、宣传、综合治理、安全保卫、内外接待、档案、网络通信、办公用品采购、突发事件处理等工作的综合行政管理部门，是所务会、党政联席会、所长办公会等工作的日常办事机构。

主任：主持全面工作，负责研究所工作计划与总结、调查研究、上报文件审核，所务会、所长办公会、所班子碰头会的组织，规章制度制（修）定，综合协调与督促检查，对外联络与公务接待，信访和突发事件处置等工作。

副主任：协助主任工作，负责创新工程、安全生产、综合治理、信息安全、机要保密、对外宣传、办公用品计划，所区办公和实验场所秩序维护与管理等工作。

2. 党办人事处

党办人事处主要职责是全所的党务、人事、劳动工资、社会保险、津贴补贴、考核晋升、奖惩、调配招聘、培养引进、出国政审、机构设置、博士后、职工档案、离退休、群众组织、民主党派、组织发展、党费管理、党员教育、精神文明、创新文化、职代会、工会、妇委会、共青团、计划生育、纪检监察、廉政建设、普法教育、统战、党委会、中心组学习、民主生活会、组织生活会等工作，是党委、纪委、人才工作委员会、技术职务评审委员会等工作的日常办事机构。

处长：主持全面工作，负责规章制度制（修）订，劳动工资、人事人才、党务、规划与总结、培训培养、定员定岗、机构设置、党风廉政建设、党委会和党政联席会组织。

副处长：协助处长工作，负责人才队伍建设、党务工作，换届、改选，精神文明、创新文化、群团组织、组织生活与党员发展、民主党派、统战、计划生育、劳务派遣、会议纪要等。

3. 科研管理处

科研管理处是全所学科建设、团队建设、科技规划、科研项目、科研成果、研究生培养与管理、国际合作、联合实验室、《中国麻业科学》《中国麻业信息》、图书资料、科研平台、科学仪器设备计划、仪器设备试剂招标、采购以及国家麻类产业技术体系办公室等工作的管理部门，是所学术委员会、中国麻类作物学会（协会）等学术机构的日常办事机构。

处长：主持全面工作，负责科技规划与总结、学科建设、科研立项与组织实施、规章制度制（修）订、重大成果培育及申报。

副处长：协助处长工作，负责国际合作与交流、学术会议、横向合作、科研产出与科技成果管理、科研绩效审核、科研物资采购。

4. 成果转化处

成果转化处主要职责是全所科技服务、科技下乡、科技开发、知识产权管理、成果转化、技术示范、基地管理、开发经营管理、房屋租赁、所属企业（中心）管理、所企（地）合作等工作，是所成果转化和技术服务的日常办事机构。

处长：主持全面工作，负责所内外试验基地管理，产业发展规划及相关制度制定，全所科技开发服务与总结，部门人员教育与考核。

副处长：协助处长工作，负责成果转化及知识产权保护与利用，负责成果转化项目与横向合作项目管理，科技兴农、科技扶贫、技术服务与技术咨询，完成所领导交办的其他工作。

5. 财务处

财务处主要职责是全所的财务管理、会计核算、成本核算、资金监管、资金运营、资金筹措、专项资金、国有资产的保值增值、国有资产管理与处置、内部审计、年度预决算、政府采购、所属企业、野外台站、纳税核算、申报上缴、工资、公积金等工作，负责社会保险、公积金、津贴补贴等福利的具体实施工作。

处长：主持全面工作，制（修）定财经管理制度，负责编制全所经费预算、决算及财务收支计划，负责国有资产盘活及财务内部审计。

副处长：协助处长工作，分管住房公积金、税务，基建与修缮项目财务等工作，负责各类支付的复核、所办企业财务监管等工作，负责政府采购、海关年报与进口设备办理。

6. 基建办公室

基建办公室主要职责是全所的基本建设、修缮购置、项目规划、组织实施、竣工验收、设施维护维修、水电暖改造、土地证、房产证等工作的管理部门。

主任：主持全面工作，负责规划制度、规划、基建与修购项目、土建计划、申报、设计、报建、招投标、竣工验收；房屋与设施等维修维护计划预算与验收。

副主任：协助主任工作，负责工程现场管理、仪器设备购置计划、招投标、采购、验收、档案管理、部院项目信息系统的管理等工作。

（二）科研业务部门

1. 种质资源研究室

该研究室由红麻黄麻研究室、亚麻大麻研究室、苎麻研究室等从事种质资源和生物技术相关人员组建而成。以麻类等南方经济作物为对象，研究起源演化与遗传多样性，发掘与利用重要功能基因和核心种质，构建或完善麻类等南方经济作物的核心种质共享服务平台，为新品种选育和产业发展提供基础材料和技术支撑。

2. 南方饲料作物与利用研究室

该研究室主要以苎麻、饲用玉米、饲用稻、饲用草和农作物副产物为对象，创制适应南方种植的优质、高产饲料作物新品种，研发饲料作物资源安全、高效利用新技术与新方法，构建以南方饲料作物与副产物为基质的动物营养配方与利用模式，开展技术示范与推广应用。全面提升南方饲料作物利用技术水平，推动南方畜牧业生产的健康与可持续发展。

3. 一年生麻类育种研究室

该研究室由红麻黄麻研究室和亚麻大麻研究室等相关人员组建而成。主要以红麻、黄麻、亚麻和大麻等主要麻类作物为对象，开展红麻、黄麻、亚麻和大麻等高效育种技术以及抗旱耐盐碱机理及逆境响应机制研究，筛选耐逆育种材料，选育抗旱耐盐一年生麻类作物新品种，并进行试验示范和推广应用。选育出高耐盐和高吸附重金属的麻类新品种，促进麻类产业的持续发展。

4. 多年生麻类育种研究室

该研究室由苎麻研究室和沅江实验站相关人员组建而成。主要以苎麻、荨麻、罗布麻等多年生麻类作物为研究对象，开展高产、优质、适合机械化收获的多功能苎麻育种材料和新品种选育，筛选适合我国种植的荨麻品种，征集罗布麻野生资源并开展驯化研究，开展苎麻等多年生麻类品质、抗性等重要农艺性功能基因定位与发掘。建立多年生麻类作物分子育种技术体系，并用于育种；选育出适合机械化收获的苎麻新品种，实现优质、高产、高效和一麻多用的目标。

5. 特色蔬菜育种研究室

该研究室由引进人才、南方特色作物研究室、质量信息研究室和苎麻研究室等相关人员组建而成。主要以高山萝卜、芦苇笋、姜、葱、蒜及药菜兼用植物为研究对象，开展特色蔬菜种质资源的挖掘与利用，高山萝卜单倍体育种技术与新品种选育技术，高山萝卜和大蒜作物转录组学研究，挖掘萝卜、芦苇笋等特色蔬菜主要功能基因，建立芦苇笋育种技术体系，选育出系列高产优质的萝卜、芦苇笋等南方特色蔬菜新品种，建立萝卜、芦苇笋营养品质评价技术体系及安全评价体系。

6. 栽培研究室

该研究室由设施农业研究室和亚麻大麻研究室等相关人员组建而成。主要以麻类及南方特色经济作物为研究对象，开展在重金属污染、水分胁迫、盐碱地等逆境土壤条件下作物安全生产和优质高效种植技术研究，麻类及南方特色经济作物收获机械研究，农机与农艺融合的作物规模化高效生产技术示范。建立农机与农艺融合的麻类等南方经济作物精准定量、密植高效生产技术体系，实现麻类等南方经济作物规范化、机械化、规模化，以及优质、高产、高效生产。

7. 麻产品研究室

该研究室由设施农业研究室相关人员组建而成。主要以麻类等植物纤维为研究对象，开展麻类等植物纤维和相关环保型浆料品质特性与改良原理和技术，麻类等植物纤维复合材料和产品制造，多功能专用麻纤维膜系列新产品与高效应用技术及机理研究，制定麻纤维产品质量与生产工艺标准，探究产品降解的原理以及对农作物和环境影响的应答机制，提出麻纤维产品质量评价指标与标准。

8. 生物加工研究室

该研究室由生物加工研究室等相关人员组建而成。主要以麻类等经济作物为研究对象，开展农产品生物降解的高效菌株选育、生物制剂制备及复合酶剥离非目标组分的作用机理研究，生物制剂在麻类等农产品加工中应用技术研究，挖掘酶活性高、适应性广和环境友好的微生物种质，筛选高效微生物菌株，研究酶催化农产品中非目标组分剥离的高效作用机理以及副产物综合利用技术，形成高效、清洁型微生物农产品加工技术和工艺。

9. 植物保护研究室

该研究室由引进人才、设施农业研究室、生物加工研究室、质量信息研究室、沅江实验站等相关人员组建而成。主要以麻类、高山萝卜等南方经济作物为研究对象，开展重要有害生物的生物学、致灾机理与综合防控技术研究，建立以抗（耐）病品种、高效生防菌、抗体利用等为基础的病虫害绿色防控技术体系，在生产上推广应用。

（三）试验台站

沅江试验站针对麻类、水稻、蔬菜、饲料、果树等南方经济作物，开展新品种和新技术试验示范与集成应用，重要农艺性状长期定位观测，科技培训、成果展示与转化应用。将沅江试验站建成中国农科院沅江综合试验站，为洞庭湖生态经济区建设提供科技支撑。

站长：主持沅江试验站全面工作，负责行政和党务方面工作，试验站发展规划、制度制定、接待、综合治理、安全生产、条件与人才建设、退休、物业管理等工作。

副站长：协助站长工作，负责科研试验方面工作，成果展示、推广、开发、试验项目的发展规划、申报、考核、核算、实施方案、研究课题的申报、麻类体系沅江试验站日常工作等。

（四）新技术推广中心（锦农农业科技有限公司）

承担麻类所麻类与经济作物研究成果的推广与应用及后勤社会化服务工作，包括新品种、新材料、新技术的示范与推广；农业科技服务、作物种植、农药与优良农作物种子生产与销售。麻产品、麻原料生产与销售；化学药品、实验材料与实验仪器、农机销售；麻类所安全保障、绿化、水电管理、车辆租赁及卫生服务等。

董事长：负责中心全面工作、分管财务与人事工作。

总经理：负责中心日常工作与经营管理。

副总经理：分别负责种子、农药，麻产品、实验药品与仪器销售，后勤工作。

第四节　职工队伍建设

一　职工人数

2008—2017 年 10 年内，职工人数有所增加，由 2008 年的 279 人增至 2017 年的 299 人；至 2017 年年底，在职职工 171 人（含内退职工 1 人），离退休职工（含退养人员 4 人）128 人（表 2-7 至表 2-11）。从 2008 年始，在职干部工人数量发生逆转，之后在职干部逐年增多，从 2008 年在职干部 91 人逐渐增加到 2017 年的在职干部 119 人；在职工人日渐减少，从 2008 年在职工人 84 人减少到 2017 年的 52 人。

表 2-7　2008—2017 年麻类所职工人数统计　（单位：人）

年份	在职职工（含内退职工）			离退休职工（含退养人员）			合计
	小计	干部	工人	小计	离退休干部	退休工人	
2008	175	91	84	104	41	63	279
2009	178	98	80	108	42	66	286
2010	172	98	74	111	40	71	283
2011	174	102	72	110	41	69	284
2012	174	104	70	111	43	68	285
2013	173	108	65	111	43	68	284
2014	177	116	61	112	42	69	289
2015	178	117	61	114	46	68	292
2016	168	112	56	123	52	71	291
2017	171	119	52	128	55	73	299

表 2-8 2017 年年底各部门在职职工名录（171 人） （单位：人）

部门名称	姓 名	合 计
所领导	陈万权，邱化蛟，王朝云，李德芳，吕江南	5
办公室	孙进昌，郑科，廖勇凤，张瑞香	4
党办人事处	刘珊，王真栋，刘娟，占莎	4
科研管理处	朱爱国，黄思齐，吕拓，唐超，赵浩含，杨瑞林	6
成果转化处	汤清明，邓欣，龙正武	3
财务处	童华兵，侯文新，蒋群策，樊融	4
基建办公室	胡镇修，栾明宝，文立云，叶春玲，胡建辉	5
种质资源研究室	粟建光，唐蜻，戴志刚，许英，程超华，杨泽茂，邓灿辉，刘婵，高红，文海兵，方冬兵	11
南方饲料作物与利用研究室	戴求仲，刘头明，唐守伟，朱四元，侯振平，王延周，吴端钦，郑霞，林谦，王满生，周龙辉，陈青	12
一年生麻类育种研究室	赵立宁，陈安国，李建军，唐慧娟，常丽，潘根，李育君，张翠萍，晏正生，文少科	10
多年生麻类育种研究室	喻春明，陈平，陈建华，陈继康，王晓飞，孙志民，高钢，陈坤梅，谭志坚	9
特色蔬菜研究室	肖爱平，梅时勇，杨喜爱，冷鹃，陈小军，廖丽萍，刘亮亮，张冀芳，黎宇，张翠娥，肖清明	11
栽培研究室	王玉富，龙松华，郭媛，邱财生，马兰，郝冬梅，刘佳杰，王慧，周韦，钟国乾，范志芳	11
麻产品研究室	谭志坚，易永健，周晚来，汪洪鹰，李懋，余旺，杨媛茹，吴永新	8
生物加工研究室	彭源德，成莉凤，段盛文，谢纯良，冯湘沅，朱作华，龚文兵，刘志远，杨琦，周映君，张琼虎，彭正红	12
植物保护研究室	严准，高春生，余永廷，曾粮斌，李智敏，孙向平，程毅，严理，陈佳，郭利桃，聂纯武，文传如	12
沅江试验站	杨辉，陈权，郭兵，文少玻，毛虎龙，贺建红，王飞跃，荣裔，文建云，陈建斌，聂仕良，李新园，肖赛彪，宋益，江国建，文建平，文纲佑，谢建军，宋龙，谢朝辉，邓建光，文永忠，姜卿，谢文辉，严真，黄雪云，邓国华，苏晏，文绍明，郭孟科，邓继红	31
新技术推广中心	龚友才，贺正金，陈基权，尹志成，胡陵，文庆华，张宵滨，陈斌，宋涛，陈胜飞，江国新，胡晓琦，刘泽民	13

表 2-9　2017 年年底离退休干部名录（55 人）

姓　名	性　别	离退休年月	备　注
金杜芳	女	1986.1	离休干部
邝秀明	女	1992.1	副研究员（退评）
杨木林	男	1993.2	研究员（退评）副厅级
黄秀英	女	1993.4	正科级
张辉万	男	1994.5	正处级
严文淦	男	1994.11	研究员（退评）
林华如	男	1994.11	副研究员
汤永海	男	1994.12	副研究员
刘伟杰	男	1995.12	研究员、正处级
吴家琴	男	1995.12	研究员、副处级
黄培坤	男	1996.5	副研究员、副处级
孙庆祥	男	1996.7	研究员、副厅级
黎修惕	男	1996.8	副研究员、副处级
陈迪宗	男	1996.9	助理研究员
肖瑞芝	女	1996.12	研究员
王绍文	女	1997.4	副研究员
邓丽卿	女	1997.8	研究员
罗素玉	女	1997.11	副研究员
宋贻则	男	1998.1	研究员，正处级
韩昌枚	女	1998.1	主治医生
孙家曾	男	1998.2	研究员、副厅级
蒋金根	男	1998.2	副研究员、副厅级
郑长清	男	1998.11	副研究员
胡仲强	男	1998.11	副研究员、副处级
臧舜耕	女	1999.3	主治医生
彭应端	女	1999.6	副科级
陈乐群	男	1999.8	副处级

续表

姓 名	性 别	离退休年月	备 注
张木祥	男	1999.10	研究员、副处级
李树川	女	1999.11	副研究员
汪德金	男	1999.12	正科级
张绍清	男	1999.12	正科级
高德明	男	1999.12	副处级
高育新	男	2007.7	副厅级
王学安	男	2007.12	正科级
夏水湘	女	2009.8	正科级
田小兰	女	2011.9	助理实验师 副处级
谭石林	男	2011.12	副研究员
邓硕苹	女	2012.5	实验员 正科级
谢国炎	男	2012.10	助理研究员 副处级
薛召东	男	2013.9	副研究员
贺德意	男	2014.12	副厅级
熊谷良	男	2015.5	副编审
苏倩萍	女	2015.10	正科级
熊和平	男	2016.2	研究员 正厅级
臧巩固	男	2016.2	研究员 副厅级
徐建斌	男	2016.2	助理经济师 正科级
刘正初	男	2016.4	研究员 正处级
黄晓明	男	2016.7	正科级
杨学文	男	2016.8	副处级
毛昌斌	男	2016.9	正科级
龙超海	男	2017.1	研究员 正处级
黄志辉	男	2017.5	副研究员 副厅级
聂晴岚	女	2017.8	正科级
何宏彬	女	2017.11	实验师
叶明华	男	2017.11	助理经济师 副主任科员

表 2－10　2017 年年底退休工人名录（69 人）

姓　名	性　别	退休年月	姓　名	性　别	退休年月
舒元珍	女	1981.6	龚雪莲	女	2004.11
韶翠英	女	1984.5	罗美华	女	2005.11
冯业华	女	1986.2	龚伏云	女	2006.6
聂志先	男	1986.5	邓雪珍	女	2007.6
张菊兰	女	1987.3	匡艳辉	女	2007.8
毛学东	男	1987.6	文梅香	女	2008.1
叶普钦	男	1987.6	汪志明	女	2008.2
文希林	男	1987.7	陈建华	女	2008.2
宋国光	男	1987.7	刘飞武	男	2009.2
文绍奇	男	1987.12	李建敏	女	2009.5
叶翠云	女	1988.3	董晓燕	女	2009.10
曹秋泉	男	1988.4	陈建新	女	2009.12
丁学先	男	1988.8	宋　伟	女	2010.1
邹利珍	女	1989.6	肖月娥	女	2010.3
钟年春	男	1989.11	邓湘娴	女	2010.6
蔡才冬	女	1990.1	巢利军	女	2010.7
李秀美	女	1991.3	喻国庆	女	2010.8
孟银秀	女	1992.4	黄晓玲	女	2012.8
晏森林	男	1993.3	王水泉	男	2012.11
徐凤妹	女	1993.9	邓红艳	女	2012.12
李明普	男	1994.4	金建兵	男	2013.4
苏桃英	女	1994.5	聂建国	男	2013.11
聂清云	男	1994.11	胡晓瑜	女	2014.1
陈美英	女	1995.5	江国立	男	2014.1
张丽珠	女	1995.5	罗新民	男	2014.9
文传新	男	1997.5	文燕飞	女	2015.12
郭月娥	女	1997.8	贺立元	女	2016.5
肖凤仙	女	1998.3	江运清	女	2016.6
肖连英	女	2000.7	谭柏勋	男	2016.7
陈友枚	女	2001.11	杨进怀	男	2016.8
袁晓桃	女	2001.11	聂亚辉	男	2017.8
姜志娥	女	2002.2	宋　云	女	2017.9
文桂英	女	2003.6	罗平初	男	2017.11
吴正初	男	2004.1	邓湘宁	男	2017.11
李也贵	女	2004.11			

表 2－11 2017 年年底退养人员名录（4 人）

姓　名	性　别	退养年月	姓　名	性　别	退养年月
李廷玉	女	1988.5	陈建明	女	1988.5
刘群香	女	1988.5	张元秀	女	1988.5

二 职工队伍的更新与异动

（一）职工队伍的更新

1. 专业技术人员的扩充主要渠道

一是通过招聘：自 2001 年整体搬迁长沙市以来，麻类所专业技术人员的扩充来源于国家大专院校，以招聘具有研究生学历的毕业生为主，其中直接从事科学研究的人员原则上要求具有博士学位，个别特殊的岗位可以适当放宽。沅江试验站既可以面向社会和大专院校进行招聘，也可以在所内科研人员中进行遴选，被录用人员聘期至少保证 5 年并交纳相应的保证金。2008—2017 年 10 年间，共招聘具有研究生学历的人员共 71 人，其中具有博士学位的 38 人，具有硕士学位的 33 人，期间离职或博士后出站 23 人，增减两抵，共增加高学历职工 48 人。二是通过引进：根据创新工程对高层次人才的需求、麻类所研究领域拓展、学科发展需要，自 2014 年起，引进符合麻类所长远发展和新兴学科拓展需要的中国农科院青年英才计划 A 类、B 类人才各 1 人、D 类人才 2 人。三是通过返聘：根据新老交接和创新团队的需要，从 2017 年起，启动返聘程序，按照“个人自愿，身体健康，团队需要，所里审批”的原则，返聘了 3 名退休科研人员到相关创新团队工作。10 年来，专业技术人员科研干部队伍呈增长态势。

2. 管理人员的扩充主要途径

一是从国家大专院校招聘，原则上要求具有硕士及以上学位的毕业生；二是从内部职工中进行调配；三是将科技人员转入管理岗位，实行“双肩挑”，其中，2016 年 3 月以来，为实现干部管理队伍年轻化，有 4 位科技干部通过竞聘，从科研一线转入职能部门管理岗位。管理干部队伍通过人员精简，实行一人多岗，提高工作效率和管理效能，人员总量保持平衡稳定。

3. 工人队伍总趋势

自麻类所搬迁长沙市后，不再招收工人，因此工人队伍呈现自然减员的态势。一是工人总量只减不增，10 年内先后有 25 名退休工人去世，工人数量从 2008 年的 147 人减少到 2017 年的 125 人，退休工人从 2008 年的 63 人增加到 2017 年的 73 人。二是在职工人队伍日趋减小，从 2008 年的 84 人减少到 2017 年的 52 人（表 2－12）。

表 2-12　2008—2017 年离退休人员情况统计　（单位：人）

年　份	离退休人员情况					中共党员	高级专业技术职务	
	小计	离休干部	退休干部	工人	退养		正高级	副高级
2008	104	3	38	57	6	32	9	13
2009	108	3	39	60	6	33	9	13
2010	111	2	38	65	6	33	11	12
2011	110	2	39	65	4	32	11	13
2012	111	2	41	64	4	33	9	14
2013	111	2	41	64	4	33	9	14
2014	112	2	41	65	4	34	9	15
2015	114	2	44	64	4	35	9	15
2016	123	1	51	67	4	41	12	15
2017	128	1	54	69	4	43	12	16

（二）职工队伍的异动

职工队伍的异动主要来自四个方面：一是在职职工达到退休年龄按期退休；二是离职或博士后出站；三是因疾病、遭遇意外事件、自然死亡等；四是从国家大专院校招录或从外单位调入人员。

2008—2017 年 10 年间，共新进职工 80 人，其中招聘本科以上毕业生 72 人，因领导班子换届、组建中国农科院科技创新团队对高层次人才的需求，从外单位调入 8 人；先后按期退休的职工 47 人；因各种原因离职的 22 人；博士后出站的 1 人；去世职工 31 人（其中在职职工去世 6 人）。与 2007 年相比，新增职工 24 人（表 2-13 和表 2-14）。

表 2-13　2008—2017 年在职职工异动人数统计　（单位：人）

年　份	增加合计	招录研究生或新进站博士后	调　入	减少合计	离退休		离职或博士后出站	死　亡	增减两抵
					干部	工人			
2008	9	9	0	4	0	0	1	0	+5
2009	9	9	0	6	1	3	1	1	+3
2010	4	4	0	10	0	6	4	0	−6
2011	5	5	0	3	1	1	0	1	+2
2012	5	5	0	5	3	2	0	0	0
2013	9	9	0	4	1	5	4	0	−1
2014	11	7	4	7	0	1	3	3	+4
2015	8	7	1	7	3	0	4	0	+1
2016	6	5	1	16	7	4	4	1	−10
2017	14	12	2	11	5	4	2	0	+3

注：当年 12 月离职人员/退休/去世人员统计为次年 1 月减少人员。

表 2-14 2008—2017 年异动职工名录

年份	月份	招录或博士后进站	调入	离职	博士后出站	离退休		死亡
						干部	工人	
2008	1月						文梅香	
	2月						陈建华，汪志明	
	3月							文国铎（退休）
	7月	刘俊江，栾明宝，唐蜻，余永廷，郭刚，马兰，廖丽萍，李懋，朱作华						
	11月			刘俊江				
	12月							昌跃辉（在职）
2009	1月			郭刚				
	2月						刘飞武	
	5月						李建敏	
	6月							聂仕宽（退休）
	7月	刘头明，李智敏，曾粮斌，陈平，郑霞，谭佩莲，陈继康，刘志远						
	8月					夏水湘		
	10月						董晓燕	
	11月	郭媛						
	12月						陈建新	
2010	1月						宋伟	
	2月							董显忠（离休）
	3月						肖月娥	
	6月						邓湘娴	
	7月	朱捍华，张星，向泓超		张星，向泓超			巢利军	
	8月			谭佩莲				
	9月						喻国庆	
	11月			朱捍华				刘恢汉（退休）
	12月	黄思齐						

续表

年份	月份	招录或博士后进站	调入	离职	博士后出站	离退休		死亡
						干部	工人	
2011	4月							陈国斌（退休），文超群（在职）
	5月							吴柏根（退休），张淑珍（退休）
	7月	朱施琴，金友余，吕拓，廖勇凤，易谷秀，周晚来						
	8月							刘月英（退养）
	9月					田小兰		
	12月					谭石林		
2012	1月	温岚						黄棣兴（退休）
	2月							文传如（退休）
	5月					邓硕苹		
	7月	谢纯良，高春生，刘佳杰，卢凌霄						
	8月						黄晓玲	肖中和（退休）
	9月							文国凡（退休）
	10月					谢国炎		
	11月						王水泉	
	12月			易谷秀			邓红艳	
2013	1月			彭瑛			江国立，胡晓瑜	曾晋生（退休）
	4月						金建兵	
	7月	段叶辉，张鑫慧，孙向平，朱娟娟						邓辉（退休）
		谭志坚，谭石勇，丁薇，易晴						
	9月			朱施琴		薛召东		
	10月			严智燕				
	11月						聂建国	邵年珍（退休）
	12月	李辉（进站）						

续表

年份	月份	招录或博士后进站	调入	离职	博士后出站	离退休		死亡
						干部	工人	
2014	1月		陈万权					贺庆山(在职)
	5月			段叶辉				
	7月	孙凯,伍淑	梅时勇	张鑫慧				何石泉(退休)
	8月	朱涛涛		温岚				
	9月						罗新民	何纲强(在职)
	10月							李柏高(在职)
	11月	陈小军,杨媛茹,吴端钦						
	12月	陈佳	戴求仲,严准			贺德意		晏健仁(退休)
2015	1月			卢凌霄				
	2月			易晴				
	3月			谭石勇				
	4月							金友余(退休)
	5月	刘亮亮,杨泽茂				熊谷良		
	6月	龚文兵						李友才(退休)
	7月	陈坤梅,高纲,张冀芳,陈佳						
	8月		贺正金	朱娟娟				
	10月					苏倩萍		
	12月						文燕飞	

续表

年份	月份	招录或博士后进站	调入	离职	博士后出站	离退休		死亡
						干部	工人	
2016	2月					熊和平，臧巩固，徐建斌		
	3月		侯振平					王涤青（在职）
	4月	杨琦				刘正初		
	5月						贺立元	
	6月						江运清	
	7月	王满生，王慧，郭利桃，周韦		伍淑		黄晓明	谭柏勋	
	8月					杨学文	杨进怀	
	9月			陈佳		毛昌斌		
	10月			孙凯，丁薇				
	11月							张怀芳（离休），陈钦英（退休）
	12月				李辉（出站）			
2017	1月	刘娟，占莎，唐超		朱涛涛		龙超海		
	2月	常丽						
	3月		邱化蛟，刘蝉					
	4月							文菊秋（退休）
	5月					黄志辉		
	6月							郎续纲（退休），刘小春（退休）
	7月	赵浩含，樊融，邓灿辉，林谦，余旺，郭兵，周映君				杨瑞林（内退）		
	8月					聂晴岚	聂亚辉	
	9月						宋云	
	10月							邓阳春（退休）
	11月					叶明华，何宏彬	邓湘宁，罗平初	
	12月	潘根				李育君	邓继红	

（三）职工队伍的结构

麻类所职工队伍主要由专业技术人员、管理人员和工勤技能人员组成。

为保证专业技术队伍的质量，根据研究领域拓展和学科发展需要，通过持续从国家大专院校招聘研究生学历的毕业生、加大高层次人才引进力度、选送攻读硕士、博士学位等办法，提高和改善学历结构。具有研究生学历人数从2007年的27人（其中博士2人）增至2017年的78人（其中博士45人）；通过年度专业技术职务职称评聘，培养了一批高级职务职称的科技人员，具有高级、中级专业技术职务职称的科技人员从2008年的27人、19人增至2017年的55人、42人；专业技术人员总量从2008年的73人提高到2017年110人（表2-15、表2-16）。

管理干部队伍（包括双肩挑的科技人员）人数10年来基本保持在20～30人的规模，其中副处级以上领导干部经过2009年和2015年的两次竞聘上岗，基本解决领导干部“上”与“下”的问题，实现了新老干部的正常交替，中层以上领导干部人数2009年年底为22人（所领导6人，专职的中层管理干部5人，兼职中层管理干部11人），2017年年底为34人（所领导5人，专职中层管理干部5人，兼职中层管理干部24人），至2017年年底，中层领导干部27人，平均年龄由2013年的51岁降低到44岁，“70后”6人，“80后”7人；行政管理人员从25%下降到15%。

表2-15 2008—2017年各类人员情况统计 （单位：人）

年份	职工总数	专业技术人员					管理人员						工勤技能人员			
		小计	正高级	副高级	中级	初级及以下	小计	所局级	副所局级	正处级	副处级	科级及以下	小计	技工二级	技工三级	技工四级及以下
2008	175	73	11	16	19	27	21	1	3	3	4	12	84	2	40	42
2009	178	78	15	15	21	27	22	1	5	3	5	8	80	2	67	11
2010	172	76	15	16	34	11	25	1	5	6	8	5	74	2	61	11
2011	174	81	16	18	36	11	29	1	5	5	13	5	72	2	59	11
2012	174	86	18	18	39	11	24	1	5	3	3	12	70	2	57	11
2013	173	89	19	21	36	13	24	1	5	3	3	12	65	2	56	7
2014	177	100	23	24	46	7	24	2	4	3	3	12	61	2	56	3
2015	178	101	22	28	39	12	21	1	3	3	3	11	61	2	56	3
2016	166	101	20	33	41	7	40	2	4	10	16	8	56	2	51	3
2017	171	110	22	33	42	13	40	2	3	10	19	6	52	2	48	2

注：此表信息源自中国农科院各年年鉴的统计，因存在“双肩挑”现象，故管理人员与专业技术人员的数据统计有交叉重叠。

表 2 - 16　2008—2017 年专业技术人员情况统计　　（单位：人）

年　份	科技人员总数	学历情况			学位情况		年龄情况					
		研究生	大学	大专及以下	博士	硕士	35 岁及以下	36～40 岁	41～45 岁	46～50 岁	51～54 岁	55 岁及以上
2008	73	27	34	12	7	27	37	5	16	7	6	2
2009	81	35	34	12	12	30	34	7	17	14	6	3
2010	76	28	36	12	12	23	35	7	3	21	6	4
2011	81	34	35	12	14	32	37	5	5	17	10	7
2012	95	43	34	18	18	33	44	10	5	20	6	10
2013	96	48	31	17	22	32	47	10	5	16	6	12
2014	101	51	33	17	22	38	51	10	6	16	7	11
2015	102	65	26	11	31	34	43	17	8	8	19	7
2016	98	59	30	9	37	28	35	22	9	7	21	4
2017	110	71	31	8	45	33	41	28	10	6	17	8

第二篇

科学研究

第三章　综　述

2008—2017年，是麻类所整体转移长沙后快速发展的10年。根据麻类所“十二五”和“十三五”科技发展规划以及经作中心的成立，在原有作物学科集群、植物保护与微生物学科集群、农产品质量安全与加工学科集群的基础上拓展了园艺学科集群、农业资源与环境学科集群和畜牧学科集群3个新的学科集群，学科领域包括作物种质资源学、作物遗传育种学、作物栽培与耕作、蔬菜种质资源与育种、果树种质资源与育种、农药环境控制与修复、微生物工程、植物病害、植物虫害、动物饲料、农产品加工与功能产品开发、农产品质量标准与检测和农产品质量风险分析与评价。2009年，以麻类所作为国家麻类产业技术研发中心依托单位，麻类体系成为50个现代农业产业技术体系之一；2014年12月，麻类所9个创新团队入选创新工程团队。两大国家农业科技创新体系的建立，促进了麻类所学科领域拓展、人才引进、成果培育、国际合作和平台建设等，既夯实了麻类等传统学科的基础，又拓展了南方饲料资源与利用、特色蔬菜遗传改良等新兴学科，为麻类所向南方经济作物研究所转变奠定了坚实的基础。10年来，麻类所承担的科研项目264项，科研经费累计达到26 394.24万元，留所科研经费达29 523.97万元。

第一节　基础研究

1998—2007年的10年间，麻类所共获得国家自然科学基金2项，2008—2017年获得国家自然科学基金31项，其中2009—2016年，国家自然科学基金年均立项数在4项以下，2017年增加到9项。高水平论文的发表也呈现快速增长态势。2011年SCI论文数5篇，2017年增加到60篇，院选核心期刊或者JCR排名前25%的SCI论文12篇。代表基础研究的奖励也取得了零的突破，“苎麻转录组的研究”获2016年湖南省自然科学奖三等奖。

一　研究领域不断拓展

（一）南方饲料作物种质资源与利用

2014年，从湖南省畜牧兽医研究所引进戴求仲作为中国农科院青年英才D类人才，以苎麻研究室相关课题组的科研人员为基础，组建了中国农科院南方饲料作物种质资源与利用创新团队。2014—2017 年陆续引进青年英才 D 类人才侯振平博士，以及应届博士生吴端钦、王满生和林谦等动物营养与饲料学科专业的人才，就苎麻饲料化、南方饲料玉米、饲料桑和饲用葛藤等开展种质资源利用研究。

（二）特色蔬菜遗传改良

2014 年，从湖北省农业科学院引进梅时勇作为中国农科院青年英才 B 类人才，以麻类检验检测相关课题组为基础，组建了中国农科院特色蔬菜遗传改良团队。2014—2017 年，陆续引进陈小军、张冀芳等蔬菜学科专业的博士生，开展萝卜和芦苇笋等特色蔬菜遗传改良研究工作。

（三）南方经济作物有害生物防控

2014 年，从加拿大引进严准作为中国农科院青年英才 A 类人才，以麻类所植保专业人才为基础，组建了南方经济作物有害生物防控团队，开展麻类作物、萝卜、马铃薯、葱、姜、蒜等南方经济作物有害生物防控研究。

（四）南方农田面源污染治理和葱姜蒜遗传改良

2017 年 10 月 20 日，所长办公会（〔2017〕21 号）研究决定，以中国农科院西南中心、西部中心建立为契机，结合麻类所学科拓展需求和研究实际，新建南方农田面源污染治理和南方葱姜蒜遗传改良团队。

二 建立南方经济作物研究中心平台

为突破以麻类作物为单一研究对象的瓶颈，提出了“两个延伸、一个拓展”的发展思路。“两个延伸”指将麻类作物延伸到饲料作物，将脱胶微生物延伸到农业微生物；“一个拓展”指根据麻类所地处南方的区域优势，将研究领域拓展到南方特色经济作物。为保证学科拓展顺利实施，2011 年 2 月 11 日，中国农科院以农科办科〔2011〕23 号文件向麻类所下达了关于同意成立中心的批复：“同意在你所成立中国农业科学院南方经济作物研究中心，中心为非法人机构的学术性科研协作组织。”组建了南方饲料作物研究室、农业微生物研究室和南方特色作物研究室 3 个研究室。

第二节　重要研究进展

一 麻类等南方经济作物种质资源收集、鉴定、评价和利用

2008—2017 年，随着研究领域的拓展，种质资源研究由传统的麻类资源拓展到萝

卜、葱、姜、蒜、芦苇笋等特色蔬菜，饲用玉米等饲料作物，以及药菜兼用作物。麻类种质资源依托"国家麻类种质资源中期库"和"国家种质长沙苎麻圃"两个国家级创新平台，在国家科技支撑计划、麻类体系、国家科技基础条件平台建设、国家自然科学基金、农业部物种资源保护、中国农科院科技创新工程等项目的支持下，研究水平和创新能力不断提升，我国麻类种质资源总量达 14 489 份，成为全球保存数量最多、遗传多样性最丰富、研究最深入的麻类种质资源基因库，参加的"国家农业种质资源库"获得中国农科院建院 60 周年重大科技成就证书，"中国农作物种质资源本底多样性及技术指标体系应用"等 4 项科技成果分别获国家级或省部级科技成果奖励。

南方特色蔬菜与饲料作物种质资源研究处于起步发展阶段，至 2017 年 12 月，收集保存萝卜种质资源 500 余份，新增不同类型资源 50 余份；大蒜 102 份，其中国内资源 92 份，从波兰、加拿大、墨西哥、安哥拉、孟加拉国等国家引进 10 份；芦苇 100 份；黄精 68 份；药菜兼用资源 409 份；黄秋葵 297 份，其中国内 288 份，国外 9 份；水生蔬菜 156 份，其中莲 147 份，芋 3 份，水芹 2 份，荸荠 3 份，芡实 1 份；饲用玉米种质资源 108 份，创制玉米自交系材料 120 份。

二 麻类等南方经济作物高效育种与推广应用

2008—2017 年，共选育出麻类等南方经济作物新品种 63 个。主持完成的优质高产苎麻新品种中苎 1 号获 2008 年中国农科院科技成果奖一等奖，"主要麻类作物专用品种选育与推广应用"获 2009 年中华农业科技奖一等奖，"高产优质多抗中红麻系列品种的选育与推广"获 2011 年中国农科院科技成果奖二等奖。

"主要麻类作物专用品种选育与推广应用"是"十五"以来麻类所通过主持国家"863"计划和国家科技攻关计划项目，联合黑龙江省农业科学院经济作物研究所、福建农林大学、四川省达州市农业科学研究所、华中农业大学、湖南华升株洲雪松有限公司等国内麻类行业主要科研和生产单位共同完成。

育成的高档面料苎麻新品种中苎 1 号，平均原麻产量为 3 300 千克/公顷左右，比对照圆叶青增产 15%。纤维质量优良，纤维细度提高 500 支。利用此原麻首次纺织 300 公支的特高支，生产出了苎麻高档超薄面料。

从 2003 年开始，累计在湖南、湖北、江西、重庆、黑龙江、安徽、河南和四川等省市推广以上麻类新品种面积 71.12 万公顷，新增经济效益 20.89 亿元。

三 苎麻饲料化研究

针对我国蛋白饲料依赖进口、食用菌基质短缺等问题，麻类所在国家科技支撑计划、农业部行业专项和产业体系的资助下，从饲料专用苎麻品种选育入手，充分挖掘苎麻饲用性能，进行副产物资源化加工技术研究，形成了“苎麻饲料化与多用途研究和应用”技术成果，获2013年度湖南省科技进步奖一等奖。

以高蛋白为目标，成功选育出饲料专用苎麻品种中饲苎1号，该品种生长速率快、耐割性强，粗蛋白质22.00%，赖氨酸1.02%，钙4.07%，这3项指标明显高于苜蓿。

提出并推行一麻多用的技术路线，通过机械收剥，获得苎麻纤维及副产物，副产物经青贮发酵后用作草食动物饲料和食用菌培养基质，苎麻生物资源利用率由原来的18%提升到80%以上。

以青贮技术为重点，发明了苎麻副产物加工技术与草食动物饲喂技术，最大限度地保持了营养，且适口性好，在保持肉牛正常生长的条件下，可替代30%的精饲料，降低成本20%以上。“苎麻与肉鹅种养结合研究和应用”获2015年中国农科院青年科技创新奖。

四 高效节能清洁型麻类工厂化生物脱胶技术

“高效节能清洁型麻类工厂化生物脱胶技术”获2016年中国农科院杰出科技创新奖。该成果选育到麻类脱胶广谱性高效菌株DCE-01，具备繁殖速度快、胞外分泌脱胶关键酶、嗜好甘露糖、工艺成熟标志明显等特点，以及快速剥离7科8种麻类农产品中非纤维素的能力；整体发明麻类工厂化生物脱胶工艺与关键设备，在工厂化可控条件下，用预处理机组对农产品进行预处理，将高效菌剂活化并扩增至蓝绿色菌液、地表水稀释菌液并接种到麻类农产品上发酵至蓝色、灭活、洗麻机组洗麻、漂白等，获得保留固有形态结构和优良特性的天然纤维，采用固液分流、生物氧化等综合措施，实现工业废水达标排放。

解决了沤麻方法存在的“规模化生产难、与水产养殖业争夺水源、环境污染严重、产品质量不稳定”，化学脱胶方法的“消耗大量化学试剂和能源、环境污染严重、强酸强碱对纤维产生‘淬火’变性”，以及生物—化学联合脱胶技术的“两种作用机制并存导致工艺技术复杂”等问题。整体技术具有节能、减排、降耗、资源高效利用等特点，总能耗节省66%，无机和有机污染物处理负荷减轻96%和95%，废气废渣排放量减少70%，生产成本降低21%，纤维资源利用率提高47%，目前已在13家企业推广应用，建成示范工程5个。

五 环保型麻纤维膜生产及应用技术

“一种麻地膜的制造工艺及其制备的麻地膜”于2010年获中国专利优秀奖；“环保型麻地膜”获第十四届中国国际高新技术成果交易会优秀产品奖；“环保型麻地膜及其制造技术”获2010年湖南省技术发明奖三等奖；“环保型麻地膜的研究与应用”2011年获中国农科院科学技术成果奖二等奖。2007年起，在国际科技合作项目、农业部行业专项等项目支持下，结合麻类体系和创新体系任务，在麻地膜基础上，针对水稻机插育秧中存在的问题，通过产品配方和制造工艺改进，研制出麻育秧膜，探索出麻育秧膜水稻机插育秧技术，并获得 2 项发明专利和 2 项实用新型专利授权。其中，“育苗基布及其制造方法”2015 年获中国专利优秀奖，麻育秧膜获第十五届中国国际高新技术成果交易会优秀产品奖。麻育秧膜水稻机插育秧技术在湖南、黑龙江、湖北、浙江等省大面积示范和推广。2014 年农业部科技发展中心组织专家对“麻育秧膜研制及其在水稻机插育秧中的应用”进行了科技成果评价，以刘旭院士、罗锡文院士领衔的专家组一致认为：该成果为国内外本领域独创，整体技术达到国际先进水平，对促进水稻生产全程机械化和提高水稻产量具有重大作用，同时将有效带动麻类产业的发展。2015 年该成果获中国农科院杰出科技创新奖，2016 年，“麻育秧膜研制及其在水稻机插育秧中的应用”获湖南省科技进步奖三等奖，2017 年，“环保型农用麻纤维膜产品及其应用技术”获中华农业科技奖三等奖。

第四章 南方经济作物种质资源研究

随着麻类所“以南方经济作物为主要研究对象，以麻类作物为重点，应用基础和应用研究相结合”的科研方向的确立，种质资源研究从传统的麻类作物种质资源研究拓展到特色蔬菜、南方饲料、药菜兼用植物和其他麻类种质资源等研究方向，在作物种类、种质资源考察收集、鉴定评价、创新利用和遗传机理分子解析等基础研究方面，取得了一批重要的、具有自主知识创新的成果。

第一节 麻类作物种质资源研究

2008—2017年，通过麻类体系麻类种质资源岗位、农业部麻类作物种质资源保护、科技部麻类种质资源平台项目和国家科技支撑计划项目等项目获得的年300万元研发经费的稳定支持，依托“国家麻类种质资源中期库”和“国家种质长沙资源圃”两个国家级创新平台，麻类所已成为全球保存资源数量最多、遗传多样性最丰富、系统研究最深入的麻类遗传资源研究中心。在资源收集保存、整理编目、鉴定评价、繁殖更新、创新利用、资源分发和服务产业，以及运用形态学、分子生物学等方法，开展栽培种、野生种和近缘物种遗传多样性、起源演化、基因源解析、分子身份证构建、优异基因定位与挖掘等方面取得了一批原创性成果，促进了麻类科学研究和产业发展。在2017年农业部对全国56个国家库圃的考评中，国家麻类种质中期库和国家种质长沙苎麻圃分别被评为优秀和优良等级。麻类所参加的“国家农业种质资源库”获中国农科院建院60周年重大科技成就证书；参加研究的“中国农作物种质资源本底多样性及技术指标体系应用”和“中国农作物种质资源技术规范研制与应用”于2009年分别获国家科技进步奖二等奖和北京市科技进步奖一等奖；“无性繁殖作物种质资源收集、标准化整理、共享与利用”于2010年获浙江省科技进步奖二等奖；“黄/红麻种质创新与光钝感强优势杂交红麻选育及多用途研究与利用”于2015年获福建省科技进步奖二等奖。10年新增麻类种质资源3 232份，增长率28.7%。截至2017年12月底，麻类所保存麻类资源6科6属65种（含亚种或变种）14 489份（苎麻2 058份、红麻2 175份、黄麻2 237份、亚麻6 847份、大麻883份、青麻289份），详见表4-1。

表 4－1　麻类所麻类种质资源保存种类及数量

作　物	科　名	属　名	物种数（种）	数量（份）
苎　麻	荨麻科 *Urticaceae*	苎麻属 *Boehmeria*	27	2 058
红　麻	锦葵科 Malvaceae	木槿属 *Hibiscus*	14	2 175
黄　麻	椴树科 *Tiliaceae*	黄麻属 *Corchorus*	12	2 237
亚　麻	亚麻科 *Linaceae*	亚麻属 *Linum*	8	6 847
大　麻	大麻科 *Cannabinaceae*	大麻属 *Cannabis*	2	8 83
青　麻	锦葵科 *Malvaceae*	青麻属 *Abutilon*	2	298
合　计			65	14 489

一　苎麻种质资源研究

苎麻属（*Boehmeria Jacq.*）植物全世界约有 120 余种，分布于热带和亚热带地区，其中约 75 种分布在亚洲。中国约有 35 种 11 变种，主要分布在北纬 19°～36°。2008—2017 年的 10 年间，按照《中华人民共和国种子法》的有关规定，加强与全国优势苎麻研究单位协作，坚持“广泛收集、妥善保存、深化鉴定、共享服务”的工作原则，在苎麻种质资源的搜集保存、鉴定评价和创新利用等方面进行了系统研究。

2008—2017 年，主持承担各类科研项目 26 项，其中国家自然基金 3 项，资源圃提质改造项目 1 项，获得资助经费 1 141.98 万元。获得国家奖 1 项，省部级奖 2 项；发表论文 25 篇，发布行业标准 2 个；获得授权发明专利 6 项。

（一）搜集与保存

2008 年湖南省遭遇 50 年一遇的低温冰冻，国家种质长沙苎麻圃的种质材料受害严重，全部野生种质及部分栽培种质均有不同程度的损害。在相关项目资助下，经过几年的努力，苎麻圃保存的种质基本得到恢复。

2011—2017 年，先后赴湖南、广西（广西壮族自治区，全书简称广西）、云南、海南、贵州、浙江、西藏（西藏自治区，全书简称西藏）、江苏、安徽、福建等 10 余省区搜集苎麻属种质资源，共采集到野生近缘种 13 种及变种，鉴定为白面苎麻（*Boehmeria clidemioides*）、灰绿水苎麻（*B. macrophylla var. canescens*），长叶苎麻（*Boehmeria penduliflora*）、微绿苎麻（*Boehmeria nivea var. viridula*）、滇黔苎麻（*Boehmeria pseudotricuspis*）、帚序苎麻（*Boehmeria zollingeriana* ）、束序苎麻（*Boehmeria siamensis*）、疏毛水苎麻（*Boehmeria pilosiuscula*）歧序苎麻（*Boehmeria polystachya*）、大叶苎麻（*Boehmeria longispica*）、水苎麻（*Boehmeria macrophylla*）、序叶苎麻（*Boehmeria clidemioides var. diffusa*）、双尖苎麻（*Boehmeria bicuspis*）等，并从上述省（区）搜集到的栽

培种苎麻种质资源200余份，包括一些特异种质。

至2017年年底，国家种质长沙苎麻圃保存种质19种8变种共2 058份。在农业部的资助下，2016年启动了国家麻类种质资源圃改扩建工程。新圃规划建设于麻类所沅江试验站基地，计划2018年竣工。

为安全保存苎麻种质资源，对现有大田种植保存方法进行创新研究，探讨了苎麻种质资源超低温保存和水培保存技术。苎麻种质资源水培保存在室内进行，保存种质资源安全，工艺简单，管理方便，外界环境影响小，不同基因型的苎麻都适用。苎麻水培保存方法已申请国家发明专利。

（二）鉴定评价与整理

按照《苎麻种质资源描述规范和数据标准》和《苎麻种质资源鉴定技术规程》开展苎麻种质的鉴定评价工作。2008—2017年，对764份苎麻种质材料的农艺性状、纤维纺织性能、饲用性状和部分生物学性状进行了评价鉴定。新发掘高产、优质、抗逆性强的材料29份，可作育种亲本材料利用，筛选出镉富集潜力较高的种质37份。

制定了《苎麻种质资源的对外交流名录》，并对1 623份种质进行分类，其中一类679份，二类944份。为了规范苎麻种质资源描述和鉴定评价技术标准，2013年和2016年分别制定了农业行业标准《农作物优异种质资源评价规范苎麻》（NY/T 2178—2012）和《苎麻种质资源描述规范》（NY/T 2942—2016）。

（三）资源的共享服务

10年来，为中国检验检疫科学研究院动植物检疫研究所、中国科学院地理科学与资源研究所、中南林业科技大学生物环境科学与技术研究所、江西麻类研究所、湖北省咸宁农科所、湖南大学、华中农业大学、青岛大学、湖南农业大学、川北医学院、中国农科院研究生院、湖南省涟源县政府、汉寿振发苎麻专业合作社、湖南福鹅产业开发有限公司、湖南省溆浦县农民等64家单位199人提供种质2 541份（次）用于科研、教学和生产，社会、经济和生态效益明显。接待荷兰、波兰、俄罗斯、日本、马来西亚等国的专家参观学习。以苎麻种质资源为研究平台，培养研究生11人，其中博士6人，接待来自湖南农业大学、华中农业大学、西北农林科技大学、长江学院等单位毕业实习大学生30余人。

国家种质长沙苎麻圃支撑了麻类体系的苎麻丰产“369”工程、国家自然基金、国家支撑计划、国家重大专项、湖南省自然基金、湖南省科技计划及创新工程等38个项目的顺利实施；支撑获得授权专利10余项，选育新品种2个，制定行业标准2项，发表论文50余篇；支撑了“苎麻饲料化与多用途研究和应用”“苎麻与肉鹅种养结合研究和应用”“苎麻转录组研究”获奖成果的取得。

（四）苎麻资源的分子生物学研究

对苎麻种质资源进行开展了分子标记、基因鉴定、分子身份证、核心种质和遗传多样性等开展了深入研究。成功研发出苎麻主要性状的分子标记和QTL位点，构建了苎麻核心种质、分子身份证和世界上第一张遗传连锁图谱，初步查明了苎麻种质遗传多样性和纤维发育基因表达特性。有关研究获得国家专利4个，发表在*Industrial Crops and Prod-*

ucts 等期刊。

二　红麻黄麻种质资源研究

2008—2017 年，红麻、黄麻种质资源研究进入良性发展期。运用形态学、分子标记和高通量测序等方法，开展红麻黄麻栽培种、野生种和近缘植物资源的遗传多样性、起源演化、基因源分析、分子身份证构建、优异基因定位与挖掘等基础研究，取得了一些原创性成果。

（一）资源考察收集与国外引种

通过国内考察收集和国外引种，新增红麻、黄麻及其野生近缘植物种质资源 7 个物种 711 份。

组建资源考察队对海南三亚、陵水、乐东，福建福州、漳浦，安徽六安、叶集，河南信阳等地，开展黄红麻资源地理分布调查，收集育成品种、地方品种、野生资源及遗传材料 561 份，其中红麻 328 份，黄麻 233 份。

通过派出和请进专家等形式，引进国外资源 150 份，其中红麻 92 份（孟加拉国 44 份、马来西亚 25 份、俄罗斯 10 份、赞比亚 8 份、贝宁 5 份），黄麻 58 份（孟加拉国 45 份、俄罗斯 10 份、马来西亚 3 份）。引进资源中，野生近缘植物资源 17 份（红麻 11 份、黄麻 6 份），如红麻近缘种 *Hibiscus calyphyllus*，黄麻近缘种 *Corchorus fascicularis* 等。

截至 2017 年 12 月，“国家麻类种质资源中期库”安全保存红麻及其野生近缘植物资源 14 种 2 175 份、黄麻及其野生近缘植物资源 12 种 2 237 份，保存数量分别位居世界第一位和第三位。

（二）资源保存与繁殖更新

2012 年 11 月，国家麻类种质资源中期库投入使用。2015 年，通过种质资源专业实验室建设，搭建了优异种质资源筛选、功能基因组和生物信息学 3 个平台；购置了一批相关的仪器设备，建成了可控温温室、植物组织培养室、种子接纳整理室、活力检测室和种子晒场等基础设施，提升了麻类种质资源种子的安全保存能力和研究创新能力。

为了保证存库资源的安全，定期对种子活力检测，当库存种子的发芽率低于 70%或保存的种子数量少于入库数量一半时，及时进行繁殖更新确保种质遗传完整性。年监测 1 000～1 200 份次，在海南三亚、湖南望城和沅江、福建漳州对生活力较低、库存量较少和利用率高的资源进行繁殖更新，10 年更新 1 826 份（4 590 份次）。

（三）整理编目与繁种入库

2013—2017 年，按照新建设的库房标准，对入库种子开展标准化整理与入库定位。完成了 1 900 份红麻和 2 100 份黄麻资源的标准化整理整合和种子入库工作，每份种质的种子发芽率、含水量、繁种地点、繁种年份等信息录入“麻类中期库种质资源标准化管理数据库”，实现了资源种子实物和数据信息的统一管理。对未编目和新收集或引进资源经两年编目性状的鉴定后，按照新的编目标准和原则进行编目，10 年新编目 1 066 份（红麻

627 份、黄麻 439 份）。

根据《国家农作物种质资源管理规程》要求，2008—2017 年，完成黄麻红麻提交国家长期库保存 1 182 份（红麻 767 份、黄麻 415 份），入麻类中期库 1 206 份（红麻 651 份、黄麻 555 份）。

（四）鉴定评价与创新

1. 农艺性状鉴定

2008—2017 年，在海南三亚、湖南望城和沅江、福建福州和漳州开展农艺性状鉴定评价。对 2 166 份（红麻 1 265 份、黄麻 901 份）种质资源的生育期、形态特征和经济性状进行调查，每份资源采集原始鉴定数据 90～100 个，经整理后获得鉴定数据约 10 万个。补充完善了红麻、黄麻种质资源性状鉴定数据库，筛选出一批强光钝感、优质、高营养成分的优异种质。

2. 特性鉴定

2012—2014 年，在江苏大丰沿海滩涂地（土壤盐浓度 0.3%～0.5%）完成了 25 份黄麻大田耐盐碱鉴定，综合评价出强耐盐碱种质 6 份；2014—2017 年，在海南海口完成了 220 份红麻种质 4 年田间和盆栽抗根结线虫精准鉴定，筛选出高抗红麻根结线虫种质 10 份；2016—2017 年，在湖南长沙完成了 52 份长果黄麻水培耐盐（NaCl 浓度 250 毫摩尔/升）鉴定，筛选出强耐盐种质 1 份（O-3，盐害指数 20.9%）、耐盐种质 3 份、盐强敏感种质 1 份。

3. 种质创新

利用自然变异、辐射诱变、远缘杂交等手段开展种质创新。经多年多点鉴定、评价和筛选，创制优异新种质 11 份。其中，红麻高产（纤维产量 270 千克/亩以上）、优质、抗倒伏的 3 份，高产、晚熟（长江流域生育期 210 天以上）、抗倒伏的 2 份，高产、强光钝感（低纬度地区生育期 150 天以上）的 2 份；黄麻高产、优质、耐盐碱种质 2 份，高产、重金属吸附力强的 2 份。

4. 共享服务

（1）分发利用：秉着“开放供种、高效利用”的原则，不断提高资源利用的服务意识。面向全国，积极主动与种质利用者沟通交流，网络、田间展示等多途径发布各类资源信息，按程序及时供种。2008—2017 年，向国内 30 家单位（企业 13 家）97 人次分发种质 3 076 份次（年均约 300 份次）、资源信息咨询 600 多份次、提供数据信息 1.5 万余个，种质利用效率有了明显提高。

（2）宣传展示：优异种质田间展示为种质利用者了解资源工作最新成果提供了一个便捷、直观的宣传窗口，为种质资源研究与利用者搭建了相互沟通和交流的平台，提高了资源利用效率。2008—2017 年的 10 年间，在海南三亚、湖南长沙和沅江、福建漳州和福州、浙江杭州、安徽六安、河南信阳 8 个展示点，结合多点综合鉴定评价，向红麻和黄麻种质利用者展示了高产、优质、强耐盐碱、耐旱、功能型特色资源等优异种质 50 份（300 份次），累计现场参观人数 500 余人次，现场预订种质材料 16 份（145 份次）。

（3）服务成效：红麻、黄麻种质资源供种为基础研究、育种、环境保护、生产和教学提供原始创新材料或优异种质材料。10 年间，支撑了麻类体系、国家科技支撑计划、国家自然科学基金项目、农业行业专项、创新工程、省（部）级科技计划项目，以及地方市级科技项目 30 余项；育成新品种 34 个，其中红麻 24 个，黄麻 10 个，支撑获得成果奖励 3 项，培养博士研究生 2 名、硕士研究生 15 名，发表重要论文 30 篇（SCI 15 篇）。

（五）基础研究

运用形态学、分子标记和高通量测序等方法，对红麻黄麻栽培种、野生种和近缘植物资源的遗传多样性、起源演化、基因源分析、分子身份证构建、优异基因定位等方面开展了研究。构建了黄麻高密度遗传图谱、红麻种质资源分子身份证，发掘出黄麻高通量分子标记、黄麻抗逆境优异基因，解析了红麻种质遗传完整性的影响因子。研究结果发表于 *Scientific Reports*、*Biotechnology & Biotechnological Equipment*、*Genome*、*PLoS ONE*、*Genes* 等学术期刊。

三　亚麻大麻种质资源研究

（一）考察收集与国外引种

2008—2017 年，通过国内考察收集和国外引种，新收集亚麻大麻种质资源 4 个种（*L. usitatissimum* L.、*L. nutans* Maxim、*L. grandiflorum* Rubrum、*Cannabis sativa* L.）2 234 份（亚麻 1 733 份、大麻 501 份）。

派出资源考察队分赴广西、贵州、安徽、河南、江苏、浙江、吉林、黑龙江、甘肃、青海、内蒙古（内蒙古自治区，全书简称内蒙古）、云南、西藏等省（区），收集育成品种、地方品种、野生资源及遗传材料 675 份，其中亚麻 544 份（含胡麻 138 份），大麻 131 份；2017 年 9 月，接收国家种质资源长期库转交的“十　五”“十二五”西部和沿海地区作物种质资源考察项目收集的资源 142 份（亚麻 69 份、大麻 73 份）。

通过学者出访或请进专家带入等多种途径，引进国外资源 1 417 份，包括主栽品种、野生资源，及优质、特异遗传材料等类型，其中亚麻 1 120 份（俄罗斯 1 019 份、加拿大 38 份、波兰 48 份、法国 5 份、以色列 5 份、土耳其 2 份、美国 1 份、阿根廷 1 份、匈牙利 1 份）；大麻 297 份（俄罗斯 293 份、波兰 4 份）。如亚麻多年生野生资源 Euxinum、黄色种皮资源 Amazon，以及稀有多胚种质和光钝感种质等，大麻无毒种质 Santhica27、雌雄同株低毒资源等。

截至 2017 年 12 月，麻类所保存亚麻及其野生近缘植物资源 8 种 6 847 份，大麻及其野生近缘植物资源 2 种（亚种）883 份，亚麻资源保存数量居世界前列。

（二）编目与繁种入库

完成了 2 416 份亚麻大麻资源的标准化整理整合和种子入库，其中亚麻 2 001 份（含胡麻 632 份）、大麻 415 份，同时，将每份入库种子的发芽率、含水量、繁种地点、繁种年份等录入“麻类中期库种质资源标准化管理数据库”。对之前未编目或新收集资源，经两年的性状鉴定后，按新制定的编目原则和标准进行编目，10 年完成新编目 2 147 份（亚麻 1 358 份、胡麻 631 份、大麻 158 份）。尚未编目入库的种质在国家中期库临时保存。

根据《国家农作物种质资源管理规程》要求，2008—2017 年，提交国家长期库保存 2 320份（亚麻 1 480 份、胡麻 675 份、大麻 165 份），入麻类中期库 2 234 份（亚麻 1 386 份、胡麻 668 份、大麻 280 份）。

（三）鉴定评价与创新

在甘肃兰州、黑龙江哈尔滨和大庆开展亚麻、大麻农艺性状鉴定。完成了 2 403 份（亚麻 1 482 份、胡麻 511 份、大麻 410 份）种质资源的植物学形态、经济性状、产量性状、品质性状和抗病虫等鉴定评价。获得鉴定数据约 10 万个。补充完善了亚麻、大麻种质资源性状鉴定数据库，筛选出一批高产、优质、抗病虫、功能型优异种质。

2012—2015 年，在年降水量不足 40 毫米的甘肃敦煌，采用抗旱指数法对 275 份不同类型的胡麻种质资源进行耐旱性鉴定。筛选出强抗旱种质 35 份；构建了胡麻萌发期、苗期、成株期抗旱性鉴定评价的方法、指标以及抗旱性分级标准，促进了胡麻种质资源不同生育时期的抗旱性鉴定评价技术的精准化和规范化，并制定了《胡麻抗旱鉴定评价技术规范》国家标准。

以黑亚 16 为材料，进行不同处理浓度和时间的 EMS 诱变研究，确定最佳诱变浓度和时间为 0.3%处理 24 小时，已获得 11 份 M_5代抗逆性强且综合性状优良的突变体材料。

通过不同性别类型、THC 含量、不同生育期材料的杂交，开展大麻种质创新。获得具有优质、早熟等不同优异性状新种质 10 份。

（四）共享服务

向国内 25 家单位（企业 8 家）78 人次分发种质 1 574 份次（年均约 150 份次）、资源信息咨询 500 多份次、提供数据信息 1 万余个；高产、优质、强抗旱、抗病虫、功能型资源等优异种质在黑龙江哈尔滨和大庆、甘肃兰州和敦煌等田间宣传展示 200 份次，现场累计参观人数 350 人次，现场预订种质材料 150 份次。

亚麻、大麻种质资源供种为基础研究、育种、环境保护、生产和教学提供原始创新材料或优异种质材料。10 年间，支撑了麻类体系、国家特色油料产业技术体系 2 个，国家科技支撑计划、国家自然科学基金项目、农业行业专项、创新工程、省（部）级科技计划项目，以及地方市级科技项目 40 余项；育成亚麻、大麻新品种 17 个，支撑成果奖励 5 项，培养研究生 12 名，发表重要论文 25 篇（SCI 10 篇）。

（五）优异种质的利用

2008—2017 年，大麻优异种质龙大麻 1 号、USO-31、D2012-1 等在东北麻区种植面积 25 万亩，占东北大麻种植面积的 50%以上，为麻农和企业创收6 000多万元；近年来筛选的 CBD 含量 3%以上、THC 含量低于 0.3%的优异医药用工业大麻种质 3 份，经进一步创新后可产业利用，推广应用前景广阔。

（六）基础研究

建立了一种快速得到纤用大麻再生植株的方法、农杆菌介导的大麻基因转化体系以及一种大麻快速扩繁的方法，开展了大麻种质资源遗传多样性的细胞遗传学研究与ISSR分析、基于SLAF-seq的亚麻重要农艺性状的GWAS分析、亚麻种质资源木酚素含量及农艺性状分析与评价、不同类型亚麻种质资源脂肪酸组分相关及变异特点分析和亚麻NBS类抗病基因家族全基因组分析等研究工作，研究结果发表在*GENET MOL RES*、*Frontiers in plant science*等学术期刊上。

第二节　特色蔬菜种质资源研究

特色蔬菜种质资源与遗传改良创新团队2015年成立，主要从事萝卜、芦苇笋、药菜兼用作物种质资源与遗传改良研究。

一　萝卜种质资源研究

（一）萝卜种质资源的收集保存

至2017年12月，共收集保存萝卜种质资源500多份，包括樱桃萝卜、绿皮绿肉、白皮白肉、红皮白肉、绿皮红肉、紫皮白肉等萝卜类型，分别来自中国华北、东北、华中、华南、西南，以及日本、韩国等不同地区与国家。对这些资源进行了成熟期田间鉴定，调查叶长、叶宽、根形、根色、叶片数、开花等重要农艺性状。

（二）萝卜种质资源的鉴定与评价

主要研究内容有：萝卜种质硫代葡萄糖甙组分及含量分析；萝卜种质耐热性研究；萝卜种质根肿病室内鉴定研究。

二　葱属种质资源研究

2014年，麻类所根据学科转型和拓展需要，拓展葱属作物的研究。4年来，已在SCI刊源杂志发表论文5篇，申请发明专利4项。目前研究所的葱姜蒜团队作为牵头单位，联合山东农业大学、西北农林科技大学等院校，启动了大蒜基因组测序工作。

（一）葱属种质资源收集鉴定

（1）大蒜：自2014年来，先后收集了大蒜种质资源102份，其中国内资源92份，波兰、加拿大、墨西哥、安哥拉、孟加拉等国外资源10份。2015—2016年，对种质资源的鳞茎性状，包括鳞茎直径、鳞茎重量、瓣长、瓣厚、瓣宽、瓣宽厚比、大蒜素含量等进行了鉴定评价。另外，先后与徐州农业科学院、山东农业大学、西北农林科技大学等单位达成资源互换协议。

为了对大蒜资源进行鉴定，麻类所在国内外率先利用大蒜转录组序列大规模开发了大蒜 SSR 标记，并利用这些 SSR 标记完成了收集的大蒜种质资源 DNA 鉴定。研究结果于 2015 年在 *Molecular Breeding* 上发表。

（2）藠头：湖南、江西是藠头的主产地，麻类所先后从各主产地收集藠头资源 23 份。利用藠头的转录组序列，开发了 1 494 个 SSR 标记，并基于这些 SSR 标记完成了这 23 份藠头的遗传多样性鉴定。发现来源于湖南北部的两个藠头资源，其 DNA 序列与野生藠头亲缘关系最近，为研究藠头驯化起源地提供了支撑。

（3）韭葱：收集了韭葱资源 3 份，其中，中国的 2 份，加拿大的 1 份。

（二）葱属种质资源利用主要研究

葱属物种比较转录组研究和葱属作物重要基因鉴定，研究结果分别在 *BMC Genomics*、*PLOS One* 等杂志上发表。

三 芦苇笋种质资源研究

在湖南环洞庭湖区、湖北环洪湖湖区、江西环鄱阳湖湖区、江苏太湖湖区、河北白洋淀区、云南澜沧江及滇池等地、长江中上游（重庆、宜宾等地）、四川省岷江及沱江等水系、甘肃酒泉、新疆昌吉等 10 余个省（直辖市、区）共收集不同生境的 100 余份芦苇种质资源用于荻苇优良品种的选育。已对获得的数千株芦苇实生苗进行初步分析，选育出芦苇笋种质资源 1 份；与相关生物公司合作，开展荻苇的简化基因组测序及分析和荻苇多倍体育种前期实验，并拟配合分子标记辅助育种技术开展延长芦苇笋采收期研究工作。

四 黄精种质资源研究

从安徽、河南、湖南、广东、广西以及云南等我国 14 个省 38 个县市收集了 68 份黄精属种质资源，经过鉴定后发现其中包括黄精（*Polygonatum sibiricum*）、滇黄精（*Polygonatum kingianum* Coll. et Hemsl）、多花黄精（*Polygonatum cyrtonema* Hua）、湖北黄精（*Polygonatum zanlanscianense*）、卷叶黄精和玉竹［*Polygonatum cirrhifolium*（Wall.）Royle］6 个种。开展了黄精微卫星分子标记、黄精多糖检测等研究工作。

五 药菜兼用作物种质资源

开展特色功能蔬菜研究，筛选、收集、驯化、培育药食兼用植物，发展具有一定药用功能的药食兼用型蔬菜。2015 年 3 月开始通过网上、产地购买、采集等方式，收集种子、种苗、种蔸等药食兼用型资源 326 份。2017 年收集药菜资源 83 份。

2015 年通过考察土壤、海拔、常年气温等条件，选择在湖北省恩施州利川市龙潭村租用 1.6 公顷土地建立了药菜资源圃，并建立 1.2 公顷可遮阴的钢架大棚，用于种植喜阴的药菜资源，共入圃资源86份。

第三节 南方饲料作物种质资源研究

2015年，随着麻类所进入创新工程第三批试点，南方饲料作物资源与利用创新团队成立，主要研究方向是以南方特色饲料作物资源饲用苎麻为主攻对象，拓展苜蓿、饲用葛、金荞麦、饲用玉米等其他饲用作物资源，发掘南方潜在优质饲用作物资源，解析饲用性状分子机制，培育高蛋白优质饲用作物品种；开展农机与农艺结合的饲用作物栽培技术研究，研制相关的配套机械；探讨作物饲料中有毒有害物质及抗营养因子分离、鉴定与消减技术，筛选高效、低成本饲料化加工与储存新技术；开展饲料作物的生物学效价评定，研究其对畜禽生长及肉品品质的影响，并阐述其内在作用机理；经过近3年的研究，主要获得如下重要进展。

一 资源收集、保存与性状分析

（一）饲用苎麻和玉米资源

饲用苎麻具有粗蛋白含量高，生物产量高，一年可收获多次的多年生作物特性。2016年4月，农业部印发的《全国种植业结构调整规划（2016—2020年）》中，明确将苎麻调整为饲草作物。至2017年12月，共搜集国内饲用苎麻资源350份，收集饲用玉米资源108份。

（二）其他南方饲料作物资源

针对南方地区处于由温带向亚热带与热带气候过渡的气候带特点，高山、丘陵、平原、坡地交互的地貌特点，从2015年开始至2017年年底，本着“广度”与“深度”并进的资源收集原则，通过野外收集、同行交换、购买等途径共收集饲料作物8个科共计212份，包括葛藤［*Argyreia seguinii*（*Levl.*）*Van. ex* Levl］、苜蓿（*Medicago*）、金荞麦（*Fagopyrum dibotrys*（D. Don）Hara）、籽粒苋（*Amaranthus hypochondriacus* L.）、桑（*Morus alba* L.）、构树（*Broussonetia papyrifera*）、黑麦草（*Lolium perenne* L.）、菊苣（*Cichorium intybus* L.）、象草（*Pennisetum purpureum* Schum）和王草（*Pennisetum purpureum* K. Scbumacb、*P. typhoideum* Rich）等。

为开发南方饲料作物在生产中的应用价值，对收集的资源进行了饲用价值评价分析，结果表明，饲料桑的干物质含量为最高，显著高于饲用苎麻和葛藤中的含量；饲用苎麻的粗蛋白含量最高（22.38%），显著高于饲料桑和葛藤中的粗蛋白质含量；葛藤的粗脂肪含量显著高于饲用苎麻和饲料桑；饲用苎麻、饲料桑和葛藤之间的总能无显著差异；饲料桑中总必需氨基酸含量最高（7.40%）显著高于葛藤中的含量，与中饲苎1号中的含量无显著差异。

根据上述作物的植物学特性进行资源圃的种植规划，将多年生、非种子繁殖资源以活体形式保存在沅江饲料作物种质资源圃麻类所长沙创新试验基地，一年生种子繁殖的品种采取 3～5 年进行一次繁种，保存在种子储存柜中。

二 优异资源的筛选及种质创新

（一）饲用苎麻的材料创制

创制出饲用苎麻青叶株系 50 株，筛选出产量高、耐刈割品系 3 个；配制饲用青叶性状苎麻自交组合 120 个，杂交组合 30 个；对优异饲用青叶苎麻品系在长沙和沅江开展了品比试验；

（二）饲用玉米的材料创制

收集饲用玉米资源 108 份，创制玉米自交系材料 120 份，配制杂交组合 25 个，2018 年通过筛选获得 5 个优异的饲用玉米杂交组合，这些材料分别保存在麻类所长沙创新试验基地和麻类所沅江石矶湖试验基地。

三 南方饲料作物资源饲用性状分子机制研究

（一）遗传多样研究

对 135 份饲用苎麻资源进行了 RAPD 和 SSR 遗传多样性鉴定，并分析了这些资源材料之间的亲缘关系，获得饲用苎麻资源材料特有的分子特征。

（二）南方饲料作物资源分子特性研究

针对饲用苎麻粗蛋白含量性状，本团队从苎麻基因组和转录组数据中筛选出 4 个 *GS* 基因，8 个 *NRT* 基因，19 个 *Dof*1 基因，1 个 *NLP*7 基因，经片段测序，现已克隆出 2 个 *GS* 基因，1 个 *NRT* 基因，构建了两个基因的超表达载体 pBI121-*GS*1、pBI121-*NRT*6；用于亚细胞定位的荧光蛋白载体 pBI221-GFP-*GS*1、pBI221-GFP-*NRT*6。从转录组与基因组中挑选了 19 个 *Dof* 家族基因，筛选与苎麻氮代谢相关的 *Dof* 基因。qPCR 实验验证，分析数据筛选到 4 个候选 *Dof* 基因。已经克隆出 *Dof*14，其 pBI121-*Dof*14、pBI221-GFP-*Dof*14，pGBKT7-*Dof*14（用于酵母双杂和转录激活实验）载体已构建成功。

四 南方饲料资源饲用营养评价

（一）南方饲料作物资源青贮调制

（1）青贮材料筛选：2016 年，对本团队搜集的饲用玉米品种材料进行灌装青贮比较研究，筛选出两个饲用玉米材料：Z-10 及 Z-12。pH 值分别为 3.82 和 4.97，颜色接近原料的色泽，茎叶纹理结构清晰可见，芳香味浓，发酵品质定级为1级优等。

（2）混合青贮研究：2015—2017年，进行了饲用苎麻与稻草不同比例的混合青贮研究，找到较合适的混合青贮材料配比规律。

（3）不同饲用苎麻长度对其青贮特性研究：筛选出合适的青贮材料长度。

（二）南方饲料作物在动物喂养中的营养评价

2015—2017年重点针对饲用苎麻资源材料在朗德鹅、黑山羊及奶牛中的应用开展了相应的研究，获得了饲用苎麻在这些动物中的应用价值。青贮饲用苎麻在朗德鹅、黑山羊及奶牛中具有较好的利用价值，表明青贮饲用苎麻可作为饲草在这几种动物中应用。

（1）朗德鹅：2016年，开展了不同刈割高度整株饲用苎麻和成熟期苎麻叶的营养成分及其对朗德鹅的饲用价值研究，结果发现，饲用苎麻的刈割高度与成熟期的叶子在干物质、粗蛋白质、总能、钙含量及总氨基酸含量有明显差异。

（2）黑山羊：开展了不同长度的饲用苎麻青贮对黑山羊瘤胃发酵及纤维素酶活性的影响，结果发现饲用苎麻青贮长度对瘤胃果胶酶、羧甲基酶、木聚糖酶和滤纸纤维素酶活性无显著影响。

（3）奶牛：2017年，研究了苎麻青贮替代饲粮中苜蓿干草对奶牛生产性能、乳成分及血清指标的影响，结果发现，苎麻青贮替代苜蓿干草对奶牛干物质采食量、产奶量及乳成分含量均无显著影响；苎麻青贮替代苜蓿干草对血清中总蛋白、白蛋白、葡萄糖、甘油三酯、谷胱甘肽过氧化物酶含量，以及谷草转氨酶、谷丙转氨酶活性均无显著影响。

第四节　其他作物种质资源研究

从2009年开始，麻类所启动了黄秋葵、莲等的作物种质资源研究工作。经过近10年的努力，在考察收（征）集、鉴定评价、优异种质的创新利用等方面，取得了一定进展。

一 青　麻

（一）考察收（征）集与编目

从海南三亚、湖南沅江、湖北十堰、黑龙江呼兰、陕西合阳、河南安阳、福建泉州、浙江萧山、河北邯郸、四川内江、吉林辽源、山西太原、北京延庆等地，收集到青麻地方品种、野生资源和遗传材料85份，通过中国农科院棉花所专家外出，从美国夏威夷带回2份青麻。截至2017年12月底，国家麻类种质资源中期库收集保存青麻资源289份，已编目166份。

（二）鉴定评价与繁种入库

完成了200份种质资源的生育期、形态特征和经济性状数据的采集，每份资源采集原始鉴定数据约 50 个，经整理后获得鉴定数据约 0.6 万个，补充完善了青麻种质资源性状鉴定数据库。繁殖种子经清选、生活力检测、烘干、称重等程序后，提交国家长期库保存 60 份，入麻类中期库 179 份。

2009 年，与农业部科技发展中心合作，开展了“植物新品种特异性、一致性和稳定性测试指南——青麻”的研发和制定工作，2013 年 12 月 13 日，正式制定农业行业标准（NY/T 2481—2013）。

（三）基础研究

开展了青麻种质资源亲缘关系与遗传多样性研究和青麻 DUS 测试指南的研制工作。制定了《植物新品种特异性、一致性和稳定性测试指南——青麻》行业标准，2013 年由农业部颁布实施。

二 黄秋葵

黄秋葵嫩鲜果作为一种营养价值高的新型保健蔬菜，具有很大的市场开发潜力和价值。作为红麻的一个近缘物种，早在 2005 年就被纳入种质资源研究团队的研究对象，从 2009 年开始，团队加强了蔬菜和特种用途的研究，已在种质资源收（征）集、国外引进、鉴定评价和创新利用等方面，取得一定进展。

（一）考察收集与保存

2011 年以来，在福建、江西、海南等地考察收集黄秋葵地方品种、野生资源和遗传材料 138 份，截至 2017 年 12 月底，国家麻类种质资源中期库保存黄秋葵及其野生近缘植物资源［*Abelmoschusesculentus* L.、*Abelmoschusmanihot*（Linn.）Medicus］2 种 297 份。

（二）鉴定评价与创新

2010—2017 年，完成了 295 份黄秋葵种质资源的生育期、形态特征和经济性状等鉴定。

获得一批优异、特异创新后代材料。其中 5 份新种质已通过安徽省非主要农作物新品种鉴定登记。

（三）优异种质利用

2014—2017 年，黄秋葵优异种质漳州秋葵、萍乡秋葵、中葵 1 号、中葵 3 号等，在湖南长沙和沅江、福建福州和漳州、浙江萧山、安徽六安、河南信阳、海南三亚、湖北十堰等地示范推广与试种 1 000 亩，推广利用前景广阔。

三 莲及其他水生蔬菜

（一）考察收集与保存

2015 年 8 月底，组成 4 人考察队赴湖南省 10 县市进行了水生蔬菜资源的调查，收集莲资源 20 份，其他水生蔬菜资源 9 份（芋 3 份、水芹 2 份、荸荠 3 份、芡实 1 份）；通过学术交流等其他途径收集莲资源 42 份（花莲 27 份、籽莲 13 份、藕莲 2 份；2016 年收集莲资源 85 份。通过大号陶瓷缸保存的手段，在麻类所长沙创新试验基地组建了莲等水生蔬菜保存圃，截至 2017 年 12 月底，该圃保存了莲等水生蔬菜 5 科 5 属 9 种 156 份。

（二）鉴定评价

2015—2016 年，在麻类所长沙创新试验基地对莲资源开展了生育期、形态特征、经济性状等鉴定工作。初评出单位面积蓬数较多种质 1 份（白雪公主），单蓬籽粒数多的种质 1 份（大红袍）；从杂交莲的后代中初步选出一个具有丰花性状的子代。

第五章　南方经济作物遗传育种研究

第一节　麻类作物遗传育种研究

一　苎麻育种研究

2008—2017 年，在麻类体系苎麻育种岗位、创新工程多年生麻类遗传改良、国家支撑计划、农业行业专项、国家自然科学基金和湖南省自然科学基金等科研项目的资助下，开展了优异种质创制、多用途苎麻品种的选育、全基因组和转录组测序、分子标记开发、重要性状的基因定位、工厂化育苗、氮代谢机理、多用途利用以及抗逆方面的研究。研究领域向罗布麻、荨麻等多年生麻类拓展。育成了中苎 2 号、中苎 3 号 2 个苎麻新品种，在国家区试中，产量均列当年区试第一。中苎 2 号于 2009 年 12 月通过全国品种鉴定。中苎 3 号于 2014 年 5 月通过湖南省非主要农作物品种鉴定，2016 年通过全国品种鉴定。2010 年获中华农业科技奖一等奖 1 项，2013 年获湖南省科技进步奖一等奖 1 项。

二　红麻黄麻育种研究

（一）红麻育种研究

2008 年以来，在麻类体系红麻育种岗位、创新工程一年生麻类遗传改良团队的资助下，麻类所红麻育种工作承前启后，先后承担国家、省部级、院级和国际合作项目共 18 项，其中国家自然科学基金项目 2 项，涵盖了红麻基础研究、不育系的选育、杂种优势利用、杂交育种和推广示范等方面，共育成红麻新品种新组合 24 个，包括全国品种中杂红 328 等 4 个，省级登记品种中杂红 1501 等 15 个，省级登记红麻雄性不育系 LC0301A 等 5 个。这些成果先后在全国麻区大面积推广，取得了显著的经济效益和社会效益。

（二）黄麻育种研究

黄麻新品种选育方向主要分为纤维品种选育与菜用黄麻品种的选育。黄麻纤维育种目标以高产、优质、多抗为育种目标；菜用黄麻育种目标则是以分枝性好、腋芽生产快、高钙、高钾、高黏多糖为主。2008—2017 年共选育各类黄麻品种 14 个，其中菜用黄麻品种 4 个；引进鉴定消化利用的纤维黄麻品种 2 个；自主选育的纤维用黄麻品种有 8 个。如利用航天育种的方法，成功选育出优质圆果黄麻新品种中黄麻 2 号、中黄麻 3 号。利用国外优良种质，经过多代选择，育成了综合性状好、纤维产量高的黄麻品种中黄麻 4 号、中黄麻 5 号，2011—2012 年全国黄麻区域试验，在参加区试的 8 个品种 8 点 2 年的区试中，中黄麻 4 号纤维产量居第一位，打破了我国长果黄麻纤维产量低于圆果品种的历史，成为目前种植面积最大的黄麻品种，2013 年通过了农业部组织的专家认定与命名。

三 大麻育种研究

2008 年以来，在麻类体系分子育种岗位、创新工程一年生麻类遗传改良团队经费的稳定资助下，麻类所大麻育种工作先后承担国家、省部级和院级和国际合作项目共 13 项。特别是通过国际合作，引进了大麻种质 248 份，其中雌雄同株种质 11 份、无毒大麻 2 份、低毒大麻资源 10 份、高 CBD 大麻 4 份和双胚种质 1 份，为大麻育种提供了紧缺的资源。育成新品种新组合 8 个，其中常规优良品种 5 个，杂种优势组合 3 个。

大麻新品种选育方向主要分为纤维品种、籽用品种与药用高 CBD 品种的选育。选育的大麻品种主要由杂交选育而成，目前已经鉴定登记的品种有中大麻 1 号等 8 个。近年针对市场需求，开展了大麻高 CBD 品种选育研究，获得一批高 CBD 品系，正在进行新品系比较试验。开展了大麻分子标记和遗传多态性研究，包括大麻 THC 含量相关的分子标记的筛选、大麻性别相关的分子标记技术及遗传多态性研究，相关研究结果发表在 *PLOS ONE* 和《湖南农业大学学报（自然科学版）》上。

四 亚麻育种研究

麻类所亚麻育种研究起步于 2003 年，在 2008—2017 年间先后承担了国家自然科学基金等亚麻育种相关课题 16 项，亚麻育种工作取得了一定的进展。通过杂交育种、太空诱变育种、化学诱变育种及分子育种等技术手段，共配置杂交组合 800 余份，搭载卫星参与太空育种 3 次，选育优良品系 20 余个，独立登记了中亚麻 2 号、中亚麻 3 号、中亚麻 4 号、中亚麻 5 号、中亚麻 6 号、中亚麻 7 号、中亚麻 8 号、中亚麻 9 号、中亚麻 11 号等 9 个亚麻新品种，分别在吉林、新疆、云南、安徽等省区进行了登记。与黑龙江省农业科学院经济作物研究所合作选育了华亚 1 号、华亚 2 号、华亚 3 号共 3 个品种，分别于 2015 年、2016 年、2017 年在安徽省通过田间鉴定并登记。

开展了亚麻转基因体系研究、韧皮部纤维合成相关基因的鉴定和克隆、韧皮部特异启动子片段表达载体的构建及遗传转化、亚麻分子标记的开发及分子身份证体系的构建等基础研究工作。

第二节　特色蔬菜育种研究

麻类所特色蔬菜育种研究起步于 2015 年，主要开展了萝卜、芦苇笋等作物育种及中药材的蔬菜化育种等工作。

一 萝卜育种

萝卜育种工作主要包括晚薹萝卜育种资源创制、晚薹萝卜雄性不育系创制、晚薹早熟高产优质萝卜优势杂交组合选育等工作。中萝 1 号进口替代型春白萝卜组合于 2016 年通过湖南省农作物品种审定委员会登记，在贵州省威宁县萝卜主产区大规模推广种植。

二 其他特色蔬菜育种工作

（一）芦苇笋实生苗无性系的选育

收集国内不同生态区的芦苇种子 30 余份，播种获得了一批实生苗，筛选优良实生苗无性系留种进行下一轮系谱筛选。

（二）黄精种质资源评价与育种

收集国内黄精种质资源 68 份，建立了黄精育种资源圃，开展了黄精种质资源鉴定评价和实生苗种植试验研究。

（三）几种主要中药材作物的蔬菜化育种

收集湖南、湖北及周边省份药菜兼用作物种质资源 300 余份，建立了药菜兼用作物种质资源圃，开展了中药材作物的蔬菜化育种工作，包括玉竹、大百合、白首乌、栝蒌等。

第三节　全国麻类作物品种试验

10 年来，麻类所作为全国麻类作物品种试验主持单位和国家麻类作物品种鉴定委员会主任委员所在单位，先后组织了 3 次国家级麻类作物品种鉴定和两次麻类作物区试年会，共计鉴定麻类作物品种 20 个，其中鉴定苎麻品种 9 个，黄麻品种 5 个，红麻品种 6 个。

一 全国苎麻品种试验

（一）苎麻新品种（系）区域试验

从2008年起，继续完成2007—2009年全国苎麻品种试验。本轮区试分别在湖南南县、江西宜春、重庆涪陵、四川达州等7省区市的8个区试点进行，参试新品种（系）由中国农业科学院麻类研究所提供的NC01和圆叶青、华中农业大学提供的华苎4号、四川达州市农业科学研究所提供的cz0601、江西省麻类研究所提供的D-801和96-1-2等，其中圆叶青为对照品种。通过3年7个省区市的不同地点的测试，华苎4号、cz0601（川苎12号）等苎麻新品种顺利通过国家级鉴定。

（二）全国苎麻区试和生产试验

根据全国苎麻育种科研的实际和工农业生产的需求，按照全国农业技术推广服务中心农技种函〔2012〕417号文件精神和2013—2015年全国苎麻品种试验实施方案的通知，从2013年起由麻类所组织实施完成了又一轮全国苎麻品种区域试验和生产试验品种（系）共计7个：分别由麻类所、华中农业大学、湖南农业大学、江西省麻类研究所、四川省达州市农业科学研究所提供参试品种。测试分析了各参试品种在3年7个省区市不同地点的产量性状、产量构成因素以及抗逆性、品质特性等。参试品种中，华中农业大学选育的TG5和TG6、麻类所选育的NC03（中苎3号）、江西省麻类所选育的G59、四川达州市农业科学研究所选育的BD0717、湖南农业大学和沅江市农业局联合选育的0501等6个苎麻新品种通过国家麻类品种鉴定委员会鉴定。

二 全国红麻品种试验

按照全国农业技术术推广服务中心农技种函〔2009〕60号《关于印发2009—2010年国家麻类作物品种试验实施方案的通知》，麻类所联合国内有关主产红麻省（区）的农业科研与农业技术推广部门组织实施了2009—2010年国家红麻品种（系）区域试验。参加本轮红麻品种试验的品种系分别由福建农业大学提供的福红9921、闽红优1号、福红航5号、福红951；麻类所提供的的中红麻16号、杂交红麻H328、杂交红麻H368；广西大学农学院提供的红优4号，其中福红951为本轮全国红麻区试和生产试验的对照品种。试验分别在福建漳州国家黄/红麻试验站、广西农业科学院经作所、江西宜春市农业科学研究所、麻类所、浙江省萧山棉麻研究所、安徽省六安市农业科学研究所、河南省信阳市农业科学研究所等7省区的7个试点进行。参加本届国家红麻新品种区域试验的新品种（系）均为晚熟型品种，其中有4个杂交组合，4个常规品种。通过2年7个省区的不同地点试验，参试品种在产量性状、产量构成因素以及抗逆性、品质特性方面表现出差异。最终通过国家级鉴定的品种有：杂交红麻H368、中红麻16号、杂交红麻H328、福红9921、闽红优1号、红优4号。

三 全国黄麻品种试验

按照全国农业技术术推广服务中心农技种函〔2011〕81 号《关于印发 2011—2012 年全国黄麻品种试验实施方案的通知》，麻类所联合国内有关主产黄麻省（区）的农业科研与农业技术推广部门组织实施了 2011—2012 年全国黄麻品种（系）区域试验。参加本轮黄麻品种试验的品种系分别由福建农林大学提供的福黄麻 1 号、福黄麻 2 号、黄麻 179、福建省农业科学院提供的闽黄 1 号、中国农科院麻类所提供的 C2005-43、Y007-10、宽叶长果等 7 个品种（系）组成，其中黄麻 179 为圆果种对照，宽叶长果为长果种对照。承试点和承试单位设在全国黄麻主产区。分别为华南麻区：福建漳州国家黄/红麻试验站、广西农业科学院经济作物研究所 ；长江流域麻区：江西省宜春市农业科学研究所、麻类所(湖南沅江试验站)、湖南南县农业局、浙江省萧山棉麻研究所；黄淮海麻区：安徽省六安市农业科学研究所、河南省信阳市农业科学院等 8 个试点。参加本轮全国黄麻新品种（系）区域试验的 7 个新品种，其中有 5 个园果种，2 个长果种。由 2 年 7 个省（区）的 8 个不同地点的测试结果统计分析表明：参试品种在产量性状、产量构成因素，以及抗逆性、品质特性方面均表现出不同程度的差异。最终通过国家级鉴定的品种有：福黄麻 1 号、福黄麻 2 号、闽黄 1 号、C2005-43、Y007-10。

第四节 苎麻属无融合生殖研究

无融合生殖是自然界中存在的一种不发生核融合的生殖方式，在被子植物中指发生在植物胚珠中不经过精卵结合形成胚、以种子进行繁殖的生殖方式，能产生遗传上与母本完全一致的后代，因此在农业上具有潜在的利用价值，是国际前沿研究的热点之一。

麻类所在 20 世纪 90 年代研究发现国产苎麻属植物中存在一批无融合生殖的种，随着分子技术的快速发展，苎麻无融合生殖研究进入了快速发展阶段。2011 年以来苎麻属无融合生殖研究共获得两个国家自然科学基金和一个湖南省自然科学基金面上项目支持。10 年来，悬铃叶苎麻的无融合生殖研究进展主要包括：建立了苎麻胚珠整体透明技术、苎麻流式细胞技术等生殖方式鉴定新技术；建立了悬铃叶苎麻无融合生殖相关 SSR 分子标记技术，获得可能与无融合连锁的分子标记；在赤霉素代谢相关基因研究分析中发现很可能与无融合生殖的发育有关的 *BtGASA*-2、*BtGASA*-3 基因；基于转录组差异分析发现，*AGO*、*AP*2、*E*3*s* 基因可能在悬铃叶苎麻二倍体孢子生殖中起了关键作用。并推测二倍体孢子生殖要求激活相关联的特别通路的大量基因的表达，研究结果发表在 *Scientific RepoRts*；开展了全长转录组测序研究。

第六章　南方经济作物栽培与收获技术研究

第一节　麻类作物栽培研究

一　苎麻栽培技术研究

2009年，麻类体系设立苎麻生理与栽培岗位。由原苎麻育种课题主要研究人员抽出骨干组成课题组。课题组主要针对苎麻种植过程中产量潜力的挖掘、农机与农艺融合、高效生产和抗逆栽培及克服连作障碍技术等进行研究与应用。经过10年的攻关研究，主要获得如下重要进展。

（一）苎麻高效生产技术与示范

根据麻类体系“十二五”主要任务的部署，苎麻生理与栽培岗位参加了平原湖区的“369”工程和缓坡地“248”工程技术研究，与麻类体系沅江苎麻试验站合作，分别在湖南沅江石矶湖试验基地和湖南汉寿龙潭桥村开展“369”和“248”工程技术研究，完成了苎麻“369”工程技术的目标。在技术操作过程中，获得国家发明专利“一种坡耕地苎麻栽培方法”。通过坡耕地栽培有效技术措施，实现苎麻坡耕地“248”工程技术的任务目标。

（二）苎麻连作障碍发生规律及其相关基因的筛选

苎麻连作数年后苎麻出现生长缓慢、败蔸等连作障碍现象，严重降低了产量和经济效益，影响麻农种麻积极性。2013年开始，苎麻生理与栽培课题组得到国家自然科学基金的支持，开始从事苎麻连作障碍因子的机理研究。2015年和2017年又分别获得国家自然科学基金常规面上项目的资助。通过几年的攻关，获得如下重要进展：初步探明苎麻连作障碍的发生特点及主要影响因子；获得了长江流域4个不同地区连作苎麻根际所特有的根际微生物类型。

（三）苎麻抗逆研究

（1）以中苎2号为研究对象，研究干旱胁迫下外源水杨酸对苎麻可溶性蛋白和可溶性糖、叶片和韧皮部相关酶活性等生理机制及其生长发育的影响。发现在干旱胁迫下，外源水杨酸能够明显缓解植物体内相关酶活性的降低，维持植物正常生长，增强苎麻植株对干旱胁迫的耐受性。

（2）采用纸上培养法，对中饲苎1号种子耐盐性进行研究，结果中饲苎1号种子对4种钠盐的耐盐强弱顺序为 $NaCl > Na_2SO_4 >$ 复合盐 $> Na_2CO_3$。

（3）进行了镉胁迫处理下苎麻生理研究，初步筛选耐镉较好的品种。

（四）苎麻循环收割技术研究

课题组承担国家“十二五”支撑计划任务，开展苎麻脱胶鲜皮循环收获技术研究，结果发现，循环收割对苎麻产量不会产生减产作用。

（五）纤用苎麻饲草化刈割模式的研究

以纤用苎麻中苎2号为研究对象，通过调查研究不同高度处理下的生长性能、产量和饲用品质的变化，确定了一年内不同时间段的饲草化的最佳刈割高度。

二 亚麻、大麻栽培研究

2008年以来，亚麻栽培研究一直受麻类产业体系支持，先后开展了亚麻高产栽培技术研究、亚麻少免耕栽培技术研究、亚麻抗倒伏栽培技术研究、亚麻淹水胁迫应答研究。大麻栽培技术研究得到创新工程项目的支持，开展了高产栽培及脱叶剂筛选等研究。

（一）亚麻高产栽培研究

根据云南省的气候特点和耕作制度，2008—2014年在云南大理州、西双版纳州开展了亚麻高产栽培试验，通过品种筛选、播期优化、病虫害防治、水肥配套、合理密植、适合收获期收获等因素研究，集成建立了一套适合云南省亚麻生态区的高产栽培技术，这套技术包括：选用良种、适时播种、合理密植、科学施肥、肥水管理、化学除草、适时收获等技术环节。2014年在云南大理州宾川县进行技术示范。

通过一系列试验研究，亚麻高产种植“255”工程获得重大突破：小区试验均超过12 000千克/公顷，超过世界亚麻栽培最先进国家法国7 500千克/公顷60%，达到了世界顶尖水平。

（二）亚麻少免耕栽培研究

2009年开始在云南西双版纳、楚雄、大理和湖南的沅江等地开展亚麻少免耕栽培试验，耕作方式上主要开展了全免耕、沟土覆盖、浅耕覆土、浅耕覆草，以及覆盖方式的研究，同时开展了品种优化、抗旱剂筛选、病虫害防治、水肥配套、合理密植、适合收获期收获等配套技术因素的研究，到2014年整合出一套适合云南亚麻生态区的亚麻免耕种植技术。

初步摸索出湖南多雨地区比较理想的免耕种植模式：以水稻田为前作，11月将较高稻桩割掉，直接撒籽，然后盖稻草一薄层，稻草厚度约0.2千克/平方米，有效播种密度2 000粒/平方米。

（三）亚麻抗倒伏栽培研究

倒伏是我国亚麻主产区经常面临的种植难题，一旦发生倒伏，将会严重影响亚麻产量和质量，机械化收获也无法顺利开展，大大降低麻农的种植效益和种植积极性。10 年来通过在湖南、山东等地积极开展亚麻抗倒伏试验，研究建立了亚麻抗倒伏栽培技术。

此外，开展了淹水胁迫诱导的亚麻基因表达谱、亚麻科学施肥、亚麻抗盐碱种植、亚麻复种秋菜、大麻高产高效栽培、工业大麻脱叶剂等研究工作。

第二节　南方经济作物栽培研究

一　糖蔗品种筛选试验

2016—2017 年从广西、广东、贵州及我国台湾等地引进 11 个热带亚热带品种北移到湖南沅江和汉寿进行比较试验，筛选出湖南地区适宜种植的糖蔗品种黔蔗 06-212。

二　果蔗品种筛选试验

从广西、贵州引进 8 个果蔗品种，连同 2 个湖南省本地农家品种（青皮和红皮）共 10 个品种进行比较试验，桂果蔗 1 号、广东黄皮是湖南当地农家品种最好的替代品种。

三　果蔗增甜调控试验

湖南地区由于气候等因素，果蔗口感不如广西等热带地区好，最主要原因是糖分含量偏低。开展了包括各种营养元素、植物激素、抗逆调控剂等在内的多种药剂组合处理研究，获得显著提升果蔗糖分的调控方案。

第三节　重金属污染耕地修复

麻类所自 2014 年起开始了一系列利用韧皮纤维作物和其他南方经济作物进行重金属污染耕地的植物修复研究，如苎麻、亚麻、红麻、黄麻、木薯等。

一 苎麻修复镉污染农田

主要研究内容有：耐镉苎麻品种水培和盆栽筛选研究，选出了 5 个吸镉能力最强的品种进入大田耐镉筛选试验；镉高富集苎麻新品种选育研究，评价在镉污染大田中种植的苎麻饲用安全性；苎麻修复镉污染农田的大田试验；镉污染农田苎麻品种筛选，筛选出镉富集效率是最高的品种 1 个。

二 亚麻修复镉污染农田

主要研究内容有：耐镉亚麻品种筛选，筛选出中亚 1 号等 15 份平均隶属函数值在 0.8 以上的强耐镉亚麻品种；亚麻镉胁迫盆栽试验，结果说明亚麻具有镉超富集能力，是重金属污染土壤的良好修复植物；亚麻在镉污染耕地的品种筛选，从 18 个参试品种中筛选出镉的富集能力均较强的 Y2I329，可以作为重金属污染土壤的植物修复材料进行大面积推广示范；水稻—亚麻轮作方式修复重金属污染农田试验研究。

三 红麻修复重金属污染农田

主要研究内容有：红麻在重金属污染农田的品种筛选研究，筛选出一些镉富集能力较强的品种；可降解型螯合剂促进红麻富集重金属的研究，结果表明螯合剂对红麻植株吸收镉有明显影响；红麻废弃物再利用研究，制备得到磁性纤维素/聚谷氨酸复合材料。

四 重度污染农田替代种植技术

开展了重金属污染农田木薯的品种筛选研究。

第四节 麻类作物生产机械研究

“十一五”后期，麻类作物生产机械的研究进入麻类体系，得到国家有关部委的项目资助，麻类机械科研经费得到保障，机械科研取得较大进展；2015 年麻类机械研究进入创新工程作物栽培与收获技术创新团队，开展以麻类剥制收获机械为主的南方经济作物收获机械研究。2008 年以来，麻类机械课题组先后主持了公益性行业（农业）科研专项课题“麻类收获机械工艺技术研究”（nyhyzx07-018-04，2007—2010），“麻类体系剥制机械岗位”（nycytx-19-E20，2008—2010），“麻类体系初加工机械与设备岗位”（CARS-19-E21，2010—2015），麻类体系初加工机械化岗位（CARS-16-E21，2016—2020），国家农业科技成果转化项目“双滚筒苎麻剥麻机的中试与示范”（2014GB2D200213，2014—2016），国家重点研发计划子课题“苎麻收割机夹持输送系统设计研究”（2016YFD0701404-02，2016—2020），中国农科院院长基金“大麻鲜茎剥皮机的研究”（2010—2011），湖南省科技计划项目”高效苎麻剥麻机的研究”（2009NK3148，2009—2010）；参加了农业部“948”引进项目“麻类收获机械技术的引进”课题［2006-G18（A），2006—2010］，创新工程“南方经济作物栽培与收获技术创新团队”（ASTIP-IBFC06，2015—2020）和国家科技支撑计划项目“苎麻收割技术与装备”（2010BAD02B02，2010—2015）等课题。

2008—2017年，麻类机械课题组先后研制出4BM-260型苎麻剥麻机、横向喂入式自动苎麻剥麻机、4HB-480型黄红麻剥皮机、4BM-780型黄红麻剥皮机、4BD-400型大麻鲜茎剥皮机等麻类机械，苎麻和黄红麻剥麻机在主产麻区推广应用。“苎麻、黄红麻剥麻机械的研制与应用”2012年获得中国农科院科学技术成果奖二等奖，“苎麻剥麻机的研制与应用”2014年获得湖南省科技进步奖三等奖。10年间获得发明专利5项，实用新型专利16项，发表论文23篇。

一 苎麻生产剥制机械研究

从2008年开始，麻类机械课题开展了苎麻剥麻机的研究，研制成4BM-260型苎麻剥麻机和横向喂入式自动苎麻剥麻机，并在主产麻区推广应用。

（一）4BM-260型苎麻剥麻机研究

研制成功4BM-260型剥麻机，在湖南沅江市、南县、张家界，重庆涪陵区，江西省宜春市和分宜县等地推广应用，为农民节约剥麻成本。该机获得国家实用新型专利，并于2012年获得中国农科院科学技术成果奖二等奖，2014年湖南省科学技术进步奖三等奖。

（二）横向喂入式自动苎麻剥麻机研究

研制成功了横向喂入式苎麻剥麻机，可大幅度地提高剥麻工效。该机已获得国家发明专利和湖南省科学技术进步奖三等奖。

（三）双滚筒苎麻剥麻机的中试与示范

从2010年起，麻类所将4BM-260型双滚筒苎麻剥麻机委托长沙桑铼特农业机械设备有限公司生产，形成了年产1 000台麻类剥制加工机械的生产能力。同时，借助国家麻类产业技术体系的推广网络和长沙桑铼特农业机械设备有限公司已有的营销网络在全国主产麻区进行苎麻剥麻机示范与推广应用。到2016年10月，已在全国各苎麻主产区示范推广双滚筒苎麻剥麻机580余台，机械剥麻面积达6 566.67公顷，为植麻农民节约剥麻支出1 000万元，带动农民增收3 000余万元。

二 黄麻、红麻生产剥皮机械研究

研制成功 4HB-480 型黄麻、红麻剥皮机，该机能大大减轻红麻剥皮劳动强度，剥皮沤麻可减少水源污染，有效改善生产生活环境。是我国黄麻、红麻种植大户和麻纺企业及其他加工企业原料基地理想的剥皮机。该机已获得实用新型专利和中国农科院科学技术成果奖二等奖。

三 大麻生产机具研究

2010 年起，机械课题组开展了大麻鲜茎剥麻机和大麻干茎剥麻机的研究工作，在大麻力学特性研究、大麻碎茎试验研究、大麻干茎剥麻机的研究、大麻鲜茎剥皮机的研究等一系列研究的基础上，2014 年研制出 4BD-400 型大麻鲜茎剥皮机，2017 年研制出 4BM-800 型大麻干茎剥麻机第一代样机。样机于 2014 年 7 月在安徽省六安市大麻试验站召开了“大麻收割与剥制机械试验示范现场会”，受到植麻农民的好评和欢迎。

第五节　南方经济作物生产机具研究

自“十三五”期间，麻类所确定了“以南方经济作物为主要研究对象，以麻类作物为重点，应用基础和应用研究相结合的社会公益性国家级农业科研机构”总体定位。在此大背景下，麻类机械课题针对麻类所南方经济作物研究领域的拓展，开展了饲用苎麻收获机和饲用苎麻切碎机的研究，进行了南方马铃薯收获机械前期探索研究。

一 饲用苎麻收割机械的研究

自 2016 年起，机械课题组承担了麻类体系初加工机械化岗位和创新工程南方经济作物栽培与收获技术创新团队的研究任务，为解决饲用苎麻青贮收获难的问题，开展了饲用苎麻收割机的研究工作。

（一）4GM-185 型饲用苎麻收割机研究

2016 年中国农科院联合佳木斯东华收获机制造有限公司，在现有茎秆收割机基础上，研制改装了 4GM-185 型饲用苎麻收割机。开展了苎麻机械化收获农机与农艺相结合技术研究，以适应苎麻的机械化收获作业要求。

（二）饲用苎麻联合收割机研究

2015 年，为解决南方饲料发展过程中机械化收获与切碎一体化的问题，与益阳创辉农业机械装备有限公司合作开展了饲用苎麻联合收割机的研究与试制工作。研制成功4QZ-2200型青饲料（饲用苎麻）履带自走式联合收割机，2017年通过湖南省农机质监机构的性能检测和新疆农机授予的推广资质证书；获得国家专利8项；2017年通过湖南省科技成果评价并于当年获得常德市科技进步奖一等奖。

二 南方马铃薯收获机械探索研究

2015年，中国启动马铃薯主粮化战略，马铃薯将成稻米、小麦、玉米外的又一主粮。为加快麻类所南方经济作物研究的转型，根据麻类所学科发展的总体布局，2017年起开展了南方马铃薯栽培与收获机械的前期探索研究，设计了南方马铃薯收获机械土薯分离装置。

马铃薯在我国南方大规模种植后，由于南方土壤黏性较重，在收获时导致马铃薯与土块分离不干净，容易存在茎秆和土块的残留。针对这一难题，开展了一系列研究，获得初步进展。

第七章　农产品生物加工综合利用研究

第一节　麻类脱胶技术研究

2008—2017 年，在国家高技术研究发展计划（“863”计划）、创新工程、麻类体系、中国农科院基本科研业务费等项目支助下，分别在苎麻、黄/红麻、大麻、罗布麻等麻类脱胶微生物菌种资源收集与整理、脱胶微生物基因工程菌株构建、生物制剂制备、脱胶工艺改良与开发等方面开展了广泛而深入的研究。共发表论文 40 余篇，其中 SCI（EI）收录 10 余篇；授权专利 10 余项；相关成果获中国专利优秀奖和中国农科院杰出科学技术奖各 1 项。

一　苎麻脱胶技术研究

（一）苎麻脱胶微生物筛选

（1）开展了脱胶菌株 DCE-01 分类鉴定及全基因组测序研究。

（2）开展了苎麻脱胶微生物多样性研究：获得 13 个具有良好的脱胶效果的菌株。

（3）发现一株微生物新种：命名为鞘胺醇属竹鞘胺醇种 *Sphingobacterium bambusae* IBFC2009^{T}（=CCTCC AB 209162^{T}= KCTC 22814^{T}）。

（二）苎麻脱胶微生物基因改造

（1）开展了突变体构建及基因组文库构建研究，构建了高效菌株 CXJZ11-01 的木聚糖酶功能基因组文库。

（2）开展了相关基因克隆与表达研究。

（三）苎麻生物脱胶工艺装备

形成了与生物脱胶工艺配套的 2 项工艺装备，即生物脱胶原料预处理机组和生物脱胶碾压水冲耦合洗麻机组。

（四）苎麻脱胶工艺及改良

（1）建立了一种全功能菌株提取草本纤维的技术，具有脱胶周期短、生产成本低、产品质量稳定、环境污染轻等优点。

（2）开展了循环脱胶技术研究。

（3）开展了纤维素醚及纳米纤维素制备技术研究，获得纳米纤维素。

（五）苎麻生物脱胶成果转化与示范

2007 年 8 月和 2010 年 9 月，分别与湖南广源麻业有限公司和湖北精华纺织有限公司签定了《苎麻生物脱胶许可实施合同》，并进行了“高效节能清洁型苎麻生物脱胶”工厂化示范，完成了苎麻生物脱胶技术的设备安装、工艺改造、脱胶生产以及技术培训等工作内容。2012 年 5 月与江西井竹生物科技股份有限公司签定了《苎麻生物脱胶工艺技术与设备专利许可实施合同》，提交了苎麻生物脱胶车间扩建工程工艺设计文件等。

二 黄/红麻脱胶技术研究与应用

（一）红麻韧皮工厂化生物脱胶工艺技术

为解决天然水“沤麻”的脱胶时间长、产品质量不稳定、环境污染重、劳动强度大等问题，以及“陆地湿润脱胶技术”不适合规模化生产的问题，在前期研究的基础上，形成了红麻韧皮工厂化生物脱胶工艺技术。与其他常规的脱胶技术相比，该技术的优点在于：脱胶周期大大缩短；生产成本大大降低；投资小、场地占用小；人工劳动强度小，可以大规模进行工业化生产；生产过程环保，环境污染小；产品质量稳定。

（二）黄麻生物脱胶技术研究

在 2007—2008 年对黄麻实验室湿润脱胶取得初步成效的基础上，2010—2016 年对黄麻韧皮生物脱胶进行了深入研究，分别开展了黄麻菌脱胶工艺研究和黄麻酶复配脱胶工艺研究，取得了新的进展。

（三）黄/红麻生物脱胶成果转化与示范

2008—2015 年，在浙江志成工艺墙纸有限公司和中国农科院麻类加工酶制剂车间进行红麻工厂化生物脱胶试验以及墙纸新产品研发。经过完善菌剂应用工艺，设计试制红麻韧皮软化处理机械、洗麻机械等关键设备，规模化稳定性试验，初步建成红麻工厂化生物脱胶示范生产线，建设规模为日产熟红麻 1 000 千克。

2011 年，该技术获授权发明专利“红麻韧皮工厂化生物脱胶工艺”（ZL200810143762.1）。2013 年，该技术成果被遴选为中国农科院百项重点推广成果。

三 大麻生物脱胶技术研究与应用

从多途径采集的土壤样本中，初筛出 12 株具有大麻脱胶功能的菌株，经复筛，获得 2 株（编号分别为 Dm36 和 Dm71）在 24 小时内完成大麻脱胶的优良菌株，对 Dm36 和 Dm71 分别进行高温处理和紫外线诱变育种，其脱胶能力均有不同程度的提高；获得了 1 株在 16 小时内完成大麻脱胶的快速脱胶菌株，编号为 Dm111。Dm111 的果胶酶和木聚糖酶活性比始发菌分别提高 86.2%和 95.5%，且大麻脱胶菌株都不产纤维素酶。开展了大麻快速生物脱胶条件影响因素、大麻快速生物脱胶过程中发酵液成分变化以及大麻微生物—蒸汽爆破联合脱胶技术等研发工作。

2017 年 3 月，与大庆天之草生物材料科技有限公司签定了《新型汉麻生物脱胶工艺设计与实施》合同，约定了该公司具有在黑龙江、吉林、辽宁、内蒙古、新疆、甘肃、青海等 7 省（区）范围之内汉麻（亦称工业大麻）生物脱胶技术的独家使用权。本团队如期为该公司提供了汉麻生物脱胶工艺技术设计及相关的技术服务。

四 罗布麻生物脱胶技术研究

通过采样富集、分离筛选、紫外诱变，获得 1 株脱胶能力较强的菊果胶杆菌变异菌株 LM（保藏号 CCTCCM 2017304）。开展了 LM 菌株的生物脱胶技术研究，结果能有效地去除麻中的半纤维素、果胶和木质素等胶质，且纤维分散、柔软。

第二节　综合利用技术研究

2008 年以来，团队成员主持创新工程 1 项、国家自然科学基金青年基金 2 项、中国农科院基本科研业务费科研项目 4 项、麻类体系岗位专家 1 项、948 项目 1 项、长沙市重点项目 1 项。获湖南省科技进步奖一等奖 1 项。在食用菌栽培、基质降解分子机理、剑麻皂素提取等方面发表 SCI 论文 5 篇，其中 1 篇发表在 JCR 学科排名第一的杂志上，中文核心期刊 11 篇；获得国家知识产权 11 项，其中国家发明专利 3 项、实用新型专利 2 项、软件著作权 6 项。

一 麻类副产物栽培珍稀食用菌研究

2010—2017 年，在麻类体系和创新工程的资助下，利用麻类副产物栽培杏鲍菇、金针菇、真姬菇、茶树菇、秀珍菇及榆黄蘑等珍稀食用菌，取得了良好的效果，为食用菌企业提供了新的原料，促进湖南省食用菌产业持续健康发展。相关技术在湖南忠食农业生物科技有限公司得到应用，获得成果转化收入 70 万元。发表 SCI 论文 5 篇，获得发明专利 2 项，发表中文核心期刊 8 篇。相关研究成果获湖南省科技进步奖一等奖。主要开展了以下研究：原料预处理研究；麻类副产物栽培食用菌条件优化研究；苎麻副产品栽培珍稀食用菌的工厂化示范；杏鲍菇菌种复壮与长期保存研究；麻类副产物栽培珍稀食用菌分子机制研究。

二 纤维燃料乙醇研究

2008—2017 年，酶处理与副产物综合利用课题组在国家科技支撑计划、麻类体系、国家“948”项目、创新工程和长沙市重点项目等资助下，利用麻类纤维生产乙醇，在原料预处理、菌株筛选、己糖戊糖共发酵菌株发酵特点及分子机制等方面进行了系统研究，取得了一些进展，为麻类副产物综合利用提供新的思路。主要研究内容有：耐高温、高酒精浓度酵母选育与耐受性能初步鉴定及高密度培养条件优化；戊糖快速发酵技术；木糖葡萄糖共发酵研究；菌渣生产燃料乙醇技术研究；木糖发酵机理研究。

三 微生物发酵法提取剑麻皂素的研究

2015—2017 年，对剑麻皂素提取菌株进行筛选和发酵实验，通过微生物发酵法降解麻渣，降低了提取难度，使含有丰富皂苷资源的废弃物变废为宝，可以实现规模生产。传统工艺以强酸作催化剂提取皂苷，产生大量废水、废渣，对环境污染极其严重，同时，在工业提取时，强酸的使用对设备和管道有腐蚀，且反应过程需要加热甚至加压，反应条件比较苛刻。因此，微生物发酵法为剑麻皂素的提取提供了一种更清洁的思路。主要研究内容包括：剑麻皂素发酵菌种筛选；嗜乙醇假丝酵母菌、黑曲霉和哈茨木霉发酵剑麻皂素初步试验；哈茨木霉发酵条件优化。

四 麻塑复合材料制备工艺

国际上采用全秆红麻粉碎的粉末与热塑材料混合，开发出种类丰富的新产品，但由于高强度机械作用破坏了红麻韧皮纤维固有的结果，此类麻塑材料产品不能全面体现红麻韧皮纤维的优良特性。2010—2011 年，将已有的麻类脱胶技术与国外引进的 KPC（红麻塑料复合材料）制备技术相衔接，采用生物法制备红麻纤维，用红麻韧皮浆粕替代红麻全秆粉加工碎的粉末，摸索复合工艺参数，制备出 KPC 复合材料，研发出了麻塑复合材料新工艺，开辟了红麻韧皮纤维新用途。

第三节　特色蔬菜加工技术研究

2015—2017 年，在创新工程、麻类体系、中国农科院协同创新工程、中国农科院基本科研业务费等项目资助下开展了特色蔬菜加工技术研究，研究内容涉及特色蔬菜加工微生物资源收集整理保存评价与共享、菌种选育、品质形成机理、菌剂制备、发酵工艺、工程化技术、产品保鲜、新产品开发等。

2016年麻类所与花垣县人民政府签定科技合作协议，与湘西苗汉子集团贸易有限公司签订科技服务协议，开展苞谷酸、弄弄葱等特色蔬菜加工技术研发；2017年再次与湘西苗汉子集团农业科技有限公司签订技术开发协议，合作开展苞谷酸等加菌发酵技术及新产品开发。

第四节　麻纤维产品与加工技术

2008年至今，麻纤维产品加工团队先后获得国际科技合作、“948”、麻类体系、创新工程、国家自然科学基金、中国农科院基本业务费等一系列项目的资助，研究领域从单一的麻纤维膜产品研发与应用拓展到麻类作物功能性成分提取、麻纤维复合材料等领域。2008—2017年共获得发明专利5项，实用新型专利17项，获奖成果11项，专利技术转让1项，转让费1 400万元。

一　麻纤维膜研究进展

（一）环保型麻地膜研究与推广应用

环保型麻地膜的研究先后获国家科技攻关项目、支撑计划项目、国家国际科技合作与交流专项、农业部“948”引进项目、农业部公益性行业科研专项、国家重大科技推广计划项目、麻类体系、创新工程等项目的支持和资助，2008年以来，环保型麻地膜研究实现了环保型麻地膜生产工艺和配方的优化改进，先后研发出防水麻地膜、渗水麻地膜、防草麻地膜等不同功能的麻地膜系列产品，获得麻地膜相关发明专利2项、实用新型专利2项；获中国专利优秀奖1项，优秀产品奖1项和湖南省、中国农科院一系列成果奖励。主要研究进展有：研究出环保型麻地膜生产工艺技术；发明了环保型麻地膜的制备装置；研究出环保型麻地膜覆盖栽培技术和环保型麻地膜大面积推推广应用。

（二）麻育秧膜研究进展与应用情况

麻育秧膜是在麻地膜研究的基础上，针对机插育秧的特点改进了原料配方和制造工艺，开发出的用于机插水稻育秧的专用型产品，属国内外首创。麻纤维膜用于水稻机插育秧，有效解决了秧盘育秧易散秧、秧苗素质差等制约水稻种植机械化发展的瓶颈问题。已经在全国大面积推广应用，给农户和企业带来巨大的收益。发明专利“育苗基布及其制造方法”获中国专利优秀奖，麻育秧膜获得优秀产品奖，同时获得相关发明专利3项，实用新型专利8项，同时获得中国农科院、湖南省等省部级奖励3项。主要进展有：研究出麻育秧膜生产工艺、麻育秧机插水稻育秧技术、麻育秧膜水稻机插育秧技术的大面积推广应用，产生了重大经济效应。

二　麻类作物活性成分的研究

在国家自然科学基金“功能化离子液体双水相体系分离纯化麻类作物活性成分的研究”、中国农科院基本业务费“可生物降解离子液体萃取亚麻木酚素的研究”等项目的支持下，先后采用绿色新型溶剂离子液体和双水相萃取方法应用于萃取分离麻类作物中的活性成分，包括对苎麻绿原酸、罗布麻黄酮、亚麻木酚素、大麻二酚、亚麻油等活性成分。相关成果分别发表在 *Separation and Purification Technology*、*Industrial Crops and ProductsMolecules*、*Applied Biochemistry and Biotechnology* 等期刊上。

第八章　南方经济作物有害生物防控研究

2015 年，麻类所成为创新工程第三批试点单位，在原有麻类所植物保护课题组的基础上，引进国际人才并整合麻类所分散在其他课题组的植物保护科研力量，组建南方经济作物有害生物防控创新团队，随后设立植物保护研究室，实现科研团队和研究室一体化，人才队伍进一步扩大，研究范围不断拓展。2016 年，麻类所获批中国农科院植物病理学硕士研究生培养点，具备植物病理学硕士研究生招生和培养资格。

第一节　麻类作物病虫害研究

一　麻类作物病虫害发生流行规律研究

在国家自然科学基金、麻类体系虫害防控岗位科学家等项目的支持下，重点开展了以下研究工作：苎麻新病害及发生流行规律研究，提出相应防治措施；苎麻夜蛾发生流行规律研究，提出相应防治措施；苎麻夜蛾人工饲养方法与发育期时温度研究，提出相应防治措施。

二　麻类作物抗性机制研究

主要研究内容有：苎麻抗病分子机制及抗病基因研究；苎麻抗苎麻夜蛾种质筛选与抗性机制研究；壳寡糖诱导的苎麻抗夜蛾性及机制研究。

三　麻类作物病虫害防控技术研究

重点开展了苎麻根褐腐病、亚麻立枯病、枯萎病，以及苎麻夜蛾和大麻跳甲防控技术研发，提出防治措施各 1 套。“十二五”期间，在麻类体系经费的资助下，深入主产麻区调查研究，采集到苎麻夜蛾、苎麻赤蛱蝶、苎麻黄蛱蝶、苎麻天牛、金龟子、大麻跳甲、玉米螟、棉小造桥虫、剑麻粉蚧、褐圆蚧等 61 种麻类虫害照片，编辑出版了麻类虫害原色图谱，对各种害虫种的分布与危害、形态特征等进行了详细的文字描述。

第二节 南方经济作物有害生物防治研究

一 萝卜等经济作物主要病原菌的收集、鉴定及功能基因研究

从我国湖南、湖北、贵州等地，特别湘西北、鄂西南等高海拔山区，收集萝卜、白菜等高山蔬菜病害样品 100 余份，分离鉴定了十字花科软腐病、黑腐病等主要病原菌，及属于 *Proteus*、*Citrobacter*、*Pseudomonas*、*Acinetobacter*、*Morganella* 等属微生物 300 余株。从德国菌种保存中心、芬兰、荷兰、日本等相关实验室引进 20 余株代表性的软腐病菌株，确定了一套病菌致病性分析鉴定方法。利用三代测序技术对 Dickeya 菌属模式菌株 DSM 18 020 菌株和分离获得的强致病力毒株 Secpp 1 600 进行了全基因组测序，成功绘制了这两个菌株的全基因组图谱；首次对 *Dickeya*、*Pectobacterium*、*Erwinia* 三个属的 32 种主要软腐病菌开展了平均核苷酸一致性（Average nucleotide identity，ANI）分子分类与进化、Pan-genome 等基因组学方面的研究。成功诱导表达了菌株 Secpp 1600 的群体感应调控基因 *expI* 以及 6 种芽孢杆菌的群体感应猝灭酶基因（aii）。

二 玉米、水稻等作物黑腐菌、镰刀菌分离鉴定和发生规律研究

建立了黑粉菌、镰刀菌的高效分离、鉴定体系，分离效率提高 90%以上；研发了高效的 DNA 模板制备方法即 PBC（Potassium hydroxide-Boiling-Centrifuge）法，将 DNA 模板制备时间缩短到 20 分钟；在此基础上分离鉴定了 7 个属 20 多个种的黑粉菌，其中发现了水稻稻粒黑粉病的新病原莫氏黑粉菌及其田间分布规律，建立了稻粒黑粉菌的不同担孢子交配、DNA 遗传转化及 CRISPR/Cas9 基因标记等操作技术。

三 重要病原菌纳米抗体库的构建

构建基于噬菌体展示技术的纳米抗体库，用于筛选植物病害防治的抗体药物以及植物病原物致病效应子。目前已经建立了以羊驼重链抗体可变区 FRW 序列为骨架的随机抗体库的平台，并成功导入单个突变引物，获得转化后的突变体。以青枯、黑腐、软腐 3 种植物病害的病原体为抗原，以羊驼为免疫动物，进行了多轮免疫，并提取免疫及未免疫的

羊驼外周血淋巴细胞 RNA，合成 cDNA，构建了原核表达系统的天然纳米抗体库。

四 植物源生物杀菌剂的筛选

针对辣椒疫霉、黄瓜枯萎病、油菜菌核病等六种常见的植物病害，搜集了湖南省多种常见植物材料（30 科 37 种），对其抗菌活性物质进行了筛选，得到多种具有抑菌活性的植物。以来源广泛、价格低廉的龙葵作为重点研究对象，采用乙醇或乙醇水溶液在常温浸提、浓缩，然后制备成水剂，经体外抑菌试验和苗期盆栽试验证明，对辣椒疫病的防效可达到 70％左右。

五 生防细菌的筛选、鉴定和防治效果

以南方经济作物常见土传病害病原菌（辣椒疫霉菌、立枯丝核菌、镰刀菌和炭疽菌等）为靶标菌，从湖南、湖北、宁夏、黑龙江、吉林、四川、河南等地采集的土样中分离筛选出 200 余株具有生防潜力的细菌，经鉴定主要为芽孢杆菌，包括解淀粉芽孢杆菌、枯草芽孢杆菌、多黏类芽孢杆菌和短杆芽孢杆菌等。对筛选和鉴定出的高效生防菌株 IBF-CBF-1 和 IBFCBF-4 进行了防病效果和抑菌生防机制研究。

六 重要经济作物综合防控技术研究及试验示范

针对根肿病、软腐病、黑腐病等十字花科土传病害，从 100 余份萝卜、白菜、甘蓝品种、种质中筛选出了高抗根肿病 4 号小种材料 10 份，集成组装了种子检测与消毒、穴盘育苗（白菜、甘蓝）、苗期防控、全生育期精准施肥等综合防控技术体系，并在湖北利川进行大面积示范。

针对辣椒等茄科经济作物主要土传病虫害问题，提出了种子检测与消毒、水培育苗、苗期病虫害防控、穴盘苗徒长控制、施用微生物菌肥等一系列防控技术，并在沅江等地大面积示范。

七 麻类作物虫害与防治药剂数据库建设

通过资料查询结合生产调查，完成了麻类作物虫害、防控药剂数据库构建：共收录苎麻夜蛾、苎麻赤蛱蝶、苎麻黄蛱蝶、棉小造桥虫、大麻跳甲、大麻玉米螟、剑麻粉蚧等虫害的形态特征、年发生情况、防治技术等数据 127 条；用于麻类虫害防治药剂和相关企业条目达到 200 余条。

第九章　农产品质量安全与检验检测

第一节　检验检测技术服务

一　第三方服务

拥有标准化的恒温恒湿实验室，具备电子纤维强力仪、纤维细度仪、白度仪、纤维测定仪及脂肪测定仪等麻类植物纤维理化性能测定的仪器设备，可开展各种麻类产品、麻类种子等的检测与评估。

二　科研及其他服务

实验室同时拥有高效液相、气质、氨基酸分析仪、定氮仪、原子吸收等大型仪器设备，在土壤肥料、植株、麻饲料、麻类及特色蔬菜等相关农产品方面可开展养分、营养成分、活性成分、重金属与农药残留等质量检测评价、安全风险评估以及生物毒素等有毒有害物质检测，为科学研究及质量安全风险评估提供可靠检测数据。

第二节　检验检测技术研究进展

一　研制出系列麻类纤维产品自动快速检测技术及设备

麻类纤维产品检测从快速制样、分离提取、自动检测形成了一套完整技术，研制试制出麻类检测设备 4 类，包括植物纤维试样自动布样技术与设备；纤维植物产品自动快速提取技术与设备；麻类有机化学成分微波快速提取检测技术与设备；麻类纤维细度自动快速检测技术与设备。主持制定了熟黄（红）麻木质素测定方法——硫酸法（NY/T 2337—2013）、亚麻纤维细度快速检测—显微图像法（NY/T 2338—2013）、苎麻纤维拉伸断裂强力试验方法（NY/T 2635—2014）、黄（红）麻纤维线密度快速测定方法（NY/T 2870—2016）和红（黄）麻水溶物、果胶、半纤维素和粗纤维的测定——滤袋法（NY/T 3165—2017）5 项行业标准。

（一）植物纤维试样自动布样技术及设备

主要用于植物纤维试样纤维细度扫描测定前的布样，消除了人工制作样片的随意性，大大提高检测精度，从而从源头上降低了纤维形态指标测定的系统与随机误差。其技术特点是通过布样均匀器将纤维段均匀散布于玻片上，制作纤维样片，放置于显微仪器上准确测定其纤维形态指标，无论用自动扫描显微仪器还是人工手动显微仪器进行测定，其一次性测定纤维段数，即样本容量相应提高 200％以上，而且实现了制样自动化。该技术及设备获实用新型专利（一种植物纤维试样布样器，授权号：ZL201520822566.2）

（二）纤维植物产品自动快速提取技术及设备

用于纤维植物产品纤维试样提取与制备，克服了通常采用烧杯或耐酸耐碱的不锈钢锅等加热容器在普通电炉上加热提取制备而存在的自动化程度不高、操作不便、过程烦琐、控温效果不佳、安全系数差、成本偏高、制备的纤维试样不均匀，从而导致对植物纤维产品理化性能指标检测结果出现偏差，影响植物纤维产品品质评价。其技术特点是自动化程度高、成本费用低、安全可靠，并通过其制备得到的植物纤维试样均匀一致，可减少从源头上试样不均匀引起纤维植物产品理化性能指标检测结果误差，从而提高纤维植物产品品质评价准确度。植物纤维自动提取仪结构合理、灵活性好，采用微机控制、触摸屏输入和显示数据，由界面指引完成时间、温度设定，可以控制排水和时间清零、修正时间日期、调整显示屏幕亮度、停止控制等，操作简单。该技术及设备获国家实用新型专利（一种用于纤维植物产品纤维试样提取制备的自动化设备，授权号：ZL201420711635.8）

（三）麻类有机化学成分微波快速提取检测技术及设备

主要用于麻类有机化学成分脂蜡、水溶物、果胶、半纤维素提取测定，克服了传统法中的水浴涡、电炉等直接煮沸提取检测麻类纤维有机化学成分脂蜡、水溶物、果胶、半纤维素时间过长，水电消耗较大，污染较重，成本偏高，操作烦琐等缺点。其技术特点是利用微波能来提高萃取效率，而传统的萃取能量累积和渗透过程以无规则方式发生，萃取的选择性很差，微波萃取与传统萃取相比，能对萃取体系中不同组分进行选择性加热，是唯一能使目标组分直接从机体分离的萃取过程。其检测效率比传统方法提高 200％以上，具有设备简单、操作简捷，重现性好、污染小、成本较低等特点。该技术及设备获国家实用新型专利（一种苎麻有机化学成分微波提取器，授权号：ZL201320572773.8）。

（四）麻类纤维细度自动快速检测技术及设备

主要用于直观、准确、快速同时测定表征麻类纤维细度间接指标直径（d，μm）和直接指标公制支数（N_m，m/g）、线密度（ρ_L，dtex），传统的纤维细度测定方法如显微投影仪法、激光细度仪法等只能测定纤维直径，中段法、振动法等只能测定纤维公制支数与线密度。其技术特点经自主设计的专用软件，主要采取显微图像处理法，即利用纤维投影图像的光密度值的变化被图像处理系统接收，同时采用专用光学低通滤波光路，减少高频图像噪点，并保证粗、细纤维及重叠纤维的齐焦成像。具有重现性好、误差小、准确度高、提高工作效率50倍以上，测定纤维根数达1 000～3 000根/分钟。该技术及设备获国家发明专利（一种麻类纤维细度自动分析仪及其应用，授权号：ZL201310420946.9）。

二　建立农产品质量安全综合评价及分析方法

本着“科研促检测，检测促科研”的工作思路，建立了农药残留、重金属、氨基酸、亚麻籽油脂肪酸、黄酮、莲子中的黄曲霉素分析及漂白莲子快速鉴定、亚麻中木酚素、大麻中四氢大麻酚（THC）、大麻二酚（CBD）等分析鉴定方法20余项。从2014年开始质量安全风险评估研究工作：对胡麻籽、火麻籽产品进行了实地调研、摸底排查和取样验证工作；评估了胡麻籽中可能存在喹禾灵、氟吡甲禾灵等12种农药的残留危害因子；评估了胡麻子、火麻子中的重金属含量、脂肪酸含量；对茼蒿、花椰菜、芥蓝和菜薹中甲氰菊酯残留风险进行抽样监测，形成了快速判断碱泡莲子的方法；采用盆栽模拟土壤重金属污染的方法，考察苎麻和红麻不同生长阶段重金属镉含量的变化，系统评价其质量安全风险。研究发现红麻对镉耐受力强，是镉污染土壤修复较为理想的作物。

第三篇

成果转化

2008—2009年，麻类所知识产权、科技开发以及成果转化等工作归口科技与产业部管理。为加强科技开发和产业队伍建设，充实科技开发力量，加大产业开发力度，弥补事业费的严重不足，2009年12月成立科技开发处，2012年科技开发处更名为成果转化处。2010年，采取麻类所控股、职工参股的方式，以研究室为单元成立有限责任公司开展科技开发工作；2015年以后，撤销以研究室为单元成立的有限责任公司，以各研究室为单位开展成果转让、专利许可实施和技术服务为主体的科技开发工作，经营性开发工作由麻类所全资企业新技术推广中心负责。按照“一个创新团队对应一个基地，对接一个企业，开发创收突破100万元”的产业开发目标，加大了所企、所地合作力度。在成果转化方面，通过完善科技成果转化制度，打通科技合作服务链条，将可物化的技术、专利、科技成果进行转化，助力企业发展，实现社会和经济价值；在科技兴农方面，通过成果推广、技术咨询、技术服务、现场观摩和技术培训等方式，将科研成果推广应用到“三农”工作主战场。

10年间，麻类所与地方政府部门、科研院所、企业等机构签订各类技术服务、技术转让等合作协议共计102项；累计派出专家科技下乡人数2 454人次，举办各类培训班、观摩会、讲座等311场次；组织麻类所新技术、新产品参加各类博览会、展销会77场次，培训农民、技术人员等超过12 000人次，发放技术宣传资料等超过73 000余份；取得各类开发收入4 264.33万元。

第十章　科技兴农

第一节　科技下乡与技术培训

2008—2017 年，麻类所累计派出科技下乡专家人数 2 454 人次，举办各类培训班、观摩会、讲座等 311 场次，培训农民、技术人员等 12 000 余人次，发放技术宣传资料等 73 000 余份，为我国麻类作物生产提供了人才和技术支撑（表 10－1）。

表 10－1　2008—2017 年科技下乡与技术培训情况

年　份	科技下乡人数（人·天）	举办现场展示、观摩会、培训班、讲座、咨询等（次）	直接培训农民、技术人员等人数（人次）	发放技术资料宣传材料等（份）
2008	200	10	1 500	4 500
2009	220	15	2 000	5 000
2010	208	16	321	
2011	60	5	80	100
2012	190	6	273	
2013	249	65	743	1 305
2014	247	42	1 007	1 582
2015	247	42	1 007	1 582
2016	637	50	3 751	46 153
2017	196	60	1 862	12 850
合　计	2 454	311	12 544	73 072

2008 年初，雨雪冰冻灾害给我国南方地区的苎麻和冬季亚麻造成了较大影响，受灾面积 135 万亩左右。麻类所先后派出专家和技术人员 15 人次分赴江西分宜，安徽青阳、铜陵、湖北咸宁、赤壁，湖南沅江、南县、汉寿，重庆的涪陵，四川大竹等地的农业科研单位和农村，指导灾区开展生产自救和灾后恢复工作，通过传授苎麻新品种栽培

技术、苎麻嫩梢繁殖技术、苎麻剥麻机使用技术等，培训人员达 1 000 人，发放技术资料 300 余份。

2009 年，结合环保型麻地膜项目的开展，与地方农业推广部门签订协议，在湖北省仙桃市、湖南省沅江、江苏省镇江市、浙江省杭州市萧山区建立了 4 个麻地膜应用示范基地，培训生产技术人员 20 人，应用技术人员 100 余人。在湖南省张家界市、沅江市、重庆市涪陵地区推广苎麻剥麻机，在河南省信阳市、浙江省杭州萧山区推广黄红麻剥皮机，在云南省西双版纳州推广大麻剥麻机，累计培训麻类机械操作人员 50 余人。在湖南广源麻业有限公司建立生物脱胶中试生产线，培训生物脱胶技术人员 20 余人。此外，在湖南安乡、云南宾川及南华等地建立了 3 个亚麻新品种及优质高效配套栽培技术生产示范基地，推广亚麻抗倒伏、免耕简约化种植技术，培训基地农技人员 380 余人次。

2010 年，在湖南省涟源市漆树镇大茶园村举办了饲料苎麻种植讲座培训，向农户提供种苗及种植、养殖技术咨询服务，现场示范培训农民 80 余人次；与湖北精华纺织集团有限公司开展了“高效节能清洁型苎麻生物脱胶示范工程”技术培训和科技服务工作，培训技术骨干 50 余人；在湖南沅江开展苎麻机械剥麻技术培训，培训技术人员 60 人次；在山西省临县白文镇曜头村举办大麻生产知识讲座，培训农民 100 余人。

2011 年，继续在湖南沅江开展了机械剥麻及苎麻生产实用技术培训，培训技术人员及麻农 50 人次，发放技术培训白皮书 100 份；通过工厂化麻地膜实验试制，培训麻地膜生产技术骨干 3 人，培训麻地膜生产熟练工人 10 人；通过麻地膜应用示范，结合分发资料和现场指导，培训麻地膜和麻质培养基布应用技术骨干 7 人次。结合“麻类等纤维质酶降解生产燃料乙醇技术中试”项目的实施，在永州市永大生物能源科技有限公司建立年产 200 000 千克乙醇的麻类等纤维质酶降解生产燃料乙醇技术中试样板，培训技术人员 30 余人。

2012 年，在湖南长沙、浙江萧山和河南信阳先后 3 次举办“麻类及其副产品多用途技术”培训，培训科技人员 120 余人；与云南大理州农业科学研究所在祥云和宾川共同举办了亚麻高产和亚麻免耕技术现场观摩会，培训农技推广人员近 50 人，同时在亚麻生长、收获等季节到田间进行了现场培训和指导，全年受训人数超过 100 人。在湖北咸宁、浙江萧山举办了麻纤维膜水稻机插辅助育秧技术系列培训会议，共培训农技人员、种植大户 80 余人。此外，在沅江苎麻试验站和张家界苎麻试验站进行了剥麻示范，培训农业技术人员 15 人和农机操作手 20 人；在福建漳州开展了 4HB-480 黄红麻剥皮机的生产试用与示范，培训操作手 10 人。

2013 年，在云南省大理州永平市进行了包括亚麻高产栽培、免耕栽培以及冬闲田种植亚麻技术要点等内容在内的亚麻种植技术培训，培训农业技术人员 30 人；在大理州宾川县举办了亚麻技术研讨会议及培训会，为亚麻主产区培训农业技术人员 35 人；在湖南沅江召开“麻育秧膜在水稻机插育秧中的应用现场观摩与评议会”，湖南卫视、湖南日报和农民日报等媒体对本次会议进行了报道；组织专家赴江西井竹实业股份有限公司开展麻育秧膜技术培训，培训技术人员 10 余名；在湖南省长沙市召开“苎麻养牛与栽培食用菌关键技术的推广应用项目启动会暨苎麻多用途技术培训会”，60余学员参加了此次培训。组织专家到山西汾阳大麻试验站开展技术苎麻副产物食用菌基质化技术培训，培训技术骨干98人。此外，在江西省宜春市、湖南省沅江市和张家界市进行了4BM-260型苎麻剥麻机的使用、维护及培训示范工作，在河南省信阳市开展了4HB-480黄红麻剥皮机的生产试用与示范，累计培训操作手40人。

2014年，在黑龙江农垦局852农场举办“麻育秧膜在水稻机插育秧中的应用现场观摩与交流会”，在河北省唐山市举办了2场“麻育秧膜在水稻机插育秧中的应用技术培训会”，培训农技骨干、农资销售人员、机插大户及农户代表等300余人；在张家界苎麻试验站开展了4BM-260型苎麻剥麻机示范和推广，在安徽省六安大麻试验站召开了剥皮机现场会，在河南省信阳、萧山红麻试验站继续开展4HB-480型红麻剥皮机剥皮，累计培训农技人员和示范县种麻大户代表近100人；组织专家赴湖南沅江、江西宜春以及云南等麻类种植基地开展苎麻、亚麻、黄红麻栽培管理、收获晾晒以及多用途利用等技术培训，培训农民210人次；与湖南汉寿县农业局、畜牧局联合，在汉寿龙潭桥镇开展了山坡地苎麻抗逆栽培与示范推广，就苎麻多用途多功能开发及综合利用方面进行了培训，培训种麻专业户及畜牧养殖户近100户。在长沙县北山镇开展了重金属污染农田生态修复技术与安全利用等方面的技术研究与示范推广应用，先后开展培训活动3次，培训人员60人次。

2015年，组织专家参加了在河南信阳市举行的“2015年种田大户春季技术培训会”，与湖南省农委共同承办了农业部在长沙举办的“全国水稻生产全程机械化暨绿色增产模式攻关现场会”，在湖南省、湖北省、江苏省、安徽省、黑龙江省多地开展了麻育秧膜水稻机插育秧技术培训，累积培训技术人员300余人次；组织专家对湖南沅江腾达麻业有限公司相关人员进行了大理窃蠹防治技术培训，在沅江试验站进行了白蚁防治技术现场培训，共计培训科技人员和农户48人次；在张家界苎麻试验站举办了“苎麻剥麻机技术培训会”，与新疆伊犁哈萨克自治州农科所合作开展亚麻机械化收获培训，共培训麻农及农技人员80余人；组织科技人员到湖南怀化新晃湖南嘉信食品有限公司、郴州三农科技开发有限公司、湖南忠食农业生物科技有限公司、湖南沅江、湘西花垣等地和企业开展科技服务及技术培训10余次；继续在汉寿龙潭桥镇开展了山坡地苎麻抗逆栽培与示范推广，并就苎麻多用途多功能开发及综合利用方面进行了培训，培训种麻专业户及畜牧养殖户近200户。

2016年，积极开展麻育秧膜推广应用与技术培训，与哈尔滨井竹农业科技有限公司累计举办推广与技术培训会150余场次，培训销售骨干、种植大户及农户1 200余人次；组织专家赴河南信阳参加种田大户技术培训会，开展麻类机械使用技术培训，培训技术人员、农技推广人员等160余人；在湖南省张家界苎麻试验站、湖南省沅江市和桃源县，先后举办苎麻剥麻机技术培训班和现场会，进行4BM-260型苎麻剥麻机的现场演示和操作技术培训，培训农民操作手100余人；在湖北十堰和甘肃酒泉两个萝卜试点育种基地进行了技术培训，就萝卜材料田间管理、苗期及花期田间去杂等关键技术逐一进行了讲解与现场指导；派出专家前往衡阳市农业局、沅江圆梦纺织有限责任公司、长沙开心吧农场以及哈尔滨亚麻试验站、大庆大麻实验站、长春亚麻试验站进行了亚麻、大麻开展主要病虫害监测方法和防控技术培训和交流；先后在湘潭、耒阳、花垣、炎陵和常德等地举办了苎麻栽培技术培训，现场举办科技咨询会 3 次，培训技术人员和农民 300 人次；在山东和东北开展了亚麻、大麻栽培关键技术栽培试验，并进行示范种植，组织科技人员共 6 人次到种植区进行技术咨询和现场观摩指导工作，培训和指导基层农技人员及麻农 35 人次。

2017 年，在湖南沅江举办了“红麻新品种高效栽培与收获培训会”，对来自全国各地的麻农 40 余人进行了培训，重点推广了中红麻 13 号、中杂红 368、中杂红 318 等红麻新品种的种植技术；在黑龙江省红兴隆管理局友谊农场举办了“麻育秧膜水稻机插育秧技术现场观摩与交流会”，培训农技人员和农民等 100 余人；在水稻主产省黑龙江、吉林、安徽、湖北、湖南等省建立麻育秧膜水稻机插育秧技术应用大型示范片 7 个，组织召开大小现场会 6 次，科技下乡 46 人次，通过培训会、现场会等形式培训技术骨干、农户 1 360 人次；在贵州省威宁彝族回族苗族自治县举办了中萝一号新品种示范现场观摩会，培训农技人员 180 余人；在湖南省汉寿县文蔚乡举办了“纤饲两用苎麻农机农艺相结合示范暨培训会”，对当地麻类种植农户 60 余人进行了纤饲两用苎麻高产栽培技术、苎麻收获机械设备使用等培训；先后组织一批植保专家赴全国各地进行了培训和指导，包括对江苏苏州黄埭镇猕猴桃病虫害防治技术培训、湖南宁乡双凫铺的西瓜连作障碍破除技术培训、湖南溆浦县龙庄湾乡的科技扶贫培训、湘西泸溪县的灾后蔬菜恢复生产现场培训，累计培训农户 110 多户，发放资料 60 余份；在湖南益阳市、沅江市，江西新余市和宜春市、湖北咸宁市等开展了 4BM-260 型苎麻剥麻机的示范、技术培训与推广工作，培训技术人员约 30 人次；组织专家对湖南忠食农业生物科技有限公司提供了麻类副产物栽培高档食药用菌技术培训 2 次，培训技术人员 30 人次；为湘西苗汉子集团农业科技有限公司提供了以干红辣椒、玉米，新鲜红辣椒、玉米为原料的苞谷酸加菌发酵技术服务。

第二节　技术咨询

2008—2017 年，麻类所组织专家参加技术成果展和技术交流会等 80 场次，参展的技术成果有：中苎 1 号、中饲苎 1 号、中亚麻 1 号、中杂红 318 等麻类新品种，环保型麻地膜、麻育秧膜、苎麻生物脱胶工艺技术与设备、麻类等纤维质酶降解生产燃料乙醇技术等新产品、新技术；接待地方政府、相关企业以及社会团体 30 多批次；向湖北精华纺织集团有限公司、花垣恒远植物生化有限公司、湖南省衡阳市龙须草科技发展有限公司、上海康地恩生物科技有限公司等企业等提供咨询建议 42 次，解决企业生产中遇到的各类生产难题；以基地和拓展研究领域为抓手，麻类所受沅江市人民政府委托编制了《沅江市芦笋产业发展规划》并开展了相关科学研究（表 10 - 2）。

表 10-2　2008—2017 年技术咨询和交流情况

年　份	参加博览会、展销会等（次）	接待政府、企业次数（次）	提供咨询建议（次）
2008	3	—	1
2009	4	4	—
2010	3	—	5
2011	3	—	4
2012	3	—	1
2013	4	6	3
2014	15	3	4
2015	15	4	8
2016	22	5	5
2017	8	8	11
合　计	80	30	42

2008 年 4 月，应益阳市人民政府的邀请，麻类所组织中苎 1 号、中亚麻 1 号、环保型麻地膜、苎麻生物脱胶工艺技术与设备、麻类等纤维质酶降解生产燃料乙醇技术等科技成果参展，与益阳市农业局就中苎 1 号苎麻新品种的推广与技术服务达成合作协议，中国农科院屈冬玉副院长等就苎麻生物脱胶技术转化情况对沅江明星麻业有限公司进行了考察；6 月，麻类所参加了由中国生物工程学会、湖南省人民政府等 18 家单位举办的第二届中国生物产业大会，展示了高效节能清洁型苎麻生物脱胶技术、环保型麻地膜制造及应用技术以及麻类等纤维质酶降解生产燃料乙醇技术科技成果；其中环保型麻地膜引起武汉等多家单位的关注；11 月，组织麻类作物新品种、苎麻生物脱胶、环保型麻地膜、麻类纤维质乙醇等技术参加长沙望城经济开发区管委会技术成果展。

2009 年，为配合农业“十大行动”各专项行动，麻类所制定了“十大行动”实施方案，主要围绕麻类新品种推广、苎麻生物脱胶工艺技术的转化与服务、环保型麻地膜推广与应用、黄红麻生物脱胶技术应用与示范、麻类等纤维质酶降解生产燃料乙醇技术中试等方面开展工作，派出 16 个调研组在全国主产麻区开展麻类产业发展现状和技术需求等进行了调研，共调研了政府部门 74 家、麻产品加工企业 67 家、研究事业单位 12 家、农民专业合作组织 15 个，农户 108 家；全年接待湖北精华纺织集团有限公司、花垣恒远植物生化有限公司、湖南省衡阳市龙须草科技发展有限公司和上海康地恩生物科技有限公司等技术人员约 60 人次，为这些公司提供咨询意见。

2010 年 3 月，麻类所派出专家到广西巴马常春藤公司交流了大麻产品及种植情况，就该公司提出大麻结实率低、种子产量较低的问题，共同分析了原因，提出了 5∶1 或 6∶1 延后播种，延长授粉时期，提高种子产量的方法，并讲解了大麻雌雄株的形态、生长习性等方面的知识。5 月，麻类所专家到云南省永平县亚麻示范区进行了调查，并与该县农业局及有关人员进行了交流，针对云南亚麻纤维品质比较差的问题提出了建议。11 月，麻类所红麻品种中杂红 318 参展了 2010 年海峡两岸第二次农业博览会。

2011 年，麻类所专家先后调查了解广西南宁连升工贸公司、江西分宜以及江苏洪泽纺织有限公司生产的大中型苎麻剥麻机和剑麻剥麻机，以及湖南、湖北、四川、重庆等省（市）生产的小型苎麻剥麻机，对这些地区开展机械收获技术提出了建议。派出专家到山西汾阳、湖南沅江、湖北咸宁、云南西双版纳、广东湛江等麻类作物主产区开展了主要虫害发生情况调查与采集，并编制了麻类作物虫害农药数据库，进一步完善麻类作物虫害防控系统。根据当年病虫害发生情况及时在产业技术体系网发布了虫情简报 2 期，对有效开展苎麻夜蛾、苎麻天牛、大麻跳甲等虫害的防治进行了指导。

2012 年 10 月，苎麻生物脱胶技术、红麻多用途开发技术、环保型麻地膜及其应用技术、麻纤维育苗基布及其在水稻机插育秧中的应用技术和麻类纤维质酶降解生产燃料乙醇技术等科技成果参展于“第十六届中国（廊坊）农产品交易会。上述科技成果参加了望城国家农业科技产业园区举办的成果交易与展示会。11 月，组织相关科技成果参加了“第十四届深圳中国高新技术成果交易会”，会上麻类所的“环保型麻地膜”科技成果获得“第十四届中国国际高新技术成果交易会”优秀产品奖。

2013 年，通过现场接待、通讯咨询等方式完成了 22 批次科技咨询服务，主要包括两个方面。一方面是对前期已经完成的生物脱胶示范建设的加工企业包括沅江明星麻业有限公司、湖南广源麻业有限公司、湖北精华纺织集团有限公司、湖北天源纺织有限公司等进行技术跟踪服务以及技术咨询服务；另一方面是给其他社会用户提供技术咨询服务，其中主要有湖南湘投科技创业投资有限公司咨询苎麻产业投资方向与生物脱胶技术。11 月，麻类所组织“草本纤维工厂化生物提取技术”等在武汉参加第十一届国际农产品成果展。

2014 年 10 月，麻类所组织专家参加农业部农产品加工局、中国农业科学院、江西省农业厅在江西省南昌市联合主办的“全国农产品加工科技创新与推广活动”，与相关企业代表就生产中的问题进行了交流。11 月份，麻类所专家陪同中国农业科学院成果转化局局长袁龙江、湖北省农业厅总农艺师邓干生等专家赴湖北省十堰市调研生态环境保护工作商讨院地共建生态农业研究院等事宜。

2015 年 10 月，麻类所专家到湖南省常德市西湖乡德人牧业有限公司开展交流合作。就“麻改饲”研究进行了深入研讨，并对开展科技合作事宜进行了磋商，举行了南方饲料作物种质资源与利用科研试验基地成立揭牌仪式，并签订了科研试验基地合作协议。

9 月 29 日，麻类所（经作中心）与湖南省沅江市人民政府、沅江市湿地保护局签订《沅江市芦笋产业发展规划》编制、《洞庭湖区南方特色经济作物示范基地建设》合作协议书。2016 年 11 月 22 日由麻类所（南经中心）牵头组织国内 5 家科研教学单位编制的《沅江芦笋产业发展规划》，通过了专家组论证。

2016 年 7 月、10 月和 11 月，麻类所组团参加了在湖北省武汉市举办的“中国国际农业机械展览会”、组织专家参加了首届中国·四平科技成果展洽会、中国杨凌农高会、深圳第十八届中国国际高新技术成果交易会。通过各类网站和展会平台，展出了麻类所的最新成果。通过受理来人、来电及网络等手段接受技术咨询，先后为农业部剑麻产品质量监督检验、麻类体系张家界苎麻试验站、广东省农业科学院等单位在纤维品质检测、农药残留及重金属检测方面提供相关技术服务与咨询。先后在长沙高新区科技成果转化与技术转移中心、长沙科技成果转化网、湖南省科技成果转化平台、湖南科技成果转化网、中国农科院技术转移中心、全国农业科技成果转化交易服务平台展示麻类所成果。麻类所专家前往福建安溪指导当地铁观音茶叶病虫害防控，并与当地种植大户和公司就茶叶病虫害绿色防控进行了技术指导和座谈，还前往漳州市农科所，与黄红麻试验站进行了黄红麻病虫害绿色防控座谈。

2017 年，麻类所派出粟建光研究员到十堰市委办公室挂职，重点协助完成中国农科院与十堰市政府共同建设丹江口库区（十堰）生态农业研究院工作。组织专家对湖南桃源县、益阳市、麻阳县和洞口县的农业生产社会化服务体系建设工作调研，撰写了调研报告《农业生产社会化服务调研——益阳赫山区、桃源调研》。

第三节　技术服务

2008—2017 年，麻类所在全国各地建立 31 个新品种、新技术推广示范基地，推动全国麻类作物及南方经济作物的发展（表 10－3）。

表 10－3　科技示范情况

年　份	科技示范基地	工作内容
2008	湖北仙桃、湖南沅江、江苏镇江、浙江萧山麻地膜应用示范基地	麻地膜应用示范
	湖南沅江市明星麻业有限公司苎麻生物脱胶中试基地、浙江志成墙纸红麻生物脱胶示范基地	生物脱胶技术示范
2009	湖南安乡、云南宾川及南华亚麻新品种及优质高效配套栽培技术生产示范基地	亚麻新品种及优质高效配套栽培技术生产示范
	广西合浦县优质红麻示范基地	优质红麻新品种及生产示范
2010	广西平果县麻类生产技术服务基地	麻类生产技术服务
	湖北精华纺织集团有限公司高效节能清洁型苎麻生物脱胶示范工程	苎麻生物脱胶示范
	涟源市漆树镇苎麻作为蛋白质饲料肉牛的饲养示范基地	苎麻多用途利用技术示范
2011	永州市永大生物能源科技有限公司麻类等纤维质酶降解生产燃料乙醇技术示范基地	麻类等纤维质酶降解生产燃料乙醇技术示范
2012	湖北咸宁、黑龙江大庆麻地膜应用示范基地	麻地膜应用示范
	湖北精逸生态科技有限公司	工厂化栽培食用菌示范

续表

年 份	科技示范基地	工作内容
2013	湖北汉川麻类副产品工厂化栽培食用菌示范基地	麻类副产品工厂化栽培食用菌示范
2014	黑龙江兰西县、黑龙江农垦局 852 农场示范基地	麻育秧膜水稻机插育秧应
2015	湖南省西湖德人牧业有限公司南方饲料作物种质资源与利用科研试验基地	南方牧草资源开发与利用
2016	深圳市龙岗农业科技促进中心碧岭现代农业科技园麻类生物质能源示范基地	开展了一年生麻类功能型品种和产品开发及综合利用研究
	永州市丽辉农业开发有限公司红麻麻骨碳示范基地	红麻麻骨碳示范基地
	涟源市南方经济作物科研示范基地	南方经济作物科研示范
	山东泰安市双德利纺织绣品有限公司基地	亚麻、大麻种植技术服务
	武陵山区（花垣）南方经济作物科研示范基地	高效绿色农业生产技术集成与应用
	湖北十堰、甘肃酒泉	萝卜试点育种基地
2017	汉寿振发苎麻专业合作社、福鹅产业开发有限公司苎麻种植基地	苎麻新品种示范
	济南诺能生物工程有限公司功能性饲用酶应用研发联合实验室	功能性饲用酶应用研发与应用

2008 年 4 月，麻类所与益阳市农业局签订了“优质高产苎麻良种中苎 1 号的示范与推广”协议，根据益阳市苎麻产业的发展需求，向益阳市提供中苎 1 号等优质高产苎麻新品种、苎麻优质高产栽培技术、苎麻病虫害防治技术等科技成果及技术服务，满足益阳市苎麻产业发展对优质苎麻良种的需求。对安徽省、河南省、河北和东北 6 省的红麻种子生产和销售提供科技服务，发放技术材料 200 份，通过电话咨询，给予专业指导、技术培训，解决了麻农生产实际问题。先后派出专家对湖南沅江市明星麻业有限公司的苎麻生物脱胶中试基地、浙江志成墙纸的红麻生物脱胶示范基地进行指导和帮扶，推动了相关公司的生物脱胶技术熟化。中央电视台第七套节目以“我国苎麻生物脱胶技术取得重大突破”为题进行了报道。

2009 年，在湖北省咸宁市推广中苎 1 号苎麻良种 1 万亩。根据咸宁市的总体需求，结合湖北省板块经济发展计划，由麻类所提供良种，并派出科技人员，进行指导和技术服务。在麻地膜技术服务方面，由麻类所提供技术成果，派出技术人员，与生产企业和用户联合，生产企业根据基地需求组织麻地膜产品试制，用于示范基地蔬菜覆盖。麻类所专家对沅江市明星麻业有限公司建成的年产精干麻 5 000 吨“高效节能清洁型苎麻生物脱胶示范工程”进行指导和服务，并进一步改造、完善。

2010 年，麻类所推广良种化生产、湖区苎麻栽培技术、机械打麻以及剥麻技术，举行了 100 亩良种示范园生产与标准化高产栽培技术现场观摩会以及机械打麻、剥麻现场观摩会。建立新品种引种（中苎 1 号）、新技术（测土配方施肥）试验示范基地 10 亩；建立农业良种化、标准化生产基地 100 亩。为湖南省张家界市奶牛场提供中饲苎 1 号种苗，并对种植技术及饲料配合进行培训。在湖北精华纺织集团有限公司开展了“高效节能清洁型苎麻生物脱胶示范工程”技术培训和科技服务工作。

2011 年，在福建漳州、广西南宁等地开展了红麻良种高产繁育，并对当地农业提供高产栽培技术服务。先后在江苏镇江、湖北仙桃、湖北咸宁、浙江萧山、湖南沅江、湖南南县、黑龙江大庆、海南省农业科学院蔬菜所、北京农林科学院林业果树研究所等地进行环保型麻地膜试验示范。

2012 年，开展苎麻副产物饲料化技术推广活动，向湖南省畜牧研究所、张家界市农业局、湘阴市养鹅大户、邵阳市养鹅户，浙江省萧山区农业科学研究所、湖南新晃嘉信食品有限公司等单位、企业禾苗农户，提供饲用苎麻品种中饲苎 1 号种子、种苗，对苎麻的田间种植、管理、收获及青贮饲料加工技术进行培训。与湖北精逸生态科技有限公司合作，在湖北汉川建立了麻类副产品工厂化栽培食用菌示范基地。

2013 年，对食用菌栽培企业郴州三农农业科技有限公司、湖南春华食用菌有限公司、娄底市忠食农业生物科技有限公司进行技术推广和技术交流。

2014 年，派出专家到郴州三农科技开发有限公司、湖南忠食农业生物科技有限公司的菌业生产厂进行技术指导。组织专家前往黑龙江哈尔滨和吉林长岭进行了亚麻病虫害防治技术示范种植、湘潭竹埠港夜蛾防治进行了指导，及时扑灭了苎麻夜蛾；组织专家前往湖北广水现场调查了萝卜病虫害，发现萝卜病毒病在该地区爆发，对其病原进行了鉴定，并对其提出了相应的预防措施。

2015 年，麻类所专家赴湘潭市畜牧水产局，就苎麻在畜牧养殖中的应用进行技术指导以及在耒阳就苎麻在山羊养殖中的应用及合作前景进行了考察和交流。组织专家赴株洲炎陵福来喜鹅业有限公司及当地农民养殖户进行培训交流，建立饲用苎麻高效种植与养殖肉鹅示范基地；赴湘西州进行苎麻栽培指导，苎麻种植试验 100 亩。6 月 6 日，在泰安市各级政府的大力支持下，麻类所泰安麻产业试验示范基地在泰安市汉麻传统种植地——泰安市马庄镇正式挂牌。时任麻类所陈万权所长、泰安市科技局张庆云局长、泰安市岱岳区朱丽副区长、泰安金飞虹织造有限公司李俊刚董事长共同按下基地启动按钮。时任泰安市科技局张秀峰副局长、泰安市岱岳区科技局王玉清局长、泰安市马庄镇钱振华书记、黄前镇刘灿军书记、泰安市农科院高俊杰副院长，麻类所臧巩固副所长、李德芳副所长、吕江南处长，以及来自国内纺织行业企业代表、中国纺织日报等媒体记者 100 余人参加了基地启动仪式。

2016 年，麻类所专家到四川省凉山彝族自治州越西县城关镇青龙村和大瑞乡瑞城村、喜德县冕山镇和平村进行蔬菜生产实地调研和科技服务工作。在永州市丽辉农业开发有限公司建立红麻麻骨碳示范基地，为其提供良种和科技服务。麻类所专家还参与了山东泰安市双德利纺织绣品有限公司基地建设和亚麻、大麻种植技术服务工作。组织专家为湖南利尔康股份有限公司指导示范现场的调试和试运行等，协助湖南利尔康生物股份有限公司建立农产品果胶高效降解关键技术路线1条。向湖南忠食农业生物科技有限公司提供食用菌优质原种及其配套的工厂化栽培高档食用菌技术以及麻类副产物工厂化栽培高档食用菌开发新产品所需的相关实验平台及生产、测试条件。派出专业技术人员前往湘西苗汉子集团贸易有限公司进行现场指导，协助建成产品技术路线1条。为湖南湘妹子农业科技有限公司开展特色农业种植及生产加工提供育苗、栽培、田间管理、产品加工等工作的技术服务。先后组织专家为长沙开心吧农场开展了对无花果病虫害绿色防控技术指导，对广西武鸣东风农场的剑麻主要病虫害防治技术现场指导，对隆安、武鸣香蕉种植园的香蕉枯萎病防控技术进行指导和交流，对湖南黑色蔬菜有限公司的南方蔬菜提供病虫害防控技术的指导。

2017年，麻类所专家对湖北十堰市郧阳区谭家湾与心怡蔬菜种植合作社黄秋葵的种植进行指导和试验示范，综合经济产出5 000元/亩。为湖北十堰市安阳湖生态农业有限公司和德丰生态农业开发有限公司提供生态肉用草食动物（马头山羊、肉牛）养殖技术、库区牧草生态种植技术、肉用草食动物生态放牧技术与环境生态平衡技术等。在湖南湘西花垣、邵阳城步、益阳沅江和湖北十堰郧阳4县（市、区）开展菜用黄麻、重金属吸附专用黄麻、黄秋葵特色优异资源的示范展示与试种，以及配套栽培技术、初加工技术的推广和培训。通过公司加农户的推广种植模式，2017年覆盖农户50多家，种植推广帝王菜、保健型黄秋葵、重金属吸附专用黄麻和高营养叶用黄麻150亩。在湖北长阳、利川、贵州威宁、新疆昌吉、宁夏（宁夏回族自治区，全书简称宁夏）固原、湖南娄底、邵东等地进行了萝卜新品种示范。中萝1号萝卜新品种示范种植1 000余亩。为湖南大润鸿生物科技有限公司提供15亩羊肚菌栽培种，通过为企业提供科技服务与技术支撑，帮助企业解决了相关的科技问题。在大兴安岭南麓贫困区域吉林省镇赉县水稻主产区推广“麻育秧膜在水稻机插育秧中的应用技术”，开展技术扶贫，投入示范资金5万元，示范3 000亩，农户增收120元/亩以上。在湘西土家族苗族自治州、娄底涟源等武陵山区开展精准科技扶贫，派出5名技术骨干作为湖南省“三区”科技人才支援边远贫困地区的建设。与花垣县人民政府合作共建武陵山区（花垣）南方经济作物科研示范基地，为包谷酸、弄弄葱等湘西特色农产品的开发利用提供了菌株培养技术和产品技术路线，产品质量符合相关国家食品安全标准，协助完成企业生产平台建设及小试试验。组织专家对麻类加工企业就生物脱胶技术开展了一系列技术服务培训和指导工作，包括大庆天之草生物材料科技有限公司、广州祺易源生物科技有限公司、湖南利尔康生物股份有限公司等，累计派出专家6批15人次赴上述企业进行技术指导，帮助企业完成工艺设计书，解决生产中的技术问题。

第十一章 知识产权与成果推广转化

第一节 知识产权管理

麻类所知识产权的日常行政管理工作先后由科技管理处和成果转化处负责。知识产权的日常行政管理工作在2014年前先后由科技与产业部、科研管理处与成果转化处负责，自2014年起归口成果转化处，为落实中国农科院知识产权全程管理的相关要求，健全麻类所知识产权工作的组织制度，提高知识产权管理及服务水平，麻类所推行知识产权全程管理的理念，制定了一系列规章制度，开展系统知识产权培训，颁布实施相关奖励办法等。

（一）制度建设与规划情况

为规范和加强知识产权管理工作，设计了知识产权业务审批流程，将审批流程整合后统一归入麻类所OA办公系统，实现了知识产权规范全程管理的流程信息办公体系。发布了关于规范技术合同文本的通知（农科麻办〔2017〕6号），规避了对外合作风险，规范了合同中的知识产权管理，明确了对外合作的知识产权分享和归属办法。还公开遴选了4家知识产权代理机构作为麻类所的长期合作伙伴。

（二）人员安排与培训情况

2016年麻类所成立了由所长任组长，分管副所长任副组长，相关部门专家为成员的知识产权管理领导小组，由成果转化处牵头各科研团队知识产权专员组成的知识产权管理办公室，负责日常管理工作。形成覆盖全所科研和职能部门，兼顾服务与管理的知识产权服务管理团队。

通过新员工培训、专题培训、外派培育等多层次培训，提高了全所科研人员的知识产权意识，培养了一批熟悉知识产权相关知识和技巧的青年科研人员，初步实现了麻类所知识产权管理与科研项目管理的有效衔接。

（三）申请保护情况

麻类所自1985—2017年年底共申请专利269项，其中发明专利187项（有效发明专利35项），实用新型专利实用新型专利82项（有效实用新型专利70项）。荣获2017年度长沙高新区国内发明专利申报先进单位荣誉。

（四）受知识产权保护的成果及技术转让情况

截至2017年12月，麻类所受知识产权保护的注册商标有3个；发明专利35项（2017

年新获授权 13 项），实用新型专利 101 项（2017 年新获授权 47 个），软件著作权 24 项，专著 3 部，编著 16 部。以解决产业问题为导向，积累了一批优质知识产权：其中获奖成果有“苎麻饲料化与多用途研究和利用”“苎麻与肉鹅种养结合研究和应用”“麻育秧膜及其在水稻机插育秧中的应用”“高效节能清洁型麻类工厂化生物脱胶技术”“欧文氏杆菌工厂化发酵快速提取苎麻纤维工艺”“育苗基布及其制造技术”和“苎麻剥麻机的研制及应用”。

先后与 100 余家企业开展科技合作，其中 2014 年发明专利“育苗基布及制造方法”已转让给江西井竹农业科技有限公司，合同转让金额为 1 400 万元。2017 年发明专利“欧文氏杆菌工厂化发酵快速提取苎麻纤维工艺”（ZL200710305340.5）和“一种功能菌株用于工厂化发酵快速提取草本纤维的方法”（ZL201110410078.7）相关技术转让给大庆天之草生物材料科技有限公司，技术转让合同金额 600 万元。

第二节　新品种/新技术推广

2008—2017 年间，麻类所推广各类新品种 67 个，推广面积 170 万亩；推广新技术 44 个，技术示范面积 855 万亩。重点推广品种包括中苎 1 号、中饲苎 1 号、中杂红 318、中杂红 316、中红麻 13 号、中红麻 16 号、中杂红 328、中杂红 368、中亚麻 1 号、中亚麻 2 号、中亚麻 3 号、皖大麻 1 号等麻类新品种以及帝王菜、保健型黄秋葵、重金属吸附专用黄麻和高营养叶用黄麻、中萝 1 号等南方经济作物新品种；主推技术包括清洁型苎麻生物脱胶技术、麻育秧膜，其中麻育秧膜及其栽培技术在黑龙江、湖南、江西等地累计推广超过 800 万亩（表 11-1）。

表 11-1　新品种、新技术推广情况

年　份	新品种数量（个）	推广面积（亩）	新技术数量（个）	技术示范推广情况（亩、头、羽等）
2008	3	60 000	3	500
2009	3	60 000	3	500
2010	8	120 000	3	250
2011	7	125 000	3	150
2012	5	704 100	5	40 500
2013	7	210 000	5	15 000
2014	10	42 170	7	21 060
2015	10	72 170	7	2 1060
2016	8	200 165	5	20 000
2017	6	109 650	3	8 430 050
合　计	67	1 703 255	44	8 549 070

2008年向益阳市提供2万亩中苎1号等优质高产苎麻新品种；在云南、黑龙江、河北枣庄推广中红麻10号、中杂红305、H316、318新品种（组合）约200亩。在河南省、安徽推广中红麻11号3万亩。

2009年，在湖北省咸宁推广中苎1号1万亩；在河南信阳、安徽六安、福建漳州和浙江萧山四地的示范推广中杂红318、中杂红316和中红麻13号3万多亩；在湖南安乡、云南宾川及南华推广3个亚麻新品种1.5万亩。

2010年在安徽六安、河南信阳、浙江萧山、广西合浦、沅江黄茅洲镇和福建漳州推广中杂红318、中杂红318、中红麻13号12万亩，销售中杂红318等品种12万千克，种植面积12万亩；在东北地区推广黑亚18号、吉亚3号、DIANE等亚麻新品种1 000亩，推广云麻1号、云麻2号、皖麻1号、USO-31等大麻品种200亩；在西北地区推广中亚麻2号、天鑫3号、天鑫10号、AGATHA等亚麻品种和汾麻1号大麻品种200亩；在西南地区推广中亚麻2号、中亚麻3号、云亚1号、云亚2号、天鑫3号等亚麻品种500亩；在云南祥云、湖南安乡免费提供中亚麻1号、中亚麻2号等品种100多千克；在湖北仙桃、江苏镇江、浙江萧山和湖南沅江开展了麻地膜试制研究和应用，推广示范麻地膜1 500余亩；在湖南省贫困村涟源市漆树镇大茶园村推广中饲苎1号500亩。

2011年在湖南沅江市建立苎麻高产高效栽培技术示范推广基地100亩，在湖南南县建立苎麻机械收获技术示范推广基地100亩，在湖南资阳区建立苎麻育种及繁殖技术示范推广基地20亩，在湖南大通湖建立麻地膜应用技术试验示范推广基地20亩；在安徽六安、河南信阳、浙江萧山、广西合浦、沅江黄茅洲镇和福建漳州等地推广中杂红318、中红麻13号、中杂红316等红麻新品种10万亩。

2012年在云南大理祥云、宾川、耿马、永平创建亚麻生产示范田15亩、高产示范田50亩；在湖南、湖北、四川、江西、重庆、浙江等省推广苎麻新品种58.91万亩、黄红麻品种11.5万亩；在湖南、湖北、四川、江西、重庆、浙江等省推广使用脱胶技术、麻地膜技术及机具面积4万余亩。

2013年在云南、湖南、新疆等亚麻产区示范推广中亚麻1号、2号、3号等亚麻新品种1万余亩；在安徽六安、河南信阳、广西南宁、福建漳州和浙江萧山等地推广红麻新品种中红麻16号、中杂红328和中杂红36810万亩；在湖南涟源、四川达州、湖北咸宁和湖南张家界、望城、郴州等地推广苎麻饲料化与多用途技术，其中中饲苎1号10万余亩；在湖南、黑龙江、湖北、浙江等省开展麻育秧膜及其在水稻机插育秧应用技术示范推广，其中在湖南省75个县市开展麻育秧膜集中育秧示范，在黑龙江兰西、852农场开展了大面积的应用示范，累计推广麻育秧膜机插水稻育秧10余万亩；在湖南及云南推广冬闲田亚麻免耕技术1.5万亩。

2014年在湖南、江西建立中饲苎1号繁殖基地10亩和核心示范基地约2 000亩；在湖南沅江、江苏大丰推广示范中黄麻4号40亩、中红麻T17 10亩；在安徽六安、河南信阳、广西南宁、福建漳州、湖南沅江和浙江萧山示范推广中红麻16号、中杂红328和中杂红36820万亩；在云南推广中亚麻1号、中亚麻2号、中亚麻3号和中亚麻4号、华星

010 等 120 亩。

2015 年在湖南、黑龙江、湖北、浙江等省开展麻育秧膜及其在水稻机插育秧应用技术示范推广，累计推广麻育秧膜机插水稻育秧 18 万余亩；在山东、海南、湖北、湖南、江西等地推广中饲苎 1 号 5 万多亩。

2016 年在黑龙江省推广麻育秧膜 1 000 余万亩，“麻育秧膜在水稻机插育秧中的应用技术”推广 1 579 万亩。在安徽六安、河南信阳、广西南宁、福建漳州、湖南永州、山东泰安和浙江萧山推广中红麻 16 号、中杂红 328 和中杂红 368 等新品种 20 万亩；在湖南永州市丽辉农业开发有限公司进行红麻麻骨碳示范推广，示范面积 4 000 亩左右；在贵州毕节、威宁等地开展萝卜新品种中萝 1 号小规模示范推广工作，推广萝卜良种面积为 5 万亩；在湖南永州、常德等地建立饲用苎麻养殖肉鹅、肉牛、奶牛及山羊的科研示范基地 6 个，推广种植饲料苎麻 2 000 多亩；与汉寿鑫达纺织有限公司合作，在汉寿建立了 60 亩苎麻品种示范基地；在永州市丽辉农业开发有限公司建立红麻麻骨碳示范基地，推广示范面积 4 000 亩。

2017 年在湖南汉寿、常德西湖、龙潭桥等地推广种植苎麻 3 000 亩，在湖南宜章推广饲用苎麻种植基地 200 亩；在永州示范推广中杂红 1501（H1501）、中红麻 17 号（KB6）和中皖杂麻 1 号（中杂 5 号）8 000 亩；在山东泰安推广亚麻高产栽培示范试验和免耕栽培示范试验 20 亩，皖大麻 1 号 10 亩；在湖南湘西花垣、邵阳城步、益阳沅江和湖北十堰郧阳 4 县（市、区）种植推广帝王菜、保健型黄秋葵、重金属吸附专用黄麻和高营养叶用黄麻 150 亩；在湖北长阳、利川、贵州威宁、新疆昌吉、宁夏固原、湖南娄底、邵东等地进行了萝卜新品种示范，中萝 1 号在贵州威宁推广 1 000 余亩，在湖北利川示范种植 30 余亩；在东北地区、南方稻区推广“麻育秧膜在水稻机插育秧中的应用技术”843 万亩；与马来西亚红麻烟草局建立了超高产光纯感杂交红麻示范基地，示范种植红麻面积 20 亩。

第三节　技术转让

2008—2017 年，麻类所与地方政府、企业、合作社、专业种植户等签订各类开发合作协议 102 个，累计合同金额 2 623.36 万元。此外，通过盘活固定资产、开展多种经营等，十年间综合累计创收 4 264.33 万元。

2009 年，利用“高效节能清洁型苎麻生物脱胶示范工程”转让技术，在沅江市明星麻业有限公司建成年产精干麻 5 000 吨工厂生产线；在永州市永大生物能源科技有限公司建成 1 万吨红薯燃料乙醇项目生产线；在浙江东阳建成了“红麻韧皮工厂化生物脱胶生产线”；在湖南广源麻业有限公司建成苎麻生物脱胶生产线；获技术开发收入 30 万元。

2010 年与湖北精华纺织集团有限公司签订技术转让协议书，建成“高效节能清洁型苎麻生物脱胶示范工程”生产线，生产规模为年加工苎麻 10 000 吨，获技术转让收入 45 万元；与花垣恒远植物生化有限责任公司技术合作，进行了虎杖发酵提取白藜芦醇的探索性研究工作，获技术开发收入 15 万元；与山东海龙集团合作，在新疆试种 1 000 亩纤维用红麻。

2011 年在广西南宁连升工贸公司、江西分宜以及江苏洪泽纺织有限公司合作生产大中型苎麻剥麻机 2 台和剑麻剥麻机 5 台；在湖南、湖北、四川、重庆等省（市）推广生产小型苎麻剥麻机 8 台；利用“麻类等纤维质酶降解生产燃料乙醇技术中试”技术，在永州市建立年产 200 吨乙醇的麻类等纤维质酶降解生产燃料乙醇技术生产线，获转让收入 30 万元。

2012 年，在江西宜春市、湖南沅江苎麻试验站和张家界苎麻试验站共推广生产 4BM-260 型苎麻剥麻机 4 台，4HB-480 型红麻剥麻机 3 台，获技术开发收入 15 万元；在长沙地区推广苎麻副产品工厂化栽培杏鲍菇和金针菇等食用菌菌袋近 20 000 个，获技术开发收入 12 万元；将“苎麻生物脱胶工艺技术与设备”转让给江西信德麻纺企业，获转让收入 45 万元；向湖南省畜牧研究所、张家界农业局、湘阴市养鹅大户、邵阳市养鹅户，浙江省萧山区农科所、湖南新晃嘉信食品有限公司，提供饲料苎麻品种中饲苎 1 号种子、种苗，获技术开发收入 30 万元。

2013 年与郴州三农农业科技有限公司和娄底市忠食农业生物科技有限公司开展苎麻副产物栽培珍稀食用菌技术合作生产示范，示范规模为 500 吨，获技术开发收入 15 万元；在浙江亚马逊工艺墙纸有限公司帮助建成红麻韧皮工厂化生物脱胶示范生产线，获技术开发收入 25 万元；在云南、湖南、新疆等亚麻产区示范推广中亚麻 1 号、中亚麻 2 号、中亚麻 3 号等亚麻新品种，获开发收入 10 万元；在安徽六安、河南信阳、广西南宁、福建漳州和浙江萧山示范推广中红麻 16 号、中杂红 328 和中杂红 368，获开发收入 30 余万元。在湖南涟源、四川达州、湖北咸宁和湖南张家界、望城、郴州等地推广中饲苎 1 号，获开发收入 22 万余元。

2014 年“育苗基布及其制造方法”专利转让给江西井竹农业股份有限公司，转让合同金额为 1 400 万元；与企业合作生产麻育秧膜新产品 1 500 余吨，产品销往湖南、湖北、黑龙江、江苏、浙江等省，获技术开发收入 10 万元；在湖南株洲、益阳与张家界进行“苎麻园生态肉鹅养殖技术”推广，获技术开发收入 5 万元；在湖南涟源、张家界、益阳、四川达州和湖北咸宁进行“苎麻副产物饲料化技术”推广，获技术开发收入 10 多万元；与湖南汉寿县农业局、畜牧局联合，在汉寿龙潭桥镇开展山坡地苎麻抗逆栽培与示范推广，获技术开发收入 6 万元；在长沙县北镇开展了重金属污染农田生态修复技术与安全利用等方面的技术研究与示范推广应用，获技术开发收入 5 万多元。

2015 年从江西井竹农业股份有限公司获得“育苗基布及其制造方法”专利转让收入 300 万元；与沅江市政府签订关于委托开展《沅江芦笋产业发展规划》课题研究和编制服务协议书，获得服务收入 100 万元；全年共对外签订开发合同 18 份，签订合同总额为 1 100多万元。

2016 年与湖北省利川市人民政府、湖南省花垣县人民政府、涟源市人民政府签订所地科技战略合作协议各 1 份；与黑龙江大庆天之草光伏农业科技有限公司签署汉麻产业技术与产品研发协议；与湖南常德德人牧业有限公司、山东济南诺能生物工程有限公司、湖南利尔康生物股份有限公司、与湖南黑色蔬菜有限公司、湘西苗汉子集团贸易有限公司、湖南忠食农业生物科技有限公司签订了技术服务协议；全年共对外签订开发合同达 20 份，获技术开发收入 547 万元，实现全年开发收入 1 596 万元。

2017 年生物脱胶与大麻品种改良两个项目成果转让，获技术转让合同收入 900 万元，当年到账收入为 510 万元；与汉麻投资集团有限公司成功签署“高 CBD 工业大麻种质资源发掘创新利用”的科技合作合同，合同额 300 万元，当年到账收入 150 万元；与大庆天之草生物材料科技有限公司签订“新型汉麻生物脱胶工艺设计与实施”技术秘密使用与技术服务合同，合同额标的为 600 万元，当年到账收入为 340 万元。与广州祺易源生物科技有限公司、湖南利尔康生物股份有限公司等企业签订多项技术转让或服务合同；全年对外共与 26 家企业签订了技术合同，合同总金额达 1 770 万元，实现全年开发收入 2 342 万元。受服务方和合同类型、科技开发收入详见表 11－2 和表 11－3。

表 11－2　2008—2017 年签定的技术合同

年　份	合同名称	受服务方名称	合同类型
2008	苎麻新品种栽培服务	湖南张家界市农科所、四川达州农科所	技术服务
	红麻新品种服务	河南信阳、安徽六安、广东湛江市农科所	技术服务
2009	红麻（中杂红）栽培服务	河南信阳农科所、安徽六安农科所	技术服务
	环保型麻地膜研发	湖南沅江明星麻业有限公司、汉寿麻业有限公司	技术服务
	苎麻生物脱胶工艺技术	湖南汉寿、江西井竹生物科技股份公司	技术转让
2010	苎麻生物脱胶工艺技术	湖北德信苎麻有限公司	技术服务
	麻纤维产品检测分析技术服务	湖北、四川、广东等地	技术服务
2011	苎麻剥麻机研制	长沙桑莱特农业机械有限公司	技术开发
	苎麻新品种栽培服务	湖南沅江黄茅洲、湖北咸宁、四川达州农科所	技术咨询、服务
	4H13-480 黄红麻剥麻机研制	湖南张家界苎麻站、湖南沅江苎麻试验站	技术开发
2012	苎麻生物脱胶工艺技术	江西井竹生物科技股份有限公司	技术转让
	大型横向嵌入式苎麻剥麻机研制	江西洪泽纺织机械有限公司	技术开发
	苎麻生物脱胶技术服务	湖南汉寿麻纺织品有限公司	技术服务
2013	黄麻原料的生产与销售	索尼凯美高电子（苏州）有限公司	技术服务
	苎麻剥麻机销售	湖南沅江、南县、张家界市、重庆涪陵、江西宜春农户	技术开发
	环保型麻地膜产品销售	湖北咸宁苎麻试验站、浙江杭州萧山试验站、湖北仙桃丰联生产资料公司	技术服务
	麻类产品检测分析技术服务	湖北咸宁农科所、四川农科所、广西大学	技术服务
	苎麻青贮饲料喂养肉牛产品服务	长沙农户、个体户	技术服务
	苎麻生物脱胶工艺技术	江西井竹生物科技股份有限公司	技术转让

续表

年　份	合同名称	受服务方名称	合同类型
2014	“育苗基布及基制制造”专利实施许可协议	江西井竹农业科技股份有限公司	技术转让
	麻类产业技术合作协议	山东泰安市金飞虹织造有限公司	技术服务
	麻育秧膜示范推广协议	浙江杭州市萧山区、黑龙江佳木斯市国有农场	技术服务
2015	南方特色经济作物试验基地建设科技合作协议	十堰市农业科学院、湖北省农科院中药材研究所	框架协议
	基地建设技术服务协议	山东泰安金飞虹织造有限公司	技术服务
	科技合作协议	中国热作院椰子所	框架协议
	筛造有效缩短剑麻渍水发酵时间的微生物委托业务协议书	农业部剑麻及制品质量监督检验测试中心	技术服务
	麻类副产物工厂化栽培食用菌技术试验示范和新产品开发	湖南忠食农业生物科技有限公司	技术开发
	麻类试验基地科学试验研究合作协议	山东泰安金飞虹织造有限公司	技术服务
	合作框架协议	湖南森农环保科技有限公司	框架协议
	技术合作框架协议	江西井竹实业有限公司	技术转让
	泰安麻类原料基地建设技术服务协议书	山东泰安金飞虹织造有限公司	技术服务
	履带式拖拉机及配套农具的研发	长沙星聚农业机构有限公司	技术开发
	委托研究协议书	泰安飞虹麻业制品科技有限公司	框架协议
	沅江芦笋产业发展规划课题研究和编制服务协议书	沅江芦笋产业开发工作领导小组办公室	技术服务
	麻类所洞庭湖区南方特色经济作物试验基地建设合作协议	沅江湿地保护局	技术服务
	林下苎麻种植与羊鹅种养技术合作推广协议	中国热作院椰子所	技术服务
	饲用苎麻高效种植养羊技术示范合作协议书	耒阳兴隆生态农牧有限公司	技术服务
	饲用苎麻高效种植与养殖肉鹅技术示范基地建设	株洲炎陵福来喜鹅业有限公司	技术服务
	南方饲料作物种质资源与利用科研试验基地建设合作协议书	湖南德人牧业有限公司	技术服务
	饲用苎麻高效种植与养殖肉牛技术示范基地建设	湖南德农牧业科技有限公司	技术服务
	麻类工厂化生物脱胶综合性试验的协议书	湖南明星麻业股份有限公司	技术开发
	红麻工厂化生物脱胶稳定性试验的协议书	浙江亚马逊工艺壁纸有限公司	技术服务

续表

年　份	合同名称	受服务方名称	合同类型
2016	技术服务合同	泰安市双德利纺织品绣品有限公司	技术服务
	泰安麻类基地试验工作协议	泰安市金飞虹织造有限公司	技术服务
	武陵山区萝卜与功能蔬菜研发中心共建合作协议	湖北省利川市人民政府	框架协议
	技术服务合同协议书	湖南黑色蔬菜有限公司	技术服务
	技术服务合同协议书	湖南湘妹子农业科技有限公司	技术服务
	技术服务合同协议书	湘西苗汉子集团贸易有限公司	技术服务
	技术服务协议书	农业部剑麻及制品质量监督检测中心	技术服务
	科技合作协议	湖南花垣县人民政府	框架协议
	技术服务合同协议书	湘西苗汉子集团贸易有限公司	技术服务
	功能性饲用酶应用研发联合实验室共建合作协议	济南诺能生物工程有限公司	框架协议
	百富宝Ⅰ在肉鸡日粮中的应用	济南诺能生物工程有限公司	技术开发
	技术委托服务合同	云南省烟草农业科学院	技术服务
	技术服务合同协议书	湖南利尔康生物股份有限公司	技术服务
	履带自走式旋耕机的研发	长沙星聚农业机械有限公司	技术开发
	技术服务合同协议书	湖南忠食农业生物科技有限公司	技术服务
	科技合作协议	涟源市人民政府	技术服务
	中联牌QUY260起重机电气系统故障诊断与维护	长沙维纳控制技术有限公司	技术服务
	汉麻产业技术与产品研发合作框架协议	天之草光伏农业科技有限公司	框架协议
	苎麻种植基地建设协议	汉寿振发苎麻专业合作社	技术服务
	永州红麻高产种植服务协议书	永州市丽辉农业开发有限公司	技术服务
	亚麻大麻纤维生产技术服务合同	泰安市双德利有限公司	技术服务
2017	肉鹅产业技术服务与产品研发	湖南福鹅产业开发有限公司	技术服务
	罗布麻产业技术服务与产品研发合作	新疆瑞泽农牧林科技开发有限公司	技术服务
	高酚工业大麻种质资源战略合作协议	汉麻投资集团有限公司	技术服务
	天然护肤品原料及生产加工技术研发合作	湖南御家化妆品制造有限公司	技术开发
	脱胶酶制剂开发与应用	广州祺易源生物科技有限公司	技术服务

续表

年　份	合同名称	受服务方名称	合同类型
2017	新型汉麻生物脱胶工艺设计与实施	大庆天之草生物材料科技有限公司	技术秘密许可使用与技术服务
	麻类天牛幼虫繁育及技术研发	张家口市林诺生物科技有限公司	技术开发
	高 CBD 工业大麻种质资源发掘创新利用	汉麻投资集团有限公司	技术开发
	苎麻育苗与种植技术服务	汉寿振发苎麻专业合作社	技术服务
	麻类副产物栽培高档食用菌技术示范与新产品开发	湖南忠实农业生物科技有限公司	技术服务
	苞谷酸加菌发酵技术研究	湘西苗汉子集团贸易有限公司	技术服务
	灵芝酵素新原料开发	湖南御家化妆品制造有限公司	技术开发
	汉麻优良品种示范推广及栽培技术	山东森海市政园林有限公司	技术服务
	饲用苎麻种植技术服务	咸宁市农业科学研究院	种苗销售
	苎麻剥麻机购销合同	宁乡市志达农业机械销售有限公司	购销合同
	麻纤维产品技术服务合同	海南省农业科学院植物保护研究所	技术服务
	2017 年帝王菜订购种植合同	河南王菜生物科技有限公司	种苗销售
	苎麻牧草种植与肉鹅饲喂技术服务	湖南福鹅产业开发有限公司	技术服务
	罗布麻人工繁育与高产栽培技术	新疆瑞泽农牧林科技开发有限公司	技术咨询
	麻育秧膜应用推广技术服务	哈尔滨井竹农业科技有限公司	技术服务
	亚麻及籽用大麻高产高效种植技术研究	内蒙古金格勒食品有限公司	技术服务
	汉麻优良品种筛选和繁殖技术及基地建设	巴彦淖尔市汉麻农业发展有限责任公司	技术服务
	一种生物肥料的功能成分检测、功效分析与应用	郴州市通源生物科技有限公司	技术服务
	苎麻栽培、副产物食用菌基质化及菌渣综合利用	陕西白河县永春农业科技有限公司	技术服务
	罗布麻韧皮生物脱胶技术开发	新疆瑞泽农牧林科技开发有限公司	技术开发
	饲料用茎秆收获机的改进与试制	宁乡智达农机销售公司	技术服务
	药食同源蔬菜种植及生产加工技术研究	邵阳市厚土生态农业有限公司	技术服务

续表

年 份	合同名称	受服务方名称	合同类型
2017	优质专用帝王菜品种选育及重金属吸附效果研究	河南莫洛海芽农业科技有限公司	技术开发
	蔬菜产业发展技术服务与咨询	双峰新民种植农民专业合作社	技术服务
	饲用苎麻良种繁育与饲料化加工技术示范基地建设	湖南晨露环保科技发展有限公司	技术服务
	苎麻等农作物种植和收获机具引进与服务	宁乡市志达农机服务专业合作社	技术服务
	工业大麻鲜茎剥皮机的研发	大庆天之草生物材料科技有限公司	技术开发
	羊肚菌菌种制作	湖南大润鸿生物科技有限公司	技术服务
	饲用苎麻苗	河南信阳农科院	种苗销售
	特色农业种植与加工	湖南湘妹子农业	技术服务
	壳糖的田间应用评价	中科荣信生物科技	技术服务
	工业大麻品种使用权转让	长沙锦农生物公司	品种转让
	高细度苎麻新品种中苎 3 号品种使用权转让	长沙锦农生物公司	品种转让
	四驱微耕机的研发	湖北运银农机科技公司	技术开发

表 11-3　2008—2017 年麻类所对外科技开发收入情况　　（单位：万元）

年 份	技术转让收入	技术服务收入	其他技术收入	经营收入	房地产收入	其他收入	总收入
2008	0	40.72	0	35.87	0	8.57	85.16
2009	0	45	0	0	0	63	108
2010	0	87.75	0	70	0	70	227.75
2011	0	192.68	0	132.8	0	265.27	590.75
2012	0	45	0	182.7	0	342.72	570.42
2013	0	30	0	0	0	95.97	125.97
2014	300	40	16.6	14.78	75.35	20.05	466.78
2015	300	100.09	53	0	95.26	0	548.35
2016	0	215.1	104.5	0	82.25	0	401.85
2017	340	512.92	200	18.46	67.92	0	1 139.3
合 计	940	1 309.26	374.1	454.61	320.78	865.58	4 264.33

第十二章　试验基地管理

麻类所试验基地包括 3 种类型，一是自主产权试验基地，二是以科学试验为目的的在长沙租用试验基地，三是课题组因工作需要与地方政府部门或企业共建试验基地。至 2017 年年底，建成自主产权基地 1 个（湖南省沅江市）、长期租赁基地 3 个（湖南省长沙市），共建试验基地 3 个（山东省泰安市、湖南省常德市和湖北省利川市）

麻类所试验基地通过承担创新工程、麻类体系、国家科技支撑计划和国家自然科学基金等国家和地方各类科技项目，开展了麻类遗传基础理论、育种技术、高效种植技术和初加工技术及其产品研究等传统学科研究，并在南方饲料作物（苎麻秸秆等副产物饲料化）、南方特色蔬菜（萝卜、芦苇笋）、南方经济作物病虫害防控技术等新领域开展了实质性工作并取得了重要进展。

所属农业农村部沅江麻类资源重点野外科学观测试验站、麻类所长沙创新试验基地、国家苎麻种质资源圃、野生纤维保护圃 4 个试验基地和共建试验基地主要是承载麻类所 9 个创新团队的有关麻类体系、创新工程和国家自然科学基金等项目的田间科学试验。

通过基地的引领示范作用，既加强了为“三农“服务的力度，又拓宽了麻类所科技成果的研究领域和推广渠道。

第一节　产权试验基地

沅江综合试验基地现有科研用房 6 500 平方米、宿舍 7 200 平方米、科研辅助用房（含温室、暗室及机具车间等）8 400 平方米。田间设施包括道路 12 496 平方米、网室 300 平方米、排水渠 4 733 米、灌水渠 3 301 米，围栏 5 168 米。建有生理生化实验室、土壤营养、植物形态解剖、纤维品质分析和病虫害防控等 5 个实验室。配备了土壤养分分析仪、全自动植物茎流仪和水势测定仪、植物生长环境数据采集处理系统、拖拉机、起垄机等 40 多台（套）实验仪器和农机具，可满足包括土壤养分分析，作物植株形态解剖观察，水分、无机盐及营养成分生理生化分析以及常见病虫害观察、监测和防治等科研需求。形成了科研办公区、职工宿舍区、试验观测区（包括资源保护区、苎麻试验区、黄麻红麻试验区、亚麻大麻试验区等）、中试示范区（新品种、新技术、新成果中试与示范）、安全评价区 5 个功能区。

农业农村部沅江麻类资源重点野外科学观测试验站地处自主产权基地，是 2005 年 10 月 14 日农业部首批命名的 58 个重点野外科学观测试验站之一。用于南方经济作物资源保存、技术研发、产业示范与培训用户并获得具有自主知识产权的新品种与新技术，解决农业持续、稳产、健康发展问题，对研发的新技术与新产品进行产业化应用，提高成果转化率。

2014 年启动了中国农科院沅江综合试验基地建设规划，计划建设用地 166.67 公顷，依托麻类所沅江综合试验基地，集成整合中国农科院已有农业科技成果与技术资源，至"十三五"末，建成具有洞庭湖区域特色的国家级农业技术集散与培训基地，以及在洞庭湖区域和全国发挥农业科技引领示范、辐射带动作用的产学研一体化创新试验区。凸显"江湖农业、循环农业、观光农业"三大特色，突出"创新集成、展示放大、示范培训"三大功能，辐射及带动洞庭湖区域及长江中下游地区现代农业的快速发展。

第二节　租赁试验基地

麻类所租赁试验基地包括地处长沙市的麻类所长沙创新试验基地、国家苎麻种质长沙圃、国家野生纤维植物保护圃。

长沙创新试验基地位于长沙市望城区白箬铺镇，2010 年开始建设，2012 年建成，租赁面积 9.33 公顷，租赁期 30 年（2010—2039 年），主要承载创新工程和麻类产业体系以及国家自然科学基金项目等方面的田间试验研究。

国家苎麻种质长沙圃位于长沙市望城区星城镇，租赁面积 5.8 公顷，租赁期 20 年（2001—2021 年），2004 年开始建设，主要建设有国家苎麻种质苎麻圃，保存我国已经或者未来收集到的活体麻类种质资源并进行配套种质鉴定等，同时兼顾麻类等经济作物多用途研究。

国家野生纤维植物保护圃位于长沙市望城区星城镇，租赁面积 2.67 公顷，租赁期 20 年（2006—2025 年），2006 年开始建设。主用于野生纤维植物的保存和麻类生产示范。

第三节　共建试验基地

泰安麻产业试验示范基地。2015 年 6 月 6 日，麻类所泰安麻产业试验示范基地在泰安市汉麻传统种植地——泰安市马庄镇正式挂牌。依据麻类所与山东泰安金飞虹织造有限公司签署的《泰安麻类基地建设技术服务协议书》，泰安麻产业试验示范基地以麻类所的资源、技术、人才和成果等为依托，联合泰安金飞虹织造有限公司共建共享，将麻文化与泰山文化紧密结合，共同打造麻类文化产品，促进麻类产业提质增效。基地计划总投资 3 000万元，示范推广面积 666.67 公顷以上。先期建成 4 公顷，种植的麻类作物主要有汉麻、亚麻、红麻、苎麻、黄麻等共 50 余个品种。麻类所泰安试验示范基地根据泰安当地的自然条件，筛选或选育出纤维品质好、生态适应性强、纤维产量高、适宜高端麻织品纺织的优良麻类品种。同时，开展麻类栽培技术、收获技术、植保技术、产品加工技术等试验、示范和推广工作。

武陵山区萝卜与功能蔬菜研发中心。2016 年 1 月 28 日，麻类所与湖北省利川市人民政府在利川市签定《武陵山区萝卜与功能蔬菜研发中心共建合作协议》。按照协议内容，双方通过联合共建武陵山区萝卜与功能蔬菜研发中心，促进武陵山区萝卜与药菜兼用作物种植业的发展，为武陵山区经济文化的持续稳定发展提供科技支持。借助南经中心平台将利川打造成中国萝卜新品种推广和萝卜绿色有机周年种植的基地，并使药食、药菜兼用资源的开发成为利川生物医药产业链建设的新的经济增长点，为利川市农业科技创新和农业现代化建设做出新的贡献。

南方饲料作物种质资源与利用科研试验基地。2015 年 10 月 19 日，麻类所与德人牧业集团有限公司正式签约，开启合作共建“南方饲料作物种质资源与利用科研试验基地”，以“麻改饲”为契机，通过“一杯牛奶”展开一个创业的故事，打造种养加相结合、休闲与创业相结合的农业模式。研究人员经过 3 年的技术攻关，筛选种植出适应南方种植的饲用苎麻、紫花苜蓿等高蛋白牧草，研制出 4QZ-2200 型青饲料联合收割机与一体化中耕施肥机，攻破了南方草业生产难以满足畜牧业对优质高蛋白草料的需求的瓶颈。建成了年产 10 万吨青贮料生产线，产品销往湖南、广东、江西等省。采用以麻类所研制的饲用苎麻新品种及配套栽培和喂养技术，总结出了一套“12163”模式，即“每个农户种植 100 亩苎麻，带动 200 亩其他作物秸秆利用、饲养 100 头奶牛、生产 600 吨鲜奶、产生 300 万元的经济效益”，已成为当地农业结构调整的重要发展模式。

第四节　拟建试验基地

长沙南方经济作物综合试验基地：为了支撑南方经济作物研究的需求，计划“十三五”期间，采用征地与租地相结合的办法在长沙市望城区靖港镇征用 20 公顷试验土地，其中建设用地 2 公顷，资源保存、田间试验、成果转化与展示等农业用地 18 公顷，新建南方经济作物综合试验基地，建设成国家农业科研机构在环洞庭湖区域的大型综合基地，凸显“江湖农业、循环农业、都市观光农业”三大特色，突出“创新集成、展示放大、示范培训”三大功能，辐射及带动洞庭湖区域及长江中下游地区现代农业的快速发展，为麻类所学科拓展提供有力支撑。已列入中国农科院和农业农村部建设计划。

建设重点：开展南方经济作物、特色蔬菜、饲料、农业微生物等新品种选育与示范推广；开展麻类作物遗传育种栽培及多功能多用途研究，加强芦苇笋和功能蔬菜等综合利用开发和农产品加工研究工作。根据功能的不同，将设置科学试验区、成果展示区、产业示范区、科研设施和服务区 4 个功能区。

第十三章　企业管理

第一节　企业概况

麻类所新技术推广中心是麻类所下设的全资非公司制企业，1994 年 10 月 14 日成立于湖南省沅江市，2005 年注册地址变更为长沙市望城坡产业基地（长沙市咸嘉湖西路 348 号）。注册资本 50 万元。2008—2015 年，企业法人为熊和平，其管理运行和财务由麻类所代管，2010 年设立单独银行账号。2015 年 12 月 1 日，麻类所委派龚友才为企业法人兼董事长，经营范围为：麻类、其他经济作物的种植；育苗盘、农药、花卉作物、饲料、育苗基质、生物制品、化学试剂和助剂、办公设备、办公用品、劳动保护用品、食品、保健品、农业机械的销售；仪器仪表、棉、麻、纺织品、针织品及原料的批发；农业技术推广服务；销售不再分装种子等。统一社会信用代码：914301001872964292。

由于业务发展需要，2010 年以新技术推广中心控投、本所职工参股方式成立了长沙中麻生物科技有限公司、长沙锦农麻类科技有限公司、长沙高新开发区咸嘉湖福莱克斯麻类科技有限公司、长沙高新开发区咸嘉后勤服务有限公司、长沙设农麻类科技有限公司、长沙精纤生物科技有限公司、长沙高新开发区中纤麻类服务有限公司 7 个控股公司，由新技术推广中心相对控股，各部门职工参股。2014—2015 年机构调整，除保留长沙锦农生物科技有限公司外，注销了其他 6 个对外投资公司。2016 年 1 月 7 日，长沙锦农麻类科技有限责任公司更名为长沙锦农生物科技有限公司，法人代表由粟建光变更为陈基权，并对长沙锦农生物科技有限公司的股份进行了变更，由新技术推广中心占股 80%，自然人龙英占股 20%。同年新技术推广中心独立投资 3 万元成立了长沙锦农物业服务有限公司。2017 年，自然人龙英撤资，长沙锦农生物科技有限公司股份全部由新技术推广中心投资组成。

第二节　重大活动

一　新技术推广中心对外投资

2010 年 3 月 20 日，麻类所所务会通过《关于推进科技产业发展促进科技成果转化若干意见（试行）》，规定全所科技开发经营活动统一以公司形式进行运作，即在本着自愿、保证国有相对控股前提下，以研究室、后勤服务中心、沅江实验站或项目组为主体，成立具有独立法人的有限责任公司，从事科技开发活动。根据规定，全所共成立了由新技术推广中心投资，麻类所各部门职工个人出资的长沙中麻生物科技有限公司等7个有限责任公司，新技术推广中心对7个新成立的公司总投资为46.4万元。具体情况如下。

长沙中麻生物科技有限公司：2010年8月25日成立，法人代表喻春明；注册资本26万元，其中新技术推广中心持股48.85%；经营范围包括生物技术、麻类新品种选育、栽培技术研究、开发；纺织品原料、针织品的销售。

长沙锦农麻类科技有限公司：2010年9月6日成立，法人代表粟建光；注册资本17万元，其中新技术推广中心持股48.43%；经营范围为红/黄麻新品种选育、栽培技术研究、开发、技术推广及相关的技术咨询服务，纺织品原料、纺织品、针织品的销售。

长沙高新开发区咸嘉湖福莱克斯麻类科技有限公司：2010年8月20日成立，法人代表赵立宁；注册资本8万元，其中新技术推广中心持股47%；经营范围为麻类新品种选育、栽培技术研究、开发及相关的技术服务，纺织原料、纺织品、针织品的销售。

长沙高新开发区咸嘉后勤服务有限公司：2010年9月15日成立，法人代表杨辉；注册资本6万元，其中新技术推广中心持股50%；经营范围是为麻类所提供餐饮管理服务、保洁服务，办公用品的销售。

长沙设农麻类科技有限公司：2010年8月30日成立，法人代表龙超海；注册资本10万元，其中新技术推广中心持股49%；经营范围为麻类作物病虫害防治、新产品、农用地膜的研究、开发，麻类纤维膜、麻类加工机械设备的生产、销售，纺织品原料、针织品原料的销售。

长沙精纤生物科技有限公司：2010年8月19日成立，法人代表彭源德；注册资本14万元，其中新技术推广中心持股48.93%；经营范围为天然纤维加工技术研究、开发及相关的技术服务，化学试剂的销售。

长沙高新开发区中纤麻类服务有限公司：2010年8月20日成立，法人代表肖爱平；注册资本6万元，其中新技术推广中心持股50%；经营范围为麻类信息咨询服务，麻制品技术咨询服务。

上述7个公司按照《中华人民共和国公司法》规定，自2010年8月起先后成立并开始经营。由于7个公司大多数经营状况不佳，开发创收成效甚微，2014年4月18日与21日，所长办公会议决定，除保留1～2个公司外，其他公司予以注销。2014年10月9日所长办公会决定，全额退还注销公司的职工股本金，股息统一按三年定期利率支付。截至2017年9月22日，除保留长沙锦农麻类科技有限公司外，完成了其他6个公司的工商注销手续，退还了新技术推广中心和职工股金及利息。

长沙锦农物业服务有限责任公司：2016年11月3日成立，法人代表文庆华，注册资本4万元，新技术推广中心持股100%；经营范围为物业服务、科技咨询等。

二 新技术推广中心企业改制

2008—2013年期间，新技术推广中心业务经营和管理挂靠在科技与产业部、科技开发处。2014年12月30日，所长办公会决定启动新技术推广中心的改制工作；2015年1月6日、12日所领导班子会议决定免去熊和平新技术推广中心法人，1月23日所长办公会议决定，按照中国农科院对公司改制的要求确定新技术推广中心法人代表，公开招聘总经理，配备2名副总经理。2月5—6日，所领导班子会议对新技术推广中心改制方案进行了讨论，决定由所委任公司法人代表兼董事长，成立国有资产管理委员会，由所务会成员组成，下设办公室；8月3日，所人事办公会议决定委派龚友才为新技术推广中心法定代表人，代表麻类所国有资产管理委员会行使法人权力，履行法律责任，列席与新技术推广中心工作相关会议，参与新技术推广中心的管理与决策，但兼职不兼薪，工资待遇由麻类所发放，年终绩效按正处级核算，其他按专业技术职务执行。同时，聘任贺正金任新技术推广中心总经理。8月11日，所长办公会议专题研究新技术推广中心启动运行相关事宜，要求新技术推广中心在改制前，综合考虑融资的可能性，边经营边调研边调整；经营范围的设定要立足长远。

8月至12月，新技术推广中心重新启动运行。主要开展了以下工作：一是建立了企业管理的规章制度，包括《中国农业科学院麻类研究所新技术推广中心（公司）章程》《中国农业科学院麻类研究所新技术推广中心（公司）财务会计（暂行）制度》《中国农业科学院麻类研究所新技术推广中心劳动人事制度（暂行）》《中国农业科学院麻类研究所新技术推广中心（公司）薪酬（暂行）分配制度》《中国农业科学院麻类研究所新技术推广中心（公司）差旅费管理（暂行）办法》《中国农业科学院麻类研究所新技术推广中心（公司）有关费用报销和开支的流程与管理（暂行）办法》。二是完成了机构设置与人员招聘，新技术推广中心下设种业农化部、物业部、科技贸易部3个部门，先后分别聘用陈基权、文庆华、邹高峰为新技术推广中心副总经理，并分别担任长沙锦农生物科技有限公司、长沙锦农物业服务有限公司、种业农化部总经理；2016年8月，新技术推广中心物业部启动招聘工作，从所内外招聘保安、保洁、司机、打字员、水电、办公人员等，本着自愿、公开、公正、双向选择原则，分批面试并择优录用办公室主任（尹志成）、物业主管（胡陵）、绿化员（陈斌）、业务员（张宵斌）、食堂管理员（方冬兵承包，2017年1月离开中心重新回原创新团队工作）、内聘司机（陈胜飞、宋涛、江国新）、水电（胡晓琦、刘泽民），对外聘用大客车司机1名、保安4名、保洁3名。进入新技术推广中心的在职职工除保留事业单位职工身份及基本工资待遇外，按企业化进行管理，在职职工绩效与外聘员工工资由新技术推广中心自己解决。基本完成了研究所后勤社会化服务工作。三是开展资产清查与交接：2016年2月27日，所长办公会议决定聘请长沙市求真会计师事务所对新技术推广中心实有资产进行评估。8月17日，所长办公会通过了《新技术推广中心的改制方案》，明确了新技术推广中心改制的基本原则，即遵循政策、规范运作、稳步推进，重点是做好产权界定和资产评估工作，包括过去的遗留问题以及现在新技术推广中心的配置资产。

第三节　经营与管理

一 经营业务

新技术推广中心经营业务包括麻产品、麻原料、仪器设备销售与技术服务；安全保卫、卫生保洁、交通服务、水电房屋管理、文印、庭院管理、职工食堂管理等物业服务；种子、农药、肥料销售。

二 经营情况

2008—2016 年 8 月，新技术推广中心挂靠在科技与产业部/科技开发处/成果转化处，主要业务是利用新技术推广中心这一平台为麻类所实施技术转让与对外投资，经常性的经营业务较少。2016 年重新启动后对外经营活动进入正常状态。麻原料生产主要是：与日本迪睿合电子材料（苏州）有限公司合作开发黄麻重金属吸附剂麻原料生产销售，与河南郑州王莱公司合作开发菜用黄麻原料生产与销售，这两项业务基本稳定，2017 年实现了营业利润 100 万元的目标；科技服务主要是配合生物加工研究团队向大庆天之草生物科技有限公司实施技术转让，实现了转让费 600 万的目标。商务经营主要是仪器设备、试剂销售，麻产品销售。农化方面主要是种子与农药，尚处于起步阶段。物业服务板块主要承接麻类所原后勤有偿服务工作，2017 实现利润 50 万元以上，业务与收益基本稳定。2018 年进行了业务调整，重点放在扩大麻原料生产规模，加强仪器设备销售力度，提高后勤服务质量。

第四篇

管理与服务

第十四章　科研管理

第一节　科研规划

2008—2017年是麻类所搬迁长沙后发展的关键10年，麻类产业在此期间一直处于低谷状态，向南方经济作物研究所转型提上议事日程。根据《国家中长期科学和技术发展规划纲要》和《农业科技发展规划》等部署和要求，结合麻类产业技术体系和科技创新工程，科研管理处组织编写了《中国农业科学院麻类研究所“十二五”科学技术发展规划》和《中国农业科学院麻类研究所“十三五”科学技术发展规划》。

一、“十二五”科技发展规划

2011年，麻类所以农科麻科〔2011〕16号文向中国农科院科技局报送麻类所“十二五”科技发展规划。规划的总体目标为：立足麻类作物，重点解决目前制约我国麻类产业发展的瓶颈问题，满足麻类生产重大需求；通过开展麻类作物多用途研究，拓展麻类作物的研究应用领域，提高麻类作物的应用价值；针对我国南方气候特点及经济作物的分布现状，重点开展经济价值较高或市场需求较大的南方特色经济作物研究，为实现麻类研究所向南方经济作物研究所转型奠定基础。

以学科建设为龙头，以研究队伍结构的优化和素质提升为核心，进一步完善硕士、博士授权学科点和国家麻类作物育种中心、农业农村部重点实验室、省部共建重点实验室、工程中心等基地的建设，提高硕士、博士研究生的培养质量与扩大培养规模，凝练6个研究方向，即麻类等经济作物种质创新、麻类等经济作物遗传育种、麻类轻简化与高效生产技术、麻类生物加工与综合利用技术、麻类收剥机械、麻类产品检测与质量标准。不断拓展学科领域，跨行业、多学科全面发展，研究领域从麻类作物拓展到南方特色经济作物，从脱胶微生物拓展到农业微生物，从纺织原料拓展到生物质材料，在夯实传统学科的基础上，逐步开拓新的学科，为实现战略性转型奠定基础。

（一）优势发展领域

根据麻类产业发展形势和学科拓展需求，确立了3个优势发展领域。

1. 麻类作物应用基础研究

建立苎麻、亚麻、大麻高效再生和遗传转化体系；筛选与苎麻、亚麻、黄红麻等高产、优质、抗病、不育和抗逆等性状连锁的分子标记；筛选出与大麻 THC 含量相关的分子标记；筛选并克隆与纤维品质相关的优异基因以及与其紧密连锁的分子标记；筛选苎麻纯系并建立苎麻近缘种无融合生殖相关基因克隆技术。

收集国内外麻类种质资源，开展麻类优异种质创制，重点研究苎麻、红麻/黄麻、亚麻/大麻等高效育种技术，培养一批优质专用的麻类新品种。建立麻类高效种植技术，大幅度提高新品种的贡献率和综合生产能力。

2. 麻类作物应用研究

开展麻类生物脱胶技术研究，通过基因工程技术，筛选高效脱胶菌株；研究规模化苎麻生物脱胶技术工艺，形成低污染苎麻生物脱胶新技术体系。

研究环保型麻地膜新工艺新技术；开展轻便型苎麻剥麻机和大型红麻剥皮机研究，解决苎麻丘陵山地种植和红麻沙漠化地区大面积种植的剥制加工问题。

3. 南方特色经济作物种质资源收集和高产栽培技术

广泛收集适合南方地区发展的根茎类及其他特色经济作物资源，重点开展南方饲料作物、根茎类等资源收集、品种筛选及栽培技术研究，确立麻类所在南方经济作物研究领域的重点发展方向。

（二）“十二五”学科设置

根据麻类所优势学科群的确立，结合麻类所发展要求，麻类所在作物、植物保护、微生物和农产品质量安全与加工 3 个学科集群中，设置作物种质资源、作物遗传育种、作物栽培与生理、微生物资源与利用和农产品加工与功能产品开发 5 个学科领域、设立麻类作物种质资源、南方饲料作物资源利用、南方营养体作物资源利用、一年生麻类育种、多年生麻类育种、一年生麻类栽培、多年生麻类栽培、脱胶微生物与酶制剂、多功能麻地膜与纤维质产品和麻类秸秆营养与功能产品开发 10 个研究方向（表 14－1）。

表 14－1 麻类研究所“十二五”学科设置

学科集群	学科领域	研究方向
作 物	作物种质资源学	麻类作物种质资源
		南方饲料作物资源利用
		南方营养体作物资源利用
	作物遗传育种学	一年生麻类育种
		多年生麻类育种
	作物栽培与生理学	一年生麻类栽培
		多年生麻类栽培
植物保护与微生物	微生物资源与利用	脱胶微生物与酶制剂
农产品质量安全与加工	农产品加工与功能产品开发	多功能麻地膜与纤维质产品
		麻类秸秆营养与功能产品开发

二 "十三五"科技发展规划

2012年中国农科院科技管理局以农科科规函〔2012〕49号文《关于征求中国农业科学院学科设置方案有关意见的通知》，启动了全院科技发展规划工作。"十三五"科技发展规划以中国农科院科技局牵头，各所参与并配合形成全院总体科技规划，在全院总体规划下各研究所形成"十三五"科技规划。

2015年，中国农科院科技局根据各研究所对学科规划的意见，采取以学科组的形式组建"十三五"科技规划编制小组，小组成员由年龄不超过45周岁的科技人员组成，麻类所易永健、唐蜻、刘头明和段盛文4人分别入选农产品加工科学、作物遗传育种学、作物栽培学和微生物资源利用编制小组中。2015年10月，中国农科院正式印发《中国农业科学院"十三五"科学技术发展规划》。

为推进规划任务有效实施，中国农科院于2016年11月印发《中国农业科学院"十三五"科学技术发展规划实施方案》，麻类所于2017年向中国农科院提交了《中国农业科学院麻类研究所'十三五'科技发展规划》。

规划的总体目标为：以服务于南方农村区域经济发展为根本，定位于以南方经济作物为主要研究对象，麻类作物为重点，应用基础与应用研究相结合的社会公益性研究。至"十三五"期末，麻类所基本形成"三三制"的学科布局，即1/3的研究力量从事传统麻类学科，1/3的研究力量从事拓展的新兴学科，1/3的研究力量从事基础理论和共性技术研究。稳步推进全所科技创新能力提升，打造与国家级研究所相适应的创新平台，实现麻类所各学科的平衡发展。

立足中国农科院三级学科体系，持续开展学科评价和学科发展战略研究，不断优化学科布局，完善研究机构设置，统筹学科发展重点，培育学科优势和特色，推动各类资源向学科集聚，提高学科体系的系统性和先进性。

（一）完善学科体系

针对南方经济作物研究与产业技术应用面临的劳动力短缺、灾害性天气频繁和市场需求变化快等问题，调整优化麻类研究中与发展需求未紧密结合、发展空间和潜力不大的学科方向。以"夯实传统学科、扶植特色学科、发展新兴学科"为指导思想，完善以南方经济作物为主要研究对象、麻类作物为重点的学科体系，突出麻类所特色和亮点，建立更加符合农业科研发展规律和产业发展需求的科研团队，适应现代农业的快速发展。基于以上指导思想和中国农科院"十三五"学科设置，麻类所"十三五"学科体系调整见表14-2。

表14-2　麻类研究所"十三五"学科设置

学科集群	学科领域	研究方向
作物学科集群	作物种质资源学	南方经济作物种质资源与利用
	作物遗传育种学	一年生麻类作物遗传改良
		多年生麻类作物遗传改良
	作物栽培与耕作	南方经济作物栽培与收获技术

续表

学科集群	学科领域	研究方向
园艺学科集群	蔬菜种质资源与育种	特色蔬菜资源与遗传改良
	果树种质资源与育种	南方果树遗传改良
农业资源与环境学科集群	农药环境控制与修复	南方农业面源污染治理
植物保护与微生物学科集群	微生物工程	农产品加工微生物遗传改良与应用
	植物病害	南方经济作物病害防控
	植物虫害	南方经济作物虫害防控
畜牧科学集群	动物饲料	南方饲料作物资源评价与利用
农产品质量安全与加工学科集群	农产品加工与功能产品开发	麻纤维产品与加工技术
		麻类多功能产品开发
	农产品质量标准与检测	南方经济作物质量标准与检测
	农产品质量风险分析与评价	特色蔬菜质量风险分析与评价

1. 学科集群

包括六大学科集群，分别为作物学科集群、园艺学科集群、植物保护与微生物学科集群、农业资源与环境学科集群、畜牧学科集群和农产品质量安全与加工学科集群。其中园艺学科集群、农业资源与环境学科集群和畜牧学科集群为拓展学科集群。

2. 学科领域

包括 8 个研究领域，分别为作物种质资源学、作物遗传育种学、作物栽培与耕作、蔬菜种质资源与育种、果树种质资源与育种、农药环境控制与修复、微生物工程、植物病害、植物虫害、动物饲料、农产品加工与功能产品开发、农产品质量标准与检测和农产品质量风险分析与评价。其中蔬菜种质资源与育种、果树种质资源与育种、农药环境控制与修复、植物病害、植物虫害、动物饲料等为新拓展的学科领域。

3. 研究方向

2014 年 10 月，申报科技创新工程时，共设置 10 个研究方向，分别为南方经济作物种质资源与利用、一年生麻类作物遗传改良、多年生麻类作物遗传改良、南方经济作物栽培与收获技术、特色蔬菜资源与遗传改良、农产品加工微生物遗传改良与应用、南方经济作物有害生物防控、南方饲料作物种质资源评价与利用、麻纤维产品与加工技术和特色蔬菜质量风险评估。经过几年的拓展，在科技创新工程和基本科研业务费等经费的支持下，到 2017 年 12 月止，新拓展了南方农田面源污染治理、南方果树遗传改良等研究方向。

（二）优化学科布局

“十三五”期间，根据学科集群、学科领域和研究方向的调整与拓展，对学科领域进行优化，重点从以下几个方向进行突破。

1. 南方经济作物种质资源抢救性收集与深度挖掘

根据资源特色需要和多元化需求，收集和鉴定一批抗逆性强、环境适应性好的各类南方特色经济作物（麻类、柑橘和桑等）、南方蔬菜（萝卜、芦苇笋）和饲料作物等资源，包括高纤维细度和适应饲料化用途的高蛋白麻类种质、抗逆性强（耐旱、耐重金属污染治理、抗病虫害等）特异麻类种质、富含保健功能成分和药用价值的特色功能蔬菜种质与基因资源。

2. 特色基因材料创制与重要品种的培育示范

通过麻类、柑橘、桑、高山蔬菜、水生蔬菜及饲料作物功能基因组研究，解析其优异性状的遗传基础，创制一批适应专用生产和特色利用的优异资源。建立定向、高效的分子育种技术，选育一批满足市场需求的麻类等南方经济作物品种，在生产上推广应用。

3. 南方经济作物高效生产技术

通过研制南方特色经济作物轻简化机械，实现机械全程化高效生产；研发农机与农艺融合技术，降低劳动生产成本；以精准化种植模式，促进特色蔬菜无公害生产；研发营养全面的饲用草料满足南方家畜需要；研究麻类脱胶微生物和饲用微生物的生长规律，促进麻类脱胶技术升级和饲用产品的营养改善。

4. 适应市场需求的特色产品加工技术

研究南方特色经济作物功能成分和特征特性，采用现代加工技术制造服用性能好的各类纤维产品；研制环境友好的环保型麻地膜、水稻育秧膜等农用生产资料；开发具有保健与食用功能的系列产品。

（三）打造优势学科

依据学科发展基础、优势与需求，谋划部署国家级南方经济作物科学技术中心，不断提升优势学科，打造引领研究所跨越发展、支撑世界一流研究所建设的学科高地。

主要依托国家麻类作物育种中心、农业部南方经济作物生物学与加工重点实验室、国家麻类种质资源中期库、国家种质长沙苎麻圃、农业部麻类产品质量监督检验测试中心等重大科技平台，通过整合科技资源，完善科技创新机制，重点打造以下优势学科：南方经济作物种质资源与利用、麻类作物遗传改良、南方饲料作物种质资源与利用、特色蔬菜资源与遗传改良、南方经济作物栽培与收获技术、农产品加工微生物资源与遗传改良、麻纤维产品加工技术以及南方经济作物有害生物防控。

（四）统筹学科发展

围绕打造优势学科高地和培育卓越团队，明确各学科集群科研主攻方向，系统部署重点研发任务，引导科技资源统筹集聚。

1. 麻类等纤维作物种质资源创新与定向设计育种

（1）需解决的问题：当前我国缺乏优质、高产、多用途利用的麻类作物专用新品种；通过挖掘和创制优异特色基因资源，重点解决麻类育种技术缺乏问题，引入现代育种技术，开展定向设计培育麻类专用品种。

（2）预期目标：抢救性的收集麻类和纤用草类种质资源，并开展精准鉴定和深度挖掘，培育一批优质、高产、多抗、多用途、适宜机械化、轻简化栽培和资源高效利用的麻类新品种。

（3）重点内容：麻类作物种质资源创新。重点开展国内麻类作物资源收集和国外重点地区引种，发掘重要功能材料，解析其遗传基础和分子机理，构建重要作物的核心种质，创制育种和生产急需的种质；开展黄麻全基因组测序研究，研究麻类的起源、进化与遗传多样性；建立与欧盟、南亚、东南亚、北美等国家麻类作物种质资源的引进和交换机制。筛选发掘一年生麻类作物高品质、耐盐碱、油纤兼用、纤饲兼用的优异新材料、新品系，特别是加大培育适合东北地区耐密种植、出麻率高、抗倒、优质高产的工业大麻新品种新组合。创制符合机械化收获的高支数优质黄麻、亚麻及大麻育种材料。选育出优质、超高产适应市场和机械化种植的油纤兼用大麻、亚麻新品种和饲纤兼用的红黄麻品种及保健功能的大麻、亚麻籽用新品种；利用转录组测序，找出差异基因，然后通过转基因等手段，进行功能验证，获得一年生麻类作物转基因材料。加大工业大麻新品种、新材料在东北地区的示范力度。开展苎麻全基因组测序研究，绘制苎麻基因组框架图，对纤维发育、氮代谢等重要农艺性状合成与代谢机理进行研究，构建分子育种技术平台。开展纤维品质好、蛋白质含量高、分株能力强、耐刈割的苎麻和荨麻多用途品种选育研究。收集芒草、象草、芦荻等多年生草类纤维植物资源，开展遗传改良及生物量大、纤维素含量高、耐逆性强、生态适应性广、适于机械化收获与加工的新品种选育研究。

（4）参加研究的团队：南方经济作物种质资源与利用、一年生麻类作物遗传改良、多年生麻类作物遗传改良 3 个科研团队。

2. 南方饲料作物绿色生产与利用集成创新

（1）需解决的问题：我国南方畜禽养殖增长迅速，但适应南方气候特点饲草品种资源少，而且严重缺乏适应南方环境和畜禽养殖需求特点的饲草种植模式、饲料化加工技术、产品贮存技术、高效安全利用模式与调控技术。

（2）预期目标：建立南方饲料作物种质资源库；改良创制高产优质饲料作物新品种、研发饲草生产与利用新技术；建立标准化示范基地，推广改良创制的优质饲料作物新品种及高效种植、种养结合与高效安全利用新技术。

（3）重点内容：南方饲草种质资源收集、遗传改良与高效栽培技术研究。收集南方饲料作物种质资源，建立南方饲料作物资源种质库（圃）；以饲用麻类、葛根、饲料稻等为主攻对象，筛选培育适应南方种植的高产、优质饲料作物新品种；研究栽培因子对饲料作物产量、养分组成、抗营养因子含量等饲用特性的影响及相关机制；研究适应南方丘陵、坡地的机械化栽培和收割技术；集成饲料作物高产、高效种植新模式。饲料作物及其副产物饲料化生产加工技术研究。研究物理、化学、微生物等加工方法对饲料作物及秸秆等副产物储存和饲用品质的影响，形成适应南方多雨、潮湿条件下的饲料作物产品加工调制和贮存技术；探讨饲料作物中毒物及抗营养因子分离、鉴定与消减技术，创制高效、低成本毒物与抗营养因子分离、消减新方法。饲料作物高效利用技术研究与示范。开展畜禽对南方饲料作物养分利用效价评定；研究作物及其利用模式对畜禽生长、肉品质和养分利用效率的影响，形成安全、高效利用模式；探索生物酶制剂、益生菌等调控剂对饲料作物利用效率的影响极其机理，集成调控技术体系，并研制其品质改良及高效利用调控剂产品；建立示范基地，推广创制和改良的优质饲料作物新品种、高效种植及饲用新技术。苎麻和荨麻饲料化利用研究。选育含蛋白质和赖氨酸高的饲用苎麻和荨麻新品种，为畜牧业提供优质牧草及饲料原料，同时开展与畜禽的种养结合模式研究及应用。

（4）参加研究的团队：南方饲料作物种质资源与利用、多年生麻类作物遗传改良2个科研团队。

3. 特色蔬菜资源利用与产品质量安全

（1）需解决的问题：随着生活水平的不断提高，人们对特色蔬菜的需求量越来越大，对其营养、功能和质量安全的要求更高。加强特色蔬菜资源收集与利用研究、特色蔬菜深加工研究和质量监测研究，对提高和保障特色蔬菜质量安全和扩大其市场具有重要意义。

（2）预期目标：收集萝卜、芦苇笋、药菜兼用作物等蔬菜资源，进行鉴定和深度挖掘，培育一批功能型、适宜机械化、轻简化栽培和收获的特色蔬菜新品种。开展特色蔬菜中特有营养成分和功能药用因子的研究，并研究特色蔬菜的高效安全深加工技术。在特色蔬菜产品质量标准与监测控制技术上实现突破，建立特色蔬菜质量安全监测技术与全程控制评价技术，提高特色蔬菜的质量安全水平。

（3）重点内容：特色蔬菜资源与遗传改良。选育机械操作适用型和功能型萝卜新品种。收集不同产区的芦苇笋种子，筛选优良无性系，对芦苇笋进行驯化栽培。收集大蒜、芥菜、黄精、贝母等功能蔬菜种质资源，建立资源圃，对种质资源进行综合评价，并筛选优良新品系。建立重要药菜兼用作物组培快繁技术体系。开展特色蔬菜基因组测序与功能分析，重点开展萝卜、大蒜等蔬菜的变异组研究，挖掘与重要农艺性状相关联的基因。特色蔬菜深加工研究与营养品质评价。研究萝卜、芦苇笋、芥菜等蔬菜的微生物发酵技术，对技术参数进行优化，获得高效安全的加工技术。研究制定萝卜、芦苇笋、芥菜营养品质评价技术规程。研究出针对主要亚健康人群的保健功能蔬菜通用配方，包括鲜菜配方和即食型、冲剂型配方。特色蔬菜质量标准与检测、质量安全与风险评估创新。开展芦苇笋、莲藕、莼菜、山药、百合中危害因子种类、作用机理、影响程度以及迁移转化规律，研究危害因子毒性机理及毒性评价、关键危害因子风险评估及预警控制技术研究。根据风险因子的危害机理、迁移规律等研究结果建立特色蔬菜质量安全监测技术与相关产品的质量标准。

（4）参加研究的团队：特色蔬菜资源与遗传改良、特色蔬菜质量安全与风险评估、农产品加工微生物遗传改良与应用3个科研团队。

4. 南方经济作物高效生产与收获技术集成创新

（1）需解决的问题：我国南方农产品产地有重金属污染严重、耕地较少、劳动力缺乏、盐碱和丘陵坡地等边际土地多等特点。利用南方经济作物治理重金属污染农田、开发边际土地资源，实施轻简化栽培和机械化收获初加工等南方经济作物高效生产与收获技术集成创新，解决区域性的土地成本高、生产资料成本高、劳动力成本高、经济作物效益低的问题

（2）预期目标：筛选一批适应和抗逆能力强、满足不同生产加工要求的南方经济作物品种；建立重金属污染等边际土壤农机与农艺融合的麻类作物精准定量、密植的高效生产技术，形成南方重金属污染农田修复模式；研发麻类、南方饲料等南方经济作物轻简化栽

培、机械化收获等高效产中技术；建立以规模化种植和全程机械化为核心的绿色增产增效生产模式，多方位提升南方经济作物的种植效益。

（3）重点内容：南方经济作物优质高效栽培技术研究。研发适应南方环境、水分胁迫、盐碱地等土壤作物安全生产和高效化、绿色环保种植技术。研究麻类作物逆境条件下调控策略。建立农机与农艺融合的麻类作物精准定量、密植的高效生产技术体系。麻类等作物应用于南方重金属污染防治。筛选对重金属高富集、甚至是超富集能力的苎麻、亚麻、红麻等麻类或南方经济作物品种，发掘麻类耐重金属的基因；建立重度镉污染耕地苎麻、亚麻、红麻、黄麻水肥管理与耕作栽培技术；初步形成镉重度超标农田修复模式，实现边生产边修复，形成一套重金属镉重度污染农田综合防治集成技术模式和规程；同时，开展富集重金属麻类纤维及其废料的复合材料、混凝土、燃料利用以及后续处理技术研究。南方经济作物全程机械化生产装备和配套技术。开展苎麻、红麻、亚麻等经济作物轻简化高效剥制机械研制及精密种植机械的集成示范；研发与农艺配套的麻类饲料、南方饲草作物收获机械及机械装备集成示范。

（4）参加研究的团队：南方经济作物栽培与收获技术、一年生麻类作物遗传改良、多年生麻类作物遗传改良 3 个科研团队。

5. 南方经济作物重要病害绿色精准防控

（1）需解决的问题：我国麻类、萝卜、柑橘等经济作物重要病害发生及流行规律、病原物致病性和作物抗病机制研究薄弱，缺乏系统且有针对性的绿色防控技术，严重威胁经济作物的产量和质量，并造成食品安全问题，亟待解决。

（2）预期目标：查明麻类、萝卜、柑橘等经济作物重要病原菌的发生及流行规律，鉴定病原菌的致病因子及作物抗性基因；发掘病原菌的表面抗原，形成基于抗体的病原物快速诊断技术，开发生防菌株资源，建立以生物防治为核心的绿色防控技术。

（3）重点内容：南方经济作物重要病害生物学、流行规律及致灾原因分析。广泛收集并鉴定软腐病、病毒病、瘤黑粉病、根腐线虫病等重要病害的病原菌，分析其病害发生及流行规律，为病虫害综合防治提供支持。麻类、萝卜等经济作物与病原菌互作的分子机制研究，鉴定关键致病因子及抗性基因。研究软腐病、病毒病、瘤黑粉病及根腐线虫等病原物的关键致病效应子，解析致病机理；研究苎麻、萝卜、玉米抗根腐线虫、软腐病菌、瘤黑粉病的分子机制，挖掘抗性相关基因并鉴定基因功能，为抗性育种服务。南方经济作物病害早期精准快速诊断技术及绿色防控技术研发。根据病害流行规律，有针对性的研发基于 PCR 的病原物特异性分子检测技术以及基于抗体的精准快速诊断技术。开发和创制新型微生物菌剂，并明确其调节和防控机制。建立以科学预防为基础，生物防治为核心的精准绿色防控技术。柑橘黄龙病的快速检测、互作机制及综合防治研究。依托于柑橘及黄龙病基因组测序结果，加强柑橘和黄龙病菌的互作机制研究，揭示黄龙病菌的致病机理及柑橘的抗性机理。根据柑橘黄龙病的传播规律，完善以柑橘黄龙病快速检测、柑橘木虱统防统治和培育推广无病苗木为主的综合防控技术。

（4）参加研究的团队：南方经济作物有害生物防控研究团队、多年生麻类作物遗传改良、特色蔬菜资源与遗传改良 3 个科研团队。

6. 纤维质农产品绿色加工与环保型新产品研制

（1）需解决的问题：麻类、秸秆等纤维质农产品主要加工方法存在污染重、能耗大、规模化生产难等突出问题，其主要产品质量差、种类单一、附加值低。相关副产物种类多、成分复杂、利用有效成分开发新产品尚未定位。所以，纤维质农产品绿色加工技术进步和新兴天然纤维产品的开发与利用迫在眉睫。

（2）预期目标：麻类等草本纤维绿色加工技术在应用上取得突破，纤维质农产品资源化利用率大幅度提高，纤维质能源开发利用取得重要进展，研制出低成本、多用途和高附加值的纤维新产品，形成成熟的麻地膜、麻育秧膜等产品及其配套应用技术。

（3）重点内容：高效节能清洁型纤维质农产品生物加工技术。微生物剥离农产品原料中非目标组分的复合酶作用机理；研制用于纤维质农产品绿色加工的高效生物制剂；研发纤维质农产品的高效、节能、清洁型生物转化工艺，优化己糖戊糖共发酵方式以及生物降解产品的质量评价与高效利用技术体系。副产物资源化利用。收集、筛选适宜以麻秆、花生壳等农产品副产物为基质的珍稀食用菌品种。优化培养条件，建立以这些副产物为基质栽培珍稀食用菌的技术体系。对筛选到的食用菌进行基因组测序，开发分子标记，构建指纹图谱。纤维质农产品生物能源开发利用。筛选能选择性降解木质素的高效菌株，优化纤维质原料高效预处理工艺。筛选纤维质原料高效降解菌，优化酶解糖化发酵工艺，优化己糖戊糖共发酵方式。研究麻类等植物纤维和环保型浆料等原料的特性及其改性技术和原理。加强麻类等植物纤维和相关浆料产品的基础理论研究，包括其物理、化学性能，为开展新型植物纤维新产品研究打下良好基础。研制多功能专用麻纤维膜新产品，研究其高效应用技术和机理，并制定产品质量标准。研制麻地膜、麻育秧膜、液态植物纤维膜以及其他多功能专用麻纤维系列产品与工艺技术及原理；探究产品的降解原理以及对农作物和环境影响的作用机理。研究麻纤维产品质量检测技术和质量评价指标，制定产品的质量与生产工艺标准。研发麻纤维复合材料。研究麻纤维复合材料对提高麻纤维的利用率、增加附加值具有重要的意义。研发出一系列的新型麻纤维膜产品、麻纤维增强复合材料，应用于农业生产和工业产品。

（4）参加研究的团队：农产品加工微生物遗传改良与应用、麻纤维产品与加工技术 2 个科研团队。

第二节　项目管理

项目管理是科研管理的重要组成部分，包括项目立项管理、项目实施、项目结题验收和科技档案管理等工作。麻类所结合中国农科院科技局的工作部署，由科研管理处开展项目管理的各项工作。2008 年，国家行业科技计划正式启动，麻类所牵头全国科研与生产单位承担了苎麻、亚麻、黄/红麻高效生产与加工技术项目，2009 年，麻类体系成为原农业部现代农业产业技术体系之一，开展麻类科技创新与生产服务；2015 年，创新工程启动，麻类所 9 个创新团队进入创新工程以来，不断完善了全所学科拓展和研究方向的布局。

2008—2015 年，麻类所对项目实施采取项目中期检查，年底召开全所科技人员大会，进行各课题集中汇报，聘请所内外有关专家进行现场考核；按照课题承担项目情况、年度计划完成情况、创新性进展、成果成绩、表达能力和档案管理等情况进行打分。以课题自查分和专家打分相结合，评出年度课题进展一等奖 1 名、三等奖 3 名，然后进行公示，经过所有关会议决定给予适当奖金和通报表扬。

为承接国家各部委的研究任务和项目的实施，参照行业计划、麻类体系和创新工程实施的各项管理制度和麻类所已有的相关制度，2015 年 9 月，麻类所以农科麻科字〔2015〕11 号文《关于下发〈中国农业科学院麻类研究所科研项目管理办法〉的通知》，规范了科研项目的申请、立项、实施、经费管理及结题与验收等工作。科研管理处为全所科研项目管理的职能部门，在所领导和所学术委员会的指导下，负责项目的申报、协调、实施及验收等过程管理。

一 立项管理

麻类所申请和承担的各类项目，按研究性质可分为基础研究（包括应用基础研究）和应用研究；按项目来源可分为纵向项目和横向项目。基础研究项目主要包括自然科学基金、“973”计划，应用研究项目主要包括“863”项目、支撑计划、重大专项等，以及国家重点研发专项、创新工程、麻类体系和基本科研业务费等。纵向项目包括上级科技主管部门或机构批准立项的各类计划（规划）和基金项目等和政府委托下达项目；横向项目包括企事业单位、兄弟单位委托的各类科技开发、科技服务和科学研究等方面的项目。

科研人员在申报项目时，一般以科技创新工程确定的研究方向为基本单元组织申报。有限项要求的项目，以及重点与重大科研项目等，需经所学术委员会讨论，所长办公会议研究推荐。为鼓励科研人员多申请项目，将项目申请数量纳入绩效考评范围。科研人员每申请一项国家自然科学基金项目，通过形式审查则给予绩效奖励额度 1 000 元，申请其他项目，给予绩效奖励额度 500 元，参与申报项目，绩效奖励额度减半。项目立项后，国家自然科学基金按照立项金额给予 8%的绩效奖励额度，其他主持的项目按照到位经费的 5%，参加的项目按照到位经费的 3%给予绩效奖励额度；横向项目参照成果转化奖励办法给予到账经费 30%的奖励额度。

为提高项目申报的效率和命中率，建立项目储备制度，根据我所科技创新团队学科发展，遵循以南方经济作物为对象，麻类作物为重点的原则，按国家或地区农业重点和热点问题，进行项目分类储备。对于所基本科研业务费，建立项目库制度，即鼓励科研人员申报项目，由所学术委员会遴选入库并排序，根据每年经费支持强度和入库的项目排序选择出库项目。

项目立项后，科技管理部门根据财务管理部门到位经费的通知，核准计划任务书后准予立项和按计划实施，并按项目类别编入麻类所科研计划执行表。

二 项目实施

麻类所承担的各类科研项目实行法人负责制。项目主持人为项目执行和经费合理使用的直接责任人，全面负责项目的组织实施。在所领导和所学术委员会的指导下，创新工程团队首席科学家对本团队各类项目实行统筹管理。

在项目实施过程中，鼓励科技人员自主创新，跟踪和超越国际先进水平；通过广泛开展学术交流，建立定期学术报告制度，营造良好的学术氛围。为加强对项目执行的监督与评价，每年组织一次项目实施进展报告。由各创新工程团队首席科学家汇总当年度在研项目执行情况、任务完成情况、科技创新亮点、人才队伍建设、成果转化等；项目实施过程中的试验数据和技术资料，须按项目主管单位以及科技管理部门的要求呈报执行情况和科技报告。所学术委员会和部分外聘专家对各创新团队项目执行情况进行评价打分。专家定性评分占40%，各创新团队科研产出定量评分占60%，两项合计得分即为各创新团队当年度科研项目执行情况的分数。麻类所根据每个团队得分情况实行奖励，创新工程经费中的50%平均配置到各团队，30%按照各团队上年度绩效分值进行分配，20%由所统筹使用。

项目实施过程中召开的各类会议严格按照国家有关规定执行。各类会议需提前向有关部门申请，严格控制会议规模。项目实施过程中所发表的论文、研究报告等技术材料，必须按项目主管单位要求和有关管理办法进行标注。对于项目中涉及敏感和保密的内容，要求严格保守国家机密，依据国家有关规定执行。

三 结题与验收

项目执行期满，按照有关管理办法及项目主管单位的要求，及时进行总结、结题、审计和验收。项目负责人需提前提交书面验收申请。如遇特殊情况，需要延长执行期限的，需提交书面申请，获主管部门批准后方可延期。

项目结题或验收后，课题（项目）组须在30天之内做好项目经费结转和验收材料的上报工作。60天之内，财务管理部门会同科研管理部门注销项目编号，督促课题（项目）组做好建档和归档工作。要求课题（项目）组及时总结和培育成果，积极申请科技成果鉴定和组织申报国家和省（部）级科技成果奖励。做好项目重要进展、亮点成果等的宣传与报道工作。各创新团队承担的各类科研项目所取得的科技成果属研究所拥有，法人拥有科技成果的持有权和转让权，科技成果的具体管理归口科技管理部门和成果转化部门。

四 档案管理

根据项目的实施情况建立项目技术资料档案。档案归档材料包括项目前期材料、项目申报书和实施方案、项目实施过程中发生的重大事情、实验过程中清本和草本以及电子文档等。在项目结题验收后 2 个月内，课题（项目）组需将科技档案提交到档案管理部门保存，标注保存期限。

第三节 科研经费管理

科研经费分为纵向科研经费和横向科研经费。麻类所承担的各类科研项目实行法人负责制。项目主持人为项目完成和经费合理使用的直接责任人，全面负责项目的组织实施。科研项目经费预算需由课题（项目）主持人、财务管理部门和科研管理部门依据国家有关规定共同编制。科研项目经费必须拨入麻类所规定的银行账号，实行专款专用，由课题（项目）主持人、财务管理部门会同科研管理部门进行管理，接受所纪检监察部门的监管。

一 管理原则

麻类所根据相关规定对承担的各类科研项目提取管理费。但由麻类所转拨的协作费以同上级主管部门签订的一级合同书为准，不提取任何费用；课题（项目）主持人根据合同书，提出转拨要求，经科研管理部门审核后，由财务管理部门直接拨付给协作单位，不再另行审批。科学实验过程中所需的试剂耗材，由各课题（项目）组编制计划，按照试剂耗材管理权限进行操作。严格按照国家采购法对大宗药品实行招标制；按实验药品、生产资料和特种材料三类定点供应，实行过程监控和对供应商考评管理。供应单位的确定须由各课题（项目）组按信誉和质量提出候选名单，科研管理部门会同相关部门对候选单位进行归并和组织遴选，报所长批准。试剂耗材的购置必须办理物资出入库手续，由所资产管理部门监督执行。

纵向科研经费实行预算管理，执行国家相关经费管理办法，严格按照项目主管部门批复的预算范围和开支比例规范使用科研经费。横向科研经费实行合同管理，必须按照项目合同书中约定的经费使用用途、范围和开支标准，执行国家和麻类研究所相关办法，合理、规范使用科研经费。科研经费预算经批准后一般不做调整。中办发〔2016〕50 号印发前项目经费支出预算中的劳务费、专家咨询费和管理费预算不予调整，其他支出科目在不超过该科目核定预算 10％或超过 10％但调整金额不超过 5 万元的，经所科研、财务管理部门审核确认，可以根据项目研究需要调整执行。确因项目研究目标、重大技术或主要研究内容调整而必须对项目经费预算进行调整，超过上述控制范围的，由项目负责人提出调整意见，经所相关部门审核后，按程序报主管部门批准。中办发〔2016〕50 号印发后，麻类所制定了相关配套文件，对有关费用支出做了如下调整。

直接费用中材料费、测试化验加工费、燃料动力费、出版/文献/信息传播/知识产权事务费及其他支出预算如需调剂，由项目负责人或项目合作单位根据实施过程中科研活动的实际需要提出申请，由麻类所审批；直接费用中劳务费、专家咨询费、设备费支出预算一般不予调增，如需调减，则由项目负责人或项目合作单位根据实施过程中科研活动的实际需要提出申请，由麻类所审批；直接费用中差旅费、会议费、国际合作交流费 3 个预算编制科目合并，合并后的支出预算由科研人员按规定统筹安排使用，不得突破预算总额。如需调减，则由项目负责人或项目合作单位根据实施过程中科研活动的实际需要提出申请，由麻类所审批；间接费用预算一般不予调整。

二　科研经费的支出范围

麻类研究所科研经费的支出范围如下。

（1）设备费：是指在课题研究开发过程中购置或试制专用仪器设备，对现有仪器设备进行升级改造，以及租赁外单位仪器设备而发生的费用。专项经费要严格控制设备购置费支出。

（2）材料费：是指在课题研究开发过程中消耗的各种原材料、辅助材料等低值易耗品的采购及运输、装卸、整理等费用。

（3）测试化验加工费：是指在课题研究开发过程中支付给外单位（包括课题承担单位内部独立经济核算单位）的检验、测试、化验及加工等费用。

（4）燃料动力费：是指在课题研究开发过程中相关大型仪器设备、专用科学装置等运行发生的可以单独计量的水、电、气、燃料消耗费用等。

（5）差旅费：是指在课题研究开发过程中开展科学实验（试验）、科学考察、业务调研、学术交流等所发生的外埠差旅费、市内交通费用等。差旅费的开支标准应当按照国家及学校有关规定执行。

（6）会议费：是指在课题研究开发过程中为组织开展学术研讨、咨询以及协调项目或课题等活动而召开会议发生的费用。课题承担单位应当按照国家有关规定，严格控制会议规模、会议数量、会议开支标准和会期。

（7）国际合作与交流费：是指在课题研究开发过程中课题研究人员出国及外国专家来华工作的费用。国际合作与交流费应当严格执行国家外事经费管理的有关规定。课题发生国际合作与交流费，应当事先报经项目组织单位审核同意。

（8）印刷费：是指在项目研究过程中发生的项目研究成果的打印费、印刷费和誊写费等。

（9）出版/文献/信息传播/知识产权事务费：是指在课题研究开发过程中，需要支付的出版费、文献检索费、专业通信费、专利申请及其他知识产权事务等费用。

（10）劳务费：是指在课题研究开发过程中支付给课题组成员中没有工资性收入的相关人员（如在校研究生）和课题组临时聘用人员等的劳务性费用。

（11）专家咨询费：是指在课题研究开发过程中支付给临时聘请的咨询专家的费用。专家咨询费不得支付给参与计划项目和课题管理相关的工作人员。

（12）管理费：是指从事科研管理活动所发生的费用。

第四节　成果管理

一　科研投入

2008—2017 年，麻类所共承担各类科研项目 264 项，其中国家级专项 68 项，包含国家自然科学基金项目 23 项、“948” 项目 4 项、“863” 项目 1 项等；省部级专项 186 项，包含湖南省自然科学基金 9 项，农业部项目 162 项，科技部项目 15 项等；对外合作交流项目 7 项，其他与公司合作项目 3 项。科研经费共计 29 523.97 万元。

具体情况见表 14 - 3 和表 14 - 4。

表 14 - 3　2008—2017 年麻类所研究课题

序　号	项目名称及编号	立项年份	主持人	项目来源	执行年限	经　费（万元）
1	麻类体系建设（CARS - 19）	2008	熊和平	农业部专项	2008—2010	90
2	纤维质能源（NB08 - 2130135 - 40）	2008	彭源德	现代农业产业技术体系	2008—2010	210
3	沅江苎麻试验站（CARS - 19 - s18）	2008	朱爱国	现代农业产业技术体系	2008—2010	90
4	麻类等纤维质酶降解生产燃料乙醇技术中试（2008GB23260491）	2008	熊和平，彭源德	科技成果转化项目	2008—2010	50
5	苎麻种质资源更新复壮与利用（NB08 - 2130135 - 41）	2008	陈建华	农业部物种保护项目	2008	10
6	黄麻叶片蜡质遗传规律及抗旱机理研究	2008	龚友才	中国农科院科技经费项目	2008—2010	14
7	亚麻、大麻品种改良新技术与种质资源创新合作研究（NB09 - 2130135 - 41）	2008	王玉富，赵立宁	科技部国际科技合作与交流专项	2008—2010	50

续表

序 号	项目名称及编号	立项年份	主持人	项目来源	执行年限	经 费（万元）
8	苎麻育种（CARS-19-E01）	2008	熊和平	现代农业产业技术体系	2008—2010	210
9	麻类中期库种质资源繁殖更新与利用（NB08-070401-36）	2008	粟建光	农业部种质资源保护项目	2008	16
10	亚麻大麻栽培（CARS-19-E14）	2008	王玉富	现代农业产业技术体系	2008—2010	210
11	红麻育种（CARS-19-E06）	2008	李德芳	现代农业产业技术体系	2008—2010	210
12	生物技术育种（CARS-19-E03）	2008	臧巩固	现代农业产业技术体系	2008—2010	210
13	苎麻栽培（ARS-19-E16）	2008	唐守伟	现代农业产业技术体系	2008—2010	210
14	虫害防控（CARS-19-E11）	2008	薛召东	现代农业产业技术体系	2008—2010	210
15	麻地膜（CARS-19-E18）	2008	王朝云	现代农业产业技术体系	2008—2010	210
16	剥制机械（CARS-19-E20）	2008	龙超海	现代农业产业技术体系	2008—2010	210
17	纤维生物提取（CARS-19-E21）	2008	刘正初	现代农业产业技术体系	2008—2010	210
18	环保型麻地膜配套栽培技术研究	2009	易永健	中国农科院院科技经费项目	2009—2010	5
19	悬铃叶苎麻无融合生殖 AFLP 标记研究（0032009024）	2009	程超华	中国农科院基本科研业务费	2009	8
20	苎麻土壤根际微生物系统结构研究（0032009025）	2009	杨喜爱	中国农科院基本科研业务费	2009—2009	6
21	纤维提取菌剂的稳定化工艺技术研究（0032009026）	2009	郑科	中国农科院基本科研业务费	2009	6
22	纺织用竹类基因资源与遗传改良的研究（09JJ3082）	2009	朱四元	湖南省自然科学基金项目	2009—2012	2
23	高效苎麻剥麻机的研究（2009NK3148）	2009	吕江南	湖南省科技计划项目	2009	2
24	苎麻种质资源超低温保存技术研究	2009	许英	湖南省科技计划项目	2009—2010	2
25	麻地膜天然防虫剂剂添加技术引进与消化吸收（2009-Z24）	2009	王朝云	948 项目	2009—2010	50
26	苎麻主要病虫害防治技术规范	2009	薛召东	农业部标准项目	2009	8
27	麻类中期库种质资源繁殖更新与利用（NB09-2130135-40）	2009	粟建光	农业部种质资源保护项目	2009	16
28	通过特定工业应用提高小农红麻生产效率（Increased production efficiency in small-holder kenaf production systems for specific industrial applications）	2009	粟建光	CFC/IJSG 国际合作（CFC/IJSG/25）	2012—2017	320
29	高产、优质、多抗麻类空间环境诱变育种关键技术研究与示范（2008BAD97B05-4）	2009	王玉富	支撑计划	2008—2010	90

续表

序 号	项目名称及编号	立项年份	主持人	项目来源	执行年限	经 费（万元）
30	苎麻种质资源更新复壮与利用（NB09－2130135－41）	2009	陈建华	农业部物种保护项目	2009	10
31	亚麻基因克隆与高效基因转化体系的建立	2009	王玉富	中俄政府间科技合作项目	2009—2011	报账制
32	青麻植物 DUS 测试指南研制	2009	粟建光	公益性行业（农业）科研专项	2009—2013	10
33	麻类中期库种质资源繁殖更新与利用［NB2010－2130135－30（1）］	2010	粟建光	农业部种质资源保护项目	2010	16
34	苎麻遗传图谱的构建及主要纤维品质性状的 QTL 定位	2010	栾明宝	院科技经费项目	2010—2012	6
35	苎麻遗传连锁图谱构建及纤维品质相关性状 QTL 定位（30900913）	2010	栾明宝	国家自然科学基金	2010—2012	19
36	红麻产业转型关键加工技术引进与消化（2010－C5）	2010	刘正初	“948”项目	2010	50
37	繁殖更新对红麻种质遗传完整性的影响	2010	戴志刚	中国农科院基本科研业务费	2010	10
38	苎麻根际环境与连作障碍机理的研究	2010	朱四元	中国农科院基本科研业务费	2010	10
39	苎麻种质资源更新复壮与利用［NB2010－2130135－30（2）］	2010	陈建华	农业部物种保护项目	2010	10
40	绿僵菌防治苎麻地下害虫的研究（0032011040）	2010	严智燕	中国农科院基本科研业务费	2010—2011	10
41	红麻超高产新品种中杂红 318、中红麻 13 号的高效繁制与示范	2010	李德芳	农业部	2010—2012	50
42	亚麻纤维细度快速检测 422	2010	肖爱平	农业行业标准	2011	7
43	熟黄（红）麻木质素测定方法 423	2010	肖爱平	农业行业标准	2011	7
44	RNAi 转基因低木质素亚麻材料的培育（2010NK3073）	2010	龙松华	湖南省科技计划项目	2010—2011	2
45	优质高产多抗专用苎麻新品种选育及高效轻简化栽培技术研究 2010BAD02B00	2010	喻春明	支撑计划	2011—2015	439
46	苎麻果胶合成酶基因 *UGLcAE* 的 RNA 干扰及低果胶转基因苎麻的培育（10JJ3082）	2010	刘头明	湖南省自然科学基金	2010—2012	2

续表

序 号	项目名称及编号	立项年份	主持人	项目来源	执行年限	经 费（万元）
47	苎麻收割技术与装备（2010BAD02B02）	2010	龙超海	国家科技支撑计划项目		
48	麻类体系建设首席经费（CARS-19）	2011	熊和平	现代农业产业技术体系	2011—2016	180
49	种质资源评价（CARS-19-E01）	2011	粟建光	国家麻类产业技术体系	2011—2016	420
50	苎麻育种（CARS-19-E02）	2011	熊和平 喻春明	现代农业产业技术体系	2011—2016	420
51	亚麻栽培（CARS-19-E14）	2011	王玉富	现代农业产业技术体系	2011—2016	420
52	红麻育种（CARS-19-E07）	2011	李德芳	现代农业产业技术体系	2011—2016	420
53	大麻育种分子育种（CARS-19-E04）	2011	臧巩固	现代农业产业技术体系	2011—2016	420
54	苎麻栽培（CARS-19-E13）	2011	唐守伟	现代农业产业技术体系	2011—2016	420
55	虫害防控（CARS-19-E09）	2011	薛召东	现代农业产业技术体系	2011—2016	420
56	可降解麻地膜生产（CARS-19-E23）	2011	王朝云	农业部专项	2011—2016	420
57	初加工机械与设备（CARS-19-E21）	2011	龙超海 吕江南	麻类体系	2011—2016	420
58	脱胶技术与工艺（CARS-19-E24）	2008	刘正初 段盛文	现代农业产业技术体系	2011—2016	420
59	沅江苎麻试验站（MLCARS-19-S11）	2011	朱爱国	现代农业产业技术体系	2011—2016	300
60	大麻鲜茎剥皮机的研究	2011	吕江南	中国农科院科技经费项目	2011—2012	10
61	国家麻类品种区域试验（〔2011〕81）	2011	汤清明	农业部专项	2011—2012	6.7
62	麻类优异基因资源收集评价与创新利用合作研究子课题（2010DFR30620-4）	2011	王玉富，赵立宁	科技部国际科技合作与交流专项	2011—2013	90
63	悬铃叶苎麻二倍体孢子生殖候选基因的分离	2011	唐蜻	国家自然科学基金	2011—2013	19
64	亚麻木质素合成关键酶基因的功能和调控机制研究	2011	龙松华	国家自然科学基金	2011—2013	19
65	采用宏基因组技术发掘苎麻生物脱胶关键酶基因的研究（11JJ4021）	2011	段盛文	湖南省自然科学基金	2011—2013	3
66	苎麻根腐线虫分子检测技术研究（0032011024）	2011	余永廷	中央级公益性科研院所基本科研业务费专项	2011—2011	10

续表

序　号	项目名称及编号	立项年份	主持人	项目来源	执行年限	经　费（万元）
67	红麻黄麻等麻类种质资源收集、编目与繁种入库［NB2011-2130135-31（1）］	2011	粟建光，戴志刚	农业部种质资源保护项目	2011	18
68	国家麻类作物种质资源共享服务平台	2011	粟建光	国家农作物种质资源平台项目	2011	35
69	特优质、高产黄麻新品种中黄麻1号、中引黄麻2号示范与推广（2011GB23260015）	2011	龚友才	科技部成果转化项目	2011—2014	60
70	苎麻种质资源收集、编目与利用［NB2011-2130135-（2）］	2011	陈建华，许英	农业部作物种质资源保护项目	2011	12
71	苎麻野生植物资源调查、抢救性收集与保存［2130135-1104］	2011	陈建华	农业部生物资源保护项目	2011	20
72	农作物优异种质资源评价规范苎麻	2011	陈建华	农业部行业标准	2011	4
73	苎麻成纱综合品质模型的模拟与构建	2011	程毅	中央级公益性科研院所基本科研业务费专项	2011	10
74	纤维质燃料乙醇转化高效菌种及其应用技术的引进消化（2001-Z9）	2011	彭源德	农业部“948”项目	2011—2012	50
75	虎杖高效低污染发酵白藜芦醇技术研究（2010NK4018）	2011	彭源德	湖南省科技项目	2011—2012	10
76	苎麻产量性状及其组成因子的遗传分析（31101189）	2012	刘头明	国家自然科学基金	2012—2014	23
77	中国超级杂交红麻在东盟的技术示范与合作	2012	李德芳，陈安国	亚洲区域合作项目	2012	60
78	超级杂交红麻在马来西亚的技术示范与合作	2012	李德芳，陈安国	农业部国际合作交流	2012	15
79	国家种质长沙苎麻圃	2012	陈建华	国家农作物种质资源平台运行服务任务	2012	15
80	苎麻纤维拉伸断裂强度试验方法（263）	2012	肖爱平	行业标准	2012	7
81	苎麻重金属残留检测技术研究（2012ZL061）	2012	杨喜爱	中国农科院基本业务费	2012	20
82	调控大麻THC合成关键酶基因表达的基础研究（2012ZL059）	2012	程超华	中国农科院基本业务费	2012	36
83	苎麻育种材料叶绿体DNA多态性分析（1610032012030）	2012	陈平	中国农科院基本业务费	2012	10

续表

序　号	项目名称及编号	立项年份	主持人	项目来源	执行年限	经　费（万元）
84	木糖发酵酿酒酵母菌株的构建和应用（2012ZL060）	2012	李智敏	中国农科院基本业务费	2012	14
85	种质资源评价（CARS-19-E01）	2012	粟建光	麻类体系	2012	70
86	国家麻类作物种质资源共享服务平台	2012	粟建光	国家农作物种质资源平台项目	2012	35
87	麻类种质资源收集、鉴定及编目繁种入库（NB2012-2130135-35）	2012	粟建光，戴志刚	农业部保种项目	2012	70
88	年产1 200吨生物酶及10 000吨苎麻脱胶高技术产业化示范工程	2012	刘正初	国家发改委高技术产业化项目	2011—2013	200
89	亚麻韧皮部特异启动子的克隆（1610032012031）	2012	郭媛	中国农科院基本业务费	2012—2013	10
90	亚麻基因组微卫星序列分析及其分子标记的开发（2012ZL063）	2012	邓欣	中国农科院基本科研业务费	2012	10
91	机插育秧麻纤维基布研制及应用技术研究（2012ZL062）	2012	李懋	中国农科院基本科研业务费	2012	10
92	苎麻品种DNA分子身份证的构建	2012	王晓飞	湖南省科技计划项目	2012—2014	3
93	复合酶用于麻类纤维原料脱胶工艺研究（2012AA022209D）	2012	刘正初	“863”项目子课题	2012—2015	0
94	苎麻种质资源收集、编目与利用[NB2012-2130135-（2）]	2012	陈建华	农业部物种资源保护项目	2012—2012	23
95	中欧麻类生物质材料多用途开发与可持续发展合作研究	2012	熊和平	科技部国际合作	2012—2012	130
96	全国苎麻品种试验（〔2012〕417）	2013	汤清明	全国农业技术推广服务中心	2013—2015	6.7
97	籽中亚麻酸和亚油酸快速检测技术研究（2013ZL028）	2013	廖丽萍	中国农科院基本科研增量业务费	2013	30
98	超高产型杂交红麻在孟加拉的示范	2013	李德芳	亚洲区域合作项目	2013	15
99	麻类加工微生物菌种资源整理与整合[NIMR（2012）-01-03]	2013	刘正初，段盛文	国家微生物资源平台专项	2013—2015	5
100	种质资源评价（CARS-19-E01）	2013	粟建光	麻类体系	2013—2013	70
101	麻类种质资源整理整合及运行服务	2013	戴志刚	国家科技基础条件平台项目	2013—2013	35
102	麻类种质资源收集、鉴定及编目繁种入库（NB2013-2130135-35）	2013	粟建光，戴志刚	农业部保种项目	2013—2013	70

续表

序　号	项目名称及编号	立项年份	主持人	项目来源	执行年限	经　费（万元）
103	麻类、甘蔗、茶、桑种质资源发掘与创新利用（2013BAD01B03－13）	2013	粟建光	国家十三五科技支撑计划项目	2013—2017	6
104	适合长沙地区种植的水果玉米的筛选和选育	2013	黄思齐	长沙市科技项目	2013—2015	14
105	苎麻养牛与栽培食用菌关键技术的推广应用	2013	熊和平	湖南省重点项目	2013—2016	50
106	拟南芥 microRNA395 调控镉胁迫功能研究（13JJ4115）	2013	黄思齐	湖南省基金项目	2013—2016	4
107	基于苎麻核心种质的纤维细度全基因组关联分析及有效分子标记验证（13JJ4116）	2013	栾明宝	湖南省基金项目	2013—2016	4
108	洞庭湖苎麻园高效种植和养殖关键技术及示范（2013NK3125）	2013	王延周	湖南省科技一般项目	2013—2014	3
109	苎麻种质资源收集、编目与利用	2013	陈建华	物种资源保护费	2013—2013	23
110	苎麻养牛与栽培食用菌关键技术的推广应用（2013TF3005）	2013	熊和平	驻湘科研技术创新专项	2013—2017	90
111	苎麻连作障碍发生规律分析及其相关基因的筛选（31201172）	2013	朱四元	国家自然科学基金	2013—2015	14
112	亚麻韧皮部特异启动子的分离及功能鉴定（31201275）	2013	郭媛	国家自然科学基金	2013—2015	15
113	根腐线虫诱导的苎麻基因表达谱研究及抗性相关基因的克隆（31201494）	2013	余永廷	国家自然科学基金	2013—2015	23
114	麻类、芦苇等生物降解制备燃料乙醇技术研究（K1205005－11－1）	2013	李智敏	长沙市科技计划项目	2013—2015	30
115	麻类加工高效生物制剂产业化关键技术研究（K1205005－11－2）	2013	郑科，刘正初	长沙市科技计划项目	2014—2015	30
116	中欧麻类生物质材料可持续发展研究	2013	熊和平	科技部	2012—2017	136
117	工业产品和生物质多用途大麻研究项目	2013	臧巩固，赵立宁	欧盟第七框架项目	2012—2017	680
118	苎麻 GRAS 转录因子 BnRGA 的抗旱功能鉴定（201310）	2013	刘头明	中国农科院科技项目	2013—2013	10
119	苎麻生物资源高效利用（2013ZL027）	2013	熊和平	中国农科院基本科研增量业务费	2013	90

续表

序 号	项目名称及编号	立项年份	主持人	项目来源	执行年限	经 费（万元）
120	亚麻木质素合成关键酶基因的功能和调控机制研究（20130326016）	2013	龙松华	农业部引智项目	2013	3
121	麻塑复合材料制备技术示范推广（Y201403260042013）	2013	段盛文	农业部引智项目	2014	10
122	苎麻种质资源共享服务	2013	陈建华	国家农作物种质资源平台运行服务任务	2013—2013	15
123	湖南省重点实验室建设运行管理	2013	熊和平	湖南省科技计划项目		
124	超高产红麻在东盟的示范推广与应用	2014	李建军，李德芳	农业国际合作与交流	2014	30
125	中国西部地区苎麻野生植物资源考察、抢救性收集与异地保存	2014	陈建华	物种资源保护费	2014	15
126	《黄、红麻纤维线密度快速测定方法》标准制定（339）	2014	肖爱平	农业部标准项目	2014	8
127	拟南芥 microRNA395 调控镉胁迫功能研究（31300240）	2014	黄思齐	国家自然科学基金	2014—2016	8
128	利用转录组测序开发的SSR标记进行苎麻纤维细度遗传分析（31301375）	2014	陈平	国家自然科学基金	2014—2016	8
129	工业大麻抗旱基因的挖掘及功能分析（31301376）	2014	高春生	国家自然科学基金	2014—2016	22
130	亚麻产量相关性状的全基因组关联分析（31301402）	2014	邓欣	国家自然科学基金	2014—2016	7
131	苎麻副产物诱导的刺芹侧耳（杏鲍菇）胞外分泌蛋白质组学分析（2014ZL024）	2014	谢纯良	中国农科院基本科研增量业务费	2014	30
132	麻类等植物纤维产品质量安全风险评估（GJFP2014010）	2014	肖爱平	农业部项目	2014	40
133	淹水胁迫诱导的亚麻基因表达谱分析及抗性相关基因克隆（2014NK3013）	2014	邱财生	湖南省科学技术厅科技计划	2014—2015	5
134	苎麻茎叶饲料化技术研究/中国南方经济作物副产物饲料化利用技术研究（201403049）	2014	喻春明	公益性行业（农业）科研专项	2014—2018	175
135	麻类加工微生物菌种资源整理与整合（NIMR－2013－1－4）	2014	郑科，刘正初	国家微生物资源平台专项经费	2014	5
136	国家农作物种质资源平台——苎麻种质资源共享服务	2014	陈建华	科技部	2014	15

续表

序号	项目名称及编号	立项年份	主持人	项目来源	执行年限	经费（万元）
137	制定《茶树等无性繁殖经济作物种质资源性状描述符规范》标准	2014	陈建华	农业部	2014	0
138	红麻新品种 DUS 测试指南	2014	陈基权	农业部	2014—2016	15
139	麻类种质资源分类原则与分类名录修订（2014NWB030－13－07）	2014	粟建光	农业部保种项目	2014	10
140	麻类作物种质资源收集鉴定编目繁种与保存分发利用（2014NWB035）	2014	粟建光，戴志刚	农业部保种项目	2014	70
141	麻类种质资源整理整合及运行服务	2014	戴志刚	国家科技基础条件平台项目	2014	35
142	中国超级杂交红麻多用途技术示范与合作	2014	李德芳	亚洲区域合作项目	2014	40
143	重度污染农田麻类作物高产栽培关键技术研究示范及麻秆生物质炭质量监测与应用风险评价	2014	唐守伟	农业部　财政部《湖南省重金属污染耕地修复及农作物种植结构调整试点 2014 年实施方案》	2015	20
144	湖南浓香型特色优质烟叶形成的物质代谢和分子基础研究	2014	李辉	湖南烟草公司	2014	5
145	功能化离子液体双水相体系分离纯化麻类作物活性成分的研究（21406262）	2015	谭志坚	国家自然科学基金	2015—2017	25
146	饲用苎麻对硒富集转运特性及其基因型差异与机理研究（31401305）	2015	朱娟娟	国家自然科学基金	2015—2017	25
147	淹水胁迫诱导的亚麻基因表达谱研究及抗性相关基因克隆（31401469）	2015	邱财生	国家自然科学基金	2015—2017	25
148	基于高密度遗传连锁图谱的苎麻纤维细度 QTL 定位及优异等位基因挖掘（31471547）	2015	陈建华	国家自然科学基金	2015—2018	80
149	毕赤酵母新基因 *SsXS* 在木糖代谢中的信号转导功能研究（2015JJ3128）	2015	李智敏	湖南省基金项目	2015—2017	4
150	不同供氮条件下稻田土壤中镉的迁移转化及环境效应（2015JJ3129）	2015	孙向平	湖南省基金项目	2015—2017	4
151	黄麻叶粉末高效去除废水中 Cr（Ⅵ）的研究（2015JJ3130）	2015	温岚	湖南省基金项目	2015—2017	4

续表

序 号	项目名称及编号	立项年份	主持人	项目来源	执行年限	经 费（万元）
152	亚麻抗倒伏评价指标的选取及其优异等位变异的发掘（2015JJ3131）	2015	邓欣	湖南省基金项目	2015—2017	4
153	国家农作物种质资源平台——苎麻种质资源共享服务	2015	陈建华	科技部	2015	15
154	农业部作物种质资源保种项目	2015	粟建光	农业部	2015	70
155	双滚筒苎麻剥麻机的中试与示范（2014GB2D200213）	2015	龙超海	科技部成果转化项目	2014—2016	60
156	烟草种质资源库建设	2015	李辉	湖南烟草公司长沙市公司	2015—2017	15
157	亚麻分子育种技术研究	2015	王玉富	科技部国科外字〔2013〕151号	2015—2017	报账制
158	麻类区试	2015	汤清明	全国农业技术推广服务中心		
159	大麻THC合成关键酶基因的调控研究技术引进（20150326010）	2015	程超华	国家外国专家局引智项目	2015	3.25
160	中药材作物蔬菜化种质改良研究（2015ZL060）	2015	梅时勇	中国农科院基本科研业务费项目	2015	20
161	红麻黄麻工厂化生物脱胶技术集成与示范（2015ZL020）	2015	郑科，刘正初	中国农科院基本科研业务费项目	2015	30
162	苎麻机械剥制机理研究（2015ZL006）	2015	马兰	中国农科院基本科研业务费项目	2015	25
163	火麻、黄麻中活性成分的筛选分离及质量控制研究	2015	刘亮亮	中国农科院基本科研业务费项目	2015	20
164	农作物病虫鼠害疫情监测与防治经费（S158）	2015	余永廷	农业部	2015	20
165	农产品质量安全监管专项经费（GJFP2015010）	2015	肖爱平	农业部	2015	40
166	可降解液态纤维地膜生产技术引进与消化吸收（2015-Z2）	2015	王朝云	“948”项目	2015	90
167	麻类作物种质资源收集鉴定编目繁种与保存分发利用（2015NWB037）	2015	粟建光，戴志刚	农业部保种项目	2015	70
168	麻类种质资源整理整合及运行服务（NICGR2015-013）	2015	戴志刚	国家科技基础条件平台项目	2015	35
169	南方饲料作物种质资源与利用（CAAS-ASTIP-2017-IBFC02）	2015	戴求仲	创新工程	2015—2020	1 334
170	一年生麻类作物遗传改良（CAAS-ASTIP-2017-IBFC03）	2015	李德芳	创新工程	2015—2020	1 569.45

续表

序　号	项目名称及编号	立项年份	主持人	项目来源	执行年限	经　费（万元）
171	多年生麻类作物遗传改良（CAAS - ASTIP - 2017 - IBFC04）	2015	熊和平，朱爱国	创新工程	2015—2020	1 290
172	特色蔬菜资源与遗传改良（CAAS - ASTIP - 2017 - IBFC05）	2015	梅时勇	创新工程	2015—2020	1 500
173	南方经济作物栽培与收获技术（CAAS - ASTIP - 2017 - IBFC06）	2015	王玉富	创新工程	2015—2020	1 330
174	麻纤维产品与加工技术（CAAS - ASTIP - 2017 - IBFC07）	2015	王朝云	创新工程	2015—2020	1 385
175	农产品加工微生物遗传改良与应用（CAAS - ASTIP - 2017 - IBFC08）	2015	刘正初，彭源德	创新工程	2015—2020	1 200
176	南方经济作物有害生物防控（CAAS - ASTIP - 2017 - IBFC09）	2015	严准	创新工程	2015—2020	814.12
177	麻类种植和加工技术合作研发与推广	2015		泰安市金飞虹织造有限公司	2015	29
178	镉污染农田苎麻替代种植技术研究与示范（2015BAD05B02 - 3）	2015	朱爱国	国家科技部	2015—2019	117
179	经济作物病虫害发生规律与农药使用情况调查研究（S158）	2015	余永廷	农业部	2015—2017	58
180	农产品加工微生物遗传改良与应用（CAAS - ASTIP - 2017 - IBFC08）	2015	刘正初，彭源德	创新工程	2016—2020	1 200
181	麻类作物种质资源收集鉴定编目繁种与保存分发利用（2016NWB037）	2016	粟建光，戴志刚	农业部保种项目	2016	70
182	麻类种质资源整理整合及运行服务（NICGR2016 - 013）	2016	戴志刚	国家科技基础条件平台项目	2016	35
183	壳寡糖诱导的苎麻抗夜蛾分子机制（31501653）	2016	曾粮斌	国家自然科学基金	2016—2018	12
184	山羊瘤胃纤维降解菌对青贮饲用苎麻的响应机理研究（31501988）	2016	吴端钦	国家自然科学基金	2016—2018	11.4
185	特色农产品（莲子）风险评估与蔬菜农药残留验证评估（GJFP201601006）	2016	肖爱平	农业部	2016	30
186	苎麻根际自毒物质及病原物在连作障碍中的作用及缓解机制研究（31571618）	2016	朱四元	国家自然科学基金	2016—2019	32.5
187	苎麻纤维产量 QTL qFY3 的精细定位、克隆及功能分析（31571725）	2016	刘头明	国家自然科学基金	2016—2019	72
188	麻类种质资源整理整合及运行服务（NICGR2017 - 13）	2016	戴志刚	科技部科技平台项目	2017	35

续表

序　号	项目名称及编号	立项年份	主持人	项目来源	执行年限	经　费（万元）
189	红（黄）麻果胶、半纤维素与纤维素测定-滤袋法（AAY－34－①）	2016	杨喜爱	农业部行业标准项目	2016	8
190	苎麻收割机夹持输送系统设计研究（2016YFD0701404－02）/苎麻联合收割机研制（2016YFD0701404）	2016	吕江南	国家重点研发计划	2016—2020	60
191	基于纳米材料的火麻中大麻二酚分离分析新技术研究（1610242016001）	2016	刘亮亮	中国农科院	2016—2018	20
192	南方经济作物资源野外基础数据观测（1610242016002）	2016	朱涛涛	中国农科院	2016—2018	20
193	萝卜抗病毒病基因的挖掘及功能分析（1610242016003）	2016	高春生	中国农科院	2016—2017	20
194	添加酶制剂对青贮苎麻品质、奶牛生产性能和血液指标的影响及其机理研究（1610242016004）	2016	吴端钦	中国农科院	2016—2017	20
195	苗期甘蔗低温胁迫下的生理响应及差异基因表达分析（1610242016005）	2016	邱财生	中国农科院	2016—2017	20
196	可生物降解离子液体萃取亚麻木酚素的研究（1610242016006）	2016	谭志坚	中国农科院	2016—2017	20
197	重金属吸附专用黄麻新品种及配套技术示范与推广（1610242016007）	2016	陈基权	中国农科院	2016—2017	20
198	虫拟蜡菌芳基醇氧化酶和阿魏酸酯酶基因的克隆表达及在苎麻秸秆木质素降解中的应用（1610242016008）	2016	谢纯良	中国农科院	2016—2017	20
199	红麻 MS1 基因克隆和功能分析（1610242016009）	2016	李建军	中国农科院	2016—2017	20
200	ABA 对苎麻耐镉吸镉的调控作用及其机理研究（1610242016010）	2016	陈坤梅	中国农科院	2016—2017	20
201	悬铃叶苎麻无融合生殖发生机制研究（1610242016011）	2016	唐蜻	中国农科院	2016—2017	20
202	探索一种由抗体和效应子介导的作物病害防控新方法（1610242016012）	2016	严准	中国农科院	2016—2017	20
203	苎麻饲用产量相关性状的 QTL 分析（1610242016013）	2016	刘头明	中国农科院	2016—2017	20
204	萝卜硫素定量分析方法与分离提纯技术研究（1610242016014）	2016	廖丽萍	中国农科院	2016—2018	20

续表

序　号	项目名称及编号	立项年份	主持人	项目来源	执行年限	经　费（万元）
205	营养型麻育秧膜研制（1610242016015）	2016	周晚来	中国农科院	2016—2017	20
206	麻育秧膜在水稻机插育秧中的高效应用技术集成与示范推广（Y2016CG14）	2016	王朝云	中国农科院	2016—2017	30
207	麻类生物脱胶关键性果胶酶种类及其分子特征（Y2016PT36）	2016	成莉凤	中国农科院	2016—2017	20
208	农业科研杰出人才培养专项	2016	彭源德	农业部	2016—2020	100
209	湖南稻田镉污染治理替代种植技术与模式（农办财函〔2016〕6号）	2016	唐守伟	农办财函（2016）6号	2016—2017	15
210	萝卜抗黑腐病基因的挖掘及功能分析（2016JJ3127）	2016	高春生	省科技厅	2016—2018	5
211	从 Dickeya dadantii DCE－01 菌株发掘苎麻生物脱胶果胶酶资源的研究（2016JJ3126）	2016	成莉凤	湖南省科技厅	2016—2018	5
212	水稻类泛素化 E3 连接酶 OsSIZ1 的可变剪接及其与底物特异性选择的研究（2016JJ3128）	2016	郑霞	湖南省科技厅	2016—2018	5
213	饲用苎麻氮肥配施及青贮饲料调制技术研究（2016NK2205）	2016	陈继康	湖南省科技厅	2016—2018	15
214	建立一种基于抗体和病原菌效应子的作物病害防控新方法（2016WK2030）	2016	严准	湖南省科技厅	2016—2017	20
215	全国农业科研杰出人才	2016	梅时勇	农业部	2016—2025	200
216	沅江麻类综合试验站（CARS－19－S11）	2016	朱爱国	现代农业产业技术体系	2016—2020	250
217	麻类作物种质资源收集鉴定编目繁种与保存分发利用（2017NWB037）	2017	粟建光，戴志刚	农业部保种项目	2017	69
218	麻类种质资源整理整合及运行服务（NICGR2017－013）	2017	戴志刚	国家科技基础条件平台项目	2017	35
219	蚕桑烟草棉麻等特色农产品质量安全风险隐患摸底排查与特质性营养品质评价（GJFP201701003）	2017	肖爱平	农业部	2017	40
220	白腐真菌选择性降解苎麻秸秆木质素的分子机制研究（31600668）	2017	谢纯良	国家自然科学基金	2017—2019	25
221	黄麻耐盐性转录组及 QTL 分析研究（31601351）	2017	杨泽茂	国家自然科学基金	2017—2019	20

续表

序号	项目名称及编号	立项年份	主持人	项目来源	执行年限	经费（万元）
222	基于全基因组关联分析确定苎麻纤维细度显著关联分子标记（31671744）	2017	栾明宝	国家自然科学基金	2017—2020	62
223	红麻花粉壁发育相关基因的表达分析和功能验证（31671747）	2017	李建军	国家自然科学基金	2017—2020	62
224	首席科学家（CARS-16）	2017	熊和平	现代农业产业技术体系	2017—2020	120
225	种植资源收集与评价（CARS-16-E01）	2017	粟建光	现代农业产业技术体系	2017—2020	280
226	育种技术与方法（CARS-16-E02）	2017	赵立宁	现代农业产业技术体系	2017—2020	280
227	苎麻品种改良（Cars-16-E03）	2017	喻春明	现代农业产业技术体系	2016—2020	280
228	红麻品种改良（CARS-16-E05）	2017	李德芳	现代农业产业技术体系	2017—2020	280
229	苎麻生理与栽培（CARS-16-E12）	2017	唐守伟	现代农业产业技术体系	2017—2020	280
230	亚麻生理与栽培（CARS-16-E13）	2017	王玉富	现代农业产业技术体系	2017—2020	280
231	初加工机械化（CARS-16-E21）	2017	吕江南	现代农业产业技术体系	2017—2020	280
232	生物脱胶与初加工（CARS-16-E22）	2017	段盛文	现代农业产业技术体系	2017—2020	280
233	麻纤维膜生产（CARS-16-E24）	2017	王朝云	现代农业产业技术体系	2016—2020	280
234	副产品综合利用（CARS-16-E25）	2017	彭源德	现代农业产业技术体系	2017—2020	280
235	沅江麻类综合试验站（CARS-16-S12）	2017	朱爱国	现代农业产业技术体系	2017—2020	200
236	刘头明前沿探索项目（Y2017JC44）	2017	刘头明	中国农科院	2017	30
237	中国农业科学院南方经济作物研究中心开放交流项目（Y2017PT01）	2017	朱作华	中国农科院	2017	20
238	科研单位专利挖掘与布局研究——以麻类所为例（Y2017ZK15）	2017	邓欣	中国农科院	2017	10
239	长江流域经济作物废弃资源饲料化利用（Y2017LM11）	2017	戴求仲	中国农科院	2017	25
240	饲用苎麻青贮切碎装置的研制（1610242016016）	2017	刘佳杰	中国农科院	2017—2018	21
241	龙葵提取物中抑菌成分的分离鉴定与活性研究（1610242016017）	2017	陈佳	中国农科院	2017—2018	21
242	几种苎麻不同加工方式在猪上的应用效果比较研究（1610242016018）	2017	侯振平	中国农科院	2017—2018	21

续表

序　号	项目名称及编号	立项年份	主持人	项目来源	执行年限	经　费（万元）
243	苎麻叶蛋白和膳食纤维的提取及其理化性质研究（1610242016019）	2017	陈平	中国农科院	2017—2018	21
244	可降解型螯和剂促进红麻和亚麻对镉吸收作用的研究（1610242016020）	2017	郭媛	中国农科院	2017—2018	21
245	中药材作物蔬菜化种质改良研究（1610242016021）	2017	梅时勇	中国农科院	2017—2018	21
246	优质高蛋白饲用红麻品质鉴定与利用（1610242016022）	2017	唐慧娟	中国农科院	2017—2018	20
247	大麻 WRKY 转录因子耐逆功能研究（1610242016023）	2017	程超华	中国农科院	2017—2018	20
248	大麻工厂化生物脱胶技术集成与示范（1610242016024）	2017	成莉凤	中国农科院	2017—2018	20
249	基于宏基因组学技术研究萝卜内生菌群落及其生防因子发掘（1610242016025）	2017	程毅	中国农科院	2017—2018	20
250	饲用苎麻蛋白含量相关 QTL 分析及候选基因筛选（1610242016026）	2017	朱四元	中国农科院	2017—2018	20
251	水分调控对饲用苎麻氮素利用的影响研究（1610242016027）	2017	陈继康	中国农科院	2017—2018	20
252	磁性纤维素/聚谷氨酸复合材料及其富集重金属离子机理（1610242016028）	2017	王慧	中国农科院	2017—2018	20
253	芦笋（南荻）优良品种的选育（1610242016029）	2017	陈小军	中国农科院	2017—2018	20
254	酵母 Hsp18 - like 启动子在真核细胞表达系统中的应用研究（1610242016030）	2017	李智敏	中国农科院	2017—2018	20
255	苞谷酸和萝卜泡菜等南方传统食品工程化技术（CAAS - XTCX2016005 - 3 - 1）	2017	彭源德	中国农科院协同创新	2017—2020	64
256	中南镉砷污染耕地安全利用技术与示范子课题：重度镉砷污染农田替代植物种植技术研发与示范（2017YFD0801504）	2017	王玉富	国家科技部	2017—2020	54
257	国家科技资源共享服务平台项目（NICGR2017 - 35）	2017	陈建华	科技部平台	2017	15
258	种子、种苗与土壤处理技术及配套装备研发（2017YFD0201600）	2017	高春生	科技部	2017—2020	77

续表

序 号	项目名称及编号	立项年份	主持人	项目来源	执行年限	经 费（万元）
259	农业部保种项目	2017	陈建华	农业部保种项目	2017	25
260	大麻跳甲监测预报技术规范	2017	曾粮斌	农业部	2017	8
261	根腐线虫诱导的苎麻特异表达基因 BnERF9043 克隆及功能分析（2017JJ2298）	2017	佘永廷	湖南省科技厅	2017—2019	5
262	“牛奶与牛肉产量和品质提升关键技术研究与集成示范”子课题（2017NK1020）	2017	吴端钦	湖南省科技厅	2017—2020	90
263	萝卜内生菌微生物群落结构分析及抗根肿菌基因资源的挖掘（2017JJ3351）	2017	程毅	湖南省科技厅	2017—2019	5
264	“萝卜优质多抗适应性强新品种培育”子课题（2017YFD0101806）	2017	张冀芳	国家重点研发计划	2017—2020	60

表 14-4 2008—2017 年麻类所科研经费

年 度	金额（万元）		
	合计	纵向经费	横向经费
2008	2 417.76	1 897.00	520.76
2009	1 675.70	1 514.00	161.7
2010	1 745.71	1 412.00	333.71
2011	1 368.50	1 101.00	267.5
2012	1 833.67	1 126.00	707.67
2013	1 556.78	1 101.00	455.78
2014	1 628.93	1 177.00	451.93
2015	4 086.15	3 775.00	311.15
2016	5 436.25	4 742.00	694.25
2017	4 644.79	3 947.70	697.09
合 计	26 394.24	21 792.70	4 601.54

二 科研产出

取得获奖成果 29 项，作为项目主持单位的获奖成果有 21 项，包括省部级奖 8 项，即中华农业科技奖一等奖 1 项、湖南省科技进步奖一等奖 1 项、中华农业科技奖三等奖 1 项、湖南省自然科学奖三等奖 1 项、湖南省科技进步奖三等奖 2 项、湖南省技术发明奖三等奖 2 项；中国优秀专利奖 3 项，湖南省专利优秀奖 1 项；以及院级奖 8 项，即中国农科院科学技术成果奖一等奖 1 项、二等奖 4 项、中国农科院杰出科技创新奖 2 项、中国农科院青年科技创新奖 1 项。作为项目参加单位的获奖成果 8 项，包括国家科技进步奖二等奖 1 项（第 6 完成单位）、省部级奖 5 项、院级奖 2 项；授权专利 129 件，其中发明专利 34 件、实用新型专利 95 件；育成品种 62 个，其中苎麻 2 个、黄麻 10 个、红麻 23 个、亚麻 9 个、大麻 8 个和蔬菜等 10 个；制订行业标准 9 项；出版著作 21 部，其中主编 17 部、参编 4 部；获得软件著作权 24 项；发表论文 686 篇，其中 SCI 收录 153 篇（含院选核心期刊 36 篇）（表 14－5 至表 14－11）。

表 14－5　2008—2017 年麻类所获奖成果

序　号	成果名称	授奖单位	奖励类别	等　级	获奖时间	主持/参加
1	优质高产苎麻新品种中苎 1 号的选育与推广	中国农科院	中国农科院科学技术成果奖	一等奖	2008	主持
2	中国农作物种质资源技术规范研制与应用	北京市人民政府	北京市科学技术进步奖	一等奖	2008	参加
3	高产优质多抗中红麻系列新品种（中红麻 10 号、中红麻 11 号、中红麻 12 号、中杂红 305）的选育和推广	中国农科院	中国农科院科学技术成果奖	二等奖	2009	主持
4	高效节能清洁型苎麻生物脱胶技术研究与应用	中国农科院	中国农科院科学技术成果奖	二等奖	2009	主持
5	高效节能清洁型苎麻生物脱胶技术	湖南省人民政府	湖南省技术发明奖	三等奖	2009	主持
6	主要麻类作物专用品种选育与推广应用	农业部/中国农学会奖励委员会	中华农业科技奖	一等奖	2009	主持
7	中国农作物种质资源本底多样性和技术指标体系及应用	中华人民共和国国务院	国家科学技术进步奖	二等奖	2009	参加
8	无性繁殖作物种质资源收集、标准化整理、共享与利用	浙江省人民政府	浙江省科学技术奖	二等奖	2010	参加
9	欧文氏杆菌工厂化发酵快速提取苎麻纤维工艺	中国专利奖评审委员会	中国专利优秀奖		2010	主持
10	一种环保型麻地膜的制造工艺及用其制备的麻地膜	中国专利奖评审委员会	中国专利优秀奖		2010	主持
11	环保型麻地膜及其制造技术	湖南省人民政府	湖南省技术发明奖	三等奖	2010	主持
12	CO_2/CH_4 的催化转化及相关绿色过程的基础研究	陕西省人民政府	陕西省科学技术奖	二等奖	2010	主持
13	环保型麻地膜的研究与应用	中国农科院	科技成果奖	二等奖	2011	主持
14	苎麻、黄红麻剥麻机械的研制与应用	中国农科院	科技成果奖	二等奖	2012	主持

续表

序 号	成果名称	授奖单位	奖励类别	等 级	获奖时间	主持/参加
15	苎麻饲料化与多用途研究和应用	湖南省人民政府	湖南省科技进步奖	一等奖	2013	主持
16	苎麻剥麻机的研制及推广应用	湖南省人民政府	湖南省科技进步奖	三等奖	2014	主持
17	育苗基布及其制造方法	中国专利奖评审委员会	中国专利优秀奖		2015	主持
18	麻地膜研制及其在水稻机插育秧中的应用	中国农科院	中国农科院杰出科技创新奖		2015	主持
19	苎麻与肉鹅种养结合研究和应用	中国农科院	中国农科院青年科技创新奖		2015	主持
20	黄红麻种质创新与光钝感强优势杂交红麻选育及多用途研究和应用	福建省人民政府	科技进步奖	二等奖	2015	参加
21	麻育秧膜研制及其在水稻机插育秧中的应用	湖南省人民政府	科学技术进步奖	三等奖	2016	主持
22	育苗基布及其制造方法	湖南省人民政府	专利优秀奖		2016	主持
23	苎麻转录组研究	湖南省人民政府	自然科学奖	三等奖	2016	主持
24	高效节能清洁型麻类工厂化生物脱胶技术	中国农科院	科学技术进步奖		2016	主持
25	大麻安全性评估监测技术研究及应用研究	云南省人民政府	科学技术进步奖	三等奖	2016	参加
26	优质麻鸭饲料高效利用及肉蛋品质调控技术研究与应用	湖南省政府	湖南省科学技术奖	二等奖	2017	参加
27	国家农业种质资源库	中国农科院	建院60周年重大科技成就		2017	参加
28	主要农产品加工与质量安全控制技术	中国农科院	建院60周年重大科技成就		2017	参加
29	麻纤维膜产品及其应用技术	中华人民共和国农业部/中国农学会奖励委员会	中华农业科技奖	三等奖	2017	主持

表 14-6 2008—2017 年麻类所获得的授权专利

序 号	专利名称	专利类型	授权部门	获得年份
1	欧文氏杆菌工厂化发酵快速提取苎麻纤维工艺	发明专利	国家知识产权局	2008
2	横向喂入式苎麻剥麻机	实用新型专利	国家知识产权局	2008
3	一种环保型麻地膜涂层装置	实用新型专利	国家知识产权局	2008
4	环保型麻地膜的制备装置	实用新型专利	国家知识产权局	2008

续表

序　号	专利名称	专利类型	授权部门	获得年份
5	双滚筒苎麻剥麻机	实用新型专利	国家知识产权局	2010
6	横向喂入式苎麻剥麻机	发明专利	国家知识产权局	2010
7	一种酶法降解苎麻韧皮纤维生产燃料乙醇的方法	发明专利	国家知识产权局	2010
8	育苗基布及其制造方法	发明专利	国家知识产权局	2010
9	红麻韧皮工厂化生物脱胶工艺	发明专利	国家知识产权局	2011
10	一种利用欧文氏杆菌提取β-甘露聚糖酶的工艺	发明专利	国家知识产权局	2011
11	黄麻或红麻剥皮机	实用新型专利	国家知识产权局	2011
12	大麻鲜茎剥皮机	实用新型专利	国家知识产权局	2012
13	肉鹅饲养方法	发明专利	国家知识产权局	2013
14	植物根部病虫害研究用花盆	实用新型专利	国家知识产权局	2013
15	用于从凝胶中回收蛋白质/核酸的电洗脱装置	实用新型专利	国家知识产权局	2013
16	生物脱胶原料预处理机组	实用新型专利	国家知识产权局	2013
17	生物脱胶碾压水冲耦合洗麻机组	实用新型专利	国家知识产权局	2013
18	一种用于处理苎麻茎秆的分离设备	实用新型专利	国家知识产权局	2014
19	一种苎麻有机化学成分微波提取器	实用新型专利	国家知识产权局	2014
20	一种利用 SSR 分子标记鉴定苎麻品种的方法	发明专利	国家知识产权局	2014
21	一种利用 EST-SSR 分子标记构建苎麻核心种质的方法	发明专利	国家知识产权局	2014
22	一种功能菌株用于工厂化发酵快速提取草本纤维的工艺	发明专利	国家知识产权局	2014
23	用于处理苎麻茎秆的分离设备	发明专利	国家知识产权局	2015
24	水稻机插育秧种膜片及其制造方法	发明专利	国家知识产权局	2015
25	一种草食动物用苎麻饲料及其制备方法	发明专利	国家知识产权局	2015
26	一种肉鹅用苎麻饲料及其制备方法	发明专利	国家知识产权局	2015
27	一种肉牛育肥期用苎麻饲料及其加工方法	发明专利	国家知识产权局	2015
28	一次喂入式大型剥皮机	实用新型专利	国家知识产权局	2015
29	一种弹性齿结构	实用新型专利	国家知识产权局	2015
30	植物病原线虫表面消毒用离心套管	实用新型专利	国家知识产权局	2015
31	水稻机插育秧播种机	实用新型专利	国家知识产权局	2015
32	一种麻类纤维原料仓储装置	实用新型专利	国家知识产权局	2015
33	一种麻类纤维晾晒装置	实用新型专利	国家知识产权局	2015
34	一种麻类纤维解离装置	实用新型专利	国家知识产权局	2015
35	一种细菌菌体收集装置	实用新型专利	国家知识产权局	2015
36	一种实验室用生物酶提取植物韧皮纤维的自动化装置	实用新型专利	国家知识产权局	2015

续表

序　号	专利名称	专利类型	授权部门	获得年份
37	一种用于纤维植物产品纤维试样提取制备的自动化设备	实用新型专利	国家知识产权局	2015
38	一种腐殖质提取装置	实用新型专利	国家知识产权局	2015
39	野外采集植物样品的保存盒	实用新型专利	国家知识产权局	2015
40	一种高频率多胚苎麻种子的选育方法	发明专利	国家知识产权局	2016
41	一种麻类纤维细度自动分析仪及其应用	发明专利	国家知识产权局	2016
42	一种清洗植物种子表面残留的有毒物质的冲洗装置	发明专利	国家知识产权局	2016
43	一种亚麻种子玻璃化超低温保存方法	发明专利	国家知识产权局	2016
44	一种快速得到纤用大麻再生植株的方法	发明专利	国家知识产权局	2016
45	一种大规模开发苎麻基因组 SNP 标记的方法及其开发的引物	发明专利	国家知识产权局	2016
46	一种大规模开发苎麻基因组 SSR 标记的方法及其开发的引物	发明专利	国家知识产权局	2016
47	一种鲜活有机蔬菜生产方法	发明专利	国家知识产权局	2016
48	一种一次喂入式剥麻机的控制系统与控制装置	发明专利	国家知识产权局	2016
49	一种无土育秧盘	实用新型专利	国家知识产权局	2016
50	液态地膜喷膜装置	实用新型专利	国家知识产权局	2016
51	用于培养和显微观察单层细胞的载片及载片盒	实用新型专利	国家知识产权局	2016
52	防倒伏的苗木水培装置	实用新型专利	国家知识产权局	2016
53	菌种真空保存管	实用新型专利	国家知识产权局	2016
54	一种实验室用的有机肥二次发酵装置	实用新型专利	国家知识产权局	2016
55	一种麻类作物纤维剥制机械上用的齿槽辊	实用新型专利	国家知识产权局	2016
56	一种大麻茎秆均匀喂入装置	实用新型专利	国家知识产权局	2016
57	一种工业大麻干茎碎茎机构	实用新型专利	国家知识产权局	2016
58	一种试验用组合式花盆	实用新型专利	国家知识产权局	2016
59	一种用于亚麻杂交的固定支架	实用新型专利	国家知识产权局	2016
60	一种具有控光控水功能的小型栽培棚	实用新型专利	国家知识产权局	2016
61	一种栽培温室内用防蚊衣	实用新型专利	国家知识产权局	2016
62	一种麻类成厢直播联合播种机	实用新型专利	国家知识产权局	2016
63	苎麻扦插育苗辅助装置	实用新型专利	国家知识产权局	2016
64	一种 PAGE 染色显影装置	实用新型专利	国家知识产权局	2016
65	一种适合山坡地中耕机的双摇杆仿形机构	实用新型专利	国家知识产权局	2016
66	一种植物纤维试样布样器	实用新型专利	国家知识产权局	2016
67	自动触发型定位指示装置	实用新型专利	国家知识产权局	2016

续表

序 号	专利名称	专利类型	授权部门	获得年份
68	定位指示装置	实用新型专利	国家知识产权局	2016
69	一种夏用型亚麻平角内裤	实用新型专利	国家知识产权局	2016
70	一种汉麻抑菌袜	实用新型专利	国家知识产权局	2016
71	一种新型汉麻防晒帽子	实用新型专利	国家知识产权局	2016
72	一种剥制纤维用的纵向剖秆装置	实用新型专利	国家知识产权局	2016
73	一种坡耕地苎麻栽培方法	发明专利	国家知识产权局	2017
74	光钝感型红麻雄性不育系 261N5 - 18A 的选育方法	发明专利	国家知识产权局	2017
75	一种西南干旱地区亚麻少免耕种植方法	发明专利	国家知识产权局	2017
76	一种大麻干茎碾压装置	发明专利	国家知识产权局	2017
77	大麻剥麻机茎秆喂入装置	发明专利	国家知识产权局	2017
78	一种水稻机插育秧方法	发明专利	国家知识产权局	2017
79	一种绿色木霉菌渣发酵饲料的生产方法	发明专利	国家知识产权局	2017
80	一种茶树菇栽培基质及其制备与栽培方法	发明专利	国家知识产权局	2017
81	一种秀珍菇栽培基质及其制备方法与应用	发明专利	国家知识产权局	2017
82	一种亚麻免耕播种设备及其播种方法	发明专利	国家知识产权局	2017
83	一种用于盐碱地改良的锯式铺膜机	实用新型专利	国家知识产权局	2017
84	一种可以调整孔径的水培装置	实用新型专利	国家知识产权局	2017
85	一种适合大量超氧化物歧化酶样品测定的光照装置	实用新型专利	国家知识产权局	2017
86	一种适合大量超氧化物歧化酶样品测定的暗处理装置	实用新型专利	国家知识产权局	2017
87	黄麻尺寸测量仪	实用新型专利	国家知识产权局	2017
88	一种双搅龙结构割斗	实用新型专利	国家知识产权局	2017
89	一种履带自走式饲用苎麻联合收割机	实用新型专利	国家知识产权局	2017
90	一种履带自走式饲用苎麻中耕施肥一体机	实用新型专利	国家知识产权局	2017
91	一种高秆作物收割机	实用新型专利	国家知识产权局	2017
92	一种切割装置	实用新型专利	国家知识产权局	2017
93	一种旋转切割防草缠绕装置	实用新型专利	国家知识产权局	2017
94	一种甘蔗中耕培土装置	实用新型专利	国家知识产权局	2017
95	一种甘蔗中耕培土机	实用新型专利	国家知识产权局	2017
96	麻类纤维撕裂试验夹具	实用新型专利	国家知识产权局	2017
97	喂料设备	实用新型专利	国家知识产权局	2017
98	一种安全带用多功能麻料肩垫	实用新型专利	国家知识产权局	2017
99	一种限宽切割粉碎免耕开沟装置	实用新型专利	国家知识产权局	2017
100	一种亚麻免耕播种设备	实用新型专利	国家知识产权局	2017

续表

序 号	专利名称	专利类型	授权部门	获得年份
101	一种盐碱地土壤隔断铺膜机械	实用新型专利	国家知识产权局	2017
102	一种安全带用可拆卸麻料腹垫	实用新型专利	国家知识产权局	2017
103	脚踏控制型定位指示装置	实用新型专利	国家知识产权局	2017
104	一种可分液的离心管	实用新型专利	国家知识产权局	2017
105	一种麻质蔬菜育苗包	实用新型专利	国家知识产权局	2017
106	一种萃取分离装置	实用新型专利	国家知识产权局	2017
107	一种麻纤维果蔬保鲜包装袋	实用新型专利	国家知识产权局	2017
108	一种麻纤维水果套袋	实用新型专利	国家知识产权局	2017
109	一种防虫麻地膜	实用新型专利	国家知识产权局	2017
110	一种旋刀式鼓风机	实用新型专利	国家知识产权局	2017
111	一种株高测量尺	实用新型专利	国家知识产权局	2017
112	一种麻纤维育苗袋	实用新型专利	国家知识产权局	2017
113	一种金黄色链霉菌装置	实用新型专利	国家知识产权局	2017
114	一种固体发酵罐	实用新型专利	国家知识产权局	2017
115	一种采集灰树花的剪刀	实用新型专利	国家知识产权局	2017
116	一种高固体发酵装置	实用新型专利	国家知识产权局	2017
117	食用菌栽培装置	实用新型专利	国家知识产权局	2017
118	一种果蔬醋发酵机	实用新型专利	国家知识产权局	2017
119	一种乳酸菌发酵罐	实用新型专利	国家知识产权局	2017
120	多连体培养管	实用新型专利	国家知识产权局	2017
121	离心管盒摇床座	实用新型专利	国家知识产权局	2017
122	小量样品研磨器具	实用新型专利	国家知识产权局	2017
123	用于菌丝收集的培养皿	实用新型专利	国家知识产权局	2017
124	防倒伏苗木水培装置	实用新型专利	国家知识产权局	2017
125	生物防控平板对峙实验用的培养皿	实用新型专利	国家知识产权局	2017
126	微生物组织匀浆装置	实用新型专利	国家知识产权局	2017
127	微生物保存冷冻管	实用新型专利	国家知识产权局	2017
128	一种实验室用有机肥二次发酵装置	实用新型专利	国家知识产权局	2017
129	一种适用于苞谷酸辣子的发酵罐	实用新型专利	国家知识产权局	2017

表 14-7 2008—2017 年麻类所育成品种

序 号	应用成果名称	名 称	登记/鉴定/审定编号	年 份
1	省审（鉴、认定）农作物新品种	中引黄麻 1 号	XPD026-2009	2009
2	省审（鉴、认定）农作物新品种	中引黄麻 2 号	XPD027-2009	2009
3	国鉴农作物新品种	中苎 2 号	国品鉴麻 2009001	2010
4	国鉴农作物新品种	中杂红 H318	国鉴麻 2007060	2010
5	国鉴农作物新品种	中红麻 13 号	国品鉴麻 2007004	2010
6	省审（鉴、认定）农作物新品种	帝王菜 1 号	皖品鉴登字第 1109007	2012

续表

序　号	应用成果名称	名　称	登记/鉴定/审定编号	年　份
7	省审（鉴、认定）农作物新品种	帝王菜 2 号	皖品鉴登字第 1109008	2012
8	省审（鉴、认定）农作物新品种	中红麻 T17	皖品鉴登字第 1209001	2013
9	省审（鉴、认定）农作物新品种	中红麻 T19	皖品鉴登字第 1209002	2013
10	省审（鉴、认定）作物新品种	中黄麻 2 号	皖品鉴登字第 1209005	2013
11	省审（鉴、认定）作物新品种	中黄麻 3 号	皖品鉴登字第 1209006	2013
12	省审（鉴、认定）农作物新品种	中亚麻 2 号	云种鉴定 2013006	2013
13	省审（鉴、认定）农作物新品种	中亚麻 3 号	新登亚麻 2013 年 29 号	2013
14	国鉴农作物新品种	H368	国品鉴麻 2014002	2014
15	国鉴农作物新品种	H328	国品鉴麻 2014003	2014
16	国鉴农作物新品种	中红麻 16 号	国品鉴麻 2014001	2014
17	国鉴农作物新品种	中黄麻 4 号	国品鉴麻 2014011	2014
18	国鉴农作物新品种	中黄麻 5 号	国品鉴麻 2014012	2014
19	省审（鉴、认定）农作物新品种	红麻不育系 261N5 - 18A	XPD018 - 2015	2015
20	省审（鉴、认定）农作物新品种	红麻不育系 261N5 - 19A	XPD019 - 2015	2015
21	省审（鉴、认定）农作物新品种	红麻不育系 LC0301A	XPD016 - 2015	2015
22	省审（鉴、认定）农作物新品种	红麻不育系 YA1A	XPD017 - 2015	2015
23	省审（鉴、认定）农作物新品种	中黄麻 6 号	皖品鉴登字第 1509006	2015
24	省审（鉴、认定）农作物新品种	中葵 1 号	皖品鉴登字第 1506001	2015
25	省审（鉴、认定）农作物新品种	中亚麻 4 号	吉登亚麻 2015002	2015
26	国审（鉴、认定）农作物新品种	中苎 3 号	2016 - 182	2016
27	省审（鉴、认定）农作物新品种	中杂红 1501	皖品鉴登字第 1609011	2016
28	省审（鉴、认定）农作物新品种	中红麻 17 号	皖品鉴登字第 1609012	2016
29	省审（鉴、认定）农作物新品种	中皖杂麻 1 号	皖品鉴登字第 1609002	2016
30	省审（鉴、认定）农作物新品种	中皖杂麻 2 号	皖品鉴登字第 1609003	2016
31	省审（鉴、认定）农作物新品种	中大麻 2 号	皖品鉴登字第 1609004	2016
32	省审（鉴、认定）农作物新品种	中大麻 3 号	皖品鉴登字第 1609005	2016
33	省审（鉴、认定）农作物新品种	中亚麻 5 号	吉登亚麻 2016002	2016
34	省审（鉴、认定）农作物新品种	中黄麻 7 号	皖品鉴登字第 1509007	2016
35	省审（鉴、认定）农作物新品种	中萝 1 号	XPD003 - 2016	2016
36	省审（鉴、认定）农作物新品种	中亚麻 6 号	皖品鉴登字第 1609006	2016
37	省审（鉴、认定）农作物新品种	中亚麻 7 号	皖品鉴登字第 1609007	2016
38	省审（鉴、认定）农作物新品种	中亚麻 8 号	皖品鉴登字第 1609008	2016
39	省审（鉴、认定）农作物新品种	中大麻 1 号	皖品鉴登字第 1609001	2016
40	省审（鉴、认定）农作物新品种	中黄麻 8 号	皖品鉴登字第 1609015	2016
41	省审（鉴、认定）农作物新品种	中葵 2 号	皖品鉴登字第 1506010	2016
42	省审（鉴、认定）农作物新品种	中葵 3 号	皖品鉴登字第 1506011	2016
43	省审（鉴、认定）农作物新品种	中红麻 T203	皖品鉴登字第 1609013	2016
44	省审（鉴、认定）农作物新品种	红麻 H1301	皖品鉴登字第 1409001	2016
45	省审（鉴、认定）农作物新品种	红麻 H1302	皖品鉴登字第 1409002	2016

续表

序　号	应用成果名称	名　称	登记/鉴定/审定编号	年　份
46	省审（鉴、认定）农作物新品种	红麻 K66	皖品鉴登字第 1409003	2016
47	省审（鉴、认定）农作物新品种	红麻 K68	皖品鉴登字第 1409004	2016
48	省部审定（认定、登记）农作物新品种	中红麻 T14	皖品鉴登字第 1709011	2017
49	省部审定（认定、登记）农作物新品种	中福红 1 号	皖品鉴登字第 1709012	2017
50	省部审定（认定、登记）农作物新品种	中葵 4 号	皖品鉴登字第 17060001	2017
51	省部审定（认定、登记）农作物新品种	中葵 5 号	皖品鉴登字第 17060002	2017
52	省部审定（认定、登记）农作物新品种	中黄麻 9 号	皖品鉴登字第 1709010	2017
53	省部审定（认定、登记）农作物新品种	中大麻 4 号	皖品鉴登字第 1709002	2017
54	省部审定（认定、登记）农作物新品种	中杂大麻 3 号	皖品鉴登字第 1709001	2017
55	省部审定（认定、登记）农作物新品种	中杂红 1704（H1704）	皖品鉴登字第 1709016	2017
56	省部审定（认定、登记）农作物新品种	红麻 K1703A	皖品鉴登字第 1709014	2017
57	省部审定（认定、登记）农作物新品种	中杂红 1701（H1701）	皖品鉴登字第 1709015	2017
58	省部审定（认定、登记）农作物新品种	菜用黄麻 3 号	皖品鉴登字第 1709019	2017
59	省部审定（认定、登记）农作物新品种	菜用黄麻 4 号	皖品鉴登字第 1709020	2017
60	省部审定（认定、登记）农作物新品种	中亚麻 9 号	皖品鉴登字第 1709004	2017
61	省部审定（认定、登记）农作物新品种	中亚麻 11 号	皖品鉴登字第 1709005	2017
62	省部审定（认定、登记）农作物新品种	中大麻 5 号（GS-2）	皖品鉴登字第 1709003	2017

表 14-8　2008—2017 年麻类所制定的行业标准

序　号	类　别	名　称	标准号	授权或批准部门	年　份
1	农业行业标准	苎麻主要病虫害防治技术规范	NY/T 2042—2011	农业部	2011
2	农业行业标准	农作物优异种质资源评价规范　苎麻	NY/T 2178—2012	农业部	2012

续表

序 号	类 别	名 称	标准号	授权或批准部门	年 份
3	农业行业标准	熟黄（红）麻木质素含量的测定—硫酸法	NY/T 2337—2013	农业部	2013
4	农业行业标准	植物新品种特异性、一致性和稳定性测试指南 青麻	NY/T 2481—2013	农业部	2013
5	农业行业标准	亚麻纤维细度的快速检测—显微图像法	NY/T 2338—2013	农业部	2014
6	农业行业标准	苎麻纤维拉伸断裂强度试验方法	NY/T 2635—2014	农业部	2014
7	农业行业标准	苎麻种质资源描述规范	NY/T 2942—2016	农业部	2016
8	农业行业标准	黄、红麻纤维线密度快速测定方法	NY/T 2870—2016	农业部	2016
9	农业行业标准	红/黄水溶物、果胶、半纤维素和粗纤维的测定（滤袋法）	NY/T 3165—2017	农业部	2017

表 14-9 2008—2017 年麻类所出版著作

序 号	著作名称	作 者	著作方式	出版书号	年 份	主编/参编
1	中国农业科学院麻类研究所所志（1958—1997）	熊和平	编著	ISBN 978-7-80233-698-8	2008	主编
2	中国农业科学院麻类研究所所志（1998—2007）	熊和平	编著	ISBN 978-7-80233-741-1	2008	主编
3	麻类技术 100 问	喻春明 熊和平	编著		2009	主编
4	2007—2009 国家麻类产业技术发展报告	熊和平	编著	ISBN 978-7-5116-0344-9	2010	主编
5	2010—2011 国家麻类产业技术发展报告	熊和平	专著	ISBN 978-7-5116-1150-5	2012	主编
6	苎麻栽培与利用新技术	熊和平	专著	ISBN 978-7-5082-7369-3	2012	主编
7	湖南省主要农作物推荐施肥手册	杨瑞林	编著	ISBN 978-7-1091-6467-3	2012	主编
8	食药用菌加工技术	杨喜爱	编著	ISBN 978-7-5357-7093-6	2012	参编
9	中国现代农业产业可持续发展战略研究（麻类分册）	熊和平	编著	ISBN 978-7-1092-0841-4	2013	主编
10	国家麻类产业技术发展报告（2012—2013）	熊和平	编著	ISBN 978-7-5116-1954-9	2014	主编
11	中国农作物及其野生近缘植物（总论）	粟建光	编著		2014	主编

续表

序　号	著作名称	作　者	著作方式	出版书号	年　份	主编/参编
12	Kenaf： AMulti-purpose Crop for Several Industrial aplications with new insights from Biokenaf Project.	李德芳	编著	ISBN：144715066X	2014	参编
13	中国麻类作物种质资源及其主要性状	粟建光	编著	ISBN 978-7-109-21282-4	2015	主编
14	中国棉麻丝产业可持续发展研究	熊和平	编著	ISBN 978-7-5116-1963-1	2015	主编
15	2014—2015 作物学学科发展报告			ISBN 978-7-5046-7095-3	2016	主编
16	药菜兼用植物图谱	梅时勇		ISBN 978-7-109-22648-7	2016	主编
17	华中昆虫研究		编著	ISBN 978-705116-2-751-3	2016	参编
18	中国作物种质资源保护与利用”十二五”进展-麻类种质资源	粟建光	编著	ISBN 978-7-5116-2726-1	2016	主编
19	国家麻类产业技术研发新进展	熊和平	编著	ISBN 978-7-5116-3411-5	2017	主编
20	肉鹅标准化养殖操作手册	戴求仲	编著	ISBN 978-7-5357-9296-9	2017	参编
21	Nature Fibers	Ryszard Michalkozl Owski，Malgorzata Muzyczek	编著	ISBN 978-1-5361-2071-4	2017	参编

表 14-10　2008—2017 年麻类所获得的软件著作权

序　号	名　称	编　号	发证单位	年　份
1	麻地膜应用技术系统 V1.0.0	2015SR119454	中华人民共和国国家版权局（以下简称国家版权局）	2015
2	SSR 位点截取软件 V1.0	2015SR069332	国家版权局	2015
3	SSR analysis 1.0	2015SR079065	国家版权局	2015
4	麻类纤维产品管理平台 V1.0	软著登字第 2022697 号	国家版权局	2017
5	农产品加工生物生物酶制剂采集平台	软著登字第 2021667 号	国家版权局	2017
6	食用菌品种申报信息平台 V1.0	软著登字第 2021229 号	国家版权局	2017
7	欧文氏菌制剂流程化管理维护平台 V1.0	软著登字第 1940494 号	国家版权局	2017

续表

序号	名称	编号	发证单位	年份
8	泡菜生产采购审批综合管理系统 V1.0	软著登字第 1939967 号	国家版权局	2017
9	乳酸菌制剂生产协同管理平台 V1.0	软著登字第 1940269 号	国家版权局	2017
10	发酵控制云监控管理平台 V1.0	软著登字第 1943226 号	国家版权局	2017
11	生物脱胶参数采集管理平台 V1.0	软著登字第 1940258 号	国家版权局	2017
12	农产品加工微生物菌种资源管理平台 V1.0	软著登字第 1943228 号	国家版权局	2017
13	麻类脱胶菌种资源数据库软件 V1.0	软著登字第 2235803 号	国家版权局	2017
14	麻类脱胶研发进展数据库软件 V1.0	软著登字第 2229061 号	国家版权局	2017
15	麻类果胶提取管理平台 V1.0		国家版权局	2017
16	麻类脱胶酶生产和应用管理平台 V1.0		国家版权局	2017
17	南方地区传统特色发酵食品信息管理平台 V1.0		国家版权局	2017
18	传统固态发酵食品发酵控制平台 V1.0		国家版权局	2017
19	麻类副产品综合利用研究进展数据库软件 V1.0		国家版权局	2017
20	食用菌质量追溯系统 V1.0		国家版权局	2017
21	麻类副产品综合利用菌种资源数据库软件 V1.0		国家版权局	2017
22	农作物主要品种申报信息平台 V1.0		国家版权局	2017
23	麻类纤维细度指标计算软件 V1.0	软著登字第 1598584 号	国家版权局	2017
24	高通量测序 InDel 比对统计软件（简称 Next _ InDel _ analysis）1.0	软著登字第 2017SR473948	国家版权局	2017

表 14－11　2008—2017 年麻类所发表论文

序号	论文题目	期刊或会议名称	发表年份	作者
1	苎麻优质种质的鉴定与评价	湖北农业科学	2008	秦占军，揭雨成，许英，孙志民，王晓飞，陈建芳，邢虎成，佘玮，方环明，肖亚男，罗中钦
2	苎麻复合酶脱胶影响因子优化研究	中国麻业科学	2008	杨喜爱，彭源德，唐守伟，严理，温岚，朱爱国，熊和平

续表

序　号	论文题目	期刊或会议名称	发表年份	作　者
3	亚麻抗除草剂转基因的分子检测	中国麻业科学	2008	王玉富，康庆华，李希臣，刘燕，刘昭军，薛召东，郝冬梅，张晓平，邱财生
4	苎麻野生近缘种植物基因组 DNA 提取技术的改进	中国麻业科学	2008	郭新波，臧巩固，赵立宁，程超华，李育君
5	红麻新品种中红麻 12 号的选育	中国麻业科学	2008	刘正初，张运雄，冯湘沅，段盛文，郑科，胡镇修
6	清洁型草本纤维生物提取工艺的污染机理研究	中国农业科学	2008	刘正初，张运雄，冯湘沅，段盛文，郑科，胡镇修
7	利用 RAPD 标记分析青麻种质资源的遗传多样性	湖北农业科学	2008	白占兵，粟建光，龚友才，陈基权，戴志刚，王凤敏
8	草本纤维提取典型菌种 RAPD 分子标记	中国麻业科学	2008	段盛文，刘正初，冯湘沅，郑科，成莉凤
9	苎麻高产高效栽培与综合利用技术综述	中国麻业科学	2008	欧阳西荣，唐守伟
10	苎麻茎皮表达序列标签（ESTs）分析	热带作物学报	2008	佘玮，邢虎成，秦占军，罗中钦，揭雨成
11	亚麻木质素合成途径中关键酶基因片段的克隆与序列分析	作物学报	2008	高原，陈信波，龙松华，邓欣 邹杰，刘爱玲
12	环保型麻地膜的试制	纺织学报	2008	王朝云，吕江南，欧阳清，易永健，张运雄，唐建文
13	全杆红麻白腐菌—硫酸盐法制浆初步研究	中国麻业科学	2008	张运雄，王朝云，易永健，薛召东，杨孙枝
14	S 米 ART 技术构建亚麻韧皮部全长 cDNA 文库	中国麻业科学	2008	龙松华，陈信波，邓欣，高原
15	中国农业科学院麻类研究所五十周年所庆公告	中国麻业科学	2008	熊和平
16	国外引进优良黄麻种质生物学鉴定与利用	植物遗传资源学报	2008	龚友才，粟建光，戴志刚，陈基权，黎宇，李德芳
17	不同性别苎麻材料的花芽分化及开花特性研究	中国麻业科学	2008	邢虎成，秦占军，佘玮，罗中钦，揭雨成
18	我国农业科技创新体系建设的主要问题及对策	科学与管理	2008	孙进昌，皮姗
19	世界麻类原料生产与贸易概况（上）	中国棉麻流通经济	2008	黎宇，谢国炎，熊谷良，张瑞香，何宏彬
20	苎麻纤维剥制技术及剥制加工机械研究与展望	中国农机化	2008	吕江南，龙超海，何宏彬

续表

序号	论文题目	期刊或会议名称	发表年份	作者
21	苎麻性别分化与乙烯的关系研究	中国农业科学	2008	邢虎成，佘玮，罗中钦，秦占军，揭雨成
22	亚麻 CAD 基因克隆及序列分析	湖北农业科学	2008	黄海燕，王玉富，薛召东，邱财生，郝冬梅
23	苎麻动力剥麻机的研究与应用	中国麻业科学	2008	吕江南，龙超海，何宏彬，马兰
24	亚麻遗传多样性的 RAPD 分析	生物技术通报	2008	何东锋，陈信波，邓欣，龙松华，高原，王进，王玉富
25	苎麻组织培养和遗传转化研究进展	分子植物育种	2008	马雄风，喻春明，唐守伟，王延周，朱爱国，朱四元，熊和平
26	欧文氏杆菌 CXJZ11－01 基因组文库的构建	湖北农业科学	2008	石君，刘正初，成莉凤，段盛文，郑科，冯湘沅，胡镇修
27	亚麻 CAD 基因克隆及反义表达载体的构建	中国麻业科学	2008	王玉富，黄海燕，薛召东，邱财生，郝冬梅
28	红麻产量与品质性状的相关及其主成分分析	福建农林大学学报（自然科学版）	2008	洪建基，祁建民，王晓飞，徐建堂，刘林锋，李爱青
29	悬铃叶苎麻 AFLP 反应体系的建立	西北农林科技大学学报（自然科学版）	2008	郭新波，臧巩固，赵立宁，程超华李育君
30	大麻快速生物脱胶条件影响因素	纺织学报	2008	温岚，唐守伟，彭源德，杨喜爱，严理，熊和平
31	红麻雄性不育系的选育和不育基因的 ISSR 分子标记	中国农学通报	2008	李辉，李德芳，陈安国，唐慧娟，李建军，霍光
32	浅析我国麻类产品的地位和开发前景	农产品加工（学刊）	2008	孙进昌，王益慧，彭瑛，蒋群策
33	苎麻化学成分的微波快速测定法研究	中国纤检	2008	冷鹃，肖爱平，田小兰，程毅，李伟，廖丽平
34	苎麻果胶合成重要酶 UGlcAE 基因的克隆及组织表达	作物学报	2008	刘建新，喻春明，唐守伟，朱爱国，王延周，朱四元，马雄风，熊和平
35	利用 ISSR 标记分析青麻种质资源遗传多样性	中国农业科学	2008	白占兵，粟建光，陈基权，戴志刚，凤敏，龚友才
36	生物技术在育种中的应用	安徽农学通报	2008	严智燕，张瑞香，黎宇
37	用磁珠富集法分离亚麻基因组微卫星分子标记	作物学报	2008	邓欣，陈信波，龙松华，王孝纯，高原，何东锋，王进，王玉富
38	高校思想政治教育工作实效不佳的原因及对策探析	怀化学院学报	2008	刘珊，尹世尤
39	环保型麻地膜保水特性研究	中国农业科技导报	2008	付登强，易永健，汪洪鹰，王朝云

续表

序 号	论文题目	期刊或会议名称	发表年份	作 者
40	浅析农业科技投入问题及对策	农产品加工	2009	孙进昌
41	我国麻类的生产加工情况	农产品加工	2009	孙进昌
42	浅析我国麻类现代产业技术体系建设	农产品加工	2009	孙进昌
43	浅析创新文化建设的对策	科技创新导报	2009	孙进昌
44	甘露聚糖酶基因 3′端缺失研究	安徽农业科学	2009	王溪森，刘正初，李斌，冯湘沅，段盛文，郑科，成莉凤
45	麻类纤维生物提取与工程研究进展	中国麻业科学	2009	刘正初
46	草本纤维提取专用复合酶工程菌株的构建	安徽农业科学	2009	王溪森，刘正初，李斌，冯湘沅，段盛文，郑科，成莉凤
47	甘露聚糖酶 3′序列缺失与酶功能间的关系初探	湖北农业科学	2009	王溪森，刘正初，李斌，冯湘沅，段盛文，郑科，成莉凤
48	高产果胶酶细菌的筛选及其 *Pel* 基因克隆	湖南农业科学	2009	李琦，刘正初
48	β-甘露聚糖酶高产基因工程菌株发酵条件优化	湖南农业科学	2009	殷莹莹，刘正初
50	欧文氏菌 T85－166 果胶酶基因克隆与序列分析	湖南农业科学	2009	李琦，刘正初
51	草本纤维提取用产芽孢菌株的 PCR－16S rDNA 及 ITS－RFLP 分析	湖北农业科学	2009	段盛文，刘正初，冯湘沅，郑科，成莉凤
52	欧文氏杆菌变异菌株木聚糖酶纯化及其酶学性质	农业生物技术学报	2009	徐君飞，刘正初，张居作，段盛文，郑科，冯湘沅，成莉凤
53	木聚糖酶高产菌株 BE－91 发酵工艺的优化	华北农学报	2009	徐君飞，刘正初，张居作，段盛文，冯湘沅，郑科，成莉凤，郑霞
54	β-甘露聚糖酶基因高效表达体系的构建	湖北农业科学	2009	李斌，刘正初，王溪森，石岩
55	近红外光谱技术及其在农作物中的应用	中国农学通报	2009	李伟，肖爱平，冷鹃
56	苎麻化学成分微波快速测定	中国麻业科学	2009	冷鹃，程毅，肖爱平，田小兰，廖丽萍，聂晴岚，叶春玲
57	近红外光谱法快速测定苎麻果胶含量的研究与探讨	中国麻业科学	2009	肖爱平，李伟，冷鹃，田小兰，程毅，廖丽萍
58	超临界二氧化碳酶降解苎麻胶质与产物测定	纺织学报	2009	杨喜爱，彭源德，唐守伟，严理，温岚，刘昭铁，熊和平
59	麻地膜覆盖对作物生长发育和产量影响的研究	中国麻业科学	2009	王朝云，许香春，易永健，吕江南，汪洪鹰，聂兆君

续表

序　号	论文题目	期刊或会议名称	发表年份	作　者
60	可生物降解材料聚羟基脂肪酸酯（PHA）的合成与应用概述	环境科学与管理	2009	李懋，王朝云，吕江南，易永健，聂兆君，汪洪鹰
61	土壤PH对环保型麻地膜降解的影响	中国农学通报	2009	宋建龙，王朝云，易永健，汪洪鹰，聂兆君
62	5个竺麻品种纤维结晶度的研究	作物杂志	2009	张彦红，喻春明，朱爱国，王延周，朱四元，唐守伟，熊和平
63	中国大麻生产概况及发展方向探讨	现代农业科技	2009	王玉富，邱财生，郝冬梅，陈信波，龙松华，邓欣，于文静，贾婉琪
64	利用ISSR分子标记分析44份红麻种质资源的遗传多样性	安徽农业科学，	2009	霍光，李德芳，陈安国，李建军，唐惠娟
65	Genetic Diversity Analysis of 44 Shares of *Hibiscus Cannabinus* L. Germplasm Resources Using ISSR Molecular Marker	*Agricultural Biotechnology*	2009	霍光，李德芳，陈安国，李建军，唐惠娟
66	双滚筒苎麻剥麻机的研究	中国麻业科学	2009	吕江南，龙超海，马兰，何宏彬，谭佩莲
67	我国麻类的生产加工情况	农产品加工	2009	杨瑞林，孙进昌，薛召东
68	浅析创新文化建设的对策	科技创新导报	2009	孙进昌
69	浅论农业科技投入问题及其对策	农产品加工	2009	张翠萍，孙进昌
70	苎麻纤维发育相关基因*FB*27表达与纤维细度相关研究	中国麻业科学	2009	栾明宝，秦占军，陈建华，王晓飞，许英，孙志民
71	超高产型抗病适应性广的中杂红316的选育	中国麻业科学	2009	陈安国，李德芳，唐慧娟，李建军
72	大麻快速生物脱胶过程中发酵液成分变化	纺织学报	2009	彭源德，严理，唐守伟，温岚，朱作华，朱爱国，熊和平
73	环保型麻地膜研究新进展	中国麻业科学	2009	王朝云
74	红麻种子老化过程中活力指标变化研究	种子	2009	王凤敏，粟建光，龚友才，戴志刚，陈基权，郑海燕，李燕
75	纤维质生物降解制备燃料乙醇研究现状	中国麻业科学	2009	彭源德
76	超高产型杂交红麻中杂红318的选育	中国麻业科学	2009	李德芳，陈安国，唐慧娟，李建军

续表

序 号	论文题目	期刊或会议名称	发表年份	作 者
77	基于小波变换的番茄总糖近红外无损检测	农业工程学报	2009	马兰
78	QTL mapping for agronomic and fibre traits using two Interspecific chromosome substitution lines of Upland cotton	*Plant Breeding*	2009	M. Luan
79	*Sphingobacterium bambusae* sp. nov., isolated from soil of bamboo plantation	*The Journal of Microbiology*	2009	Shengwen Duan, Zhengchu Liu, Xiangyuan Feng, Ke Zheng, Lifeng Cheng
80	Cloning and expression of key enzyme gene GalAT in ramie pectin biosynthesis	*Agricultural Sciences in China*	2009	Liu Jianxin, Yu Chunming, Tang Shouwei, Zhu Aiguo, Wang Yanzhou, Zhu Siyuan, Ma Xiongfeng, Xiong Heping
81	苎麻 Actin1 基因克隆及其在韧皮部纤维不同发育阶段的表达	作物学报	2010	马雄风，喻春明，唐守伟，朱爱国，王延周，朱四元，刘建新，熊和平
82	根癌农杆菌介导的转双价抗虫基因（CryIA+CpTI）苎麻	作物学报	2010	马雄风，喻春明，唐守伟，王延周，朱爱国，朱四元，熊和平
83	枯草芽孢杆菌 BE-91 菌株木聚糖酶对小鼠的免疫原性试验	中国兽医科学	2010	刘正初
84	国外引进亚麻种质资源的聚类分析及评价	植物遗传资源学报	2010	王玉富，贾婉琪，薛召东，邱财生，郝冬梅，于文静
85	苎麻核心种质构建方法	作物学报	2010	栾明宝，陈建华，许英，王晓飞，孙志民
86	苎麻种质资源分子身份证构建的初步研究	植物遗传资源学报	2010	王晓飞，陈建华，栾明宝，许英，孙志民
87	不同红麻种子耐老化性差异及热稳定蛋白的研究	植物遗传资源学报	2010	王凤敏，粟建光，龚友才，戴志刚，陈基权，郑海燕，李燕
88	利用 ISSR 和 RAPD 标记构建红麻种质资源分子身份证	中国农业科学	2010	郑海燕，粟建光，戴志刚，李燕，陈基权，龚友才
89	太湖流域粳稻两类群体种子活力性状有利等位变异的发掘	作物学报	2010	郭媛

续表

序号	论文题目	期刊或会议名称	发表年份	作者
90	大麻性别相关分子标记筛选	湖南农业大学学报	2010	吕佳淑，赵立宁，臧巩固，程超华，唐蜻，李育君
91	苎麻化学成分微波快速测定法的重复性和再现性研究	中国纤检	2010	冷鹃，肖爱平，程毅，廖丽萍，田小兰，聂晴岚，叶春玲
92	苎麻单纤维断裂强力的异常值剔除与不确定度评估	中国麻业科学	2010	廖丽萍，肖爱平，冷鹃，田小兰，杨喜爱，程毅，聂晴岚
93	黄、红麻束纤维断裂强力测定值正态性检验与取舍	中国麻业科学	2010	冷鹃，程毅，肖爱平，田小兰，廖丽萍
94	欧文氏杆菌 CXJZ95 - 198 甘露聚糖酶基因 N 端缺失表达	湖南农业科学	2010	李炫，刘正初
95	米 ini - Tn10 转座子构建欧文氏杆菌突变体的研究	湖北农业科学	2010	石岩，刘正初，徐君飞，张居作，李炫
96	BE - 91 菌株木聚糖酶活力测定条件的优化	湖北农业科学	2010	张居作，徐君飞，刘正初，段盛文，冯湘沅，郑科，成莉凤，郑霞
97	枯草芽孢杆菌 BE - 91 菌株木聚糖酶对小鼠的免疫原性试验	中国兽医科学	2010	张居作，徐君飞，刘正初
98	麻地膜覆盖栽培对土壤生态环境的影响	中国麻业科学	2010	易永健，许香春，王朝云，吕江南，汪洪鹰，聂兆君
99	2007— 2009 年国家苎麻新品种（系）区域试验总结	中国麻业科学	2010	汤清明，唐守伟，朱四元，刘头明
100	2008— 2009 年国家苎麻品种（系）生产试验总结	中国麻业科学	2010	汤清明，唐守伟，朱四元，刘头明
101	不同苎麻品种根际微生物的变化及其对产量影响的初步研究	中国麻业科学	2010	朱四元，汤清明，刘头明，周建霞，唐守伟
102	菜用黄麻嫩梢营养成分测定与分析	中国蔬菜	2010	李燕，龚友才，陈基权，郑海燕，戴志刚，粟建光
103	大棚内麻地膜覆盖栽培对土壤环境和大豆产量的影响	作物杂志	2010	石磊，王朝云，易永健，聂兆君，汪洪鹰，李懋
104	黄、红麻剥皮机的研究与设计	中国农机化	2010	龙超海，吕江南，马兰，谭佩莲，何宏彬

续表

序 号	论文题目	期刊或会议名称	发表年份	作 者
105	利用SSR标记分析亚麻栽培种的遗传多样性	湖北农业科学	2010	于文静，陈信波，邱财生，邓欣，郭媛，郝冬梅，龙松华，王玉富
106	两种苎麻种质对苎麻夜蛾(*Cocytodes coerulea Guenee*)幼虫生长发育影响的初步研究	中国麻业科学	2010	严智燕，薛召东，曾粮斌，杨瑞林，余永廷
107	麻类科技创新团队的现状和发展	科技与产业	2010	彭 瑛
108	我国麻类现状概述	科技与管理	2010	孙进昌
109	浅析我国麻类产业技术现状及其发展方向	江西农业大学学报	2010	孙进昌
110	浓墨重彩写华章	资治文摘	2010	孙进昌
111	麻类作物的用途及发展前景	农产品加工	2010	孙进昌，彭源德
112	耐高温、高浓度酒精酵母的选育与耐受性能初步鉴定	中国麻业科学	2010	彭源德，朱作华，唐守伟，严理，温岚，汤清明，熊和平
113	耐高温、高浓度酒精酵母高密度培养条件优化	*China Brewing*	2010	朱作华，严理，李智敏，彭源德，蔡侠，熊和平
114	韧皮部特异性启动子研究概况	中国麻业科学	2010	于文静，王玉富，邱财生，郝冬梅，薛召东
115	我国麻类生产的现状与政策建议	中国麻业科学	2010	熊和平
116	亚麻EST－SSR信息分析与标记开发	武汉植物学研究	2010	龙松华，李翔，邓欣，王玉富，王进
117	影响云南亚麻原茎产量的几个因素分析	中国麻业科学	2010	邱财生，薛召东，郝冬梅，张晓平，黄海燕，王玉富
118	中苎1号组织培养及无性快繁的研究	中国麻业科学	2010	许英，陈建华，揭雨成，王晓飞，孙志民，栾明宝
119	苎麻新品种中苎2号的选育	中国麻业科学	2010	熊和平，喻春明，唐守伟，朱爱国，王延周，朱四元，陈平，陈继康
120	Genetic transformation of the bast fiber plant ramie (Boehmeria nivea Gaud) via Agrobacterium tumefaciens	*Plant Cell Tiss Organ Cult*	2010	Xiongfeng Ma, Chunming Yu, Shouwei Tang, Yanzhou Wang, Aiguo Zhu, Siyuan Zhu, Heping Xiong
121	果胶裂解酶基因的克隆与原核表达	食品科技	2010	彭源德

续表

序 号	论文题目	期刊或会议名称	发表年份	作 者
122	蓖麻品种遗传多样性与亲缘关系的 SRAP 分析	武汉植物学研究	2010	粟建光
123	不同倾角进料管的推流式反应器流体动力学（CFD）模拟	中国沼气	2010	马兰
124	红麻种质资源遗传多样性的 ISSR 分析	北方园艺	2010	粟建光
125	利用置换系检测棉花第 22 染色体短臂的产量相关性状 QTLs	棉花学报	2010	栾明宝
126	陆地棉无蜜腺性状的形态学和细胞学特征	湖南农业大学学报（自然科学版）	2010	朱四元
127	植物细胞壁的研究进展	湖南农业科学	2010	龙松华
128	1 种苎麻根腐病线虫的鉴定	西北农林科技大学学报（自然科学版）	2011	余永廷，薛召东，曾粮斌，陈权，朱爱国
129	三重处理法获得大麻种子无菌苗研究	中国麻业科学	2011	程超华，李育君，赵立宁，唐蜻，臧巩固
130	整体透明技术观察悬铃叶苎麻胚胎发育方法的研究	中国麻业科学	2011	李彦坤，臧巩固，赵立宁，李育君，唐蜻，程超华
131	几个大麻品种种子辐射敏感性的初步确定	中国麻业科学	2011	唐蜻，臧巩固，赵立宁，李育君，程超华
132	用 RAPD 标记研究苎麻属植物的亲缘关系	湖北农业科学	2011	邱财生，程超华，赵立宁，李育君，臧巩固
133	苎麻纤维素含量近红外预测模型的建立与探讨	中国麻业科学	2011	肖爱平，冷鹃，杨喜爱，程毅，廖丽萍，田小兰，聂晴岚
134	果胶酶水解法检测苎麻原麻胶质研究	中国麻业科学	2011	杨喜爱，肖爱平，冷鹃，程毅，廖丽萍
135	微波辅助加热—硫酸法测定黄、红麻纤维木质素含量	中国纤检	2011	冷鹃，肖爱平，程毅，廖丽萍，杨喜爱，田小兰
136	草本纤维提取技术中的 β-甘露聚糖酶研究	生物技术通报	2011	郑科，刘正初
137	胡萝卜软腐欧文氏菌 CXJZU-120 的选育及其脱胶性能研究	中国农业科技导报	2011	郑科，段盛文，刘正初，冯湘沅，成莉凤，郑霞
138	苎麻脱胶高效菌剂活化技术研究	湖北农业科学	2011	冯湘沅，刘正初，段盛文，郑科，成莉凤，郑霞
139	高效菌株 CXJZU-120 与 T66 的苎麻脱胶性能	纺织学报	2011	冯湘沅，刘正初，段盛文，成莉凤，郑科，郑霞，高海有

续表

序　号	论文题目	期刊或会议名称	发表年份	作　者
140	塑料大棚内麻地膜覆盖草莓效应的初步研究	中国农学通报	2011	汪洪鹰，易永健，石磊，聂兆君，李懋，谭石林，王朝云
141	光对蔬菜硝酸盐累积的影响及其机理	华北农学报	2011	周晚来
142	红麻种质资源 SRAP 指纹图谱构建及遗传多样性分析	湖北农业科学	2011	郑海燕，粟建光，戴志刚，李燕，陈基权，龚友才
143	4BM-260 型苎麻剥麻机的研制	中国麻业科学	2011	龙超海，吕江南，马兰，何宏彬
144	亚麻 RAPD 标记分子身份证体系的构建与遗传多样性分析	中国农学通报	2011	郝冬梅，邱财生，于文静，邓欣，贾婉琪，陈信波，龙松华，郭媛，王玉富
145	一株绿僵菌的分离、鉴定及其生物学特性的初步研究	中国麻业科学	2011	严智燕，薛召东，曾粮斌，杨瑞林
146	微绿苎麻玻璃化超低温保存初步研究	中国麻业科学	2011	许英，陈建华，栾明宝，王晓飞，孙志民
147	苎麻剥制加工机械的研究与推广应用	湖南农机	2011	龙超海，吕江南，马兰，何宏彬
148	亚麻再生体系建立与遗传转化研究进展	中国麻业科学	2011	贾婉琪，王玉富，郝冬梅，邱财生，郭媛，邓欣，龙松华，陈信波
149	塑料大棚内麻地膜覆盖草莓效应的初步研究	中国农学通报	2011	汪洪鹰，易永健，石磊，聂兆君，李懋，谭石林，王朝云
150	多胚苎麻的诱导及多胚性遗传分析	中国麻业科学	2011	温岚，喻春明，王延周，陈平；陈继康，谭龙涛，熊和平
151	苎麻种质资源收集与保存—档案资料管理及共享的探讨	安徽农业科学	2011	孙志民，许英，陈建华，栾民宝，王晓飞
152	不同生态条件下亚麻基因表达谱的基因芯片分析	中国麻业科学	2011	龙松华，陈信波，邓欣，邱财生，郝冬梅，郭媛，王玉富
153	苎麻种质资源核心种质构建	中国麻业科学	2011	陈建华，栾明宝，许英，王晓飞，孙志民，邹自征，熊和平
154	苎麻多胚苗遗传多样性的 SRAP 标记分析	湖南农业大学学报（自然科学版）	2011	温岚，喻春明，王延周，陈平，陈继康，谭龙涛，熊和平
155	2009—2010 年国家红麻新品种（系）区域试验总结	中国麻业科学	2011	汤清明，唐守伟，朱四元，刘头明
156	6 个不同生态区域苎麻产量及环境影响因素分析	耕作与栽培	2011	刘头明，汤清明，朱四元，唐守伟

续表

序号	论文题目	期刊或会议名称	发表年份	作者
157	不同苎麻品种间根际环境的初步研究	中国麻业科学	2011	周建霞，朱四元，刘头明，汤清明，唐守伟
158	亚麻下胚轴对卡那霉素及膦化麦黄酮的敏感浓度筛选	湖北农业科学	2011	贾婉琪，郝冬梅，邱财生，郭媛，邓欣，龙松华，陈信波，王玉富
159	大麻微生物蒸汽爆破联合脱胶技术	纺织学报	2011	蔡侠，熊和平，严理，李智敏，朱作华，唐守伟，彭源德
160	干旱胁迫对不同大麻品种生理特性和生长的影响研究初报	中国麻业科学	2011	郭媛，王玉富，邱财生，龙松华，邓欣，郝冬梅
161	苎麻剥麻机主要工作部件的参数优化	中国农机化	2011	马兰，龙超海，吕江南，何宏彬
162	苎麻叶片主要化学成分与抗苎麻夜蛾关系的研究	湖南农业科学	2011	曾粮斌，薛召东，严智燕，余永廷，杨瑞林
163	苎麻根际和非根际环境的土壤比较研究	湖北农业科学	2011	周建霞，唐守伟，汤清明，朱四元，刘头明
164	苎麻种质资源纤维结晶度变异及其主要品质性状的关联性研究	中国麻业科学	2011	喻春明，朱爱国，王延周，朱四元，唐守伟，熊和平
165	酵母发酵虎杖提取白藜芦醇技术初步研究	湖北农业科学	2011	彭源德，朱作华，刘正初，段盛文，李智敏，严理
166	高产优质抗病强适应性广红麻新品种中红麻13号的选育	中国麻业科学	2011	陈安国，李德芳，李建军，唐慧娟，黄思齐
167	Analysis of Climatic factors causing yield difference in ramie among different eco-regions of yangtze valley	*Journal of Anhui Agricultural Sciences*	2011	刘头明，汤清明，朱四元，唐守伟
168	亚麻韧皮纤维细胞发育分子生物学研究进展	湖南农业科学	2011	龙松华，邓欣
169	应用ISSR分子标记绘制红麻种质资源DNA指纹图谱	作物学报	2011	粟建光
170	太湖流域粳稻两类群体种子活力性状有利等位变异的发掘	作物学报	2011	郭媛
171	麻地膜降解对土壤性质和作物产量影响的研究	农业环境科学学报	2011	王朝云，许香春，易永健，吕江南，汪洪鹰，聂兆君

续表

序　号	论文题目	期刊或会议名称	发表年份	作　者
172	苎麻种质资源保存技术研究进展	植物遗传资源学报	2011	许英，陈建华，栾明宝
173	苎麻属植物资源基础研究进展	植物遗传资源学报	2011	陈建华，许英，王晓飞
174	Nondestructive evaluation pectin contentin ramie using NIR techniques	*Advanced Materials Research Vols*	2011	Jianhua Chen
175	Sequence - related amplified polymorphism (SRAP) marker as a new method for identification of endophytic fungi from Taxus	*World Journal of Microbiology and Biotechnology*	2011	Jianhua Chen，Mingbao Luan
176	Genetic linkage map construction for kenaf using SRAP，ISSR and RAPD markers	*Plant Breeding*	2011	Jianguang Su
177	应用 RSAP、SRAP 和 SSR 分析苎麻种质亲缘关系	作物学报	2012	邹自征，陈建华
178	我国麻类作物种质资源保护与利用研究进展	植物遗传资源学报	2012	戴志刚，粟建光
179	β-甘露聚糖酶和木聚糖酶基因在大肠杆菌中共表达	微生物学通报	2012	高海有，刘正初，段盛文，成莉凤，冯湘沅，郑霞，郑科
180	水稻陆 18S 核不育基因的分子标记	中国农学通报	2012	李建军
181	发展“低碳经济”红麻大有可为	中国棉麻流通经济	2012	陈安国
182	红麻 637 工程的初步研究	中国麻业科学	2012	唐慧娟
183	我国麻类标准现状与分析	中国麻业科学	2012	冷鹃，肖爱平，杨喜爱，程毅，廖丽萍
184	农作物样品重金属检测的试样制备与质量控制	中国麻业科学	2012	杨喜爱，肖爱平，冷鹃，程毅，廖丽萍，聂晴岚
185	麻地膜覆盖保温特性及对白菜生长和产量的影响	中国农学通报	2012	尚瑞广，王朝云
186	果胶酶在麻类脱胶中的应用及其作用机理	生物技术进展	2012	郑科，刘正初，段盛文，成莉凤，郑霞，冯湘沅
187	立陶宛亚麻科研生产情况考察及我国亚麻生产发展的建议	江西农业学报	2012	王玉富，臧巩固，赵立宁

续表

序　号	论文题目	期刊或会议名称	发表年份	作　者
188	人工老化对红麻种子活力及基因组 DNA 的影响	热带作物学报	2012	戴志刚，陈基权
189	苎麻主要病害的发生及防治	中国麻业科学	2012	熊常财，曾粮斌，李景柱
190	我国苎麻生产的问题与发展建议	中国麻业科学	2012	陈继康
191	麻类作物多用途研究现状与发展趋势	中国麻业科学	2012	谭龙涛，喻春明，陈平，王延周，陈继康，温岚，熊和平
192	样本量对中苎 1 号群体遗传多样性参数的影响	中国麻业科学	2012	谭龙涛，喻春明，陈平，王延周，陈继康，温岚，熊和平
193	连作苎麻的部分生理生态及细胞学观察	湖南农业大学学报	2012	朱四元，刘头明，汤清明，等
194	2010 年国家红麻新品种（系、组合）生产试验总结	中国麻业科学	2012	汤清明，唐守伟，朱四元
194	我国苎麻根部寄生线虫调查和初步研究	中国麻业科学	2012	刘慧玲，余永廷，薛召东，曾粮斌，朱爱国
196	浅论创新文化的力量	科技创新导报	2012	孙进昌
197	对创新文化建设的思考	科技创新导报	2012	孙进昌，蒋群策
198	不同地点筛选纤维素酶产生菌的研究进展	中国农学通报	2012	刘正初
199	浅论创新文化的力量	科技创新导报	2012	孙进昌，蒋群策
200	化学预处理对芦苇酶解糖化的影响	中国麻业科学	2012	朱作华，蔡侠，严理，胡镇修，李智敏，彭源德
201	我国苎麻产业的兴衰与未来（上）——Ⅰ. 产业现状分析	湖南农业科学	2012	吕江南
202	我国苎麻产业的兴衰与未来（下）——Ⅱ. 行业问题及发展建议	湖南农业科学	2012	吕江南
203	蛹虫草人工液体发酵的研究进展	湖南林业科技	2012	曾粮斌
204	光皮树饼粕用于杏鲍菇营养基质的效果初探	湖南林业科技	2012	曾粮斌
205	我国创业板指数和中小板指数的联动性实证研究	商场现代化	2012	曾粮斌
206	基于近红外技术的苎麻纤维素及胶质含量快速测定	纺织学报	2012	陈建华

续表

序　号	论文题目	期刊或会议名称	发表年份	作　者
207	聚羟基丁酸转基因亚麻纤维的红外光谱特征	中国麻业科学	2012	孙进昌
208	黄麻种质资源遗传多样性的 SRAP 分析	植物科学学报	2012	粟建光
209	麻类作物分子育种的研究现状与展望	福建农业学报	2012	粟建光
210	Identification of WA－type three－line hybrid rice with real－time polymerase chain reaction (PCR) method	*Applied Biochemistry and Biotechnology*	2012	Chen Yi
211	Purification and characterization of a xylanase from Bacillus subtilis isolated from the degumming line	*Journal of Basic Microbiology*	2012	Zhengchu Liu, Xiangyuan Feng, Shengwen Duan, Ke Zheng, Lifeng Cheng
212	Diversity and characterization of ramie－degumming strains	*Scientia Agricola*	2012	Shengwen Duan, Zhengchu Liu, Xiangyuan Feng, Ke Zheng, Lifeng Cheng, Xia Zheng
213	A rapid process of ramie bio－degumming by Pectobacterium sp. CXJZU－120	*Textile Research Journal*	2012	Zhengchu Liu, Shengwen Duan, Qingxiang Sun, Yuande Peng, Xiangyuan Feng, Ke Zheng, Zhenxiu Hu, Yunxiong Zhang
214	Analysis of 2 297 expressed sequence tags (ESTs) from a cDNA library of flax (*Linumustitatissimum* L.) bark tissue	*Molecular Biology Reports*	2012	Songhua Long, Xin Deng, Yufu Wang, Xiang Li, Ruiqing Qiao, Caisheng Qiu, Yuan Guo, Dongmei Hao, Wanqi Jia, Xinbo Chen
215	Quality changes in hydroponic lettuce grown under pre－harvest short－duration continuous light of different intensities	*The Journal of Horticultural Science & Biotechnology*	2012	Wanlai Zhou
216	植物根腐线虫鉴定及抗性机制研究进展	中国植保导刊	2013	余永廷，刘慧玲，曾粮斌，薛召东，朱爱国
217	苎麻夜蛾发生规律变化及其防治技术	湖南农业科学	2013	曾粮斌，薛召东，余永廷，严智燕，杨瑞林
218	洞庭湖区苎麻产业发展现状与建议	中国麻业科学	2013	朱爱国，余永廷，陈权，文少玻，毛虎龙
219	苎麻 RSAP－PCR 反应体系的正交优化	中国麻业科学	2013	陈建华，栾明宝，王晓飞，许英，孙志民

续表

序号	论文题目	期刊或会议名称	发表年份	作者
220	苎麻优异种质资源评价指标体系的研究	中国麻业科学	2013	许英，陈建华，栾明宝，王晓飞，孙志民
221	麻基膜水稻机插育秧研究初报	中国麻业科学	2013	王朝云，易永健，周晚来，李懋，汪洪鹰
222	秧盘垫铺麻育秧膜对水稻机插秧苗根系发育及产量的影响	中国农机化学报	2013	王朝云，易永健，周晚来，李懋，汪洪鹰
223	麻地膜拉伸性能测试分析	上海纺织科技	2013	汪洪鹰，周晚来，易永健，李懋，王朝云
224	4HB-480型黄、红麻剥皮机的研究与试验示范	中国麻业科学	2013	龙超海，吕江南，马兰，何宏彬，刘佳杰
225	我国麻类作物机械化作业技术装备发展现状与建议	中国麻业科学	2013	吕江南，龙超海，马兰，刘佳杰
226	生物制剂在草本纤维质农产品加工业中应用的进展	中国农业科技导报	2013	刘正初
227	麻类脱胶高效菌株果胶裂解酶基因克隆与表达	微生物学通报	2013	成莉凤，刘正初，段盛文，冯湘沅，郑科，郑霞，程毅
228	DCE-01菌株果胶酯酶基因克隆与表达	食品工业科技	2013	成莉凤，刘正初，段盛文，冯湘沅，郑科，郑霞，程毅
229	一种果胶裂解酶基因（*pel*）表达体系构建及其表达产物的酶学性质	农业生物技术学报	2013	成莉凤，刘正初，段盛文，冯湘沅，郑科，郑霞，程毅
230	*Sphingobacterium bambusaue* 及其紫外诱变菌株的石油降解功能	微生物学通报	2013	段盛文，刘正初，郑科，冯湘沅，成莉凤，郑霞
231	叶化学成分及药用研究概况	中国麻业科学	2013	廖丽萍，肖爱平，冷鹃，杨喜爱，程毅
232	熟黄（红）麻木质素标准试验方法研究	中国麻业科学	2013	冷鹃，肖爱平，程毅，杨喜爱，廖丽萍，王朝云，田小兰，聂晴岚
233	植物重金属抗性内生细菌作用机制研究进展	安徽农学通报	2013	杨喜爱，肖爱平，冷鹃，程毅，廖丽萍
234	不同施肥方式对玉米生长及土壤理化形状的影响分析	中国麻业科学	2013	孙向平，肖爱平，冷鹃，廖丽萍
235	红麻雄性不育相关基因 *atp*1 的表达初步分析	中国麻业科学	2013	黄思齐，陈艳翠，李建军，唐慧娟，陈安国，李德芳
236	质核互作型红麻雄性不育系 LC0301A 的选育	中国麻业科学	2013	李德芳，李建军，陈安国，唐慧娟，黄思齐

续表

序号	论文题目	期刊或会议名称	发表年份	作者
237	红麻质核型互作型雄性不育相关基因 *atp*1 的克隆与分析	中国麻业科学	2013	陈艳翠，黄思齐，李建军，唐慧娟，陈安国，李德芳
238	超高产型杂交红麻中杂红 368 的选育	中国麻业科学	2013	李建军，黄思齐
239	南疆阿拉尔盐碱地红麻的生长特性及密度对产量的影响	作物研究	2013	陈安国，李德芳
240	苎麻与大麻 *CesA*1 基因的生物信息学分析	中国麻业科学	2013	陈平，喻春明，王延周，陈继康，熊和平
241	苎麻叶绿体 DNA 的提取及分析	中国麻业科学	2013	郑建树，喻春明，陈平，王延周，谭龙涛，卢凌霄，陈继康，朱涛涛，熊和平
242	中苎 2 号苎麻自交 S_1 代遗传多样性的 SSR 标记分析	中国麻业科学	2013	郭阳，熊和平，陈平，王延周，陈继康，谭龙涛，郑建树，喻春明
243	氮钾配施对中苎 2 号植株鲜重及原麻产量的影响	湖南农业科学	2013	陈平，郭阳，喻春明，王延周，陈继康，熊和平
244	长蒴黄麻产叶量的多元回归与偏相关的 R 语言分析	作物杂志	2013	温岚，陈基权，戴志刚，龚友，才刘倩，李楠，粟建光
245	红麻种质资源的聚类分析与 DNA 指纹图谱构建	中国麻业科学	2013	刘倩，陈基权，戴志刚，温岚，龚友才，粟建光
246	植物材料处理含重金属废水的研究进展	中国麻业科学	2013	李楠，龚友才，陈基权，温岚，戴志刚，粟建光
247	圆果黄麻新品种 C2005－43 的选育	中国麻业科学	2013	陈基权，龚友才，戴志刚，温岚，粟建光，黎宇
248	长果黄麻新品种 Y007－10 选育研究	热带农业科学	2013	龚友才，戴志刚，陈基权，温岚，粟建光，李德芳，黎宇
249	抗生素对亚麻下胚轴愈伤诱导及芽分化的影响	中国麻业科学	2013	乔瑞清，龙松华，邱财生，邓欣，郭媛，郝冬梅，王玉富
250	中国纤维亚麻生产现状与研究进展及建议	中国麻业科学	2013	王玉富，邱财生，龙松华，郭媛，邓欣，郝冬梅
251	亚麻分子生物学研究进展	中国麻业科学	2013	乔瑞清，龙松华，邓欣，邱财生，郭媛，郝冬梅，王玉富
252	RACE 法克隆亚麻 COMT 基因及生物信息学分析	生物技术通报	2013	龙松华，乔瑞清，邱财生，邓欣，郭媛，郝冬梅，王玉富
253	立陶宛亚麻科研生产情况考察及我国亚麻生产发展的建议	江西农业学报	2013	王玉富，臧巩固，赵立宁

续表

序　号	论文题目	期刊或会议名称	发表年份	作　者
254	亚麻再生体系的优化	植物组织培养与工厂化种苗生产技术	2013	王玉富，贾婉琪，邱财生，龙松华，郭媛，邓欣，郝冬梅
255	红麻副产物栽培刺芹侧耳技术研究	中国食用菌	2013	谢纯良，严理，朱作华，李智敏，胡镇修，彭源德
256	青贮苎麻副产物栽培刺芹侧耳技术研究	湖南农业大学学报	2013	谢纯良，严理，朱作华，李智敏，胡镇修，彭源德
257	红麻副产物栽培金针菇技术研究	湖南农业大学学报	2013	严理，谢纯良，朱作华，李智敏，胡镇修，彭源德
258	蒸汽爆破预处理对芦苇酶解糖化的影响	中国酿造	2013	朱作华，蔡霞，严理，胡镇修，李智敏，彭源德
259	苎麻 WRKY 转录因子的序列分析	中国麻业科学	2013	付莉莉，刘头明，朱四元，汤清明，唐守伟
260	2011—2012 年全国黄麻新品种（系）区域试验总结	中国麻业科学	2013	汤清明，唐守伟，朱四元，刘头明
261	冬培不同覆盖处理对苎麻生长的影响	湖南农业科学	2013	付莉莉，刘头明，朱四元，汤清明，唐守伟
262	2012 年全国黄麻新品种（系）生产试验总结	中国麻业科学	2013	汤清明，唐守伟，朱四元，刘头明
263	我国农业科研院所科技平台管理存在的问题及对策研究	农业科技管理	2013	刘志远，吕拓，唐守伟，孙进昌
264	浅析构建现代农业科研院所的路径	科技创新导报	2013	孙进昌，童华兵，李德芳，唐守伟
265	浅论营造创新环境的途径	科技创新导报	2013	孙进昌，童华兵，李德芳
266	红麻种质资源根结线虫病抗性鉴定	植物遗传资源学报	2013	粟建光
267	应用 SRAP 分子标记构建红麻种质资源分子身份证	中国农业科学	2013	刘倩，戴志刚，陈基权，温岚，龚友才，粟建光
268	无融合生殖悬铃叶苎麻（*Boehmeria tricuspis*）多倍性发生的染色体行为研究	植物遗传资源学报	2013	邱财生，程超华，赵立宁，李育君，臧巩固
269	横向喂入式苎麻剥麻机的设计与试验	农业工程学报	2013	吕江南，龙超海，马兰，刘佳杰，何宏彬
270	Genetic diversity and phylogenetic relationship of kenaf (*Hibiscus cannabinus* L.) accessions evaluated by SRAP and ISSR	*Biochemical Systematics and Ecology*	2013	Jianguang Su

续表

序　号	论文题目	期刊或会议名称	发表年份	作　者
271	Genetic Diversity of Kenaf (Hibiscus cannabinus) Evaluated by Inter - Simple Sequence Repeat (ISSR)	*Biochem Genet*	2013	Jianguang Su
272	Identification and validation of yield - enhancing QTL cluster in rice (*Oryza sativa* L.)	*Euphytica*	2013	Touming Liu
273	Validation and characterization of Ghd7. 1, a major QTL with pleiotropic effects on spikelets per panicle, plant height, and heading date in rice (*Oryza sativa* L.)	*Journal of Integrative Plant Biology*	2013	Touming Liu
274	The congeneric strain Ralstonia pickettii QL - A6 of Ralstonia solanacearum as an effective biocontrol agent for bacterial wilt of tomato	*Biological Control*	2013	Shiyong Tan
275	The rhizosphere soil of diseased tomato plants as a source for novel microorganisms to control bacterial wilt	*Applied Soil Ecology*	2013	Shiyong Tan
276	Characterization of a wheat C2 domain protein encoding gene regulated by stripe rust and abiotic stresses	*Biologia Plantarum*	2013	Y. T. Yu
277	Expression of modified xynA gene fragments from Bacillus subtilis BE - 91	*Ann Microbiol*	2013	Zhengchu Liu, Shenwen Duan, Ke Zheng, Xiangyuan Feng, Lifeng Cheng
278	Morphological and Physiological Changes of Ramie (*Boehmeria nivea* L. Gaud) in Response to Drought Stress and GA3 Treatment	*Russia Journal of Plant Physiology*	2013	T. Liu, S. Zhu, L. Fu, Y. Yu, Q. Tang, S. Tang

续表

序号	论文题目	期刊或会议名称	发表年份	作者
279	Natural variation in Ghd7.1 plays an important role in grain yield and adaptation in rice	*Cell Research*	2013	Touming Liu
280	De novo assembly and characterization of transcriptome using Illumina paired-end sequencing and identification of CesA gene in ramie (*Boehmeria nivea* L. Gaud)	*BMC Genomics*	2013	Touming Liu, Siyuan Zhu, Qingming Tang, Ping Chen, Yongting Yu, Shouwei Tang
281	Development and characterization of 1827 expressed sequence tag-derived simple sequence repeat markers in ramie (*Boehmeria nivea* L. Gaud)	*PloS ONE*	2013	Touming Liu, Siyuan Zhu, Qingming Tang, Yongting Yu, Shouwei Tang
282	Identification of drought stress-responsive transcription factors in ramie (*Boehmeria nivea* L. Gaud)	*BMC Plant Biology*	2013	Touming Liu, Siyuan Zhu, Qingming Tang, Yongting Yu, Ping Chen, Mingbao Luan, Shouwei Tang
283	苎麻谷氨酰胺合成酶BnGS2等位基因的克隆及其转基因烟草特性	中国农业科学	2014	郑建树，喻春明，陈平，王延周，谭龙涛，陈继康，朱涛涛，卢凌霄，朱娟娟，熊和平
284	苎麻自交纯合进度研究	中国农业科学	2014	谭龙涛，喻春明，陈平，王延周，陈继康，郑建树，熊和平
285	亚麻高效再生体系的优化研究	中国油料作物学报	2014	王玉富，贾婉琪，邱财生，龙松华，郭媛，邓欣，陈信波，郝冬梅
286	饲粮赖氨酸水平对22～28周龄临武鸭生产性能、蛋品质及血清生化和激素指标的影响	动物营养学报	2014	戴求仲
287	复合非淀粉多糖酶对谷物及其副产品氨基酸真代谢率的影响	动物营养学报	2014	戴求仲
288	谷物及其副产品中添加非淀粉多糖酶对肉鸭能量利用的影响	动物营养学报	2014	戴求仲

续表

序号	论文题目	期刊或会议名称	发表年份	作者
289	全自动苎麻纤维分离机的设计	中国农机化学报	2014	吕江南，龙超海，马兰，刘佳杰
290	黄、红麻剥皮机作业质量指标及其检测方法	安徽农业科学	2014	刘佳杰，马兰，龙超海，吕江南
291	苎麻种质 DNA 指纹库构建的 SSR 核心引物筛选	中国麻业科学	2014	王晓飞，栾明宝，许英，孙志民，陈建华
292	外源物质在植物抗逆中的应用研究进展	安徽农业科学	2014	安晓霞，曾粮斌，薛召东
293	三种诱抗剂处理对苎麻叶片 PPO 和 POD 活力的影响	中国麻业科学	2014	安晓霞，曾粮斌，薛召东
294	草本纤维生物提取菌株产果胶酶的组分研究	中国麻业科学	2014	成莉凤，冯湘沅，刘正初，段盛文，郑科，郑霞
295	草本纤维生物提取菌株分泌的关键酶研究	中国农学通报	2014	成莉凤，李琦，刘正初，冯湘沅，段盛文，郑科
296	从富集液中发掘麻类脱胶果胶酶基因的技术	中国生物工程杂志	2014	段盛文，刘正初，郑科，冯湘沅，成莉凤，郑霞
297	果胶酶应用的研究进展	中国农学通报	2014	刘正初
298	苎麻胞液型谷氨酰胺合成酶基因的克隆和超量表达载体构建	中国麻业科学	2014	喻春明，陈平，王延周，谭龙涛，陈继康，朱涛涛，卢凌霄，熊和平
299	中苎 1 号和中苎 2 号苎麻营养价值的初步评价	中国麻业科学	2014	朱涛涛，喻春明，王延周，陈继康，熊和平，陈平，谭龙涛，卢凌霄，郑建树
300	亚麻新品种中亚麻 2 号的选育与示范	中国麻业科学	2014	王玉富，邱财生，薛召东，周志业，刘其宁，龙松华，郭媛，邓欣，郝冬梅
301	亚麻 4CL 基因克隆及 RNAi 遗传转化	西北植物学报	2014	龙松华，李翔，陈信波，乔瑞清，邓欣，邱财生，郭媛，郝冬梅，王玉富
302	亚麻木质素合成相关基因 COMT RNAi 表达载体构建及转化	中国麻业科学	2014	龙松华，陈信波，邓欣，邱财生，郭媛，郝冬梅，王玉富
303	亚麻农艺性状与产量形成关系的多重分析	西南农业学报	2014	邓欣，邱财生，陈信波，龙松华，郭媛，郝冬梅，王玉富
304	钾肥施用量影响亚麻抗倒伏性的研究	中国麻业科学	2014	邓欣，邱财生，陈信波，龙松华，郭媛，郝冬梅，王玉富

续表

序号	论文题目	期刊或会议名称	发表年份	作者
305	利用二次正交旋转设计优化亚麻栽培技术研究	中国麻业科学	2014	邱财生，龙松华，郭媛，邓欣，郝冬梅，钟国乾，王玉富
306	亚麻籽的营养及开发研究进展	食品研究与开发	2014	邱财生，郭媛，龙松华，邓欣
307	大麻SSR标记的开发及指纹图谱的构建	中国麻业科学	2014	王玉富，臧巩固，赵立宁，高春生，程超华，唐蜻
308	利用苎麻麻壳栽培刺芹侧耳技术研究	食用菌学报	2014	谢纯良，严理，朱作华，李智敏，胡镇修，彭源德
309	黄麻吸附重金属Cr（Ⅵ）专用种质筛选	植物遗传资源学报	2014	龚友才
310	EMS和^{60}Co-γ射线辐照复合诱变黄麻突变体苗期生理生化特性研究	中国麻业科学	2014	温岚，龚友才
311	可生物降解材料及其在农业生产中的应用	塑料科技	2014	谭志坚，王朝云，易永健
312	麻类作物中主要药用活性成分提取研究进展	化工技术与开发	2014	谭志坚，王朝云，易永健
313	苎麻促生菌的筛选、鉴定及其促生效应	微生物学通报	2014	谭石勇，易永健，汪洪鹰，周晚来，谭志坚，刘潜，王朝云
314	不同连作障碍因子对苎麻农艺性状的影响	中国麻业科学	2014	朱四元，刘头明，汤清明，唐守伟
315	红麻SRAP-PCR反应体系优化及多态性引物的筛选	中国麻业科学	2014	李德芳，黄思齐，李建军，唐慧娟，陈安国
316	不同品种亚麻籽脂肪酸含量的GC-MS分析	中国麻业科学	2014	廖丽萍，肖爱平，冷鹃，杨喜爱，程毅，孙向平
317	苎麻单纤维断裂强力统计特征研究	中国麻业科学	2014	冷鹃，肖爱平；杨喜爱，程毅，廖丽萍，聂晴岚
318	大麻副产物工厂化栽培茶树菇技术初步研究	中国作物学会麻类专业委员会第五届第三次会议暨学术讨论会	2014	谢纯良，严理，罗卫，朱作华，李智敏，胡镇修，彭源德
319	红麻雄性两用不育系的发现和初步研究	中国麻业科学	2014	李德芳，陈安国，李建军，唐慧娟，黄思齐
320	浅论落实规章制度的途径	科技创新导报	2014	孙进昌，李德芳，蒋群策
321	农业科研单位管理科学化刍议	农业科技管理	2014	孙进昌，李德芳，童华兵
322	对农业科研院所离退休工作的思考	现代农业科技	2014	王真栋，孙进昌，李德芳，童华兵，廖勇凤

续表

序号	论文题目	期刊或会议名称	发表年份	作者
323	浅析农业科研院所制度文化及其作用	安徽农业科学	2014	王真栋，孙进昌，李德芳，童华兵，廖勇风
324	创新文化对农业科研院所作风建设的作用研究	安徽农业科学	2014	王真栋
325	浅论构建党的作风建设长效机制的途径	人力资源管理	2014	王真栋
326	现代农业产业技术体系建设对我国麻类作物生产的影响	山西农业科学	2014	刘志远
327	我国麻类加工现状及研究进展	农产品加工	2014	刘志远，唐守伟
328	我国麻类作物的生产现状、问题及发展趋势	农业科技管理	2014	刘志远
329	从富集液中发掘麻类脱胶果胶酶基因的技术	中国生物工程	2014	彭源德
330	草本纤维生物提取菌株产果胶酶的组分研究	中国麻业科学	2014	彭源德
331	果胶酶应用的研究进展	中国农学通报	2014	彭源德
332	不同生态区同一基因型叶绿体差异蛋白质组分析	农业生物技术学报	2014	李辉，李德芳
333	亚麻纤维线密度与直径回归相关模型的构建及验证	纺织学报	2014	杨喜爱，肖爱平，冷鹃，程毅，廖丽萍
334	大棚内麻地膜覆盖对辣椒生长和产量的影响	中国农学通报	2014	杨媛茹，王朝云，易永健，周晚来，汪洪鹰
335	萝卜适宜施氮量和氮肥基追比例研究	植物营养与肥料学报	2014	梅时勇
336	萝卜黑斑病菌JZHB_7菌株的生物学特性及培养基的筛选	湖北农业科学	2014	梅时勇
337	春白萝卜新品种雪单3号的选育	中国蔬菜	2014	梅时勇
338	临武鸭产蛋初期粗蛋白需要量的研究	中国畜牧	2014	戴求仲
339	不同赖氨酸水平日粮对49～70日龄临武鸭屠宰性能的影响	中国饲料	2014	戴求仲
340	凝结芽孢杆菌替代日粮抗生素对断奶仔猪生长性能和血清生化指标的影响	中国畜牧杂志	2014	戴求仲

续表

序　号	论文题目	期刊或会议名称	发表年份	作　者
341	临武鸭产蛋初期粗蛋白需要量的研究	中国畜牧杂志	2014	戴求仲
342	谷物及其副产品中添加非淀粉多糖酶对麻鸭氨基酸表观利用率的影响	中国饲料	2014	戴求仲
343	不同生态区同一基因型烤烟叶绿体差异蛋白质组分析	农业生物技术学报	2014	李辉，孙焕良，李德芳
344	不同羽色和性别番鸭屠宰性能及肌肉成分比较研究	家畜生态学报	2014	戴求仲
345	日粮赖氨酸水平对12～18周龄雌性临武鸭血液生化指标的影响	家畜生态学报	2014	戴求仲
346	日粮不同代谢能水平及复合酶对樱桃谷肉鸭生长性能、养分利用率和血清生化指标的影响	中国饲料	2014	戴求仲
347	GOD替代高剂量氧化锌对仔猪生长性能和血清生化指标的影响	湖南畜牧兽医	2014	戴求仲
348	喷雾干燥大米活性肽工艺优化	湖南畜牧兽医	2014	戴求仲
349	生长猪含高木薯渣饲粮中添加纤维素酶的效果研究	湖南畜牧兽医	2014	戴求仲
350	肉质调理剂对杜长大肥育猪肉质成分的影响	家畜生态学报	2014	戴求仲
351	不同饲料添加剂对朗德鹅生产性能、胴体品质及重金属残留的影响	湖南畜牧兽医	2014	戴求仲
352	日粮赖氨酸水平对12～18w雌性临武鸭生长性能及肠道结构的影响	家畜生态学报	2014	戴求仲
353	Enantioseparation of (R, S)-mandelic acid and (R, S)-α-cyclohexyl-mandelic acid using alcohol/salt-based aqueous two-phase system	*Chemical Papers*	2014	Fenfang Li，Zhijian Tan，Zhifeng Guo

续表

序 号	论文题目	期刊或会议名称	发表年份	作 者
354	A new acidophilic endo-β-1,4-xylanase from Penicillium oxalicum: cloning, purification, and insights into the influence of metal ions on xylanase activity	*Journal of Industrial Microbiology Biotechnology*	2014	Shiyong Tan
355	A comparative study between Europe and China in crop management of two types of flax: linseed and fibre flax	*Industrial Crops and Products*	2014	Qiucai Sheng, Longsong Hua, Wangyu Fu
356	Biotechnology of fibrous flax in Europe and China	*Industrial Crops and Products*	2014	S. H. Long, C. S. Qiu, Y. F. Wang
357	New flax producing bioplastic fibers for medical purposes	*Industrial Crops and Products*	2014	Y. F. Wang
358	Identification of 32 full-length NAC transcription factors in ramie (Boehmeria nivea L. Gaud) and characterization of the expression pattern of these genes	*Molecular Genetics and Genomics*	2014	Touming Liu, Siyuan Zhu, Qingming Tang, Shouwei Tang
359	Genome-wide transcriptional changes of ramie (*Boehmeria nivea* L. Gaud) in response to root-lesion nematode infection	*Gene*	2014	Siyuan Zhu , Shouwei Tang, Qingming Tang , Touming Liu
360	Evaluation of Bamboo Genetic Diversity Using morphological and SRAP Analyses	*Russian Journal of Genetics*	2014	Siyuan Zhu , Touming Liu, Qingming Tang, Lili Fu, Shouwei Tang
361	Expression of modified xynA gene fragments from Bacillus subtilis BE-91	*Annals of Microbiology*	2014	Zhengchu Liu, Shenwen Duan, Ke Zheng, Xiangyuan Feng, Lifeng Cheng
362	添加不同比例玉米秸秆对猪粪高温堆肥过程中胡敏酸的结构组成及红外光谱特性影响分析	光谱学与光谱分析	2014	孙向平，肖爱平
363	Influence of bulking agents on CH_4, N_2O and NH_3 emissions during rapid composting of pig manure from Chinese Ganqinfen system	*Journal of Zhejiang University Science B*	2014	Xiangping Sun

续表

序 号	论文题目	期刊或会议名称	发表年份	作 者
364	A New Record of Paratylenchus lepidus (Nematoda: Tylenchulidae) Associated with Ramie Root in Yuanjiang, Hunan Province, China	*Pakistan Journal of Zoology*	2014	Yongting Yu, Huiling Liu, Liangbin Zeng, Aiguo Zhu
365	Development of a core collection for ramie by heuristic search based on SSR markers	*Biotechnology & Biotechnological Equipment*	2014	Mingbao Luan, Juanjuan Zhu, Xiaofei Wang, Ying Xu, Zhimin Sun, Jianhua Chen
366	大麻鲜茎剥皮机的设计与试验	农业工程学报	2014	吕江南，龙超海，马兰，刘佳杰，何宏彬
367	Rab3A is a new interacting partner of synaptotagmin I and may modulate synaptic membrane fusion through a competitive mechanism	*Biochemical and Biophysical Research Communications*	2014	Chunliang Xie
368	Synaptotagmin I delays the fast inactivation of Kv1.4 channel through interaction with its N-terminus	*Molecular Brain*	2014	Chunliang Xie
369	Characterization of a glutamine synthetase gene BnGS1-2 from ramie (Boehmeria nivea L. Gaud) and biochemical assays of BnGS1-2-over-expressing transgenic tobacco	*Acta Physiologiae Plantarum*	2014	Chunming Yu, Ping Chen, Yanzhou Wang, Longtao Tan, Heping Xiong
370	Genome-wide transcriptomic profiling of ramie (Boehmeria nivea L. Gaud) in response to cadmium stress	*Gene*	2014	Touming Liu, Siyuan Zhu , Qingming Tang , Shouwei Tang
371	Suppression of bacterial wilt of tomato by bioorganic fertilizer made from the antibacterial compound producing strain Bacillus amyloliquefaciens HR62	*Journal of agricultural and food chemistry*	2014	Shiyong Tan
372	Proteomic analysis of the venom from the scorpion mesobuthus martensii	*Journal of Proteomics*	2014	Xie C.

续表

序号	论文题目	期刊或会议名称	发表年份	作者
373	Wheat-Specific Gene, Ribosomal Protein L21, Used as theEndogenous Reference Gene for Qualitative and Real-TimeQuantitative Polymerase Chain Reaction Detection of Transgenes	*Agricultural Food chemistry*	2014	Chunsheng Gao
374	Phytochemical Profiles and Antioxidant Activities in Six Species of Ramie Leaves	*PLoS ONE*	2014	Chaohua Cheng, Gonggu Zang
375	Transcriptome comparison reveals the patterns of selection in domesticated and wild ramie (Boehmeria nivea L. Gaud)	*Plant molecular Biology*	2014	Touming Liu, Shouwei Tang, Siyuan Zhu, Qingming Tang, Xia Zheng
376	QTL mapping for fiber yield-related traits by constructing the first genetic linkage map in ramie (*Boehmeria nivea* L. Gaud)	*Molecular Breeding*	2014	Touming Liu, Shouwei Tang, Siyuan Zhu, Qingming Tang
377	Extraction and purification of chlorogenic acid from ramie (*Boehmeria nivea* L. Gaud) leaf using an ethanol/salt aqueous two-phase system	*Separation and Purification Technolog*	2014	Zhijian Tan, Chaoyun Wang, Yongjian Yi, Hongying Wang, Mao Li, Wanlai Zhou, Shiyong Tan
378	Diversity Analysis in Cannabis sativa Based on Large-Scale Development of Expressed Sequence Tag-Derived Simple Sequence Repeat markers	*PloS ONE*	2014	Chunsheng Gao, Pengfei Xin, Chaohua Cheng, Qing Tang, Ping Chen, Gonggu Zang, Lining Zhao
379	植物表型组学研究进展	江西农业大学学报	2015	杨泽茂
380	一株能促进辣椒生长的生防芽孢杆菌	长江蔬菜	2015	薛召东，孙向平，严准，曾粮斌（通讯作者）
381	菌渣代料栽培刺芹侧耳技术研究	湖南农业大学学报（自然科学版）	2015	严理，谢纯良，朱作华，李智敏，胡镇修，彭源德
382	饲用苎麻产量和品质的影响因素及其在动物营养中的应用	中国饲料	2015	吴端钦，唐守伟，朱四元，郑霞，戴求仲（通讯作者）

续表

序号	论文题目	期刊或会议名称	发表年份	作者
383	仔猪日粮中葡萄糖氧化酶适宜添加量筛选及替代氧化锌的效益比较研究	家畜生态学报	2015	吴端钦，戴求仲（通讯作者）
384	木薯渣对生长肥育猪饲用价值的研究	中国畜牧兽医	2015	吴端钦，戴求仲（通讯作者）
385	不同硒源对肉鸡生产性能及利用效率影响的比较研究	饲料研究	2015	吴端钦，蒋贵韬，王向荣，戴求仲（通讯作者）
386	玉米及其加工副产品非淀粉多糖含量研究	中国饲料	2015	吴端钦，戴求仲，蒋桂韬
387	日粮不同精料与苎麻配比对湘白鹅生长性能的影响研究	中国饲料	2015	李闯，蒋桂韬，吴端钦，王向荣，戴求仲（通讯作者）
388	不同引发剂对苎麻种子引发及贮藏效果的研究	种子	2015	陈平，喻春明，王延周，陈继康，卢凌霄，熊和平
389	应用隶属函数法评价33个苎麻资源的营养品质	湖北农业科学	2015	陈平，姜涛，喻春明，王延周，熊和平
390	苎麻栽培与耕作进展	中国麻业科学	2015	陈继康，熊和平
391	Analysis of Genetic Relationship among Boehmeria Varieties Using cpSSR Markers	*Agricultural Biotechnology*	2015	Ping Chen，Chunming Yu，Yanzhou Wang，Jikang Chen，Lingxiao Lu，Heping Xiong
392	57份苎麻种质资源主要农艺性状及纤维品质鉴定评价	植物遗传资源学报	2015	许英，陈建华，孙志民，王晓飞，栾明宝
393	低温胁迫下植物响应机理的研究进展	中国麻业科学	2015	许英，陈建华，朱爱国，栾明宝，王晓飞，孙志民
394	苎麻Genomic-SSR与EST-SSR分子标记遗传差异性分析	中国麻业科学	2015	刘晨晨，栾明宝，陈建华，王晓飞，许英，孙志民
395	质核互作型红麻雄性不育系细胞学形态观察	中国麻业科学	2015	李建军，唐慧娟，陈艳翠，陈安国，黄思齐，李德芳
396	60份红麻种质资源ISSR和RAPD的聚类分析	中国麻业科学	2015	李建军，霍光，唐慧娟，陈安国，黄思齐，李德芳
397	10个红麻雄性不育系不育性的鉴定	中国麻业科学	2015	李辉，李德芳，陈安国，唐慧娟，李建军，黄思齐
398	红麻雄性不育研究进展及展望	作物研究	2015	李辉，李德芳，陈安国，唐慧娟，李建军，黄思齐

续表

序　号	论文题目	期刊或会议名称	发表年份	作　者
399	红麻饲用价值的研究进展	中国麻业科学	2015	白杰，黄思齐，李建军，唐慧娟，李辉，陈安国，李德芳
400	悬铃叶苎麻基因组 DNA 的六种提取方法比较	中国麻业科学	2015	董志雪，唐蜻，程超华，信鹏飞，高春生，李育君，臧巩固，赵立宁
401	湖南省部分地区水生蔬菜种质资源考察	中国麻业科学	2015	程超华，李育君，高红，唐蜻，臧巩固，粟建光
402	不同类型亚麻种质资源脂肪酸组分相关及变异特点分析	中国麻业科学	2015	谢冬微，粟建光（通讯作者），戴志刚
403	亚麻 NBS 类抗病基因家族全基因组分析	中国麻业科学	2015	谢冬微，粟建光（通讯作者）
404	亚麻木酚素合成及相关基因的研究进展	农业科技通讯	2015	粟建光（通讯作者）戴志刚，谢冬微
405	纤维素酶高产菌株 F1-1 的选育与产酶条件的优化	湖北农业科学	2015	王靖，李智敏，谢纯良，严理，朱作华，胡镇修，彭源德
406	菌渣代料栽培刺芹侧耳技术研究	湖南农业大学学报	2015	严理，谢纯良，朱作华，李智敏，胡镇修，彭源德
407	蒸汽爆破预处理芦苇酶解工艺优化及产物分析	湖北农业科学	2015	朱作华，蔡侠，严理，李智敏，谢纯良，胡镇修，彭源德
408	两种方式提取杏鲍菇菌丝胞外酶的比较分析	湖北农业科学	2015	罗卫，谢纯良，严理，朱作华，李智敏，胡镇修，彭源德
409	柱前衍生—高效液相色谱法检测苎麻水解液中单糖类组成	纺织学报	2015	冯湘沅，成莉凤，段盛文，谭志坚，郑科，刘正初
410	来源于欧文氏杆菌 CXJZ95-198 的β-甘露聚糖酶基因高效表达体系构建	中国农学通报	2015	成莉凤，冯湘沅，段盛文，郑科，刘正初
411	一种耐热偏酸性β-甘露聚糖酶基因克隆与高效表达	微生物学通报	2015	成莉凤，冯湘沅，段盛文，郑科，刘正初
412	Bacillus subtilis BE-91 生长及其胞外表达 β-甘露聚糖酶的发酵条件优化	微生物学通报	2015	成莉凤，冯湘沅，段盛文，郑科，刘正初
413	麻类脱胶高效菌株 DCE01 的 Pel325 基因克隆与表达	中国麻业科学	2015	成莉凤，刘正初（通讯作者）
414	麻类脱胶高效菌株 DCE01 的 Pel418 基因克隆与表达	中国麻业科学	2015	成莉凤，刘正初（通讯作者）
415	盐碱胁迫对亚麻苗期生长及阳离子吸收和分配的影响	中国麻业科学	2015	郭媛，邱财生，龙松华，邓欣、郝冬梅，王玉富

续表

序 号	论文题目	期刊或会议名称	发表年份	作 者
416	耐盐碱亚麻种质的筛选与综合评价	中国麻业科学	2015	郭媛，邱财生，龙松华，邓欣、郝冬梅，王玉富
417	中国亚麻分子生物学研究进展与建议	中国农学通报	2015	郝冬梅，邱财生，龙松华，郭媛，邓欣，王玉富
418	关于南方冬季亚麻生产发展的思考	湖南农业科学	2015	郝冬梅，邱财生，龙松华，郭媛，邓欣，王玉富
419	多效唑对亚麻农艺性状和抗倒伏性的影响	南方农业学报	2015	郭媛，邱财生，龙松华，邓欣，郝冬梅，王玉富
420	种子萌发期亚麻种质资源耐镉性的鉴定评价	作物杂志	2015	郭媛，邱财生，龙松华，邓欣，郝冬梅，王玉富
421	我国亚麻种质资源研究与利用概述	中国麻业科学	2015	邓欣，陈信波，邱财生，龙松华，郭媛，郝冬梅，王玉富
422	水肥耦合对不同生育时期大麻株高及生物量的影响	华北农学报	2015	邓欣，陈信波，龙松华，邱财生，郭媛，郝冬梅，王玉富
423	亚麻修复重金属污染土壤的研究与应用	作物研究	2015	王玉富，郭媛，汤清明，邱财生，龙松华，邓欣
424	黄麻、红麻在重金属污染耕地修复中的应用研究进展	湖南农业科学	2015	王玉富
425	镉胁迫对不同地区亚麻主栽品种种子萌发的影响	作物杂志	2015	郭媛，邱财生，龙松华，邓欣，郝冬梅，王玉富
426	亚麻种质资源的表型多样性分析	种子	2015	邱财生，邓欣，龙松华，郭媛，王玉富
427	麻类作物生产方式转变必要性与发展趋势	中国农机化学报	2015	龙超海，吕江南，马兰，刘佳杰
428	工业大麻剥麻机传动系统的分析与设计	中国麻业科学	2015	吕江南，马兰，刘佳杰，何宏彬，龙超海
429	苎麻剥麻机械性能指标及其检测方法	中国麻业科学	2015	马兰，龙超海，吕江南，刘佳杰
430	麻类作物中主要药用活性成分提取研究进展	化工技术与开发	2015	谭志坚，王朝云，易永健，汪洪鹰，周晚来，谭石勇
431	胡麻籽中溴氰菊酯残留的气相色谱检测	农药	2015	廖丽萍，肖爱平，冷鹃，杨喜爱，孙向平
432	苎麻单纤维断裂强力等速伸长测定法研究	中国麻业科学	2015	冷鹃，肖爱平，杨喜爱，黎宇
433	胡麻籽中高效氯氰菊酯残留的检测方法研究	中国麻业科学	2015	廖丽萍，肖爱平，冷鹃，杨喜爱，孙向平
434	红麻纤维线密度快速检测方法研究	中国纤检	2015	杨喜爱，肖爱平，冷鹃，程毅，廖丽萍，孙向平

续表

序号	论文题目	期刊或会议名称	发表年份	作者
435	对农业科研单位创新文化建设的思考	科技创新与应用	2015	孙进昌，梅时勇，廖勇凤，王真栋，郑科
436	提升农科院所思想政治工作实效性的途径研究	科技资讯	2015	王真栋，孙进昌，廖勇凤，郑科
437	我国农业科研仪器设备管理存在的问题及对策研究	农业科技管理	2015	刘志远
438	我国农业科技成果培育工作中存在的问题与对策研究	农业科技管理	2015	刘志远
439	苎麻促生菌的筛选、鉴定及其促生效应.	微生物学通报	2015	谭石勇，易永健，汪洪鹰，周晚来，刘潜，王朝云
440	添加复合酶对临武鸭瓜尔豆胚芽养分、氨基酸和能量利用率的影响	动物营养学报	2015	戴求仲
441	不同水平 α-半乳糖苷酶对1~21日龄爱拔益加肉鸡生长性能的影响及相关机理研究	动物营养学报	2015	戴求仲
442	水分胁迫对亚麻苗期生理特性及干物质积累的影响	中国油料作物学报	2015	邓欣，陈信波，龙松华，邱财生，郭媛，郝冬梅，王玉富
443	Chiral separation ofα-cyclohexylmandelic acid enantiomers using ionic liquid/salt aqueous two-phase system	*Chemical Papers*	2015	Zhijian Tan
444	Effect of germination on vitamin C, phenolic compounds and antioxidant activity in flaxseed (*Linum usitatissimum* L.)	*International Journal of Food Science and Technology*	2015	Caisheng Qiu
445	Ionic Liquid-Based Ultrasonic-Assisted Extraction of Secoisolariciresinol Diglucoside from Flaxseed (*Linumusitatissimum* L.) with Further Purification by an Aqueous Two-Phase System	*Molecules*	2015	Zhijian Tan, Chaoyun Wang, Yongjian Yi, Hongying Wang, Wan Lai
446	Identification of ramie genes in response to Pratylenchus coffeae infection challenge by digital gene expression analysis	*International Journal of Molecular Sciences*	2015	Yu Yongting, Zeng Liangbin, Yan Zhun, Liu Touming, Sun Kai, Zhu Taotao, Zhu Aiguo

续表

序　号	论文题目	期刊或会议名称	发表年份	作　者
447	First report of black leaf spot caused by Alternaria alternata on ramie in China	*Journal of Phytopathology*	2015	Yu Yongting, Zeng Liangbin, Huang Lili, Yan Zhun, Sun Kai, Zhu Taotao, Zhu Aiguo
448	Phylogenetic studies of four Anser cygnoides (Anserini: Anserinae) in Hunan province of China based on complete mitochondrial DNA sequences	*Mitochondrial DNA*	2015	Qiuzhong Dai
449	Supplementation of increasing amounts of linoleic acid to Leymus chinensis decrease methane production and improve fatty acid composition in vitro	*European Journal of Lipid Science and Technology*	2015	Duanqin Wu
450	Identification and Expression Analysis of Glutamine Synthetase Genes in Ramie (Boehmeria nivea L. Gaud)	*Open Life Sci.*	2015	Jianshu Zheng, Chunming Yu, Ping Chen, Yanzhou Wang, Touming Liu, Heping Xiong
451	Genetic diversity assessment using simple sequence repeats (SSR) and sequence-related amplified polymorphism (SRAP) markers in ramie	*Biotechnology & Biotechnological Equipment*	2015	Luan M. B., Chen B. F., Zou Z. Z., Zhu J. J., Wang X. F., Xu Y., Sun Z. M., Chen J. H.
452	molecular identity of ramie germplasms using simple sequence repeat markers	*Genetics and Molecular Research*	2015	Luan M. B., Chen B. F., Zou Z. Z., Zhu J. J., Wang X. F., Xu Y., Sun Z. M., Chen J. H.
453	Genome-wide transcriptomic profiling of ramie (*Boehmeria nivea* L. Gaud) in response to cadmium stress	*Gene*	2015	Liu T., Zhu, S., Tang Q., Tang S.
454	Identification of a CONSTANS homologous gene with distinct diurnal expression patterns in varied photoperiods in ramie (*Boehmeria nivea* L. Gaud)	*Gene*	2015	Liu T., Zhu S., Tang Q., Tang S.

续表

序　号	论文题目	期刊或会议名称	发表年份	作　者
455	Lineage-specific evolution of methylthioalkylmalate synthases (MAMs) involved in glucosinolates biosynthesis	*Frontiers in plant Science*	2015	J. Zhang
456	Analysis of alpha-amylase inhibitor from corni fructus by coupling magnetic cross-linked enzyme aggregates of alpha-amylase with HPLC-MS	*Journal of Chromatography B*	2015	Liangliang Liu
457	Analysis of alcohol dehydrogenase inhibitors from Desmodium styracifolium using centrifugal ultrafiltration coupled with HPLC-MS	*Journal of the serbian chemical society*	2015	Liangliang Liu
458	Analysis of Bovine Serum Albumin Ligands from Puerariae flos Using Ultrafiltration Combined with HPLC-MS	*Journal of Chemistry*	2015	Liangliang Liu
459	Selection of reliable reference genes for quantitative real time PCR gene expression analysis in Jute (*Corchorus capsularis* L.) under stress treatments	*Front Plant Sci.*	2015	粟建光（通讯作者）
460	Reference genes selection for transcript normalization in kenaf (*Hibiscus cannabinus* L.) under salinity and drought stress	*Peer J.*	2015	粟建光（通讯作者）
461	Ramie and kenaf as feed crops	*Industrial Crops and Products*	2015	Heping X.
462	Genome-wide analysis of DNA methylation in photoperiod-and thermo-sensitive male sterile rice Peiai 64S	BMC genomics	2015	Chen X.

续表

序　号	论文题目	期刊或会议名称	发表年份	作　者
463	Two quantitative trait loci for grain yield and plant height on chromosome 3 are tightly linked in coupling phase in rice	*Molecular Breeding*	2015	Liu T.
464	How kenaf（Hibiscus cannabinus L.）can achieve high yields in Europe and China	*Industrial Crops and Products*	2015	Li Defang，Huang Siqi
465	A comparative study between Europe and China in crop management of two types of flax：linseed and fibre flax	*Industrial Crops and Products*	2015	Caisheng Qiu，Songhua Long，Yufu Wang
466	Three phase partitioning for simultaneous purification of aloe polysaccharide and protein using a single-step extraction	*Process Biochemistry*	2015	Zhijian Tan，Chaoyun Wang，Yongjian Yi，Hongying Wang，Wanlai Zhou
467	Secretome analysis of Pleurotus eryngii reveals enzymatic composition for ramie stalk degradation	*Electrophoresis*	2015	Chunliang Xie，Wei Luo，Zhimin Li，Li Yan，Zuohua Zhu，Jing Wang，Zhenxiu Hu，Yuande Peng
468	Three genes encoding AOP2，a protein involved in aliphatic glucosinolate biosynthesis，are differentially expressed in Brassica rapa	*Journal of Experimental Botany*	2015	Zhang J.
469	Large-scale development of expressed sequence tag-derived simple sequence repeat markers by deep transcriptome sequencing in garlic（*Allium sativum* L.）	*Molecular Breeding*	2015	Liu T.，Zeng L.，Zhu S.，Chen X.，Tang Q.，Mei S.，Tang S.
470	Characterization of the Kenaf（Hibiscus cannabinus）Global Transcriptome Using Illumina Paired-End Sequencing and Development of EST-SSR markers	*PloS One*	2016	李辉，李德芳
471	Identification and characterization of hemp Wrky transcription factors in response to abiotic stresses	*Biologia Plantarum*	2016	信鹏飞，赵立宁

续表

序 号	论文题目	期刊或会议名称	发表年份	作 者
472	Analysis of xanthine oxidase inhibitors from puerariae flos using centrifugal ultrafitration couple with HPLC-MS	*Journal of the Brazilian Chemical Society*	2016	刘亮亮，李德芳
473	Physical and degradable properties of mulching films prepared fromnatural fiber and biodegradable polymer	*Applied Sciences*	2016	谭志坚，王朝云
474	Using enzyme-assisted three-phase partitioning Extraction of Oil from Flaxseed (*Linum usitatissimum* L.)	*Applied Biochemistry and Biotechnolog*	2016	谭志坚，王朝云
475	Extraction, preconcentration and isolation of flavonoids from apocynum venetum L. Leaves using ionic liquid-Based ultrasonic-assisted extraction coupled with an aqueous biphasic system	*Molecules*	2016	谭志坚，王朝云
476	Flavonoids from *apocynum-venetum* L. leaves using ionic liquid-based ultrasonic-assisted extraction coupled with an aqueous biphasic system	*Molecules*	2016	谭志坚，易永健，汪洪鹰，周晚来，王朝云
477	Salting-out extraction of allicin from garlic (*allium sativum* L.) based on ethanol/ammonium sulfate in laboratory and pilot scale	*Food Chemistry*	2016	谭志坚
478	An effective method for the extraction and purification of chlorogenic acid from ramie (*Boehmeria nivea* L.) leaves using acidic ionic liquids	*Industrial Crops and Products*	2016	谭志坚
479	First report of brown root rot caused by Pythium vexans on ramie in Hunan, China	*Canadian Journal of Plant Pathology*	2016	余永廷，严准，朱爱国

续表

序　号	论文题目	期刊或会议名称	发表年份	作　者
480	Transcriptome Analysis of Ramie (*Boehmeria nivea* L. Gaud.) in Response to Ramie moth (Cocytodes coerulea Guenée) Infestation	*Biomed Research International*	2016	曾粮斌，余永廷，薛召东
481	First Report of Black Leaf Spot Caused by Alternaria alternata on Ramie in China	*Journal of Phytopathology*	2016	余永廷，朱爱国
482	Isolation and identification of Bacillus amyloliquefaciens IBFCBF-1 with potential for biological control of phytophthora blight and growth promotion of pepper	*Journal of Phytopathology*	2016	张梦君，曾粮斌
483	Identification and characterization of the hemp WRKY transcription factors in response to abiotic stresses	*Biologia Plantarum*	2016	高春生，赵立宁
484	Construction and co-expression of polycistronic plasmids encoding bio-degumming-related enzymes to improve the degumming process of ramie fibres	*Biotechnology Letters*	2016	程毅，刘正初
485	Identification of drought, cadmium and rootlesion nematode infection stress-responsive transcription factors in ramie	*Open Life Sci.*	2016	Zheng X.， Liu T.
486	Identification of quantitative trait loci for flowering time traits in ramie (*Boehmerianivea* L. Gaud)	*Euphytica*	2016	Zhu S.， Liu T.
487	Genetic structure and relationships of an associated population in ramie (*Boehmerianivea* L. Gaud)	*Biotechnology and Biotechnological Equipment*	2016	Zhu S.， Chen J

续表

序 号	论文题目	期刊或会议名称	发表年份	作 者
488	Identification of an NAC transcription factor family by deep transcriptome sequencing in onion (*Allium cepa* L.)	*PLoS ONE*	2016	Zheng X., Liu T.
489	Effects of different substrates on lignocellulosic enzyme expression, enzyme activity, substrate utilization and biological ef fi ciency of Pleurotus Eryngii	*Cellular Physiology and Biochemistry*	2016	谢纯良，彭源德
490	Bio-degumming technology of jute bast by Pectobacterium sp. DCE-01	*AMB Express*	2016	段盛文，冯湘沅，成莉凤，彭源德，郑科，刘正初
491	Purification and characterization of a thermostable - mannanase from Bacillus subtilis BE-91: potential application in inflammatory diseases	*Biomed Research International*	2016	成莉凤，刘正初
492	Construction and co-expression of polycistronic plasmids encoding bio-degumming-related enzymes to improve the degumming process of ramie fibres	*Biotechnology Letter*	2016	程毅，刘正初
493	Characterization of novel polymorphic genomic microsatellite markers of Boehmeria tricuspis (Hance) makino	*Genetics & Molecular Research Gmr*	2016	Q. Tang, Mingbao Luan
494	A rapid shoot regeneration protocol fromthe cotyledons of hemp (*Cannabis sativa* L.)	*Industrial Crops and Products*	2016	C. Cheng, J. G. Su
495	Embryological and genetic evidence of amphimixis and apomixis in Boehmeria tricuspis.	*J. Plant Biol.*	2016	Qing Tang, Gonggu Zang

续表

序 号	论文题目	期刊或会议名称	发表年份	作 者
496	麻类作物基因工程研究进展	分子植物育种	2016	程超华，赵立宁
497	添加蔗糖和甲酸对红麻青贮饲料品质的影响	中国麻业科学	2016	白杰，李德芳
498	秧盘垫铺麻纤维膜与育秧肥底部撒施对水稻机插秧苗素质的影响	华北农学报	2016	周晚来，王朝云
499	麻育秧膜对水稻秧苗生长发育的影响及其机理研究	中国农学通报	2016	刘潜，王朝云
500	麻育秧膜在水稻机插育秧中的应用及展望	中国麻业科学	2016	刘潜，王朝云
501	农业用麻地膜产品质量参数与测定方法的探讨	农产品加工	2016	杨瑞林，王朝云
502	Effects of Bast Fiber Seedling Film on Quality and Root Respiration Enzyme Activities of Seedlings of Different Rice Varieties	*Agricultural Science and Technology*	2016	刘潜，王朝云
503	玉米瘤黑粉菌的寄生策略及其调控机制	微生物学报	2016	李智敏，严准
504	不同防治措施对花椰菜地节肢动物群落结构的影响	中国农业科学	2016	曾粮斌，薛召东
505	壳寡糖拌种对亚麻种子萌发的影响	中国麻业科学	2016	曾粮斌，薛召东
506	拟环纹豹蛛和前凹狼蛛对小菜蛾的捕食作用	中国农学通报	2016	曾粮斌，薛召东
507	苎麻副产物栽培真姬菇技术研究	湖北农业科学	2016	严理，彭源德
508	麻类脱胶菌的木糖发酵性能改造及初步检验	湖北农业科学	2016	李智敏，彭源德
509	2013—2015 年国家苎麻新品种（系）区域试验总结	中国麻业科学	2016	汤清明
510	2014—2015 年国家苎麻新品种（系）区域试验总结	中国麻业科学	2016	汤清明
511	欧洲和中国的韧皮纤维作物收获策略	中国麻业科学	2016	马兰
512	免耕条件下亚麻干物质形成规律研究	中国麻业科学	2016	邱财生

续表

序号	论文题目	期刊或会议名称	发表年份	作者
513	武陵山区苎麻饲料开发研究与应用前景	湖南农业科学	2016	吕江南
514	我国饲用苎麻青贮加工技术与加工机械研究现状及发展趋势	饲料工业	2016	刘佳杰
515	纤维亚麻新品种中亚麻4号的选育	现代农业科技	2016	王玉富
516	An Overview on Molecular Biology of Flax (*Linum usitatissimum* L.) in China	*Agricultural Sciences & Technology*	2016	郝冬梅
517	Study Progress in Remediation of Soil Contaminated by Heavy Metals and Its Application Prospect	*Agricultural Sciences & Technology*	2016	王玉富
518	根腐线虫胁迫下苎麻产量及生理活性的变化	中国麻业科学	2016	朱四元，唐守伟
519	丹江口库区草食畜牧业发展的调研报告	中国麻业科学	2016	王延周，粟建光
520	油菜蜂花粉中粗黄酮提取物成分分析	食品与机械	2016	王满生，曾新安
521	瘤胃纤维降解菌区系发育性变化及其演变规律的研究进展	畜牧与兽医	2016	吴端钦，戴求仲
522	日粮不同赖氨酸水平对70日龄临武鸭腿肌、胸肌常规养分及氨基酸含量的影响研究	饲料工业	2016	林谦，戴求仲
523	饲用苎麻对朗德鹅的饲用价值评定	中国饲料	2016	李闯，戴求仲
524	复合酶对临武鸭几种饼粕饲料原料养分利用率和代谢能的影响	动物营养学报	2016	张旭，戴求仲
525	饲粮添加α-半乳糖苷酶对AA肉鸡屠宰性能及血清生化、激素指标的影响	家畜生态学报	2016	林谦，戴求仲
526	日粮不同赖氨酸水平对2～5周龄湘白鹅生长性能及养分利用率的影响研究	中国饲料	2016	蒋桂韬，戴求仲

续表

序 号	论文题目	期刊或会议名称	发表年份	作 者
527	临武鸭对添加复合酶棕榈粕和椰子粕的养分、氨基酸和能量的利用率	动物营养学报	2016	张旭，戴求仲
528	日粮不同赖氨酸水平对70日龄临武鸭腿肌、胸肌常规养分及氨基酸含量的影响研究	饲料工业	2016	林谦，戴求仲
529	干旱胁迫对苎麻苗期理化指标的影响	草地学报	2016	孙鏖，戴求仲
530	饲粮α-半乳糖苷酶对爱拔益加肉鸡生长性能和养分利用率及肠道黏膜形态结构的影响	中国畜牧杂志	2016	林谦，戴求仲
531	饲用苎麻中果胶的生物活性与抗营养作用及其消减	家畜生态学报	2016	王向荣，戴求仲
532	姜黄渣对蛋鸡生产性能、蛋品质及蛋黄胆固醇和丙二醛含量的影响	动物营养学报	2016	张旭，戴求仲
533	新型β-甘露聚糖酶制备葡甘寡糖工艺优化	食品科学	2016	成莉凤，刘正初
534	毕赤酵母发酵不同单糖产乙醇的研究	湖北农业科学	2016	彭源德
535	红麻纤维蒸气爆破预处理与酶解糖化条件的优化	湖南农业大学学报	2016	彭源德
536	麻类脱胶菌的木糖发酵性能改造及初步检验	湖北农业科学	2016	李智敏，彭源德
537	苎麻副产物栽培真姬菇技术研究	湖北农业科学	2016	严理，彭源德
538	DCE01菌株降解大麻韧皮的发酵成分变化规律	中国麻业科学	2016	冯湘沅，刘正初
539	三个苎麻脱胶高效菌种的生长条件优化	中国麻业科学	2016	李琦，刘正初
540	黄麻、红麻优异种质资源鉴定、创新与利用	中国麻业科学	2016	卢瑞克，粟建光
541	亚麻种质资源木酚素含量及农艺性状分析与评价	中国麻业科学	2016	谢冬微，粟建光
542	麻类作物基因工程研究进展	分子植物育种	2016	程超华，粟建光

续表

序号	论文题目	期刊或会议名称	发表年份	作者
543	丹江口库区草食畜牧业发展的调研报告	中国麻业科学	2016	王延周，粟建光
544	不同苎麻基因型氮素累积与利用效率差异分析	中国麻业科学	2017	陈继康，谭龙涛，喻春明，陈平，朱爱国，熊和平
545	不同氮素水平对饲用苎麻氮代谢关键酶的影响	草业学报	2017	陈继康，谭龙涛，喻春明，朱爱国，陈平，王延周，朱涛涛，熊和平
546	氮素水平对不同氮效率苎麻纤维发育关键酶的影响	中国麻业科学	2017	陈继康，谭龙涛，喻春明，朱爱国，陈平，高钢，陈坤梅，熊和平
547	氮素水平对不同氮效率苎麻根系的影响	草业科学	2017	陈继康，谭龙涛，喻春明，等
548	镉胁迫下苎麻生理生化变化规律及品种间差异比较	中国麻业科学	2017	李玉兰，陈坤梅，喻春明，陈继康，高钢，陈平，侯美，熊和平
549	植物 NRT1.1 的研究进展及其在苎麻研究中的展望	中国麻业科学	2017	侯美，喻春明
550	苎麻生物产量构成因子与生物产量的相关性分析	中国麻业科学	2017	陈坤梅，熊和平，朱爱国，栾明宝，侯美，陈平，陈继康，高钢，喻春明
551	苎麻新品种中苎 3 号的选育	中国麻业科	2017	陈平，喻春明，熊和平，王延周，陈继康，朱爱国
552	中苎系列苎麻品种在武陵山区坡地栽培的比较	湖南农业科学	2017	陈平，庹年初，李莉，熊和平，陈继康，喻春明
553	钠盐胁迫对中饲苎 1 号种子萌发的影响	湖北农业科学	2017	陈平，陈继康，熊和平，朱爱国，陈坤梅，高钢，喻春明
554	苎麻 BnNRT1.1 基因的克隆及表达特性研究	中国麻业科学	2017	侯美，高钢，朱爱国，陈平，陈继康，陈坤梅，熊和平，喻春明
555	收割次数对中饲苎 1 号生物量积累与粗蛋白含量的影响	中国麻业科学	2017	高钢，喻春明，陈平，王延周，熊和平，陈继康，陈坤梅，朱爱国
556	SSR markers associated with fiber yield traits in ramie	*Industrial Crop and Products*	2017	Mingbao Luan，Chenchen Liu，Xiaofei Wang，Ying Xu，Zhimin Sun，Jianhua Chen
557	Gene expression profiling of ramie roots during hydroponic induction and adaption to aquatic environment	*Genomics Data*	2017	Gang Gao，Heping Xiong，Kunmei Chen，Jikang Chen，Ping Chen，Chunming Yu，Aiguo Zhu

续表

序 号	论文题目	期刊或会议名称	发表年份	作 者
558	Hyroponic method for ramie and removal of nitrogen and phosphorus from livestock wastewater	*International Journal of Phytoremediation*	2017	Gang Gao，Heping Xiong，Jikang Chen，Kunmei Chen，Ping Chen，Chunming Yu，Aiguo Zhu
559	Ultrasonic-assisted extraction of sinomenine from Sinomenium acutum using magnetic ionic liquids coupled with further purification by reversed micellar extraction	*Process Biochemistry*	2017	Qiao Li，Shuanggen Wu，Chaoyun Wang，Yongjian Yi，Wanlai Zhou，Hongying Wang，Fenfang Li，Zhijian Tan
560	Salting-out extraction of sinomenine from Sinomenium acutum by an alcohol/salt aqueous two-phase system using ionic liquids as additives	*Journal of Chemical Technology and Biotechnology*	2017	Fenfang Li，Shuanggen Wu，Danyu Sun，Zhijian Tan
561	Simultaneous extraction，enrichment and removal of dyes from aqueous solutions using magnetic aqueous micellar two-phase system	*Applied Sciences*	2017	Shuanggen Wu，Danyu Sun，Chaoyun Wang，Yuanru Yang，Fenfang Li，Zhijian Tan
562	Ultrasonic assisted extraction of paclitaxel from Taxus x media using ionic liquids as adjuvants：optimization of the process by response surface methodology	*Molecules*	2017	Zhijian Tan，Qiao Li，Chaoyun Wang，Wanlai Zhou，Yuanru Yang，Hongying Wang，Yongjian Yi，Fenfang Li
563	大棚内麻地膜覆盖栽培下辣椒的营养生长和产量研究	中国农学通报	2017	杨媛茹，王朝云，易永健，周晚来，汪洪鹰，谭志坚
564	麻育秧膜与播种量对机插水稻秧苗素质和产量的影响	中国稻米	2017	周晚来，易永健，汪洪鹰，谭志坚，杨媛茹，王朝云
565	离子液体作添加剂在从红豆杉中提取紫杉醇的应用	广东化工	2017	黎乔，李芬芳，谭志坚
566	White-rot fungi pretreatment combined with alkaline/oxidative pretreatment to improve enzymatic saccharification of industrial hemp	*Bioresource Technology*	2017	Chunliang Xie，Wenbing Gong，Qi Yang，Zuohua Zhu，Li Yan，Zhenxiu Hu，Yuande Peng

续表

序号	论文题目	期刊或会议名称	发表年份	作者
567	Comparative transcriptomics of Pleurotus eryngii reveals blue-light regulation of carbohydrate-active enzymes (CAZymes) expression at primordium differentiated into fruiting body stage	*Genomics*	2017	Chunliang Xie, Wenbing Gong, Zuohua Zhu, Li Yan, Zhenxiu Hu, Yuande Peng
568	Biodegradation of ramie stalk by Flammulina velutipes: mushroom production and substrate utilization	*AMB Express*	2017	Chunliang Xie, Wenbing Gong, Li Yan, Zuohua Zhu, Zhenxiu Hu, Yuande Peng
569	Association mapping reveals genetic loci associated with important agronomic traits in Lentinula edodes, Shiitake mushroom	*Frontiers in Microbiology*	2017	Chuang Li, Wenbing Gong, Lin Zhang, Zhiquan Yang, Wenyan Nong, Yinbing Bian, Hoi-Shan Kwan, Man-kit Cheung, Yang Xiao
570	Enzymatic softening technology of areca nut shell	*Journal of Biobased Materials and Bioenergy*	2017	Lifeng Cheng, Qi Li, Jianbang Ji, Shengwen Duan, Xiangyuan Feng, Jie Zeng, Qi Yang, Zhiyuan Liu, Ke Zheng, Yuande Peng
571	Two novel thermal stable pectate lyases from Dickeya dadantii DCE-01: cloning, expression and characterization	*Nanoscience and Nanotechnology Letters*	2017	Lifeng Cheng, Shengwen Duan, Xiangyuan Feng, Ke Zheng, Zhengchu Liu, Yuande Peng
572	Bio-degumming technology of Apocynum venetum bast by Pectobacterium sp. DCE-01	*Textile Research Journal*	2017	Shengwen Duan, Lifeng Cheng, Xiangyuan Feng, Ke Zheng, Yuande Peng, Zhengchu Liu
573	Transcriptomic response of wolf spider, Pardosa pseudoannulata, to transgenic rice expressing Bacillus thuringiensis Cry1Ab protein	*BMC Biotechnology*	2017	Juan Wang, Yuande Pen, Kaifu Xiao, Baoyang Wei, Jilin Hu, Zhi Wang, Qisheng Song, Xuguo Zhou
574	Review: biosafety assessment of Bt rice and other Bt crops using spiders as example for non-target arthropods in China	*Plant Cell Reports*	2017	Huilin Yang, Yuande Peng, Jianxiang Tian, Juan Wang, Jilin Hu, Qisheng Song, Zhi Wang

续表

序　号	论文题目	期刊或会议名称	发表年份	作　者
575	Biotoxicity of Cry1Ab protein on wolf spider Pardosa pseudoannulata	*Ecotoxicology*	2017	Juan Wang, Yuande Peng, Huilin Yang, Zhenzhen Yan, Qinjin Li, Yixue Shi, Chunliang Xie, Yunshan Liang, Zhi Wang, Qisheng Song
576	Rice field spiders in China: a review of the literature	*Journal of Economic Entomology*	2017	Huilin Yang, Yuande Peng, Jianxiang Tian, Juan Wang, Baoyang Wei, Chunliang Xie, Zhi Wang
577	Contrast Between Orange-and Black-Colored Sclerotial Isolates of Botrytis cinerea: Melanogenesis and Ecological Fitness	*Plant Disease*	2017	Yingjun Zhou, Na Li, Jingyi Yang, Long Yang, mingde Wu, Weidong Chen, Guoqing Li, Jing Zhang
578	苎麻脱胶果胶复合酶的优选及其效果分析	纺织学报	2017	成莉凤，刘正初，冯湘沅，汪启明，李琦，郑科，杨琦，段盛文
579	DCE-01 菌株大麻韧皮脱胶过程中有机酸的变化规律	中国麻业科学	2017	冯湘沅，成莉凤，曾洁，刘志远，杨琦，郑科，王瑞君，段盛文，彭源德
580	食用菌菌丝体综合利用研究进展	中国麻业科学	2017	刘志远，谢纯良，朱作华，龚文兵，彭源德
581	能源作物芦苇适宜收获期研究	中国麻业科学	2017	朱作华，蔡侠，谢纯良，李智敏，严理，龚文兵，胡镇修，彭源德
582	一株产耐热甘露聚糖酶细菌的筛选及其酶学性质初探	中国麻业科学	2017	王瑞君，成莉凤，冯湘沅，段盛文，郑科，刘志远，曾洁，刘正初
583	全基因组预测糙皮侧耳的分泌蛋白	生命科学研究	2017	谢纯良，龚文兵，严理，朱作华，胡镇修，彭源德
584	苎麻微生物脱胶技术的研究进展	中国麻业科学	2017	杨琦，段盛文，彭源德
585	A Review of Sublethal Effects of Pulsed Electric Field on Cells in Food Processing	*Journal of Food Engineering*	2017	Mansheng Wang, Langhong Wang, Alaa El-Din A. Bekhit, Jing Yang, Zhenping Hou, Yanzhou Wang, Qiuzhong Dai, Xinan Zeng
586	Comparative transcriptomics provide insight into the morphogenesis and evolution of fistular leaves in Allium	*BMC Genomics*	2017	Zhu S., Tang S., Tan Z., Yu Y., Dai Q., Liu T.

续表

序　号	论文题目	期刊或会议名称	发表年份	作　者
587	Draft genome analysis provides insights into the fiber yield, crude protein biosynthesis, and vegetative growth of domesticated ramie (*Boehmeria nivea* L. Gaud)	*DNA Research*	2017	Chan Liu, Liangbin Zeng, Siyuan Zhu, Lingqing Wu, Yanzhou Wang, Shouwei Tang, Hongwu Wang, Xia Zheng, Jian Zhao, Xiaorong Chen, Qiuzhong Dai, Touming Liu
588	QTL analysis of four main stem bark traits using a GBS-SNP-based high-density genetic map in ramie	*Scientific Reports*	2017	Chan Liu, Siyuan Zhu, Shouwei Tang, Hongwu Wang, Xia Zheng, Xiaorong Chen, Qiuzhong Dai, Touming Liu
589	Polyphenolic magnolol improves the growth performance of Linwu ducklings by modulating antioxidative status	*Food for Health International Conference* 2017	2017	Qian Lin, Guitao Jiang, Yushi Wang, Qiuzhong Dai, Jianhua He, Xi He, Dexing Hou（作大会主题报告）
590	基于 Innography 专利数据库平台的青贮加工技术态势分析	粮食与饲料工业	2017	王满生，王延周，邓欣，戴求仲
591	基于 Web of Science 核心合集的青贮技术研究动态及引文可视化分析	粮食与饲料工业	2017	王满生，王延周，杨晶，邓欣，戴求仲
592	植物资源饲料化加工与利用现状分析	粮食与饲料工业	2017	王满生，王延周，戴求仲
593	苎麻资源开发利用现状分析	粮食与饲料工业	2017	王满生，王延周，戴求仲
594	葡萄糖氧化酶对断奶仔猪生长性能、血清生化指标和抗氧化功能及养分消化率的影响	动物营养学报	2017	侯振平，蒋桂韬，吴端钦，李闯，刘延杰，王郝为，戴求仲
595	不同蛋白酶对肉鸡生长性能、血清生化指标和抗氧化功能的影响	饲料研究	2017	侯振平，吴端钦，蒋桂韬，王满生，王郝为，刘延杰，陈宁波，戴求仲
596	蛋白酶对 1～21 日龄肉仔鸡生长性能、血清生化指标及抗氧化功能的影响	饲料工业	2017	侯振平，蒋桂韬，吴端钦，刘延杰，陈宁波，王郝为，戴求仲
597	8 个引种葛藤品种在湖南地区块根饲用价值评价	热带农业科学	2017	郑霞，王郝为，唐守伟，刘头明，戴求仲

续表

序号	论文题目	期刊或会议名称	发表年份	作者
598	葛藤饲用化研究进展	中国饲料	2017	郑霞，刘头明，朱四元，王延周，吴端钦，戴求仲，唐守伟
599	复合非淀粉多糖酶对玉米及其加工副产品非淀粉多糖各组成单糖真代谢率的影响	中国畜牧杂志	2017	林谦，张旭，蒋桂韬，吴端钦，戴求仲.
600	日粮不同赖氨酸水平对70日龄临武鸭腿肌、胸肌常规养分及氨基酸含量的影响研究	饲料工业	2017	林谦，蒋桂韬，张旭，吴端钦，戴求仲
601	非淀粉多糖酶对玉米及其加工副产品非淀粉多糖真代谢率的影响研究	中国饲料	2017	蒋桂韬，林谦，张旭，吴端钦，戴求仲
602	代谢组学及其在动物营养中的应用	动物营养学报	2017	王郝为，吴端钦
603	苎麻青贮替代苜蓿干草对奶牛生产性能、乳成分及血清指标的影响	动物营养学报	2017	吴端钦，魏仲珊，高帅，李志才，曾国璋，侯振平，王延周，戴求仲
604	几种南方非常规饲料作物的营养成分及氨基酸组成	草业科学	2017	吴端钦，王郝为，侯振平，张旭，戴求仲
605	几种青贮玉米青贮发酵特性及其营养成分的比较研究	饲料研究	2017	吴端钦，朱四元，王延周，侯振平，王郝为，戴求仲
606	三种非常规粗饲料营养成分及饲用价值的比较研究	饲料研究	2017	王郝为，杨焕胜，陈青，吴端钦
607	不同切割长度对苎麻青贮营养成分及其饲用价值的影响	第二届青贮及牧草保存学术交流暨产业展览展示会	2017	王郝为，侯振平，王延周，王满生，吴端钦
608	纤用苎麻中苎2号饲草化刈割模式研究	中国麻业科学	2017	王延周，喻春明，唐守伟，戴求仲，朱爱国，熊和平
609	日粮钙水平对产蛋高峰期临武鸭产蛋性能、蛋品质和血清生化指标的影响	中国饲料	2017	黄璇，李闯，张旭，蒋桂韬，王向荣，胡艳，戴求仲
610	复合酶制剂对几种糟渣类原料养分利用率和代谢能的影响	动物营养学报	2017	张旭，黄璇，李闯，王向荣，蒋桂韬，吴端钦，戴求仲

续表

序号	论文题目	期刊或会议名称	发表年份	作者
611	Modification of membrane properties and fatty acids biosynthesis-related genes in Escherichia coli and Staphylococcus aureus: Implications for the anti-bacterial mechanism of naringenin	*BBA - Biomembranes*	2017	Langhong Wang, Xinan Zeng, Man-sheng Wang, Charles S. Brennan, De-ming Gong
612	Membrane and genomic DNA dual-targeting of citrus flavonoid naringenin against Staphylococcus aureus	*Integrative Biology*	2017	Langhong Wang, Mansheng Wang, Xinan Zeng, Ximing Xu, Charles S. Brennan
613	Comparison of the meat metabolite composition of Linwu and Pekin ducks using 600 MHz 1H nuclear magnetic resonance spectroscopy	*Poultry Science*	2017	Xiangrong Wang, Chengkun Fang, Jianhua He, Qiuzhong Dai, Rejun Fang
614	饲粮中硒添加水平对产蛋高峰期临武鸭产蛋性能、蛋品质、血清抗氧化指标和蛋硒含量动态变化的影响	动物营养学报	2017	黄璇，李闯，蒋桂韬，张旭，王向荣，胡艳，刘伯承，戴求仲
615	产蛋高峰期临武鸭苏氨酸需要量	动物营养学报	2017	黄璇，李闯，蒋桂韬，张旭，胡艳，王向荣，戴求仲
616	Effect of pulsed electric fields (PEFs) on the pigments extracted from spinach (*Spinacia oleracea* L.)	*Innovative Food Science & Emerging Technologies*	2017	Zhihong Zhang, Langhong Wang, Xinan Zeng, Zhong Han, Mansheng Wang
617	Alternative functions of Hd1 in repressing or promoting heading are determined by Ghd7 status under long-day conditions	*Scientific Reports*	2017	Zhang Z., Hu W., Shen G., Liu H., Hu Y., Zhou X., Liu T., Xing Y.
618	Magnolol additive as a replacer of antibiotic enhances the growth performance of Linwu ducks	*Animal Nutrition*	2017	Qian Lin, Jianfei Zhao, Kun Xie, Yushi Wang, Guili Hu, Guitao Jiang, Qiuzhong Dai, Zhiyong Fan, Jianhua He, Xi He, Dexing Hou

续表

序　号	论文题目	期刊或会议名称	发表年份	作　者
619	Mechanisms underlying degradation pathways of microcystin-LR with doped TiO_2 photocatalysis	*Chemical Engineering Journal*	2017	Xi Hu，Xinjiang Hu，Chunfang Tang，Shizhi Wen，Xiaofu Wu，Jian Long，Xiong Yang，Hui Wang，Lu Zhou
620	Ethylenediamine grafted to graphene oxide@Fe_3O_4 for chromium（VI）decontamination：Performance，modelling，and fractional factorial design	*PLoS ONE*	2017	Xinjiang Hu，Jiawen Xu，Cuiyu Wu，Jianbin Deng，Wenwei Liao，Yuxiang Ling，Yuanxiu Yang，Yina Zhao，Yunlin Zhao，Xi Hu，Hui Wang，Yunguo Liu
621	Comparisons of proximate compositions，fatty acids profile and micronutrients between fiber and oil flaxseeds（*Linum usitatissimum* L.）	*Journal of Food Composition and Analysis*	2017	Xianguo Zou，Xiaolu Chen，Jiangning Hu，Yufu Wang，Deming Gong，Xuemei Zhu，Zeyuan Deng
622	Fiber Flax Breeding in China and Europe	*Journal of Natural Fibers*	2017	Yufu Wang，Zofija Jankauskiene，Caisheng Qiu，Elvyra Gruzdeviene，Song-hua Long，Efthymia Alexopoulou，Yuan Guo，Jan Szopa，Dongmei Hao，Ana Luisa Fernando，Hui Wang
623	Therapeutic Strategies of Plant-derived Compounds for Diabetes Via Regulation of monocyte Chemoattractant Protein-1	*Current Medicinal Chemistry*	2017	M. Czemplikl，A. Kulma，Yufu Wang，J. Szopa
624	Digital gene expression profiling of flax（*Linum usitatissimum* L.）stem peel	*Gene*	2017	Yuan Guo，Caisheng Qiu，Song-hua Long，Ping Chen，Dongmei Hao，Marta Preisner，Hui Wang，Yufu Wang
625	Efficient Removal of Tetracycline from Aqueous Media with a Fe_3O_4 Nanoparticles@graphene Oxide Nanosheets Assembly	*International Journal of Environmental Research and Public Health*	2017	Xinjiang Hu，Yunlin Zhao，Hui Wang，Xiaofei Tan，Yuanxiu Yang，Yunguo Liu
626	亚麻新品种中亚麻 5 号的选育	中国麻业科学	2017	郝冬梅，邱财生，王世发，龙松华，凤桐，郭媛，王慧，王玉富
627	工业大麻新品种中大麻 1 号及高产栽培技术	中国种业	2017	郝冬梅，龙松华，杨龙，邱财生，李俊刚，郭媛，王慧，刘照新，王玉富

续表

序号	论文题目	期刊或会议名称	发表年份	作者
628	甘蔗诱变育种研究进展	热带农业科学	2017	许雯雯，龙松华，邱财生，郭媛，王慧，王玉富
629	黑龙江省工业大麻产业发展及收获加工机械情况调研	中国麻业科学	2017	吕江南，马兰，刘佳杰，龙超海，周韦
630	饲用苎麻机械化收获发展现状·问题·对策建议	安徽农业科学	2017	刘佳杰，马兰，周韦，龙超海，何宏彬，吕江南
631	国内外工业大麻加工处理机械发展现状	安徽农业科学	2017	马兰，龙超海，刘佳杰，何宏彬，吕江南
632	我国饲用苎麻青贮加工机械调研与技术途径研究	中国麻业科学	2017	刘佳杰，马兰，周韦，龙超海；何宏彬，吕江南
633	苎麻韧皮纤维撕裂力的试验研究	湖南农业大学学报（自然科学版）	2017	王加跃，吴明亮，吕江南，林崟，谢伟，罗海峰
634	The phytoremediation of heavy metal contaminated soils by bast fiber frops	*The Greece-China Fiber Crops Workshop*	2017	王玉富
635	Removal of copper ions by few-layered graphene oxide nanosheets from aqueous solutions: External influences and adsorption mechanisms	*Journal of Chemical Technology & Biotechnology*	2017	Hui Wang, Xinjiang Hu, Yuan Guo, Caisheng Qiu, Songhua Long, Dongmei Hao, Wenwen Xu, Yufu Wang, Yunguo Liu
636	不同玉米品种对瘤黑粉病抗性的初步鉴定	湖南农业大学学报（自然科学版）	2017	严理，李智敏，陈佳，高春生，余永廷，严准
637	辣椒疫病拮抗菌的分离，鉴定及其生防效果	生态学杂志	2017	谈泰猛，黎继烈，申爱荣，严准，张梦君，祝久香，曾粮斌，赵梦瑞
638	亚麻立枯病拮抗菌的筛选、生防效果及发酵条件优化	微生物学通报	2017	张梦君，黎继烈，申爱荣，谭石勇，严准，薛召东，谈泰猛，曾粮斌
639	氮素形态对稻田土壤中镉迁移转化剂生物有效性的影响研究	西南农业学报	2017	孙向平，严理，高春生，余永廷
640	不同类型肥料对污染稻田土壤中镉迁移转化的影响	江苏农业科学	2017	孙向平，张梦君，严理，曾粮斌
641	Molecular Cloning, Recombinant Expression and Antifungal Activity of BnCPI, a Cystatin in Ramie (*Boehmeria nivea* L.)	*Genes*	2017	Yongting Yu, Gang Zhang, Zhimin Li, Yi Cheng, Chunshegn Gao, Liangbin Zeng, Jia Chen, Li Yan, Xiangping Sun, Litao Guo, Zhun Yan

续表

序号	论文题目	期刊或会议名称	发表年份	作者
642	Draft genome analysis provides insights into the fiber yield, crude protein biosynthesis, and vegetative growth of domesticated ramie（*Boehmeria nivea* L. Gaud）	*DNA research*	2017	Chan Liu, Liangbin Zeng, Siyuan Zhu, Lingqing Wu, Yanzhou Wang, Shouwei Tang, Hongwu Wang, Xia Zheng, Jian Zhao, Xiaorong Chen, Qiuzhong Dai, Touming Liu
643	群体感应抑制及其植物病害防控应用	南方农业学报（接收）	2017	周静煌，严准，高春生，余永廷，李智敏，曾粮斌，陈佳，郭利桃，程毅
644	Physiological response to cadimium stree in china（*Hibiscus cannabinus* L.）seedlings	*Industrial Crop and Products*	2017	Yong Deng, Defang LI, Yumin Huang, Siqi Huang
645	Synthesis of carbon dots from pear juice for fluorescence detection of Cu^{2+} ion in water	*Journal of nanoscience and nanotechnology*	2017	Liangliang Liu, Haoru Gong, Defang Li, Lining Zhao
646	The Interactions between ZnO Nanoparticles（NPs）and α-Linolenic Acid（LNA）Complexed to BSA Did Not Influence the Toxicity of ZnO NPs on HepG2 Cells	*Nanomaterials*	2017	Yiwei Zhou, Xin Fang, Yu Gong, Aiping Xiao, Yixi Xie, Liangliang Liu, Yi Cao
647	Molecular Structure - Affinity Relationship of Flavonoids in Lotus Leaf（Nelumbo nucifera Gaertn.）on Binding to Human Serum Albumin and Bovine Serum Albumin by Spectroscopic Method	*Molecules*	2017	Xiaosheng Tang, Ping Tang, Liangliang Liu
648	The endoplasmic reticulum stress inducer thapsigargin enhances the toxicity of ZnO nanoparticles to macrophages and macrophage-endothelial co-culture	*Environmental Toxicology & Pharmacology*	2017	Gui Chen, Yuexin Shen, Xiyue Li, Qin Jiang, Shanshan Cheng, Yuxiu Gu, Liangliang Liu, Yi Cao
649	Influence of phytochemicals on the biocompatibility of inorganic nanoparticles: a state-of-the-art review	*Phytochemistry Reviews*	2017	Yi Cao, Yixi Xie, Liangliang Liu, Aiping Xiao, Yining Li, Cao Zhang, Xin Fang, Yiwei Zhou

续表

序　号	论文题目	期刊或会议名称	发表年份	作　者
650	A review of endoplasmic reticulum (ER) stress and nanoparticle (NP) exposure	*Life Sciences*	2017	Yi Cao, Jimin Long, Liangliang Liu, Tong He, Leying Jiang, Chunxue Zhao, Zhen Li
651	The use of human umbilical vein endothelial cells (HUVECs) as an in vitro model to assess the toxicity of nanoparticles to endothelium: a review	*Journal of Applied Toxicology*	2017	Yi Cao, Yu Gong, Liangliang Liu, Yiwei Zhou, Xin Fang, Cao Zhang, Yining Li, Juan Li
652	Screening and separation of inhibitors from Solanum nigrum with amylase-functionalized magnetic graphene oxide combined with high-speed counter-current chromatography	*Journal of separation science*	2017	Yin Cen, Aiping Xiao, Xiaoqing Chen, Liangliang Liu
653	Preparation of TiO_2-based photocatalysts and their photocatalytic degradation properties for methylene blue, rhodamine B and methyl orange	*Desalination and Water Treatment*	2017	Jingang Yu, Jiao Zou, Liangliang Liu, Xinyu Jiang, Feipeng Jiao, Xiaoqing Chen
654	红麻液泡膜质子泵 H^+-PPase（Hcvp1）基因的克隆、序列分析和表达	华北农学报	2017	李辉，李德芳，陈安国，唐慧娟，李建军，黄思齐
655	红麻短日条件下自然群体有效株高与始花节位的相关和回归分析	中国麻业科学	2017	李辉，李德芳，陈安国，唐慧娟，李建军，黄思齐，邓勇
656	盐和干旱胁迫下红麻WD40-1基因的表达调控	农业生物技术学报	2017	李辉，李德芳，陈安国，唐慧娟，李建军，黄思齐
657	不同留茬收获模式对红麻产量及营养价值的影响初探	中国麻业科学	2017	唐慧娟，白杰，陈安国，李建军，黄思齐，李德芳
658	镉胁迫对大麻幼苗生长及生理生化影响	中国麻业科学	2017	黄玉敏，邓勇，李德芳，赵立宁，唐慧娟，黄思齐
659	大麻 *CBDA1* 基因的生物信息学分析	安徽农业科学	2017	常丽，唐慧娟，李建军，黄思齐，陈安国，赵立宁，李德芳

续表

序 号	论文题目	期刊或会议名称	发表年份	作 者
660	利用SRAP和SSR标记构建红麻遗传连锁图谱	中国麻业科学	2017	武耀龙，李德芳，李建军，黄思齐，李辉，唐慧娟，陈安国
661	Evaluation and impact factors of the mechanical properties of phloem bundle fibers obtained from kenaf germplasm	*Journal of Natural Fibers*	2017	Zhou Cheng，Guanrong Jin，Yunguo Zhu，Shan Li，Xiaoling Yang，Defang Li
662	Evaluation of Nutritive Value of Seven Kenaf（*Hibiscus cannabinus* L.）Varieties Harvested Depending on Stubble Height	*Journal of Tropical Agricultural Science*	2017	Jie Bai，Defang Li，Anguo Chen，Jianjun L.，Siqi Huang，Huijuan Tan
663	不同品种红麻籽油脂肪酸组成的GC-MS分析	中国油脂	2017	廖丽萍，肖爱平，冷鹃，杨喜爱，刘亮亮，梅时勇
664	Screening and binding analysis of flavonoids with alpha-amylase inhibitory activity from lotus leaf	*Journal of the Brazilian chemical society*	2017	Liping Liao，Jing Chen，Liangliang Liu，Aiping Xiao
665	Response of intestinal bacterial flora to the long-term Feeding of aflatoxin B1（AFB1）in mice	*Toxins*	2017	Xiai Yang，Liangliang Liu，Jing Chen，Aiping Xiao
666	Enhanced performance of magnetic graphene oxide-immobilized laccase and its application for the Decolorization of Dyes	*Molecules*	2017	Jing Chen，Juan Leng，Xiai Yang，Liping Liao，Liangliang Liu，Aiping Xiao
667	The adverse vascular effects of multi-walled carbon nanotubes（MWCNTs）to human vein endothelial cells (HUVECs) in vitro：role of length of MWCNTs	*Journal of Nanobiotechnology*	2017	Jimin Long，Yafang Xiao，Liangliang Liu，Yi Cao
668	磁性纳米粒子固定化酶技术研究进展	生物技术进展	2017	陈静，冷鹃，杨喜爱，廖丽萍，刘亮亮，肖爱平
669	Antibacterial activity of polyphenols：structure-activity relationship and influence of hyperglycemic condition	*Molecules*	2017	Yixi Xie，Jing Chen，Aiping Xiao，Liangliang Liu

续表

序号	论文题目	期刊或会议名称	发表年份	作者
670	In vitro effect of flaxseed oil and a-linolenic acid against the toxicity of lipopolysaccharide (LPS) to human umbilical vein endothelial cells	*Inflammopharmacol*	2017	Yuexin Shen，Gui Chen，Aiping Xiao，Yixi Xie，Liangliang Liu，Yi Cao
671	Preparation of tetraethylenepentamine modified magnetic graphene oxide for adsorption of dyes from Aqueous Solution	*Journal of the Brazilian Chemical Society*	2017	Xiaosheng Tang，Ping Tang，Liangliang Liu
672	Improvements in activity and stability of immobilized alcohol dehydrogenase using magnetic carbon nanotubes	*Chiang Mai Journal of Science*	2017	Xiaosheng Tang，Ping Tang，Liangliang Liu
673	Isolation，identification，and environmental adaptability of heavymetal-resistant bacteria from ramie rhizosphere soil around mine refinery	*Biotech*	2017	Jie Jiang，Chaohu Pan，Aiping Xiao，Xiai Yang，Guimin Zhang
674	10份苎麻种质水培法过冬生长研究	中国农学通报	2017	许英，陈建华，栾明宝，王晓飞，孙志民，粟建光
675	50份长果黄麻种质资源耐盐性鉴定评价	植物遗传资源学报	2017	卢瑞克，杨泽茂，戴志刚，许英，唐蜻，程超华，陈基权，粟建光
676	黄麻耐盐性评价及盐胁迫下的生理响应	中国麻业科学	2017	卢瑞克，杨泽茂，戴志刚，唐蜻，谢冬微，许英，程超华，粟建光
677	黄秋葵品种中葵2号及高产栽培技术	中国种业	2017	戴志刚，柏凌云，杨泽茂，粟建光，陈基权，卢瑞克，龚友才，高红，方冬兵，文海兵
678	Colletotrichum species associated with jute (*Corchorus capsularis* L.) anthracnose in southeastern China	*Scientific Reports*	2017	Xiaoping Niu，Hong Gao，Jianmin Qi，Miancai Chen，Aifen Tao，Jiantang Xu，Zhigang Dai，Jianguang Su
679	Diplosporous development in Boehmeria tricuspis：Insights from de novo transcriptome assembly and comprehensive expression profiling	*Scientific Reports*	2017	Qing Tang，Gonggu Zang，Chaohua Cheng，Mingbao Luan，Zhigang Dai，Ying Xu，Zemao Yang，Lining Zhao，Jianguang Su

续表

序　号	论文题目	期刊或会议名称	发表年份	作　者
680	Transcriptome analysis of two species of jute in response to polyethylene glycol (PEG)-induced drought stress	*Scientific Reports*	2017	Zemao Yang，Zhigang Dai，Ruike Lu，Bibo Wu，Qing Tang，Ying Xu，Chaohua Cheng，Jianguang Su
681	Salt-Stress response mechanisms using de novo transcriptome sequencing of salt-tolerant and sensitive corchorus spp. genotypes	*Genes*	2017	Zemao Yang，Ruike Lu，Zhigang Dai，An Yan，Qing Tang，Chaohua Cheng，Ying Xu，Wenting Yang，Jianguang Su
682	De novo transcriptome sequencing of two cultivated jute species under salinity stress	*PLoS ONE*	2017	Zemao Yang，An Yan，Ruike Lu，Zhigang Dai，Qing Tang，Chaohua Cheng，Ying Xu，Jianguang Su
683	Large-scale development，characterization，and cross-amplification of EST-SSR markers in Chinese chive	*GMR*	2017	Qingming Tang，Langbo Yi，Xianglin Yuan，Fu Li
684	罗布麻的研究现状与开发利用	中国麻业科学	2017	麻浩，郁崇文，粟建光，肖浪涛，温新惠，王晋，崔国贤
685	黄麻吸附材料处理废水中污染物的应用研究进展	中国麻业科学	2017	邓灿辉，粟建光，陈基权，戴志刚，刘婵，唐蜻，程超华，杨泽茂，许英
686	“十二五”国家麻类种质资源平台工作研究进展	中国麻业科学	2017	戴志刚，杨泽茂，陈基权，龚友才，路颖，谢冬微，宋宪友，粟建光

三　部分获奖成果简介

（一）主要麻类作物专用品种选育与推广应用

我国主要麻类作物为苎麻、亚麻和红麻等，其制品年出口创汇达 20 亿美元以上。目前天然纤维每年以 15%的速度递增，而棉花、蚕丝和细羊毛的产量受制于生产条件，难以满足需求。麻类作物种植不占良田，可利用山丘、坡地种植，最有希望弥补日益增长天然纤维的不足。

从苎麻杂交后代中选育出高档面料品种中苎 1 号，平均原麻产量为 220 千克/亩左右，比对照圆叶青增产 15%。纤维质量优良，纤维细度提高 500 支。利用此原麻首次纺织 300 公支的特高支纱（一般原料纺 36 公支纱），生产出了苎麻高档超薄面料。

在苎麻研究上成功获得了兼抗鳞翅目害虫的转基因植株，在国际同类研究中处于领先水平。该研究论文发表在 *In Vito Cell Dev. Biol. Plant*，(2008) 44：105－111。

采用花粉管通道法在亚麻上成功地导入总DNA，经系统选育成功黑亚14号，长麻率达到18.5%，比对照高2.3%，原茎产量419千克/亩，比对照增加10.8%。

应用苎麻“两系”杂交优势技术，成功地选育出川苎8号，为国内首创。在坡耕地种植具有保水保土的功能，被水利部指定为南方保水植物。坡耕地苎麻生长期间地块平均侵蚀模数为30千克/（亩·年），仅为一年生作物种植地块的1.3%。按现行“坡改梯”成本投入比较，种植苎麻58万亩，节省成本8亿元，年减少水土流失112 000万千克。

选育高纸浆得率的红麻造纸纺织兼用品种，其中超级杂交红麻中杂红305比红引135增产22.1%的，硫酸盐法制浆纸浆得率达到48%；福红992比对照粤743增产17%～25%。

研制出300公支特高支细薄织物面料；以苎麻韧皮及麻骨为原料，通过酶降解，获得转化率高达41.3%的燃料乙醇。用生物酶处理苎麻夏布，与化学处理相比，降低污染物的排放。

从2003年开始，累计在湖南、湖北、江西、黑龙江、安徽、河南和四川等省推广麻类新品种面积1 051.79万亩，新增经济效益20.89亿元。

该成果获2009年中华农业科技一等奖。

（二）苎麻饲料化与多用途研究和应用

针对我国蛋白饲料依赖进口、食用菌基质短缺等问题，麻类所在国家科技支撑计划、农业部行业专项和产业体系的资助下，从饲料专用苎麻品种选育入手，充分挖掘苎麻饲用性能，进行副产物资源化加工技术研究，形成了“苎麻饲料化与多用途研究和应用”技术成果。

该项目主要内容为：以高蛋白为目标，成功选育出饲料专用苎麻品种——中饲苎1号，该品种生长速率快、耐割性强，粗蛋白质22.00%，赖氨酸1.02%，钙4.07%，这3项指标明显高于苜蓿；提出并推行一麻多用的技术路线，通过机械收剥，得到苎麻纤维及副产物，副产物经青贮发酵后用作草食动物饲料和食用菌培养基质，苎麻生物资源利用率由原来的18%提升到80%以上；以青贮技术为重点，发明了苎麻副产物加工技术与草食动物饲喂技术，最大限度地保持了营养，且适口性好，在保持肉牛正常生长的条件下，可替代30%的精饲料，降低成本20%以上；以苎麻副产物青贮基质化为基础，研究出栽培高档食用菌技术，栽培的杏鲍菇生物学效率达65%，与棉籽壳相比提高13%以上，生长周期缩短6～8天，蛋白质含量提高30%、脂肪和糖含量分别降低33%和24%。

该成果的主要亮点和创新点：根据草食动物饲喂的要求，选育出世界上首个饲料专用苎麻品种中饲苎1号，为适合于南方的优质饲草开发奠定基础；率先系统利用了苎麻麻骨、麻叶等副产物，改变了传统苎麻产业中副产物不被利用的习惯，通过将其转化为优质饲料，实现了苎麻副产物的饲料化；攻克了在我国南方湿热气候条件下青绿作物原料难以保存、营养流失与营养结构欠佳的难题，并优化了苎麻饲料的蛋白含量；率先利用苎麻副产物青贮料栽培食用菌，获得一种来源广泛、易于保存和便于运输的食用菌基质。

中饲苎1号于2005年通过湖南省品种审定，“苎麻副产物饲料化与食用菌基质化高效利用技术”于2012年通过农业部成果鉴定，均达到国际先进水平；项目研发和推广依托麻类体系和当地农村专业合作社等平台，联合湖南天华实业有限公司，达州市农业科学研究所，湖北省咸宁市农业科学院，湖南省张家界市农业科学研究所等国内科研和生产单位，采取企业带动、技术培训、生产示范等方式，先后在湖南涟源、张家界、四川达州和湖北咸宁等地推广应用，累计创经济效益41 273.9万元，新增纯收益18 107.9万元。

该成果获2013年湖南省科技进步一等奖。

（三）优质高产苎麻新品种中苎1号的选育与推广

该品种叶片圆形，叶色深绿，叶面皱纹多；叶柄微红色，夹角小；叶片分布均匀，冠层结构合理；中根丛生蔸型，分株能力强，无效分株少，植株挺拔，茎秆粗壮，上下均匀一致，群体结构整齐协调；抗逆性强。株高一般190～230厘米，茎粗1.0～1.3厘米。雌花黄色，果穗长15～25厘米，瘦果即种子黄褐色，千粒重0.053克，结果量较少。全年3季合计工艺成熟期187天，中熟型品 种。原麻青绿色，手感柔软，锈脚少，含胶量低，品质优良。

中苎1号年平均原麻产量为220千克/亩左右，比对照芦竹青增产约35%，比对照圆叶青增产10%～15%。年平均单纤维细度1 916支左右，单纤维强力为46.75厘牛。纤维纺织性能优良。

宜在5月上旬至中旬移栽，根据土壤肥力条件，每公顷栽麻30 000～37 500株。7月底或8月初选在下雨前破秆，或破秆后灌水。当年收一季麻。加强冬季培管，多施有机肥或高效复合肥，中耕培土，覆盖麻蔸。每季麻生长前期适时追施速效氮肥，一般每亩施尿素30千克；中期施适量的速效钾肥。及时发现和杀灭苎麻田间害虫。在麻株1/2黑秆期收获，以提高纤维细度。

适宜种植地区：中苎1号适应性强，能在不同生态条件的苎麻产区推广应用。

该成果获2008年中国农业科学院科技成果一等奖。

第五节　科技平台管理

一　国家麻类作物育种中心

2002年9月，由农业部（农计函〔2002〕88号文件）批准筹建。项目投资1 100万元。固定编制30人，兼职人员40人，其中研究员6人、副研究员8人，中级职称人员10人。国家麻类作物育种中心以育种方法和种质材料创新为重点，建设麻类遗传育种和生物技术平台，配套建设新品种推广和良种贮存的条件设施。购置实验仪器设备 67 台(件)，配套用房 1 550 平方米。总投资 1 497.3 万元（含自筹 150.3 万元）。其中分子标记辅助育种技术、遗传与杂交优势利用实验室、生物技术实验室和脱毒快繁车间等共计 2 000平方米，实验室调温设备及其他设备添置等共计 105 万元；新建温室 500 平方米，共计 75 万元；新建暗室 350 平方米，共计 49 万元；新建中期种质库 300 平方米，共计 42 万元：新建网室 500 平方米，共计 40 万元：新建仓库 400 平方米，共计 56 万元：新建晒场 3 000 平方米，共计 30 万元；配套设施（新建围墙 720 米、水泥道路等）61.1 万元，电力、供水、供气等设施 79.2 万元。

主要从事麻类种质资源的收集、鉴定、保存和利用工作，加强优良种质的创制和新品种培育，开展麻类新品种育种方法的研究，广泛开展国际合作与交流。针对我国麻类纤维原料总量供应不足，优质率低和单产不高等突出问题，充分运用现代高新技术手段，突破高产与优质的矛盾。从选择优良材料入手，筛选配合力高和性状优良的亲本，以分子标记辅助育种，外源基因转导等技术，创造优异育种材料（包括新品系、新品种），根据育种目标配制杂交组合，经过加快世代进程，选育新品种投入生产。与此同时，完善杂交优势利用技术，配制较好的杂优组合在生产上应用。以麻类作物不同的用途，选育不同的专用品种，进行高档面料、蛋白质饲料、造纸、纤维乙醇和环保型麻地膜产品的研制，促进麻类作物的多种用途的利用。

二　国家种质长沙苎麻圃

2000 年 8 月，由农业部（农计函〔2000〕124 号）批准筹建，依托麻类所于 2002 年 11 月建成。占地面积 180 亩，包含种质保存区（栽培苎麻种质保存区、野生苎麻种质保存区以及剑麻、荨麻、罗布麻种质保存区）、资源观察鉴定区、品种比较与展示区、种质更新与扩繁区、种质创新利用区等。主要承担国内外苎麻属及其他多年生麻类种质资源搜集、安全保存与种质创新；对入圃保存的资源进行性状及生物学鉴定评价，建立苎麻资源数据库并与国家农作物种质资源平台数据库联网；负责苎麻种质资源信息与实物的共享服务。已保存苎麻种质资源 3 000 份。

建有办公与科研楼 1 栋，600 平方米的日光温室 1 栋，12 288 平方米连栋塑料大棚 1 座，6 256 平方米的苎麻保存遮阴系统 1 套以及面积 2 000 平方米的晒场 1 块。资源圃内安装有物联网数据获取与处理系统及视频安防监控系统。

拥有各类仪器设备 40 余台（套），包括 PCR 仪、显微镜、凝胶成像系统等试验分析仪器，电脑、单反照相机、彩色打印机等数据信息获取与处理设备，以及拖拉机、旋耕机、遥控植保直升机等田间作业设备，能满足麻类种质资源保存、分析鉴定、信息库建设、快速繁殖及资源圃田间耕作等日常工作需要。

现有固定工作人员 8 人，其中高级职称 3 人，博导 1 人，具有博士学位者 2 人，硕士学位者 2 人。

“十二五”以来资源圃支持国家和地方科技计划项目共20余项，包括麻类体系，国家自然基金，湖南省科技项目等，其中主持7项，参与4项，主持项目包括国家自然基金3项，农业部物种保护项目3项，国家科技计划平台项目1项。

三 国家麻类种质资源中期库

2008年，由农业部（农计函〔2008〕123号）批准筹建。承载我国麻类等南方经济作物种质资源研究工作。主要研究方向有麻类种质资源遗传多样性拓展与利用，麻类核心种质研究与利用，麻类种质创新和重要功能新基因发掘与利用，南方特色经济作物种质资源收集鉴定与利用，种质资源安全保存理论与技术研究。以建设世界一流的基因资源保存和研究中心为最终目标。目前主要承担一年生麻类资源考察收集、国外引种和对外交流；负责全国麻类资源的中短期保存及保存技术研究；组织全国麻类资源鉴定评价、创新、核心种质构建、繁殖更新和繁种入国家长期库；负责麻类资源描述规范和数据标准的制定、数据采集；提供麻类资源实物和信息的共享服务。保存黄麻、红麻、亚麻和大麻等麻类资源10 000余份，可以与国内外同行实现资源共享，而且有比较完备的种质资源搜集、保存、鉴定和利用的研究体系。

拥有各类试验基地8公顷。湖南沅江和望城、福建漳州、浙江萧山、湖北十堰、河南信阳和安徽六安资源鉴定评价与高效繁育示范基地6.67公顷，海南三亚南繁试验基地1.33公顷。

配备有种子发芽箱、超低温冰箱、干燥箱、除湿机、清选机、低温离心机、光照培养箱、人工气候箱、超净工作台、自动数粒仪、种子老化箱、电泳仪、电子天平、叶面积测试仪、红外线水分计、系统显微镜、凝胶成像系统、生物信息学服务器等仪器设备50台（套）；建成可控温温室、植物组织培养室、生理生化实验室、生物信息数据室、种子整理室、活力检测室、种子干燥室、种子接纳室和种子晒场等硬件基础设施；搭建了种质资源筛选平台、功能基因组平台、分子育种平台、转基因平台和生物信息学平台。

现有固定科技人员13人，其中研究员2人，副研究员3人，助理研究员3人，实验师2人，高级技工3人，具有博士学位4人、硕士学位3人，40岁以下占53.84%。

十二五期间主持承担科研课题10项，即院科技创新工程——麻类作物种质资源与利用团队任务；麻类产业技术体系——种质资源评价岗位；农业部麻类种质资源保护项目——麻类作物种质资源收集鉴定编目繁种与保存分发利用；科技部科技基础条件平台课题——麻类种质资源整理整合及运行服务；国家科技计划课题——麻类、甘蔗、茶、桑种质资源发掘与创新利用；CFC/IJSG红麻资源国际合作项目——通过特定工业应用提高小农红麻生产效率；农业科技成果转化资金——特优质、高产黄麻新品种中黄麻1号、中引黄麻2号示范与推广；农业部公益性行业专项——青麻DUS测试指南；农业部公益性行业专项——红麻DUS测试指南。

四 农业部麻类生物学与加工重点实验室

2011年，农业部批准筹建。主要围绕麻类优异资源挖掘与创新利用研究、麻类作物遗传育种研究、麻类生物质高效生产机理与技术研究、麻类产品分离技术研究、韧皮和叶纤维提取方法及其新用途开发研究以及麻类副产物资源化高效利用技术研究等6个方面开展工作。其开放课题设置见表14－12。

实验室拥有2 600万元的仪器设备，其中单价10万元以上科研仪器设备33台套，价值1 230余万元。在湖南沅江建有32.87公顷试验基地，在长沙通过租赁建立了5.8公顷实验基地。

实验室现有博士生导师4人，研究员10人，副研究员15人，农业科研杰出人才1人。固定技术骨干6人，外聘专家7人，外聘专家中包括中国工程院院士、长江学者、芙蓉学者等著（知）名专家和美籍华人专家。

表14－12 农业部重点实验室（站）开放课题设置

类 别	合 计	2011年	2012年	2013年	2014年	2015年	2016年
项目数（个）	23	4	4	5	5	5	6
课题经费（万元）	198	24	24	40	40	40	30

五 农业部麻类产品质量监督检验测试中心

1998年，农业部（农市发〔1998〕9号）下达筹建计划，农业部（农市发〔2000〕16号）批准为农业部部级质检中心。2000年10月首次通过农业部机构审查认可和国家计量认证。主要承担国家指定的麻类产品的质量监督检验、仲裁检验、委托检验及市场准入产品检验；对麻类产品的质量、重要新产品投产的鉴定、产品质量的认证进行检验和复检；承担麻类科研成果鉴定检验；负责麻类地理标志产品认证与质量检验；研究开发新的检验技术和方法；对本行业的质量检验机构进行指导和人员培训；参与国家标准、行业标准制修订和检验方法确认工作。检测项目包括：麻类纤维与种子类（授权，可出具对社会有证明作用检验检测报告）—— 苎麻、苎麻精干麻、熟黄麻、熟红麻、亚麻打成麻、黄麻种子、红麻种子及亚麻种子8个麻类产品中脂蜡、水溶物、果胶、半纤维素、木质素、纤维素、灰分、含胶率、线密度、束纤维强力、单纤维强力、麻类纤维细度、种子发芽率、水分、净度纱线断裂强力、纱线断裂伸长、纱线线密度、纱线捻度等检测；在土壤肥料、植物类检测方面（非授权，仅作为科研，教学或内部质量控制之用）：N、P、K、pH、有机质等养分检测；Cu、Zn、Fe、Mn、Cd、Pb、Cr等元素检测，农药残留检测，氨基酸粗蛋白、粗纤维、粗脂肪、食用油中脂肪酸、四氢大麻酚、大麻二酚等检测。

建有高标准恒温恒湿实验室100平方米，新增仪器设备近80台（套）。下设业务办公室和检测室，现有工作人员 12 人，其中技术人员 11 人，有高级职称的人数 7 人，用于对外服务的仪器设备 100 余台（套），固定资产 1 500 多万元。完成各类科研、社会委托检验检测业务 2 万多次，鉴定麻类优质纤维新品种百余个，鉴定麻类种质资源数千份，培训各种麻类生产和检测技术人员上千人。

先后 4 次通过国家计量认证和农业部机构审查认可复评审。2008—2017 年审查认可、计量认证证书依次为：2008 年获农业部颁发的“农产品质量安全检测机构考核合格证书”，编号为〔2008〕农质检核（国）字第 0067 号；2009 年复查后审查认可证书（2009）农（质监认）字 FC 第 330 号，计量认证证书 2009001973V；2012 年获“全国农产品地理标志产品品质鉴定检测机构资质证书”，证书编号：AGI2009 - JC - 077；2012 年 10 月复查后审查认可证书号：（2013）农（质监认）字 FC 第 617 号，计量认证证书号 2012001973V，2015 年复查后审查认可证书号（2016）农（质监认）字 FC 第 846 号，计量认证证书号 160004091973；2016 年 2 月获农业部颁发的“农产品质量安全检测机构考核合格证书”，编号为〔2016〕农质检核（国）字第 0067 号。

六 农业部植物纤维产品质量安全风险评估实验室

2014 年，由农业部（农质发〔2014〕10 号）批准成立。以现有的农业部麻类产品质量监督检验测试中心为基础。围绕我国麻类等植物纤维产业发展、生产安全和消费安全中对麻类等植物纤维产品质量安全风险评估的重大需求，重点突破植物纤维产品中未知污染物高通量识别和鉴定、风险监测、风险防控预警以及风险评估等关键技术，逐步在检测技术研发、风险监测评估、溯源控制、营养功能评价和安全标准研制等形成优势和特色，为植物纤维产品质量安全科学管理、依法监管、应急处置、正确指导生产与引导消费提供科学依据与技术支撑，为保障我国麻类等植物纤维产品安全消费、促进我国麻类等植物纤维产业可持续发展提供技术支撑。主要研究方向：生产过程与产区环境质量安全风险评估研究；加工过程与副产物资源化利用质量安全风险评估研究；活性成分与营养品质评价研究。

实验室总面积 1 500 余平方米，其中恒温恒湿面积 100 平方米左右，实验室将拥有高效液相色谱仪、原子吸收光谱仪、原子吸收、紫外可见分光光度计、近红外光谱仪、自动定氮仪、纤维全自动分析仪、脂肪测定仪、OFDA 纤维直径分析仪、大容量纤维测试系统、全自动发芽箱、微波消解仪等先进仪器设备 135 台套，其中 10 万元以上仪器设备 50 多台套，固定资产达 1 500 万元。另外本单位建有国家麻类作物种质资源中期库、农业部茎纤维生物质与工程微生物重点开放实验室、农业部麻类资源观测实验站等科研技术平台，这些平台配备有超净工作间、显微系统、冷冻干燥系统、发酵设备、超低温冰箱、PCR 仪、电泳系统等大型精密设备。

现有人员 16 人，其中技术人员 15 人，正高级专业技术人员 4 人，副高级专业技术人员 4 人，中级职称人员 4 人，博士 2 人，硕士 4 人。承担并完成了国家科技攻关项目、国家科技支撑计划项目、国家“863”计划、农业部公益性行业科研专项、科技部成果转化项目、农业部“948”引进项目、科技部科研条件工作专项、科技部“重大技术标准研究专项”项目、农业部麻类标准制修订工作、院基本科研业务费专项、全国麻类质量安全普查专项等各类科研项目20余项。特别是“十二五”期间，承担农业部农产品质量安全监管类项目特色农产品风险评估及创新工程项目特色蔬菜资源与遗传改良。

七 湖南省麻类遗传育种与麻产品生物加工重点实验室

2002年11月，湖南省（湘科函字〔2002〕82号文件）批复同意，由湖南省科学技术厅和中国农业科学院共同组建而成。采用湖南省和中国农科院共建的模式和“开放、流动、竞争、联合”的运行机制，主要从事麻类作物遗传育种和麻产品生物加工研究。通过基础、应用基础和应用技术研究，持续形成先进而适用的麻类产业发展关键技术，给麻类生产提供高产、优质、多抗新品种及其配套栽培技术，给轻、纺工业提供高效、节能、清洁型麻类及类似草本纤维生物制浆、生物脱胶及后整理新技术（包括生物酶制剂），促进麻类产业结构调整、提高麻产品在国际市场的竞争力，为湖南经济发展做出重要贡献。重点实验室内研究领域涵盖作物遗传育种、生物技术、植物生理学、细胞生物学、分子生物学、植物营养、酶工程、微生物学、生物质材料，生物质能源及麻类加工工程等领域。麻类作物遗传育种与生物加工重点实验室作为全省开放实验室，有利于人才的引进和组织湖南省科研力量对制约麻类生产的重点难题进行攻关。

八 农业部沅江麻类资源重点野外科学观测试验站

2005年，由农业部（农科教〔2005〕14号文）批准筹建，通过麻类及野生纤维植物种质资源观测网数据中心，向全国纤维植物科研、教学和生产无偿提供信息服务，提供科学家开展纤维植物保存和利用研究。本试验站承接科技部、农业部等基础性长期监测任务包括科技部支撑计划、科技基础性平台专项以及农业部保种项目，这些项目主要是麻类资源野外科学观测、评价与鉴定，是本试验站的主要检测工作之一。此外，还承担了麻类体系沅江苎麻试验站项目，以及参与麻类体系种质资源、育种、栽培、病虫害防控等多个岗位的研究工作。通过这些项目完成了部分麻类资源形态及生理特征监测；并完成了麻类资源病虫害数据库、育种亲本材料数据库、栽培数据库以及土壤和气候因子数据库建设。沅江麻类资源重点野外科学试验观测站分4个独立区，即为行政办公与资源保护与观测区，占地5.34公顷；示范区，占地13.33公顷；试验观测区占地20公顷；安全评价区占地0.4公顷。实验室609.21平方米、生活用房504.73平方米、库房309.65平方米，网室304.6平方米；排水渠4 733米，灌水渠3 301米，围墙5 168米，田间道路12 496平方米。现有实验仪器设备45台件，包括植物生长环境数据采集系统（Auto-22）、快速土壤水分测定仪（TSZ-Ⅱ），快速土壤养分测定仪，全自动植物茎流系统（AZ-DD），水势测定仪（PsyPro）和叶面积仪（YMJ-B）等。农机具8台（件），包括潜水式无堵塞水泵，黄海金马804拖拉机，起垄机，230旋耕机和动力喷雾机等。相关仪器设备具有专人负责使用、管理和维护，维修经费从国家麻类产业技术体系沅江苎麻试验站经费中支出；大部分仪器设备在田间观察、数据搜集、试验材料初级处理等科研活动中发挥重要作用。

九 中国农科院生物质能源研究长沙分中心

2006年5月，由中国农科院生物质能源研究中心批准筹建。根据纤维质能源生产各工序的技术要求，投资400多万元，现有生物预处理设备、高压反应釜、陶瓷膜微滤系统、酒精蒸馏装置、螺旋挤压式秸秆成型机等设备11台/套，建成年处理150 000千克原料的“纤维质酶处理生产燃料乙醇研究实验室”。秉承以高效利用麻类等纤维质资源为目的，以生物提取和酶降解纤维质为基础，以环境友好的产品为导向，解决我国能源短缺和环境污染等问题，开展了以下研究：纤维质资源研究方面，重点研究麻类、芦苇和草本纤维作物的培育、种植及收集处理技术；纤维质能源转化方面，研究纤维质生物提取、纤维质酶降解、废弃物能源利用、能源微生物、红麻生物柴油和纤维质基地膜等关键技术；纤维质产品开发方面，研制可降解纤维质基地膜、红麻生物柴油和麻类加工生物制剂等。

十 中国农科院麻类工程技术研究中心、湖南省麻类工程技术研究中心

2006年2月28日和2007年，由中国农科院以农科院办〔2006〕63号文和中国农科院以农科院科（2007）50号文，湖南省科技厅以湘科函（2007）9号文批准筹建。其任务是：广泛开展纺织、造纸、生物质能源、生物质膜、麻类加工生物酶制剂和相关产品的共性和关键技术研究，对科技原始创新成果进行熟化和集成，培养专业人才队伍。2006年由湖南省批复筹建。该中心以服务生产为宗旨，对科技原始创新成果进行熟化和集成，解决麻类科技成果在生产上推广出现的新问题，不断提高麻类加工的科技成果转化和工程技术开发的能力，达到一流的工程化、产业化水平；培养出一流的麻类加工行业需要的高质量工程技术人才和工程管理人才。该中心利用麻类所的资源、人才和技术条件，联合湖南省的强势企业，开展麻类优质高产新品种种植技术、麻类加工生物制剂制备技术、生物脱胶和生物制浆技术、纤维原料生物降解生产燃料乙醇关键技术、超薄型麻地膜制造工艺技术、生物基麻塑粒子制造工艺技术、麻类饲料加工工艺研究和开发；不断推出具有市场竞争力的苎麻等纤维植物新品种、精制纤维、麻类加工生物制剂、燃料乙醇、麻地膜等新产品和新工艺；培养从事相关领域研究的高级专业人才；为增强湖南麻类产业竞争力，振兴湖南经济做出贡献。

拥有高级职称科技人员 50 人，中级职称 48 人。博导 3 人，硕导 24 人，具有博士、硕士学位的工程技术人员 53 人。专业涵盖作物遗传育种、生物技术、分子生物学、微生物学、酶工程及农产品加工工程等。

十一　中国农科院南方经济作物研究中心

2011 年 2 月 11 日，中国农科院以农科院办〔2011〕23 号文批准成立。以麻类所为依托，以满足国家重大需求为导向，根据南方地区的气候条件及区域特点，开展南方经济作物研究，有利于扩大我院科技兴农的辐射范围，推动麻类所的可持续发展，充分发挥农业科研国家队的作用。麻类所充分利用经作中心这个平台，确立了以南方经济作物为主要研究对象，以麻类作物为重点，应用基础和应用研究相结合的社会公益性国家级农业科研机构的总体定位，并拓展了南方饲料作物资源与利用、特色蔬菜资源与遗传改良、特色蔬菜质量风险评估、南方经济作物有害生物防控、南方果树 5 个研究方向，在麻类作物饲料化等多用途技术的研发与应用以及麻育秧膜水稻机插育秧技术和麻纤维膜在农业生产上的应用等方面取得了一系列的研究成果和重大突破；大大加强了南方经济作物学科建设和相关人才的引进。

目前，特色蔬菜资源与遗传改良、南方饲料作物资源与利用、南方经济作物有害生物防控等研究方向已建成相应的创新团队，正在筹建南方果树、南方马铃薯、南方农田面源污染治理等创新团队。麻类所的研究方向从单一的麻类作物正逐渐拓展到南方经济作物。

十二　中国农科院麻类加工酶制剂中试车间

2004 年开始建设，2010 年 6 月竣工验收。车间拥有 1 978.7 平方米的标准厂房和一批先进的生产、检测、实验设备，拥有 50 升一级培养罐 2 个、500 升的二级种子罐 1 个、10 立方米的三级种子罐 2 个、补料罐、消泡罐、微滤与超滤设备 1 套等；建立了一条高效生物酶制剂的自动化生产线及与之配套的附属设施，包括高效新型酶制剂原料储存车间 1 个、发酵车间 1 个、产品综合加工车间 1 个、酶制剂研发与检测室 1 个；年产 300 吨酶制剂，其中单质酶 10 000 千克，复合酶制剂 290 000 千克。

十三　中国农科院农产品加工微生物菌种保藏库

2005 年，中国农科院批准筹建。该菌种库保存着优良的麻类加工微生物菌种资源 3 500 多份以及鞘氨醇属的新物种 1 份，是目前国内外麻类加工专用微生物菌种资源最丰富的菌种库。主要采用斜面真空保藏法、甘油保藏法以及超低温保藏法，保藏时间从 3 个月到 20 年。

第六节 研究生管理

2008 年以来，研究生管理工作由科研管理处负责，科研副所长分管。

招生学科涉及农学、理学和工学，主要招生专业有 9 个，分别是作物遗传育种、作物栽培学与耕作学、作物种质资源学、生物化学与分子生物学、微生物学、农业机械化工程、农产品质量与食物安全、植物病理学、动物营养与饲料科学。

一 研究生招收与培养

2008 年至今，麻类所研究生培养工作呈明显上升趋势，共招收培养博士研究生 18 人（其中招收 7 人，在职培养 11 人），硕士研究生 50 人（其中招收 46 人，在职培养 4 人）。

（一）脱产研究生的培养

根据中国农科院研究生院与各研究所共同培养研究生的办学模式，入学第一年研究生在中国农科院研究生院完成必修课和选修课，修满规定学分后回所做实验，在导师指导下完成毕业论文，从 2010 年起，中国农科院陆续与中国农业大学、华中农业大学、南京农业大学等多所国内农林学科排名领先的综合性大学开展联合培养博士研究生工作，联培学生第一个学期的课程学习在联培大学进行，课程学习结束后回所做实验和论文，同时实施双重管理，联培博士研究生具有中国农科院与联培大学双重学籍，毕业时如符合双方博士研究生毕业的条件，发放加盖双方公章的写实性毕业证书，麻类所从 2014 年起每年都有 1 名与华中农业大学联合培养的博士研究生。此外，为积极响应国家“一带一路”和农业“走出去”倡议，促进研究生教育国际化，2017 年招收了 1 名孟加拉籍留学生 Ashok Biswas，是建所以来招收的第一位留学生。2008—2017 年脱产研究生招生名单见表 14 - 13。

表 14 - 13 2008—2017 年脱产研究生招生名单（54 人）

招生年份	姓 名	性 别	导 师	类 别
2008	温 岚	女	熊和平	博士
2008	李彦坤	男	臧巩固	硕士
2008	周建霞	女	唐守伟	硕士
2008	蔡 侠	女	彭源德	硕士
2008	贾婉琪	女	王玉富	硕士
2009	谭龙涛	男	熊和平	硕士
2009	尚瑞广	男	王朝云	硕士
2009	高海有	男	刘正初	硕士

续表

招生年份	姓 名	性 别	导 师	类 别
2009	邹自征	男	陈建华	硕士
2010	胡 慧	女	臧巩固	硕士
2010	陈艳翠	女	李德芳	硕士
2010	刘 倩	女	粟建光	硕士
2010	郭 阳	女	喻春明	硕士
2010	刘慧玲	女	朱爱国	硕士
2010	乔瑞清	女	王玉富	硕士
2010	付莉莉	女	唐守伟	硕士
2011	郑建树	男	熊和平	博士
2011	朱涛涛	男	熊和平	硕士
2011	杨媛茹	女	王朝云	硕士
2011	李 楠	女	龚友才	硕士
2011	安晓霞	女	杨瑞林	硕士
2011	武耀龙	男	陈安国	硕士
2012	谭龙涛	男	熊和平	博士
2012	罗 卫	男	彭源德	硕士
2012	信朋飞	男	赵立宁	硕士
2012	刘晨晨	女	陈建华	硕士
2013	白 杰	男	李德芳	硕士
2013	刘 潜	男	王朝云	硕士
2013	王 靖	女	彭源德	硕士
2013	董志雪	男	赵立宁	硕士
2014	李玉兰	女	熊和平	硕士
2014	卢瑞克	女	粟建光	硕士
2015	吴 娟	女	李德芳	博士
2015	陈 静	女	肖爱平	硕士
2015	许雯雯	女	王玉富	硕士
2015	侯 美	女	喻春明	硕士
2015	曾 洁	女	刘正初	硕士
2016	邓 勇	男	李德芳	博士
2016	牛艳斌	男	王朝云	硕士
2016	刘云云	女	严 准	硕士
2016	黄玉敏	女	黄思齐	硕士
2016	许晓敏	女	朱四元	硕士
2017	Ashok Biswas	男	李德芳	博士
2017	张江江	男	李德芳	联合培养博士
2017	黄坤勇	男	陈建华	博士
2017	曾 铮	女	刘头明	硕士
2017	王亚惠	女	彭源德	硕士

续表

招生年份	姓　名	性　别	导　师	类　别
2017	吴　姗	女	粟建光	硕士
2017	邱孝军	男	梅时勇	硕士
2017	陈奕坤	男	余永廷	硕士
2017	严江涛	男	赵立宁	硕士
2017	张　浪	男	李德芳	硕士
2017	欧文静	女	陈　平	硕士
2017	刘　毅	女	肖爱平	硕士

（二）在职人员攻读学位

为了提高在职人员的专业素质和学术水平，经本人申请，人事部门通过考试考核等方式择优选拔，确定在职培养人员名单或在职职工通过全国博士研究生入学考试，获得进一步深造的机会，10 年来麻类所共选送 10 名在职职工攻读中国农科院的博士研究生，4 名在职职工被选送攻读硕士研究生。

2006 年 9 月至 2007 年 1 月，选送李德芳、粟建光、陈建华赴中国农科院研究生院深造，完成博士研究生课程学习。李德芳于 2007 年上半年通过中国农科院研究生院博士研究生入学考试，2012 年获得博士学位。2008 年，陈建华通过中国农科院研究生院博士研究生入学考试，2012 年获得博士学位。

2010 年成莉凤和邓欣通过中国农科院研究生院博士研究生入学考试进行深造，分别于 2013 年和 2014 年获得博士学位。

2011 年程毅通过中国农科院研究生院博士研究生入学考试进行深造，并于 2016 年获得博士学位；同年许英、王延周和戴志刚选送到中国农科院研究生院深造，其中许英和王延周分别于 2015 年和 2017 年获得硕士学位，戴志刚已完成硕士学位的课程学习。

2012 年郑科选送到中国农科院研究生院深造，已完成硕士学位的课程学习。

2014 年段盛文和龙松华通过中国农科院研究生院博士研究生入学考试进行深造。

2015 年程超华通过中国农科院研究生院博士研究生入学考试进行深造。

2016 年邱财生通过中国农科院研究生院博士研究生入学考试进行深造。

二　导师情况

随着研究生培养工作的发展，研究生导师的队伍日益壮大。根据《中国农业科学院研究生指导教师工作条例》等相关文件精神，麻类所严格按照博士研究生导师遴选办法和硕士研究生导师备案条件，经中国农科院研究生院审批和备案，麻类所至 2017 年共有博士生导师 6 人，硕士生导师 42 人。

（一）2008—2017 年博士生导师

熊和平遴选为博士生导师，招生学科专业为作物遗传育种，农科院学位字〔2001〕

178号文件公布。

刘正初遴选为博士生导师，招生学科专业为生物化学与分子生物学，农科院学位字〔2002〕151号文件公布。

陈信波遴选为博士生导师，招生学科专业为生物化学与分子生物学，农科学位〔2005〕14号文件公布。

2013年李德芳遴选为博士生导师，招生学科专业为作物遗传育种，农科学位〔2013〕5号文件公布。

2014年陈建华遴选为博士生导师，招生学科专业为作物种质资源学，农科学位〔2014〕8号文件公布。

2017年引进人才戴求仲被中国农科院认定为博士生导师，招生学科专业为动物营养与饲料科学，农科学位〔2017〕12号文件公布。

（二）硕士生导师

2017年年底麻类所硕士生导师名单见表14-14。

表14-14　2017年年底麻类所硕士生导师名录（42人）

姓　名	招生专业	姓　名	招生专业
熊和平	作物遗传育种	杨瑞林	作物栽培学与耕作学
臧巩固	生物化学与分子生物学	朱爱国	作物遗传育种
刘正初	微生物学	段盛文	微生物学
唐守伟	作物遗传育种	黄思齐	生物化学与分子生物学
揭雨成	作物种质资源学	李建军	作物遗传育种
龙超海	农业机械化工程	刘头明	生物化学与分子生物学
彭源德	微生物学	朱四元	作物栽培学与耕作学
王朝云	作物栽培与耕作学	栾明宝	作物种质资源学
李德芳	作物遗传育种	戴志刚	作物种质资源学
粟建光	作物遗传育种	许　英	作物种质资源学
王玉富	作物遗传育种	易永健	作物栽培学与耕作学
陈信波	生物化学与分子生物学	唐　蜻	生物化学与分子生物学
吕江南	农业机械化工程	余永廷	植物病理学
陈建华	作物种质资源学	高春生	植物病理学
陈安国	作物遗传育种	王延周	饲草生产加工及利用
龚友才	作物遗传育种	杨喜爱	作物种质资源学
肖爱平	农产品质量与食物安全	陈　平	作物遗传育种
胡镇修	作物栽培与耕作学	邱财生	作物栽培学与耕作学
赵立宁	生物化学与分子生物学	陈基权	作物种质资源学
喻春明	作物遗传育种	邓　欣	作物种质资源学
薛召东	植物病理学	李智敏	植物病理学

（三）研究生毕业与在读研究生

2008—2017年，在麻类所攻读博士学位的研究生共计20人（表14-15），硕士学位研究生共计 73 人（表 14 - 16），从麻类所毕业并获得学位的硕士生共计 54 名，博士生 11 人。

表 14 - 15　2008—2017 年在麻类所攻读博士学位人员名单（20 人）

姓　名	性　别	入学年份	毕业年份	专　业
刘建新	男	2005	2008	作物遗传育种
马雄风	男	2006	2009	作物遗传育种
王溪森	男	2006	2009	生物化学与分子生物学
李德芳	男	2007	2012	作物遗传育种
陈建华	男	2008	2012	作物遗传育种
温　岚	女	2008	2012	作物遗传育种
成莉凤	女	2010	2013	生物化学与分子生物学
邓 欣	女	2010	2014	生物化学与分子生物学
程　毅	男	2011	2015	生物化学与分子生物学
郑建树	男	2011	2014	作物遗传育种
谭龙涛	男	2012	2015	作物遗传育种
段盛文	男	2014	—	微生物学
龙松华	男	2014	—	作物遗传育种
程超华	女	2015	—	作物种质资源学
吴　娟	女	2015	—	作物遗传育种
邱财生	男	2016	—	作物种质资源学
邓　勇	男	2016	—	作物遗传育种
张江江	男	2017	—	作物遗传育种
黄坤勇	男	2017	—	作物种质资源学
Ashok Biswas	男	2017	—	作物遗传育种

表 14 - 16　2008—2017 年在麻类所攻读硕士学位人员名单（73 人）

姓　名	性　别	入学年份	毕业年份	专　业
白占兵	男	2005	2008	作物种质资源学
付登强	男	2005	2008	作物栽培学与耕作学
郭新波	男	2005	2008	生物化学与分子生物学
黄海燕	女	2005	2008	作物遗传育种
姜　涛	男	2005	2008	作物遗传育种
李　辉	男	2005	2008	作物遗传育种
秦占军	男	2005	2008	作物遗传育种
石　君	女	2005	2008	微生物学
温　岚	女	2005	2008	作物遗传育种
李　斌	女	2006	2009	微生物学
宋建龙	男	2006	2009	作物栽培学与耕作学
王　进	男	2006	2009	作物遗传育种
霍　光	男	2006	2009	作物遗传育种
张彦红	女	2006	2009	作物遗传育种

续表

姓　名	性　别	入学年份	毕业年份	专　业
王凤敏	女	2006	2009	作物种质资源学
李　伟	女	2006	2009	农产品质量与食物安全
宫本贺	男	2007	2010	作物遗传育种
石　磊	女	2007	2010	作物栽培学与耕作学
石　岩	男	2007	2010	微生物学
郑海燕	女	2007	2010	作物种质资源学
于文静	女	2007	2010	作物遗传育种
李　燕	女	2007	2010	作物遗传育种
吕佳淑	女	2007	2010	生物化学与分子生物学
李彦坤	男	2008	2011	生物化学与分子生物学
周建霞	女	2008	2011	作物遗传育种
蔡　侠	女	2008	2011	微生物学
贾婉琪	女	2008	2011	作物遗传育种
谭龙涛	男	2009	2012	作物遗传育种
尚瑞广	男	2009	2012	作物栽培学与耕作学
高海有	男	2009	2012	微生物学
邹自征	男	2009	2012	生物化学与分子生物学
胡　慧	女	2010	2013	生物化学与分子生物学
陈艳翠	女	2010	2013	作物遗传育种
刘　倩	女	2010	2013	作物种质资源学
郭　阳	女	2010	2013	作物遗传育种
刘慧玲	女	2010	2013	作物遗传育种
乔瑞清	女	2010	2013	作物遗传育种
付莉莉	女	2010	2013	作物遗传育种
朱涛涛	男	2011	2014	作物遗传育种
杨媛茹	女	2011	2014	作物栽培学与耕作学
李　楠	女	2011	2014	作物遗传育种
安晓霞	女	2011	2014	作物栽培学与耕作学
武耀龙	男	2011	2014	作物遗传育种
许　英	女	2011	2015	作物种质资源学
王延周	男	2011	2017	作物遗传育种
戴志刚	男	2011	—	作物种质资源学
罗　卫	男	2012	2015	微生物学
信朋飞	男	2012	2015	生物化学与分子生物学
刘晨晨	女	2012	2015	作物种质资源学
郑　科	男	2012	—	微生物学
白　杰	男	2013	2016	作物
刘　潜	男	2013	2016	作物栽培学与耕作学
王　靖	女	2013	2016	微生物学

续表

姓　名	性　别	入学年份	毕业年份	专　业
董志雪	男	2013	2016	生物化学与分子生物学
李玉兰	女	2014	2017	作物遗传育种
卢瑞克	女	2014	2017	作物种质资源学
陈　静	女	2015	—	农产品质量与食物安全
许雯雯	女	2015	—	作物
侯　美	女	2015	—	作物遗传育种
曾　洁	女	2015	—	微生物学
牛艳斌	男	2016	—	作物栽培学与耕作学
刘云云	女	2016	—	植物病理学
黄玉敏	女	2016	—	生物化学与分子生物学
许晓敏	女	2016	—	作物栽培学与耕作学
曾　铮	女	2017	—	生物化学与分子生物学
王亚惠	女	2017	—	微生物学
吴　姗	女	2017	—	作物
邱孝军	男	2017	—	作物
陈奕坤	男	2017	—	植物病理学
严江涛	男	2017	—	生物化学与分子生物学
张　浪	男	2017	—	作物
欧文静	女	2017	—	作物
刘　毅	女	2017	—	作物

第七节　国际合作与交流

2008—2017 年，麻类所在双边合作、多边合作以及与国际组织的合作方面取得了新的进展。主要合作伙伴有美国、日本、俄罗斯、德国、法国、意大利、捷克、荷兰、希腊、澳大利亚、波兰、印度、孟加拉国、泰国、马来西亚、印度尼西亚、韩国、突尼斯、巴西、芬兰、朝鲜、菲律宾，并与国际黄麻组织 IJO（2002 年更名为国际黄麻研究小组）（IJSG）、联合国粮农组织（FAO）、联合国工业发展组织（UNIDO）、国际天然纤维组织和美国工业作物协会等国际组织保持着密切联系。

一　主要合作伙伴

（一）与国际黄麻组织（国际黄麻研究小组）的合作

与该组织在黄红麻种质资源考察、收集、评价与鉴定、黄红麻育种、剥麻机研制与开发、生物脱胶与制浆技术、生物脱胶、生物技术等领域开展广泛的合作，承担了该组织的“通过特定工业应用提高小农红麻生产效率”国际合作项目，举行红麻种质资源国际合作项目第二项目协调会，邀请来自国际黄麻研究小组（IJSG）、共同商品基金、联合国工业发展组织（UNIDO）等国际组织的项目官员，以及马来西亚、孟加拉等国的专家来华进行学术交流。2014 年，该组织由于各种原因已经停止运营。

（二）与国际天然纤维组织的合作

国际黄麻研究小组停止运营后，麻类所加大了与国际天然纤维组织的合作，并于 2015 年加入该组织。多次参加国际天然纤维组织会议，并担任大会副主席。该组织秘书长（INFO）Dilip Tambyrajah 多次访问麻类所。

（三）与欧盟的合作

2011 年，麻类所承办了“中欧麻类作物可持续发展和多用途开发研讨会暨欧盟第七框架计划宣讲会”，共同承担了中欧麻类生物质材料可持续发展研究，工业产品和生物质多用途大麻研究项目。

与波兰天然纤维及药用植物研究所、波兰弗罗茨瓦夫大学等单位建立了合作关系。

与德国莱布尼兹植物遗传与作物科学研究所就种质资源交换进行合作。

与希腊雅典农业大学和可再生能源中心共同申报中欧合作项目。

与意大利农业研究理事会经济作物研究中心开展工业大麻栽培、育种以及种子繁育合作。与意大利国家研究委员会高分子材料与技术研究所进行可降解液态纤维地膜生产技术引进与消化吸收合作。

相关项目包括“948”项目、科技部引智项目：中德麻类作物高效生产与加工技术考察与方案优化，中希麻类种植与多用途利用。引智项目“麻类—微生物互作领域关键技术引进”等。

（四）与俄罗斯合作

与俄罗斯瓦维落夫植物栽培研究所、俄罗斯亚麻研究所、俄罗斯谱斯克夫那业研究所以及俄罗斯蔬菜研究所建立了合作关系。主要开展开展亚麻、大麻等麻类作物资源、品种选育、种植和加工技术等领域的合作。

（五）与马来西亚的合作

与马来西亚的普特拉大学和马来西亚农业发展研究所（MARDI）一直保持着交流与合作。与马来西亚农业发展研究所（MARDI）、马来西亚原产品部（Malaysia Plantation Industries and Commodities，MPIC）、国家红麻烟草局（National Kenaf and Tobacco Board，NKTB）、普特拉大学（UPM）及相关企业在红麻/黄麻新品种选育、种植技术、收获技术和加工技术以及多样性产品研发、红麻产品市场状况等方面开展合作，推广了我国的红麻/黄麻研发成果，促进了该国红麻/黄麻产业的发展。相关项目有亚洲区域合作项目“中国杂交红麻在东盟国家的高产示范与应用”、农业国际交流与合作项目“超高产红麻在东盟的示范推广与应用”、亚洲区域合作专项项目“中国超高产抗病杂交红麻多点示范与合作”。

（六）与美国的合作

与美国普渡大学就饲料作物饲用特性形成及影响的机制方面开展合作研究。与美国普渡大学和华中农业大学签署了三方纤用作物科研合作备忘录，与美国密苏里大学就副产物栽培珍稀食用菌技术及食用菌功能成分提取及作用机理研究方面达成初步合作意向。

（七）与加拿大的合作

与加拿大 Trent 大学在玉米瘤黑粉病的分子生物学领域开展合作研究。与加拿大麦克马斯特大学签署合作协议，实施共建“植物病原菌分子生态学联合实验室”。与加拿大多伦多大学共同研发利用抗体控制植物病原菌技术。

（八）与日本的合作

与日本 Sony 公司开展了利用长果种黄麻全杆粉生产吸附重金属污水材料等方面开展了合作。

（九）与孟加拉国的合作

与孟加拉国黄麻研究所（BJRI）就红麻和黄麻种质资源的交换与合作以及专家互访开展了交流。主要项目有亚洲区域合作专项“超高产型杂交红麻在孟加拉国的示范”。

（十）与韩国的合作

与韩国波罗全道农业技术推广中心进行苎麻食品、糕点的制作类型、市场需求等方面合作。与韩国忠南国立大学农业与生命科学院分子遗传育种实验室共建根茎类蔬菜分子育种联合实验室。与韩国全南北道农业研究与推广服务中心合作研究红麻饲用。与韩国 Bridge for Mankind 公司和 World Kimch 研究所就酱腌泡菜研究及工厂化生产情况、酱腌泡菜产业研究达成合作事宜。

二 合作研究项目

为加强我国麻类科研与国际同行的交流，熊和平、王朝云等专家先后参加了波兰的学术研讨会、欧盟第七框架项目会议、FAO“商品委第 37 届硬质纤维、第 39 届红黄麻和同类纤维及第 18 届剑麻政府间工作组联合会议”（斯里兰卡），并做了大会专题报告，与欧盟、国际商品共同基金会、国际黄麻研究组、国际天然纤维组织及伦敦剑麻协会等国家和国际组织进行了交流。通过承担国际合作项目，从国外搜集了一批优异的种质资源、学习了国外麻类加工关键技术，承担了欧盟第七框架计划项目“中欧麻类生物质材料可持续发展研究项目”（FIBRA）和“中欧工业产品和生物质多用途大麻合作项目（Multi-hemp)”，以及联合国工业发展组织项目和国际黄麻研究组（IJSG）“通过特定工业应用提高小农红麻生产效率”等项目。在植物保护和饲料等研究领域，加大了与外方合作的力度。2008—2017 年，麻类所共承担包括 IJO（IJSG）项目，“948”项目、中国与欧盟、中国与东盟、引智项目等在内的国际合作项目 25 项，经费 1 320.5 万元（表 14 - 17）。

表 14 - 17　2008—2017 年麻类所承担的国际合作项目

项目分类	项目名称	经费（万元）	起止年限
"948" 项目	麻地膜天然防虫剂添加技术引进与消化吸收	50	2009
	红麻产业转型关键加工技术引进与消化	50	2010—2011
	可降解液态纤维地膜生产技术引进与消化吸收	90	2015
	麻类产业发展关键技术的引进、创新与示范	200	2006—2010
IJO（IJSG）项目	通过特定工业应用提高小农红麻生产效率	170	2009—2013
引智项目	亚麻木质素合成关键酶基因的功能和调控机制研究	5	2013
	麻塑复合材料制备技术示范推广	5	2013
	麻塑复合材料制备技术示范推广	10	2014
	壳寡糖诱导的苎麻抗夜蛾分子机制	24	2016—2018
	大麻 THC 合成关键酶基因的调控研究技术引进	4.5	2016
科技部国际合作项目	农业及多用途可生物降解膜合作研究	200	2007—2010
	亚麻、大麻品种改良新技术与种质资源创新合作研究	50	2008—2010
	麻类优异基因资源收集评价与创新利用合作研究子课题	70	2011—2013
中俄政府间科技合作项目	亚麻分子育种技术研究	报账制	2015—2017
	亚麻基因克隆与高效基因转化体系的建立	报账制	2009—2011
亚洲区域合作项目	中国超级杂交红麻在东盟的技术示范与合作	60	2012
	超高产型杂交红麻在孟加拉国的示范	55	2013
	中国超级杂交红麻多用途技术示范与合作	40	2014
农业部国际合作交流	超级杂交红麻在马来西亚的技术示范与合作	15	2012
	超高产红麻在东盟的示范推广与应用	30	2014
欧盟框架 7 协议	中欧麻类生物质材料多用途开发与可持续发展合作研究	120	2012
	中欧麻类生物质材料可持续发展研究	32	2012—2015
	工业产品和生物质多用途大麻研究项目	16	2012—2015
	中欧麻类生物质材料可持续发展研究	16	2016
	工业产品和生物质多用途大麻研究项目	8	2016

三　技术输出及举办国际会议

通过科学家峰会等形式，有重点地和国际一流研究机构建立战略性交流合作关系（表 14 - 18）；加大了国外资源、技术、资金的引进力度，推动麻类科技创新能力的提高，缩短与发达国家的差距。

2010 年 10 月 28—31 日，麻类所在长沙组织召开红麻种质资源国际合作项目"Increased Production Efficiency in Small-holder kenaf production Systems for Specific Industrial Applications”（通过特定工业应用提高小农红麻生产效率）第二项目协调会。就红麻种质资源国际项目年度工作进展进行了大会报告，对红麻黄麻等麻类有关技术问题进行了交流和研讨。

2011 年 6 月 15—17 日，由中国农科院及欧盟科研与创新总司主办、麻类所承办，在长沙召开了“中欧麻类作物可持续发展和多用途开发研讨会暨欧盟第七框架计划宣讲会”。中国农科院国际合作局，麻类所、中国农科院兄弟单位以及中国科学院、高等院校、省市农科院等单位 140 余名代表参加了会议。此次研讨会弥补了中欧农业科技合作及第七框架计划没有麻类作物的缺陷，为中欧科学家交流搭建了平台，并为第七框架计划招标做了准备。

2015 年 7 月 27—28 日，在由欧盟第七框架计划 FIBRA 项目执行委员会主办、麻类所承办，在北京召开了 2015 年中欧麻类生物质材料可持续发展研究（FIBRA）项目对接会。中国农科院国际合作局金轲副局长、欧盟研究与创新司驻华参赞 Dr. Laurent Bochereau、中国麻纺协会许吉祥会长等领导和负责人出席会议并致辞。中国农科院国际合作局、麻类所、中国农科院兄弟单位以及中国科学院等单位 100 余名代表参加了会议。Dr. Laurent Bochereau 参赞重点介绍了全球生物经济的发展现状和欧盟 2020 地平线计划的情况。

表 14-18　2008—2017 年麻类所承办的国际会议

时　间	地　点	内　容	参加国家、地区、组织	参加人数	备　注
2010 年 10 月 28—31 日	长沙	通过特定工业应用提高小农红麻生产效率项目的第二项目协调会	国际黄麻小组	12 人	麻类所主办
2011 年 6 月 15 日至 6 月 17 日	长沙	中国-欧盟麻类研讨会可持续发展和多样性使用及欧盟第七框架计划宣讲会	中国、联合国粮农组织、欧盟多国	100 余人	麻类所协办
2015 年 7 月 27 日至 7 月 28 日	北京	中欧麻类生物质材料可持续发展研究（FIBRA）项目对接会	中国、联合国粮农组织、欧盟多国	100 余人	麻类所主办
2015 年 7 月 27 日至 8 月 1 日	北京	2015 年中欧麻类生物质材料可持续发展研究（FIBRA）项目第 3 期暑期培训	中国、联合国粮农组织、欧盟多国	76 人	麻类所主办

四 国际合作平台

“十二五”以来，通过拓展和加深国际战略伙伴关系，启动了麻类所国际合作平台建设计划，麻类所先后与波兰、加拿大、韩国和马来西亚联合共建中波、中加、中韩和中马联合实验室。

（一）The Joint Lab of Plant Pathogen Molecular Ecology（中加植物病原菌分子生态学联合实验室）

麻类所于 2015 年与加拿大麦克玛斯特大学 McMaster University 共建而成。合作方向和内容为主要围绕植物病害流行、病原—寄主互作等方面开展研究。双方将依托麻类所南方经济作物有害生物防控科技创新团队与麦克马斯特大学微生物生态与群体遗传学实验室（MEPG）的科技优势与平台资源，共同搭建植物病原菌分子生态学联合实验室。

（二）Joint International Kenaf Breeding Station（中马国际红麻育种实验站）

麻类所于 2015 年与马来西亚博拉特大学 Universiti Putra Malaysia 联合共建而成。合作方向和内容为主要进行红麻育种领域新技术方面的研究，包括种质资源的收集、鉴定和创制，红麻耐旱材料的选择和分子生物学研究，红麻杂交育种和杂种优势利用研究。

（三）Joint Molecular Breeding Lab of Root Vegetables（中韩蔬菜分子育种联合实验室）

麻类所于 2015 年与韩国中南国立大学 Chungnam National University 联合共建而成。合作方向和内容为主要围绕根茎类蔬菜分子育种、种质资源交流与合作等方面开展科学研究。双方将依托麻类所特色蔬菜资源与遗传改良创新团队与韩国忠南国立大学农业与生命科学院分子遗传育种实验室（MGG-CNU）的科技优势与平台资源，共同搭建根茎类蔬菜分子育种联合实验室。

（四）Joint Laboratory for Molecular Biology of Bast Fiber Crops（中波麻类分子生物学联合实验室）

麻类所于 2015 年与波兰弗罗茨瓦夫大学 University of Wroclaw，Poland 联合共建而成。合作方向和内容为麻类资源的收集与利用、麻类分子生物学、栽培与生理和多功能开发利用。

（五）The Joint Lab of Crop Disease Prevention and Antibody Research（中加植物病理与抗体研发联合实验室）

麻类所于 2016 年与加拿大多伦多大学 University of Toronto 联合共建而成。合作方向和内容包括农作物病害绿色防控技术和产品的研究、抗体研究平台筛选能抑制病原菌重要蛋白质功能的抗体、抗体选育抗病作物品种、开发新型抗病蛋白质农药等利用。

五 国际互访

2008—2017 年，先后接待了来自亚、非、欧、美、澳五大洲 14 个国家和联合国粮农组织、国际天然纤维组织和 IJO（IJSG）官员、学者 35 批 109 人次。先后派出 60 批 139 人次赴美国、日本、印度、孟加拉国、泰国、马来西亚、印度尼西亚、俄罗斯、意大利、法国、荷兰、奥地利、埃及 13 个国家进行考察、合作研究、学术交流、攻读博士学位和短期培训（表 14－19 和表 14－20）。

表 14－19　2008—2017 年外国学者来访

序　号	国别或组织	人数（人）	来访人员	访问目的	访问日期
1	意大利	2	Antonino Felice catare	农业及多用途可生物降解膜合作研究	2008 年 10 月
2	国际黄麻研究组织	1	Md. Faruque Hossain	项目合作及商讨中国重返 IJSG 事项	2008 年 11 月 7—10 日
3	加拿大	1	Michael Deyholos	麻类科研合作及研究生培养合作	2008 年 11 月 7—12 日
4	日本	4	武川真美，张安明等	开展麻地膜天然防虫添加剂合作研究	2010 年 1 月 25—29 日
5	俄罗斯	2	Ms. Nina Brutch，Mr. Aleksandr	进行亚麻、大麻育种技术、种质资源保存、利用等方面的学术交流	2010 年 10 月 10—22 日
6	马来西亚	2	Mat Daham Mohd Daud，Masnira Mohammad Yusoff	进行我国红麻加工技术、红麻新产品开发技术、红麻产品市场状况等方面的指导和交流	2010 年 10 月 29—11 月 5 日
7	意大利	3	Antonino Feoice catare，Rose Palmeri，Manvela Fracaca	农业及多用途可生物降解膜合作研究	2010 年 1 月 28—22 日
8	马来西亚	8	Ismail Kasim 等	进行红麻种质资源评价、品种选育、收获技术、初加工等方面交流	2011 年
9	马来西亚	3	Terence Yong 等	进行红麻种子和收获技术等方面交流	2011 年
10	俄罗斯	3	Dr. Nina Brutch，Dr. Andrey Pavlov，Dr. Elizaveta Porokhovinova	进行亚麻、大麻育种技术、种质资源保存、利用等方面的学术交流	2012 年 6 月 3—10 日
11	德国	2	Dr. Hans-JörgGusovius，Dr. RalfPecenka	就麻类机械生产状况和最新发展技术概况进行交流，对今后麻类机械和麻类多用途技术的合作领域进行了商谈	2013 年 9 月 10—12 日
12	波兰	2	Prof. Jan Szopa-Skorkowski，Dr. Magdalena EwaZuk	就亚麻分子生物学方面的工作进行交流，讨论相关方面的技术难题和种质资源引进等问题	2013 年 11 月 7—15 日
13	俄罗斯	4	Alexandra Dubovskaya，Dmitry Kornyukhin，Diana Sokolova，Igor Zveinek	进行亚麻、大麻育种技术、种质资源保存、利用等方面的学术交流	2013 年 11 月 26 日
14	联合国粮农组织	3	王韧，Percy Misik，戴文东	考察中国麻类产业和竹业发展情况，积极向 FAO 成员国推荐麻类所	2014 年 9 月 5 日

续表

序 号	国别或组织	人数（人）	来访人员	访问目的	访问日期
15	韩国	2	朴金永等	介绍麻类在韩国的应用情况，苎麻食品、糕点的制作类型、市场需求等	2015年4月
16	加拿大	13	徐建平等	就共建植物病原菌分子生态学联合实验室在长沙签署合作协议	2015年5月
17	荷兰	2	Dr. Luisa Trindade，Dr. Oene Dlostra	人员互访、科技交流、科研项目共同申请等合作意向进行了商讨，达成了初步的合作意向	2015年11月1—5日
18	韩国	2	Dr. Kang ChanHo，Dr. Ko Doyoung	对饲用红麻的前景进行了广泛的讨论，并就双方在饲用红麻及其他经济作物研究领域的合作达成了初步意向	2015年10月11—13日
19	美国	1	Olayiwola Adeola	学术交流，就科技合作、青年科技人员交流访问等合作进行了商讨	2015年9月25日
20	意大利	1	Mario Malinconico	就农业部“948”项目“可降解液态纤维地膜生产技术引进与消化吸收”开展相关的学术交流	2015年9月14—19日
21	国际天然纤维组织（INFO）	1	Dilip Tambyrajah	讨论国际天然纤维组织情况，探讨了在中国举办下一届联合国粮农组织国际硬质纤维会议（FAO-IGG）的可能	2015年3月31日—4月4日
21	韩国	2	Prof. Lim Yongpyo，Prof. Park Hanyong	学术交流，签署共建联合实验室协议	2015年8月24日
23	欧盟	2	Dr Efi Alexopoulou等	中欧麻类生物质材料可持续发展研究（FIBRA）项目对接会和培训班	2015年7月27日—8月1日
24	波兰	2	Jan Szopa等	中波政府间合作项目，进行学术交流，签定中波联合实验室协议	2015年12月16—21日
25	波兰	3	Wojciech Maksymiuk等	麻类所与波兰天然纤维及药用植物研究所，以及粮农组织欧洲亚麻及其他韧皮纤维植物合作研究组织在湖南长沙共同签署了《中波麻类科技合作框架协议》	2016年10月13—18日

续表

序　号	国别或组织	人数（人）	来访人员	访问目的	访问日期
26	马来西亚	5	Dato Mohd Adhan Bin Kechik 等	了解两国红麻种植、加工、市场及国家政策等方面的内容，探讨麻类所与马来西亚国家红麻与烟草局双方合作方向，共同推动两国在红麻研究与政策制定方面的合作	2016 年 10 月
27	德国	2	Dr. Hans Gusovius 和 Dr. Ralf Pecenka	讨论合作研究出适合产业发展的麻类收获和产业加工机械、提高产品质量的收剥机械和产后加工机械；研究麻类生物脱胶技术及其推广应用。讨论签订双方科技合作协议	2016 年 11 月 1—5 日
28	俄罗斯	1	Nina Brach	中波政府间合作项目，进行学术交流，签定中波联合实验室协议	2017 年 10 月 11—13 日
29	波兰	4	Dr. Anna Malgorzata Kulma 等	进行亚麻及其他麻类作物的分子育种与多用途利用学术交流，就麻类作物分子育种和转基因育种取得的技术进行交流并互相交换优异的种质资源，确保各方面按项目计划进行	2017 年 5 月 23—29 日
30	美国	2	Prof. Ray Bressan 等	参观了国家麻类种质资源中期库，初步讨论了双方的合作意向	2017 年 6 月 5 日
31	美国	2	Dr. Deborah L. Finke 等	进行现代分子生物学技术进展及应用的学术交流，并商讨双边的科研优势、人才培养、聘请外方顾问等事宜	2017 年 7 月 24 日
32	美国	2	Prof. Lawrence B. Smart 等	就工业大麻的科研与推广合作事项开展学术交流	2017 年 8 月 6—8 日
33	加拿大	17	Jianping Xu Prof. 等	做了题为《Patterns and rates of fungal evolution》学术报告，进行学术交流并洽谈合作	2017 年 5 月 15 日
34	印度	3	Shreyans Kokra 等	讨论与麻类所进行麻类生物脱胶技术及其推广应用的可能性	2017 年 11 月 21—22 日
35	美国	1	刘爱民	探讨了麻类作物合作前景，以及麻类所与明尼苏达大学在南方经济作物合作上的可能性	2017 年 12 月 11 日

表 14-20　2008—2017 年人员出访名单

序　号	姓　名	时　间	出访国家	出国任务
1	王朝云，吕江南		意大利	赴西西里科技园开展合作研究
2	臧巩固，赵立宁，王玉富	2009 年	俄罗斯 波兰	亚麻、大麻品种改良新技术与种质资源合作研究
3	粟建光	2009 年 3 月	马来西亚	CFC/IJSG 红麻项目启动会
4	王朝云，易永健，李懋	2009 年 9 月	意大利	开展合作研究
5	王朝云，吕江南，易永健	2009 年 12 月 6—16 日	日本	开展合作研究
6	王朝云，易永健，李懋	2010 年	意大利	开展农业及多用途可生物降解膜合作研究
7	臧巩固，赵立宁，王玉富	2010 年	波兰	考察波兰亚麻、大麻科研及生产情况
8	刘正初，胡镇修，郑科，郑霞	2010 年	马来西亚	引进加工机械和考察剥麻机
9	粟建光，戴志刚	2011 年	孟加拉国	红麻和黄麻种质资源的交换与合作
10	彭源德，唐守伟	2011 年	瑞典	交流学习及戊糖利用菌株的引进
11	粟建光，陈基权	2011 年	孟加拉国	参加国际合作项目（CFC/IJSG 25）第三次协调会（PCM），并考察了 BJRI 的 Manikganj 试验站
12	粟建光，陈基权	2012 年	马来西亚	参加红麻种质资源国际合作项目第四次协调会
13	臧巩固，赵立宁，吕拓	2012 年	意大利	参加工业产品和生物质多用途大麻研究项目项目启动会
14	唐守伟，王玉富	2012 年	意大利	参加中欧麻类生物质材料可持续发展研究项目启动会
15	邓欣	2012 年 12 月 20 日—2013 年 1 月 20 日	意大利	赴意大利罗马国际农业研究磋商组织下属研究机构 Bioversity Internationa。学习作物多样性的原生境保护和管理的相关技术手段
16	熊和平，唐守伟，朱爱国	2013 年	荷兰， 意大利	中荷麻类作物育种现状及发展趋势研讨会
17	李德芳，陈平，黄思齐	2013 年	意大利	参加中欧麻类生物质材料可持续发展研究项目暑期学校
18	熊和平，唐守伟，赵立宁	2013 年	荷兰	出席 FIBRA 中欧双边麻类及其产品项目交流会
19	臧巩固，赵立宁，王玉富	2013 年	荷兰，捷克	参加中欧合作项目项目 MultiHemp 年度工作会议，执行科技部国际科技合作项目，引进麻类种质资源任务

续表

序号	姓名	时间	出访国家	出国任务
20	粟建光，戴志刚	2013 年	马来西亚	参加红麻论坛并执行国际合作项目
21	王朝云	2013 年	斯里兰卡	参加联合国粮农组织第三十七届硬质纤维、第三十九届红黄麻及第十八届剑麻政府间工作组联合会议
22	李德芳，李建军，黄思齐	2013 年	马来西亚	参加红麻国际会议和执行亚洲区域合作专项任务
23	熊和平，唐守伟，陈继康	2014 年	波兰	参加欧盟第七框架中欧合作项目中欧麻类作物可持续发展和多用途开发（FIBRA）学术研讨会
24	李德芳，喻春明	2014 年	希腊	考参加工业作物及产品国际会议和中欧麻类生物质材料可持续发展研究项目框架会议
25	陈万权	2014 年	土耳其	参加第二届国际小麦条锈病学术研讨会
26	朱爱国，刘头明，高春生，郑霞	2014 年	葡萄牙	参加第二期中欧麻类生物质材料可持续发展研究项目暑期学校
27	李建军	2014 年	马来西亚	执行农业国际交流与合作项目任务
28	陈基权	2014 年	马来西亚	执行红麻种质资源项目（CFC/IJSG25）的国际交流与红麻收获机械、脱胶、多用途开发等培训任务
29	臧巩固，赵立宁	2014 年	英国	参加中欧合作项目 Multihemp 年度会议
30	熊和平	2014 年	墨西哥	考察剑麻资源、执行项目任务
31	唐守伟，王玉富，朱爱国，朱娟娟	2015 年 3 月 22—26 日	芬兰	参加中欧麻类生物质材料可持续发展研究项目第三届纤维项目专题研讨及技术交流会，执行中欧合作项目任务
32	梅时勇，陈小军	2015 年 5 月 12—16 日	韩国	参加真菌协会春季会议暨根肿病联合研讨会
33	龙超海，吕江南，邱财生	2015 年 5 月 19—24 日	德国	参加欧洲工业大麻会议并进行学术交流
34	王朝云，周晚来，谭志坚	2015 年 5 月 20—24 日	意大利	执行“948”项目“可降解液态纤维地膜生产技术引进与消化吸收”任务
35	刘志远，邓欣，马兰，廖丽萍	2015 年 8 月 18 日—11 月 15 日	意大利	执行国家外国专家局出国培训项目“纤维作物遗传生理和农艺技术培训”
36	陈万权	2015 年 7 月 4—9 日	丹麦	参加国际禾谷锈病和白粉病大会
37	余永廷，曾粮斌	2015 年 8 月 1—7 日	美国	参加 2015 年美国植物病理学会年会

续表

序　号	姓　名	时　间	出访国家	出国任务
38	粟建光，戴志刚，陈基权	2015 年 8 月 9—16 日	孟加拉国，马来西亚	执行红麻种质资源国际交流与红麻种质创新技术、收获机械、多用途开发等合作交流任务
39	陈万权	2015 年 9 月 16—21 日	澳大利亚	参加 2015 年全球锈病协作技术研讨会
40	李德芳，黄思齐	2015 年 10 月 17—23 日	美国	参加工业作物协会第二十七届国际会议
41	熊和平，唐守伟，王玉富	2015 年 11 月 22—28 日	比利时	参加中欧麻类生物质材料可持续发展研究项目总结会及未来合作讨论会
42	王朝云，吕拓	2015 年 11 月 22—29 日	哥伦比亚	参加国际天然纤维组织策略会和联合国粮农组织第三十八届硬质纤维和第四十届黄红麻及同类纤维政府间工作组联合会议
43	李德芳，李建军，黄思齐	2015 年 12 月 7—11 日	马来西亚	执行农业部财政专项亚洲区域合作专项“中国超高产抗病杂交红麻多点示范与合作”项目任务
44	臧巩固，唐蜻，程超华	2016 年 1 月 16 —22 日	法国	参加欧盟第七框架项目 MultiHemp 项目第三次工作会议
45	刘正初，段盛文，成莉凤	2016 年 3 月 15—19 日	韩国	参加 2016 年第九届国际工业生物技术大会
46	唐守伟，王玉富	2016 年 5 月 29 日—6 月 4 日	比利时，德国	赴比利时韦弗尔海姆和德国韦塞林分别进行合作交流和参加国际会议
47	余永廷，曾粮斌	2016 年 7 月 30 日—8 月 5 日	美国	参加植物病理学会 2016 年会
48	王玉富，龙松华，郭媛	2016 年 9 月 27 日—10 月 4 日	波兰	执行科技部国际合作司的中国与波兰科技合作项目“亚麻分子育种技术研究”
49	李德芳，黄思齐	2016 年 9 月 23—30 日	美国	参加工业作物协会第二十八届国际会议
50	陈万权	2016 年 10 月 16 日—11 月 5 日	美国	执行现代农业科研院所建设与发展培训
51	赵立宁，唐慧娟	2017 年 1 月 18—22 日	意大利	参加欧盟第七框架项目中欧工业产品和生物质多用途大麻合作项目结题会议
52	王朝云，朱爱国	2017 年 4 月 19—23 日	荷兰	参加国际天然纤维组织 2017 磋商会
53	李智敏	2017 年 8 月 7 日—10 月 27 日	加拿大	执行合作研究任务，学习并掌握玉米瘤黑粉菌的遗传转化技术体系
54	唐守伟，王玉富，吕拓	2017 年 8 月 23—30 日	希腊，意大利	与中欧麻类生物质材料可持续发展研究项目协调人讨论总结该项目取得的成果，与意大利农业研究理事会工业作物研究中心落实双方合作具体事宜

续表

序　号	姓　名	时　间	出访国家	出国任务
55	陈建华，喻春明，栾明宝	2017 年 10 月 10—15 日	意大利	和比萨大学同行进行苎麻资源、苎麻纤维发育机制与育种利用等方面学术交流并谈论下一步合作
56	程毅	2017 年 10 月 1 日—2018 年 1 月 13 日	加拿大	执行外专局抗体的文库构建和筛选技术项目
57	陈万权，朱爱国，黄思齐	2017 年 11 月 12—19 日	坦桑尼亚	参加第三十九届硬质纤维政府间会议及四十一届黄红麻及同类纤维作物政府间会议
58	吕江南，汤清明，邱财生	2017 年 11 月 26 日—12 月 2 日	斯洛伐克，德国	参加中国—中东欧国际创新合作大会；和德国植物遗传和作物科学研究所就大麻亚麻进行交流
59	谢纯良，成莉凤	2017 年 12 月 11—14 日	韩国	与韩国 Bridge for Mankind 公司和 World Kimch 研究所进行学术交流和讨论合作
60	梅时勇	2017 年 12 月 28 日—2018 年 1 月 3 日	尼日利亚	与尼日利亚李氏集团专家交流萝卜种植技术，讨论下一步合作

第八节　学术组织与专业刊物

一　学术组织机构

2010 年 12 月 28 日，中国作物学会第五届麻类专业委员会第一次会员代表大会暨现代麻业学术研讨会在海南省海口市召开，参加会议的代表有 136 人。选举产生了中国作物学会第五届麻类专业委员会。

主任委员：熊和平

副主任委员：马淑萍　祁建民　关凤芝　彭定祥　王朝云　臧巩固　李德芳　兰定国

秘书长：唐守伟

副秘书长：王戈

常务委员(按姓氏笔画排序)：32 人

马淑萍　王　戈　王秀平　王朝云　兰定国　毕　虹　朱爱国
刘　政　刘飞虎　刘正初　关凤芝　祁建民　李爱青　李德芳
杨　明　张德咏　陈　收　陈壬生　陈立静　陈绵才　周文钊
郭清泉　唐守伟　黄建平　崔国贤　康红梅　彭定祥　粟建光

曾庆福　臧巩固　熊和平　魏　刚

顾问：13 人

姚　穆　范云六　董玉琛　官春云　刘　旭　孙庆祥　孙家曾

张建春　许吉祥　刘伟杰　罗素玉　颜忠峰　谢恩高

2017 年 9 月 18 日，中国作物学会第五届麻类专业委员会第三次常务委员会在湖南长沙召开，酝酿产生第六届麻类专业委员会主任委员、副主任委员和常务委员候选人。

二 学术活动

专业委员会积极承办和参加各类展会，促进科技成果向生产技术的转化。2008 年 4 月，应益阳市人民政府的邀请，学会与挂靠单位组织中苎 1 号苎麻新品种、中亚麻 1 号亚麻新品种、环保型麻地膜、苎麻生物脱胶工艺技术与设备、麻类等纤维质酶降解生产燃料乙醇技术等科技成果参展，会上与益阳市农业局就中苎 1 号苎麻新品种的推广与技术服务达成合作协议。

2008 年 6 月，专业委员会又组织相关专家参加了由中国生物工程学会、湖南省人民政府等 18 家单位举办的第二届中国生物产业大会，展示了高效节能清洁型苎麻生物脱胶技术、环保型麻地膜制造及应用技术以及麻类等纤维质酶降解生产燃料乙醇技术科技成果。

为响应国际天然纤维年的活动，专业委员会与挂靠单位在湖南省长沙市举办了“2009 年国际纤维年院士专家座谈会”。中国工程院向仲怀、姚穆、官春云和刘筠等院士，以及棉麻丝毛等行业专家近 50 人参加了座谈会。这次座谈会不仅促进了麻类科学的学术交流，同时加强了天然纤维领域的交流与合作，促进了我国天然纤维生产的发展。

2010 年 12 月 28 日，中国作物学会第五届麻类专业委员会第一次会员代表大会暨现代麻业学术研讨会在海南省海口市顺利召开。来自麻类体系岗位专家和试验站代表、麻类主产省（市）代表、示范县（市）代表、以及纺织企业、大学、相关政府部门等代表共 136 人参加会议。中国农科院副院长刘旭院士、中国热带农业科学院雷茂良书记、中国麻纺协会马晓璐处长、海南省农业厅周燕华副厅长、海南省科技厅赵庆慧副厅长、中国作物学会副秘书长杜娟、湖南华升股份有限公司董事长刘政等领导出席了会议。

本次会议开幕式由福建农林科技大学祁建民教授主持，会议首先由海南省农业科学院肖邦森院长致欢迎词，接着原麻类所所长，第四届麻类专业委员会主任孙庆祥做了第四届麻类专业委员会工作报告，从 5 个方面全面总结了第四届麻类专业委员会工作情况。中国热带农业科学院雷茂良书记、中国麻纺协会马晓璐处长、海南省科技厅赵庆慧副厅长、湖南华升股份有限公司董事长刘政、中国农科院副院长刘旭院士等分别给卢浩然、李宗道、鄷云鹤、杨曾盛、王耕 5 位中国麻类学科的奠基人或麻类事业的先驱者颁发了麻类事业终身成就奖。

2013 年 1 月，中国作物学会麻类专业委员会第五届委员会第二次会员代表大会暨学术研讨会在广西大学隆重召开。广西壮族自治区陈章良副主席出席开幕式并发表了致力蔗麻产业发展热情洋溢的讲话，中国作物学会张保明秘书长等领导出席了会议并作了重要讲话；来自全国 21 个省区市 150 余名麻类界代表出席了会议。熊和平主任委员总结了麻类专业委员会第五届委员会成立以来取得的成绩，并对下一步工作做了部署：以国家麻类产业技术体系为载体，共同推动我国麻类产业发展；大力开展”三下乡”活动，努力促进麻农增收，企业增效；做好优秀论文评选工作，促进麻类科技创新；部署专业委员会工作安排，推进学会工作的发展。会议还专门组织与会代表参观了广西农科院农业技术示范中心和体系麻类实验站。

2013 年 4 月，麻类所在湖南沅江组织召开了麻育秧膜在水稻机插育秧中的应用现场观摩与评议会。该成果解决一直困扰水稻机械化种植稻机插过程中散秧和漏插的技术难题，麻类所在国家现代农业产业技术体系、国家支撑计划等项目资助下，经过多年科技攻关，成功的利用麻植物纤维研制出环保型麻纤维育苗基布地膜。该技术成果不仅克服了根系盘结差、易散、难起秧、不易搬运、漏插率高和雨天不能插等生产问题，而且促进了秧苗根系生长、解决早插、省工增产和可自然降解的科学技术问题。经湖北武汉和赤壁、湖南沅江、浙江萧山等地试验和示范，用作水稻机插育秧基膜效果非常突出，受到农民的广泛好评。此次现场观摩会推动了这一优秀创新成果的转化应用。

2013 年 7 月麻类所在长沙召开了苎麻园生态肉鹅放牧技术现场观摩会，苎麻园生态肉鹅养殖技术为创造了一项传统特色产业转型高效利用创新模式，符合可持续发展的要求。通过此次观摩会，有助于加强行业间的合作，建立了示范基地，进一步完善苎麻多用途发展的技术模式，推动麻类作物的发展。

2013 年 9 月，麻类所在湖南省长沙市举办了苎麻多用途技术培训会，来自涟源市、沅江市、汉寿县、新晃县、张家界市、醴陵市等地的养殖大户、示范基地技术骨干、企业代表、麻类体系 6 个苎麻试验站的团队成员及示范县代表等参加了此次会议。此次培训会突出理论讲述和实际操作，深入浅出，通俗易懂，取得了良好培训效果，学员全面掌握了操作技术，并对发展苎麻多用途技术的意义有了更深入了解，尤其是以苎麻养牛与栽培食用菌等多用途典型利用，小作物大功能，以点带面，推动我国苎麻产业发展。

2013 年 7 月，中国作物学会麻类专业委员会在长沙召开了麻类作物多用途与重金属污染耕地科学修复学术研讨会。邀请了中国工程院院士，国家肉牛、水禽、牧草、兔、食用菌、奶牛 6 个产业技术体系的首席专家参加了此次学术研讨会。会上各麻类专家对近年利用麻类作物修复和治理重金属土地污染的研究成果进行了学术交流。种植麻类作物治理重金属污染土壤技术列为湖南省区域治理计划。

2014 年 11 月 8—9 日，中国作物学会麻类专业委员会第五届委员会第三次会员代表大会暨学术研讨会在湖北宜昌隆重召开。华中农业大学和湖北省棉麻学会共同承办此次会议，来自全国 21 个省区市的 62 家科研、企业和生产单位 160 余名代表参加了会议。中国工程院姚穆院士应邀到会并做主题报告。会议开幕式由熊和平主任委员主持，祁建民副主任委员代表第五届委员会常委会作了工作报告。工作报告回顾和总结了第五届委员会 2013 年的工作。大会主题报告 11 个，分组报告 9 个。中国工程院姚穆院士所做的《中国麻纺织产品形势和转型升级》报告，企业和基地县的代表分别在大会上进行了经验交流；麻类体系从承担农业部三大重点任务的情况进行了大会报告。分组报告主要由青年科技人员扮演重要角色，报告各自在科学研究和生产推广中的经验和体会。

2017 年 9 月 18 日，中国作物学会第五届麻类专业委员会第三次常务委员会在湖南长沙召开，来自全国从事麻类研究与推广的各高校、科研院所和企业的 21 名常委出席了会议。中国作物学会麻类专业委员会熊和平主任对当前麻类科研与生产形势进行了分析，概括了六大主要麻类作物的研究的进展：苎麻、黄麻基因组测序与功能基因解析；苎麻饲料化与多用途研究和应用；亚麻全程机械化与轻简化栽培技术；超高产红麻品种培育与生物质炭利用；镉污染土壤麻类作物替代种植与生物修复技术；麻类生物脱胶与清洁化生产技术；环保型麻纤维膜的生产与应用；工业大麻高效种植与多用途利用。在加工领域，注重纺织设备的升级换代和技术更新；在贸易领域，引入大数据分析并建立互联网销售平台。

三《中国麻业科学》

（一）概　述

2011 年《中国麻业科学》原国际标准连续出版物编号 ISSN 1673－7636 作废，新国际标准连续出版物编号为 ISSN 1671－3532，国内统一刊号保持不变。主要报道苎麻、红麻、黄麻、亚麻、大麻、剑麻等韧皮纤维作物农业生产、初加工和纺织、轻工等方面的最新科研成果、研究试验进展、科技动态及基础理论等。设有“综述”“遗传育种 · 种质资源”“原料生产 · 生态环保”“纤维特性 · 纺织加工”“新拓展 · 新用途”“调查研究”“麻业论坛”“研究简报”“供求信息”等栏目。到 2017 年止共计出版 39 卷 188 期。2008—2011 年 6 月在长沙非常印刷设计有限公司印刷，2011 年 8 月起在长沙理工大印刷厂印刷。

《中国麻业科学》2011 年先后与武汉鼎森电子科技有限公司和报网视联文化传媒（北京）有限公司签定合作协议。2012 年与北京万方数据股份有限公司签订“万方数据——数字化期刊群”入网协议书，并于 2015 年被《中国核心期刊（遴选）数据库》收录。在第三届《中国学术期刊评价报告（2013—2014）》中，被评为“RCCSE 中国核心学术期刊”，在第四届《中国学术期刊评价研究报告（武汉大学版）（2015—2016）》中，被评为“RCCSE 中国核心学术期刊（A－）”。2015 年与北京世纪超星信息技术发展有限责任公司签订学术期刊“域出版”合作协议，与中教汇据（北京）科技有限公司签订期刊数字发行与销售合作协议书。

（二）麻类刊物编委会名单

2008 年《中国麻业科学》编委会名单如下。

顾　问：刘更另　董玉琛　姚　穆　刘伟杰　孙庆祥　孙家曾　宋贻则　杨木林　郎续纲　蒋金根

主任委员：熊和平

委　　员（以姓氏笔画为序）：

马淑萍　王玉富　王朝云　成雄伟　吕泳梅　刘飞虎　刘正初　刘　政

刘昭铁　刘选明　关凤芝　祁建民　杨　明　李德芳　沈丕华　张小静
张　健　张　辉　陈信波　陈瑞祥　郁崇文　欧阳青　周文钊　周普国
周瑞阳　唐守伟　崔国贤　彭定祥　蒋　敏　程　舟　鲍光时　臧巩固
熊和平　潘其辉　魏　刚

主　　编：熊和平

编　　辑：谢国炎　熊谷良　唐守伟　黎　宇　张瑞香

英文编辑：严智燕

美术编辑：徐建斌

2010 年《中国麻业科学》编辑部人员无变化，编委会名单变更如下（第四期起除顾问刘更另逝世外，其他人员无变化）。

顾　问：刘更另　董玉琛　姚　穆　范云六　刘　旭　方智远　向仲怀　刘伟杰
孙庆祥　孙家曾　宋贻则　杨木林　郎续纲　蒋金根

主任委员：熊和平

委　　员(以姓氏笔画为序)：

马淑萍　王玉富　王朝云　龙超海　吕江南　朱爱国　刘飞虎　刘正初
刘　政　刘昭铁　刘选明　关凤芝　祁建民　杜建斌　杨　龙　杨　明
李显旺　李德芳　肖爱平　吴若云　张小静　张　健　张　辉　张德咏
陈　收　陈信波　陈绵才　郁崇文　周文钊　周瑞阳　赵立宁　柏连阳
唐守伟　黄建平　黄道友　崔国贤　彭定祥　彭源德　蒋　敏　粟建光
喻春明　程　舟　臧巩固　熊和平　潘其辉　潘兹亮　薛召东　魏　刚

2011 年第四期起英文编辑变更为杨喜爱，第六期起顾问董玉琛逝世，其他成员无变化。

2012 年除编辑人员增加廖勇凤外，其他人员无变化。

2013 年编委会人员无变化，编辑部人员调整如下（第四期起，编辑人员张瑞香变更为张鑫慧，其他人员无变化）。

主　　编：熊和平

编　　辑：熊谷良　唐守伟　黎　宇　张瑞香　廖勇凤

英文编辑：杨喜爱

2014 年第三期起编辑人员减少廖勇凤 1 人，第五期起编辑人员减少张鑫慧 1 人，第六期起编辑人员增加杨媛茹 1 人，其他人员无变化。

2015 年第二期起编辑人员增加张瑞香 1 人，第三期起编辑人员减少熊谷良 1 人，第四期起英文编辑变更为杨媛茹，其他人员无变化。

2016 年编委会人员无变化，第一期起英文编辑变更为吴端钦，第五期起编辑部人员调整如下。

主　　编：熊和平

编　　辑：杨瑞林　朱爱国　黄思齐

英文编辑：吕　拓

第九节　中国农业科学院科技创新工程实施

创新工程以“服务产业重大科技需求、跃居世界农业科技高端”为使命，以“建设世界一流农业科研院所”为目标，于2013年由财政部（中华人民共和国财政部，全书简称财政部）、农业部批准启动实施。中国农科院先后分批遴选了33个研究所进入创新工程。麻类所于2015年成为创新工程第三批研究所。

一　麻类所创新工程筹备及启动

（一）创新工程基本架构

为落实国家创新驱动发展战略，服务国家现代农业发展需求，攀登世界农业科技高峰，推动建设现代农业科研院所，在农业部、财政部的支持下，创新工程于2013年1月起启动实施。

创新工程的总体思路：以提高科技创新能力为统领，以学科体系建设为主线，以突破重大科技命题为导向，突出体制机制创新，调整优化人才团队，着力提升基地平台能力，巩固拓展国际合作空间，加快原始创新、集成创新、引进消化吸收再创新，促进农业科研大联合、大协作。

创新工程规划为3个阶段，2013—2015年为试点探索期，2016—2020年为调整推进期，2021—2025年为全面发展期（后依次分别改称“试点调整期”“全面推进期”“跨越发展期”）。梯次推进、连续实施。

创新工程发挥中国农科院科研管理和多学科的优势，以“学科集群—学科领域—研究方向”三级学科体系为指导，建立院为统领、研究所为主体、科研团队为基础的科研创新组织模式。中国农科院通过顶层设计，按照研究方向对课题组、研究室进行优化整合，33个研究所原有的1 026个课题组，梳理形成8大学科集群、134个学科领域、332个研究方向（截至2017年年底），每个研究方向设立1个科研团队。

中国农科院各研究所是创新工程任务的管理执行机构。研究所设置科研、技术支撑和管理三类岗位。创新团队由首席专家、骨干专家和研究助理组成。创新团队是创新工程主要任务的实施单元。

创新工程实行院、所、团队“一年一监测、三年一评估、五年一考核”的分级分期绩效考评制度。创新工程绩效管理的主要依据是各级绩效任务书。按照分级管理的要求，院与研究所、研究所与创新团队、首席专家与团队成员分别签署《研究所绩效任务书》《科研团队绩效任务书》和《创新岗位年度责任书》。

协同创新任务是创新工程科技创新的重要内容，实行中国农科院全院“一盘棋”布局。通过实施跨区域、跨研究所、跨学科领域的科研大协作，中国农科院部署和启动了20项协同创新任务。每项协同创新任务由1个研究所牵头，相关研究所参与，分别设置任务总指挥、技术总师（任务主持人）、任务办公室主任进行任务的管理。至2017年，中国农科院与19个协同创新任务牵头研究所签订任务书。

（二）麻类所创新工程申报

2013年4月，麻类所成立了科技创新工程领导小组和由官春云院士等专家组成的科技创新工程咨询专家组；召开了所创新工程领导小组会议，学习和讨论院创新工程相关要求与政策，提出了招聘、遴选首席、组建团队、申报材料撰写等准备工作的方案；麻类所向所内外发出了公开招聘9个学科方向9名首席专家的公告（农科麻办〔2013〕22号）。5月，成立了科技创新工程首席科学家推荐人选评审专家组；召开所务会，讨论了申报工作遇到的首席人才缺乏、团队组建难度大等问题。7月，召开所长办公会，针对第一批进入创新工程的研究所评选情况，讨论麻类所创新团队申报工作；召开党政联席会议，就申报院创新工程第二批试点单位涉及的首席候选人超龄、重新遴选等问题进行讨论，会议确定申报10个学科方向。8月，正式申报中国农科院创新工程第二批试点研究所，设置了8个符合申报条件的学科方向（创新团队）。

2014年5月，麻类所组织科研院所和管理部门的专家、领导对麻类所学科和创新团队的组建进行研究探讨，推进创新工程的申报工作。7月，麻类所就现有人才团队情况和存在的不足，向中国农科院提出放宽团队首席任职条件的请示（农科麻科〔2014〕7号）。8月，召开全所申报院创新工程动员大会，对创新工程申报工作进行了整体部署、统筹安排；组织召开创新工程科研团队首席科学家评审推荐会议，12名团队首席申报人进行了汇报，听取了与会专家的意见建议；召开所长办公会，专题讨论所创新团队申报方案，对12人申报9个创新团队首席进行调配，对创新团队骨干专家和研究助理的组成进行了调整，讨论创新工程第三批试点申报材料的撰写和修改情况；向中国农科院提交创新工程第三批试点申报书，团队名称和首席申请人分别是麻类作物种质资源与利用（粟建光/赵立宁）、南方饲料作物种质资源与利用（戴求仲）、一年生麻类作物遗传改良（李德芳/陈安国）、多年生麻类作物遗传改良（熊和平）、特色蔬菜资源与遗传改良（梅时勇）、麻类作物栽培与收获技术（王玉富/吕江南）、麻纤维产品与加工技术（王朝云/杨瑞林）、农产品加工微生物遗传改良与应用（刘正初/彭源德）、南方经济作物有害生物防控（严准）；符合院申报条件不需要参加中国农科院答辩，共有7名申请人按规定到院里完成答辩。12月30日，在《中国农业科学院关于科技创新工程第3批试点研究所及科研团队组建的批复》（农科院办〔2014〕346号）中，麻类所及9个创新团队获批进入中国农科院创新工程。

二 创新工程实施情况

（一）组织管理

麻类所对承担的创新工程任务负管理责任，法人代表是管理执行的第一责任人。

麻类所成立了所科技创新工程领导小组，由主要所领导（先后为熊和平、陈万权）任组长，其他所领导为副组长，相关职能部门负责人为成员。下设创新工程领导小组办公室，主要职责是开展创新工程的组织、协调和统筹工作，包括创新工程及其相关项目的申报、所创新工程的任务、规划、团队绩效任务的制订、创新工程任务进展、团队信息的上报、实施成效和创新成果的宣传，组织首席的遴选和考评以及参加院绩效考评，负责院、所、团队之间的工作协调和体制机制创新的落实，审核团队成员和岗位变动，推进、督促各项任务的实施，负责维护管理好有关信息系统的运行和档案资料的保存，协助其他职能部门完成项目经费预算、执行、决算等工作。具体事务由所办公室（2015 年 10 月前为综合处）负责人（先后为黄志辉、孙进昌、郑科）牵头落实。

创新团队实行首席负责制。首席具有按照相关规定进行组建、调整团队的权力，决定团队内部绩效奖励和分配等权力。首席对研究所负责，按要求完成创新工程任务，接受监督考核和民主评议。团队成员享有进修、交流、提高等权益，负有完成绩效任务、团结协作、保护知识产权等义务。为加强团队管理，每个团队分别确定了 1 名财务助理和 1 名管理秘书。团队流动岗位人员聘用需签订协议书，协议书原则上由法人单位盖章。

（二）创新团队岗位基本情况

创新工程启动初期，麻类所科研、技术支撑和管理三类岗位数分别为 113 人、4 人和 6 人，其中流动岗 29 人。截至 2017 年 12 月，各团队岗位情况见表 14－21。

表 14－21 2017 年年底麻类所创新团队岗位实有人数情况 （单位：人）

序 号	团队名称	首席姓名	骨干专家		研究助理		总 数
			固定	流动	固定	流动	
1	麻类作物种质资源与利用/南方经济作物种质资源与利用	粟建光	4	2	3	3	13
2	南方饲料作物种质资源与利用	戴求仲	5	0	4	3	13
3	一年生麻类作物遗传改良	李德芳	5	2	3	2	13
4	多年生麻类作物遗传改良	熊和平/朱爱国	4	4	5	1	15
5	特色蔬菜资源与遗传改良	梅时勇	3	2	6	1	13
6	麻类作物栽培与收获技术/南方经济作物栽培与收获技术	王玉富	5	2	4	1	13
7	麻纤维产品与加工技术	王朝云	3	2	4	1	11
8	农产品加工微生物遗传改良与应用	刘正初/彭源德	4	2	5	1	13
9	南方经济作物有害生物防控	严准	5	2	3	1	12
	合 计		38	18	37	14	116

注：表中标有“/”的团队名称和首席是 2016 年发生变更后的情况。

（三）任务和规划的制定

2015 年 1 月 27 日，中国农科院 2015 年工作会议在京召开，麻类所所长陈万权与中国农科院院长李家洋签定了《中国农业科学院试点研究所科技创新工程绩效任务书》。麻类所成为院创新工程第三批试点研究所，这是麻类所发展进程中的新里程碑。

2015 年 3 月，主要依据研究所绩效任务书，麻类所与中国农科院签定创新工程年度任务书。

2015 年 4 月 20 日，麻类所举行”中国农业科学院科技创新工程培训暨科研团队绩效任务书签约仪式”。创新团队首席专家与陈万权所长签定试点期团队绩效任务书。随后，各创新团队分解任务，各岗位人员与首席签定《创新岗位年度责任书》。

2015 年 12 月，依据《中国农业科学院科技创新工程“十三五”发展规划》（2017 年 1 月正式发布），结合实际情况，麻类所制定并向院提交了《中国农业科学院麻类研究所科技创新工程“十三五”发展规划》。规划的内容包含形势与需求、发展思路与目标、创新能力提升、重点科技任务、保障措施 5 个方面，其中，重点科技任务有：麻类等纤维作物种质资源创新与定向设计育种；南方饲料作物绿色生产与利用集成创新；特色蔬菜资源利用与产品质量安全；南方经济作物高效生产与收获技术集成创新；南方经济作物重要病害绿色精准防控；纤维质农产品绿色加工与环保型新产品研制。

2017 年 4 月 10 日，中国农科院召开科技创新工程全面推进期工作会议，陈万权与农业部党组成员、中国农科院院长唐华俊签订了创新工程全面推进期绩效任务书。任务书中拟定了全面推进期研究所的定位使命、科技创新、成果转化与贡献、人才团队建设、科研条件建设、国际合作与交流、资金使用管理 7 个方面的目标，制定了包含 50 项三级指标的绩效管理指标体系，以及 2016—2020 年的年度监测指标体系。

在全面推进期，麻类所的总体定位是：以南方经济作物为主要研究对象，以麻类作物多用途为重点，应用基础与应用研究相结合的社会公益性研究所。学科体系设置：5 个学科集群（作物、园艺、植保与微生物、质量安全与加工、畜牧）；9 个学科领域（作物种质资源、作物遗传育种、作物栽培、蔬菜资源与育种、作物病虫害防控、微生物资源与利用、动物营养、农产品加工、农产品质量安全与风险评估）；10 个研究方向（麻类作物种质资源与利用、南方饲料作物资源与利用、一年生麻类作物遗传改良、多年生麻类作物遗传改良、麻类作物栽培与收获技术、农产品加工微生物遗传改良与应用、麻纤维产品与加工技术、特色蔬菜资源与遗传改良、南方经济作物有害生物防控分别对应 9 个团队，拟增特色蔬菜质量安全与风险评估方向/创新团队）；学科建设目标为 1 个方向达到国际领先、3 个方向达到国际并行、5 个方向达到国内领先、1 个方向达到国内并行。科技创新目标除了“十三五”规划中 6 个重点任务外，还凝练了 5 项突破性目标成果，即主要麻类作物新品种选育与多用途利用，纤维质农产品绿色加工与环保型新产品研制，特色蔬菜资源利用与产品质量安全监测，南方经济作物种质资源收集、评价与创新利用，南方重金属污染农田麻类等作物替代种植与生物修复。

2017 年 6 月，麻类所组织召开“科技创新工程全面推进期科研团队绩效任务论证会”。

会议聘请印遇龙、邹学校、李金祥、柏连阳、周清明等科研院所、高校和管理部门的10余位专家，对麻类所9个创新团队全面推进期的绩效任务的制定进行评议，就学科方向、科技创新、人才团队、产业规划等方面提出了意见和建议，并分别评分，为创新工程的实施和麻类所的发展出谋划策，共整理出专家文字评议意见和建议153条。各团队绩效任务书根据评议结果进行修改完善，经管理部门对照专家评议意见进行审核后，团队与麻类所签订了绩效任务协议。

（四）工作推进与总体成效

创新工程各级任务书签订之后，麻类所领导班子多次召开工作推进会、绩效考评会，进行顶层设计和任务落实。

2015年5月，中国农科院党组成员、人事局局长魏琦率“院所发展暨创新工程实施督导调研组”到麻类所调研指导工作。在听取了工作汇报及座谈后，督导调研组对麻类所实施创新工程的力度、体制机制创新、人才团队建设等方面给予了肯定；同时，对创新工程工作提出了学科进一步优化、发挥创新工程“造血功能”等要求。

麻类所连续3年组织包括吴孔明院士、印遇龙院士、邹学校院士、李金祥副院长等在内的专家组对各创新团队和首席上一年度的绩效任务进行考核，并对团队进行全方位的“诊断”。通过评审会的定性考核与绩效任务定量考核相结合的方式，对各团队进行评分排名。

实施创新工程3年的时间，麻类所各项绩效指标按进度逐步完成，创新工程的各方面任务的落实为麻类所发展带来明显的撬动效应。中国农科院公布的创新工程试点期研究所绩效考评结果中，麻类所考评等级为B（良好）（农科院办〔2017〕50号），在参与考核的32个研究所中排名第13位。创新工程的实施带动麻类所综合实力的迅速提升，在中国农科院研究所评价中进步显著（表14－22）。

表14－22 麻类所在中国农科院研究所评价中的排名结果

年度	综合实力	人均实力	发展速度
2017	17	18	3
2016	26	23	7
2015	26	25	4
2014	27	28	10
2013	28	28	11

（五）体制机制创新

1.优化了科研组织模式和学科方向

打破了原有的研究室和课题组布局，取消“项目组”模式，组建了以9个创新团队为单元的新研究室，实现了创新团队和研究室一体化管理的新型科研组织管理模式，团队首席专家与研究室主任之间在管理上权责分明、目标统一，理顺了管理层次关系，提高了管理效率；通过资源重组，较好地解决了部分团队内部和团队之间存在学科多元化和学科交叉的难题，促进了“三三”制的学科布局的形成，即基本上实现1/3研究力量从事传统麻类学科，1/3的研究力量从事与市场紧密结合的新兴学科，1/3的研究力量从事基础理论和共性技术研究；在人、财、物等方面向新兴学科的团队倾斜，促进特色学科的快速发展；既夯实了传统麻类学科，又拓宽了新兴学科，搭建起了以南方经济作物为主要研究对象、麻类作物为重点的学科体系，为实现拟转企研究所向公益性研究所、麻类所向南方经济作物研究所转型奠定了学科基础。

2015年12月，麻类所向中国农科院提出对研究方向进一步优化调整的请示，“麻类作物种质资源与利用”变更为“南方经济作物种质资源与利用”，“麻类作物栽培与收获技术”变更为“南方经济作物栽培与收获技术”，同时相关2个创新团队名称也相应变更。2016年8月，该请示得到中国农科院批复（农科院办〔2016〕202号）。

2. 建成了与个人收入分配挂钩的绩效考评机制

按定量与定性考核指标各占50%计算工分，综合评定出考核等级，将考核结果与绩效分配挂钩。突出以业绩为导向、多劳多得、以奖代罚以及基本工资、岗位工资和绩效工资三位一体的分配制度，同时也突显了收入的差异性。绩效考评与激励机制改变了麻类所职工“等、靠、要”的观念，激发了科研人员的创新活力，科技创新能力显著提升。

3. 建立并实施岗位聘任和人才公开选拔机制

制定创新岗位竞聘和任期考核制度和公开、竞争、协作、流动的选人用人机制。2015—2016年，麻类所严格按照相关规定程序，开展了中层干部竞聘和创新工程岗位竞聘，优化了干部队伍结构，精简了管理部门人员，完成全所岗位的重新聘任。在实施创新工程的过程中，经麻类所审核把关，各团队内部也形成了一套岗位聘任、变更的机制。

实施创新工程以来，麻类所颁布实施了《中国农业科学院麻类研究所绩效考核实施意见》《中国农业科学院麻类研究所科技成果奖励管理办法》《中国农业科学院麻类研究所”青年英才”-（D类）管理办法》等47项规章制度，推动了体制机制创新。

（六）科技创新能力

2015—2017年，通过实施创新工程带动科研产出爆发式增长，这3年的指标值与前3年（2012—2014年）相比：论文总量和SCI论文数量分别为2倍和3.7倍；审定品种数为2.5倍；授权专利为9.4倍；获奖成果数量为3倍；新增科研项目数为2倍，科研经费为3倍，其中自然科学基金项目数量为2.5倍。

2015年“麻育秧膜及其在水稻机插育秧中的应用技术”获中国专利优秀奖和中国农科院杰出科技创新奖，“苎麻与肉鹅种养结合技术研究和应用”获中国农科院青年科技创新奖，2016年“高效节能清洁型麻类工厂化生物脱胶技术”获中国农科院杰出科技创新奖，苎麻转录组研究获湖南省自然科学三等奖，实现麻类所自然科学奖项零的突破。

麻类所自2016年积极组织各团队参与院协同创新任务申报和实施方案的制定。按照创新工程统一部署，麻类所参与了2017年以来启动的10项协同创新任务（表14-23）。

表 14 - 23 各创新团队参与的协同创新任务情况

协同创新任务名称	子任务	承担团队名称
种植业绿色增产增效技术集成创新	麻育秧膜水稻机插育秧技术 南方蔬菜品种、病虫害管理	麻纤维产品与加工技术 南方经济作物有害生物防控
中式食品工程化技术	传统果蔬食品工程化技术	农产品加工微生物遗传改良与应用
粮食作物高效智能装备与技术集成研究	全秸秆覆盖地免耕播种与高效精细整地技术与智能装备研究	南方经济作物栽培与收获技术
畜牧业绿色养殖技术集成创新	奶牛绿色提质增效技术集成创新	南方饲料作物种质资源与利用
毁灭性土传病虫害绿色防控关键技术	土传病虫害发生致灾机理与快速诊断 土壤熏蒸消毒对土壤微生物的影响及生态服务功能重建机制	南方经济作物有害生物防控
丹江口水源涵养区绿色高效农业技术集成示范	水源涵养区生物多样性利用及种植业结构调整与优化 丹江口水源涵养区绿色高效农业技术集成与示范	南方经济作物种质资源与利用
农作物种质资源精准鉴定与种质创新	农作物种质资源系统调查与抢救性收集 作物种质资源编目、入库与安全保存 棉花、油料、蔬菜等一年生经济作物种质深度开发与基因型重建 果、茶、苜蓿等多年生经济作物种质深度开发与基因型重建	南方经济作物种质资源与利用
重要园艺作物品种国产化育种研究	根茎类作物新品种选育	特色蔬菜资源与遗传改良
我国南方地区稻米重金属污染源综合防控	镉污染农田生物修复技术	一年生麻类作物遗传改良
我国南方地区稻米重金属污染源综合防控	镉污染农田生物修复技术 镉污染农田生物修复技术	多年生麻类作物遗传改良 南方经济作物栽培与收获技术
“一带一路”农业科技走出去协同创新与集成示范	中亚优质绿色棉花产业带育种与绿色配套技术研发 中亚优质绿色棉花产业带育种与绿色配套技术研发	南方经济作物栽培与收获技术 一年生麻类作物遗传改良

（七）成果转化与贡献

通过加强与企业、院校、地方政府和农民大户的合作，加快科技成果的转化应用。大力实施一个创新团队对应一个基地、对接一个企业的策略。实施创新工程以来，麻类所先后与企业、地方政府等签订成果转化、技术服务类协议 100 余项。

加强麻类技术成果推广，基本形成覆盖全国的行业技术服务网络。在全国 10 余个省、市建立了核心科技示范园区，与全国半数以上的麻类科研和生产企业开展合作，构建了山东泰安金飞虹织造有限公司院士工作站、湖南华升集团株洲雪松公司原料研发中心等多个技术推广平台，在原料保障体系建设、多功能产品开发、质量安全评价与控制、现代农业高效产出模式等领域开展了卓有成效的工作。

积极参与实施乡村振兴，服务“三农”，助力精准扶贫。在湘西花垣、湖北利川等武陵山区，贵州威宁和新疆昌吉等贫困或边疆地区开展了饲料作物、高山萝卜、大蒜、羊肚菌等特色经济作物的品种资源、栽培生产、加工技术等成果示范、技术培训和基地共建工作。大力推广“麻改饲”技术成果，促进了乡村家畜产业的发展。解决特色传统发酵食品工程化技术难题，支撑农业企业的现代化转型，发展贫困地区经济。

麻育秧膜在水稻机插育秧中的应用技术成果得到转化，并在全国大范围进行推广应用。该成果推动水稻生产全程机械化，实现农民增产增收。麻育秧膜推广面积逾 2 000 万亩，产生经济效益逾 10 亿元。

新型汉麻工厂化生物脱胶工艺技术成果与企业达成技术转让协议（合同金额 600 万元），通过工厂和工艺设计以及技术服务，为企业在我国东北地区建立生物脱胶示范工厂。为解决我国汉麻产业快速发展过程中遇到的脱胶难题，提供关键的技术支撑；为突破麻类产业长期以来未曾解决的污染重、能耗高等瓶颈，树立了示范性工厂化生产模式。

（八）人才团队建设

为加速创新团队实力的提升，按麻类所顶层设计的要求，每个团队基本落实了“3 个 1”人才团队建设计划：每个团队至少选送培养 1 名青年人才（即优秀青年助长计划）、聘请 1 名国内外领域内知名专家为团队科技顾问（表 14－24）、至少引进 1 名院青年英才计划人才。

表 14－24　各创新团队聘请的科技顾问

序　号	创新团队	顾问姓名	简　介
1	南方经济作物种质资源与利用	Chandan KumarSaha	国际黄麻研究组项目执行官 孟加拉国黄麻研究所首席科学家
2	南方饲料作物种质资源与利用	印遇龙	中国科学院亚热带生态研究所 中国工程院院士
3	一年生麻类作物遗传改良	王子轩	中国科学院上海生命科学院 国家千人计划
4	多年生麻类作物遗传改良	朱玉贤	武汉大学高等植物研究院院长 中国科学院院士
5	特色蔬菜资源与遗传改良	林容杓	韩国国立忠南大学原院长、教授
6	南方经济作物栽培与收获技术	Eleni G. Papazoglou	雅典农业大学教授
7	麻纤维产品与加工技术	Mario Malinconico	意大利国家研究委员会教授
8	农产品加工微生物遗传改良与应用	WangDonghai	美国堪萨斯州立大学教授
9	南方经济作物有害生物防控	康振生	西北农林科技大学教授 中国工程院院士

大力培养顶尖人才，增强高层次人才的影响力。实施创新工程以来，麻类所新增中华农业英才奖获得者1名、第二批全国农业科研杰出人才2名，引进院青年英才计划A类1名、B类1名、D类2名，入选科研英才培育工程院级人才1名。

2016年6月，2名创新团队首席退休，麻类所按照院、所相关聘用程序，通过发布招聘公告、资格审核、会议评审、结果公示等程序遴选出2名创新团队首席候选人，并获中国农科院批复（农科院办〔2016〕202号）。创新团队按规定及时进行了竞聘、调岗、调离或更换。

（九）科研条件建设

创新工程的撬动作用加快了麻类所科研条件和平台的完善。至2017年年底，南方经济作物综合实验大楼建设基本完成，即将交付使用；国家种质麻类资源圃建设项目顺利开工建设；沅江试验基地项目初步设计与概算获农业部批复；麻类所长沙创新试验基地1 760平方米的智能温室及8个集成箱活动板房投入使用；育种中心二期通过项目验收。完成了“南方饲料作物种质资源与利用”等3个新组建团队实验室、办公室等设施设备购置和装修改造；沅江动物实验房、饲料作物种质资源圃、果蔬科技园、葡萄科技园通过验收并投入使用。

（十）国际合作与交流

2015—2017年，与欧盟、俄罗斯和东南亚各国保持密切合作，与国际黄麻研究组（IJSG）、粮农组织（FAO）和商品共同基金（CFC）等相关组织建立了麻类专题磋商机制。加强特色经济作物种质资源的引进与利用，拓展了萝卜、食用菌等经济作物学科国际合作渠道。通过拓展和加深国际战略伙伴关系，推动了麻类所国际合作平台的建设。先后建立中韩根茎类蔬菜分子育种联合实验室、中波麻类分子生物学联合实验室、中加植物病理与抗体研发联合实验室、中加植物病原菌生态学联合实验室、中马红麻国际联合实验站，签订国际合作协议14份。

通过国际合作，加强技术培训、人才培养、聘请专家顾问，提高了麻类所所在相关学科领域、行业的地位和影响力，拓宽了创新团队的科技视野，提升了学术水平。

（十一）资金使用管理

麻类所创新工程专项资金的使用严格按照《中国农业科学院科技创新工程经费管理办法（试行）》和《中国农业科学院科技创新工程专项经费管理实施细则（试行）》等规定执行，且年度执行进度均为100%。

麻类所出台了《麻类研究所科技创新工程经费分配与使用方案》。创新工程经费按5∶3∶2进行配置，即50%下达团队作为基本科研经费，30%用于团队奖励性科研经费，20%由麻类所统筹使用。基本科研经费是指上级下达经费剔除相关人才经费后的经费，各团队平均分配。通过考核团队前一年的绩效指标完成情况，根据定性评价和定量计算的得分，按比例配置各团队奖励经费，从而决定团队年度创新工程经费使用额度。所公共支出经费主要用于全所公共平台建设与维护、人才引进、体制机制创新和公共运行等。近3年创新工程经费分配情况详见表14-25。

表 14-25　创新工程经费分配情况　（单位：万元）

序　号	创新团队	2015 年	2016 年	2017 年
1	麻类作物种质资源与利用/南方经济作物种质资源与利用	270	219	212
2	南方饲料作物种质资源与利用	260	227	182
3	一年生麻类作物遗传改良	250	254	179
4	多年生麻类作物遗传改良	260	288	172
5	特色蔬菜资源与遗传改良	260	267	183
6	麻类作物栽培与收获技术/南方经济作物栽培与收获技术	240	228	188
7	麻纤维产品与加工技术	240	257	169
8	农产品加工微生物遗传改良与应用	250	205	183
9	南方经济作物有害生物防控	250	291	193
10	所公共支撑（包括人才经费）	250	548	557
	合　计	2 530	2 784	2 219

第十节　国家麻类产业技术体系建设

一　麻类体系筹建与启动

（一）麻类体系的筹建

2007 年 6 月 20 日，农业部科技教育司下发了《关于编制农业公益性行业科研专项经费项目实施方案和预算申报书的通知》（农科（政）函〔2007〕137 号），要求麻类所牵头组织编制《“麻类现代产业技术体系研究与建立”项目实施方案》。按照通知要求，麻类所进行了整体工作部署。

2007 年 6 月 24 日，由麻类所主持召开了“麻类现代产业技术体系研究与建立研讨会”，包括麻类所、中国热带农业科学院南亚热带作物研究所、华中农业大学、福建农林大学、黑龙江省农科院经济作物研究所、四川达州市农业科学研究所、湖南华升株洲雪松有限公司等单位的 29 名专家参加了会议。通过集体研究讨论，统一了思想，认清了麻业形势，全面地分析了麻业发展中的关键技术问题，为项目的编制工作打下了良好的基础。

2007 年 6 月 25 日，麻类所组织了 7 名行业内著名专家，分别对拟申报的课题与项目进行了充分论证。与会专家认为项目承担单位技术基础扎实、研究力量雄厚、实施方案明确、经费预算合理，对项目的人才队伍和各课题任务的分解给予了高度评价。专家会上还对新入围的纺织团队进行了差额遴选，选出了实力较强的队伍。

按照会议要求，麻类所以所内专家组建 9 个调研组，奔赴国内主产麻区与重点生产企业，进行了摸底工作，全面掌握了主要麻类科研推广机构的人才与条件基础。随后，组织近 30 人的项目编制队伍，并主持召开多次会议，对项目实施方案进行论证和修改。经过专家组的反复论证，项目编制人员的多次修改，并在农业部科技教育司体系处的指导下，完成了《“麻类现代产业技术体系研究与建立”项目实施方案》。

（二）麻类体系涵盖的范围与目标

麻类体系共涵盖苎麻、亚麻、黄麻、红麻、工业大麻和剑麻 6 大麻类作物，麻类行业领域产、学、研的权威专家共同参与到项目研究行列。项目旨在促进麻类各领域专家联合攻关，统一行动，群策群力解决麻纺织原料短缺、产量低、品质差、纤维质能源利用转化率低、成本高、生物材料和饲料加工技术落后等问题，提高麻纤维可纺性能、麻纤维细度、麻纺织行业工艺水平、出口创汇能力，充分挖掘各种麻的特性，形成麻制品各自风格，满足市场多样化的需求，为我国 21 世纪麻类科研、生产发展注入强大活力。根据项目论证结果，共遴选“十一五”期间的四大重点任务和十二项攻关课题(表 14－26)。

表 14－26　国家麻类产业技术体系筹建期遴选的重点科技任务

任　务	课　题
苎麻亚麻与黄/红麻高效生产及收获技术研究	苎麻创汇工程高效种植技术研究与示范 亚麻优质工程生产技术研究与示范 黄麻/红麻丰产工程技术研究与示范 麻类收获机械工艺技术研究
大麻剑麻与竹类等野生纤维植物高效利用技术研究	纤维大麻、剑麻高效利用技术研究 竹纤维与野生植物纤维利用技术研究
麻类生物脱胶与纤维乙醇技术研究	麻类清洁型初加工生物工程技术研究与示范 麻类纤维乙醇酶工程技术研究
麻类新产品与检测技术研究	新型麻质面料工艺技术研究 环保型麻质材料工艺技术研究 麻类植物蛋白饲料生产技术研究 麻类检测技术与质量标准的研究

（三）麻类体系组织框架

按照现代农业产业技术体系聘用人员遴选办法，经初选、上报、公示、反馈、调整等程序，确定了“十一五”期间麻类体系由 1 个技术研发中心和 19 个试验站组成，包括 1 个首席科学家，24 个岗位科学家和 19 个试验站站长（图 14－1）。

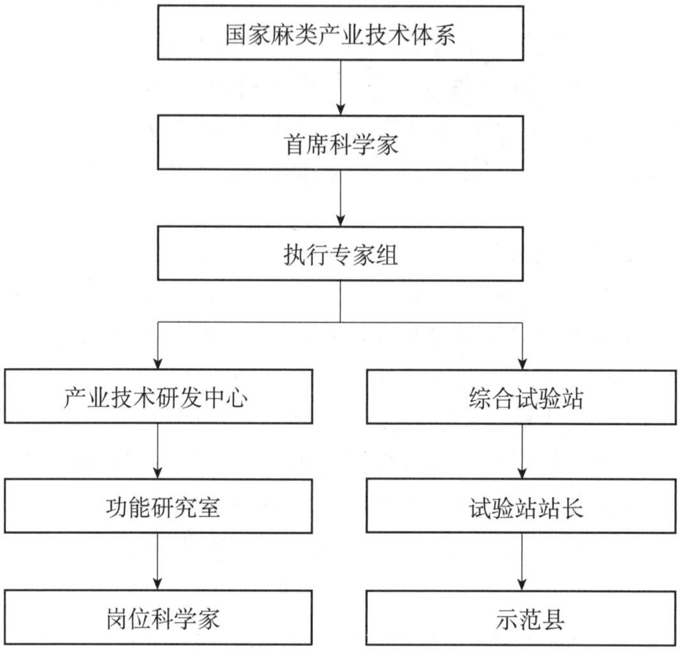

图 14－1　国家麻类产业技术体系组织框架

（四）麻类体系启动

2008 年 12 月 20 日，《农业部关于印发现代农业产业技术体系第二批建设依托单位和岗位聘用人员名单的通知》（农科教发〔2008〕10 号）发布，麻类体系正式成为现代农业产业体系的一员。2009 年 2 月 5 日，“国家麻类产业技术体系建设启动大会”在北京召开，标志着麻类体系正式启动。时任中国作物学会理事长、农业部副部长路明，时任农业部财务司巡视员邓庆海，时任中国农科院副院长刘旭，以及财政部、农业部有关部门的领导，全国麻类产业科研机构、高等院校的专家和麻类主产区的代表共 100 余人出席了大会。

此次会议明确了麻类科研与产业处于“跨越期”，提出了实现麻类传统常规育种向分子育种跨越，由农业微生物加工向酶加工跨越，由传统纺织原料向生物质能源和生物材料跨越，并向多行业和交叉学科不断拓展的战略。会议要求麻类所作为麻类体系首席科学家单位，一定要认真按照农业部和财政部的统一部署，集成我国麻类产业关键实用技术在产区推广，切实为“三农”服务，为提升我国麻类产业自主创新能力和国际市场竞争力做出新的更大贡献。

二　体系组织机构变化情况

（一）2008—2010 年

2008 年建立至 2010 年，麻类体系共建有 1 个研发中心、6 个功能研究室和 19 个综合试验站。

麻类体系研发中心由麻类所承建，首席为麻类所熊和平研究员；下设 6 个功能研究室：育种功能研究室建设依托单位为麻类所，研究室主任为熊和平研究员，包括苎麻、亚麻、黄麻、红麻、剑麻、大麻及生物技术育种 7 个岗位；病虫害防控功能研究室建设依托单位为湖南省植物保护研究所，研究室主任为张德咏研究员，包括病害、虫害和综合防治等 4 个岗位；栽培与土壤营养功能研究室建设依托单位为华中农业大学，研究室主任为彭定祥教授，包括土壤营养、苎麻栽培、亚麻栽培、红麻栽培等 6 个岗位；产后处理与加工功能研究室建设依托单位为麻类所，研究室主任为刘正初研究员，包括脱胶、纤维处理和生物能源 3 个岗位；设施设备功能研究室建设依托单位为麻类所，研究室主任为王朝云研究员，包括麻地膜、收获机械和种植机械 3 个岗位；产业经济建设依托单位为湖南大学，研究室主任为陈收教授，主要为产业经济 1 个岗位。19 个试验站主要依托省级、地（市）级农业科研机构组建而成。整个体系建设共有 31 个单位参加，包括中国农业科学院、中国科学院、教育部直属大学、省属大学及省、地（市）级农业科研单位，覆盖 16 个省（市）麻类产区（表 14－27）。

表 14－27　2008—2010 年国家麻类产业技术体系聘用人员

组织机构	编　号	岗位名称	专家名	所在单位
育种研究室	E01	苎麻育种	熊和平	麻类所
	E02	剑麻育种	周文钊	中国热带农业科学院南亚热带作物研究
	E03	生物技术育种	臧巩固	麻类所
	E04	大麻育种	杨　明	云南省农业科学院
	E05	黄麻育种	祁建民	福建农林大学
	E06	红麻育种	李德芳	麻类所
	E07	亚麻育种	关凤芝	黑龙江省农业科学院
病虫害防控研究室	E08	线虫与病毒病害防控	张德咏	湖南省农业科学院
	E09	农药与杂草防控	柏连阳	湖南农业大学
	E10	病害防控	陈绵才	海南省农业科学院
	E11	虫害防控	薛召东	麻类所
栽培与土壤营养研究室	E12	栽培生理	彭定祥	华中农业大学
	E13	土壤与水土保持	黄道友	中国科学院亚热带农业生态研究所
	E14	亚麻大麻栽培	王玉富	麻类所
	E15	黄麻红麻栽培	周瑞阳	广西大学
	E16	苎麻栽培	唐守伟	麻类所
	E17	营养与肥料	崔国贤	湖南农业大学
设施设备研究室	E18	麻地膜	王朝云	麻类所
	E19	收获机械	李显旺	农业部南京农业机械化研究所
	E20	剥制机械	龙超海	麻类所

续表

组织机构	编号	岗位名称	专家名	所在单位
产后处理与加工研究室	E21	纤维生物提取	刘正初	麻类所
	E22	酶制剂和生物质能源	彭源德	麻类所
	E23	纤维性能改良	郁崇文	东华大学
产业经济研究室	E24	产业经济	陈　收	湖南大学
综合试验站	S01	咸宁苎麻试验站	熊常财	湖北咸宁市农业科学研究所
	S02	张家界苎麻试验站	熊玉双	湖南省张家界市农业科学研究所
	S03	达州苎麻试验站	魏　刚	四川省达州市农业科学研究所
	S04	涪陵苎麻试验站	周光凡	重庆市涪陵区农业科学研究所
	S05	宜春苎麻试验站	潘其辉	江西省麻类科学研究所
	S06	伊犁亚麻试验站	黄建平	新疆维吾尔自治区伊犁哈萨克族自治州农业科学研究所
	S07	长春亚麻试验站	凤　桐	吉林省农业科学院
	S08	大理亚麻试验站	朱　炫	云南省大理白族自治州经济作物科学研究所
	S09	信阳红麻试验站	潘兹亮	河南省信阳市农业科学研究所
	S10	萧山黄/红麻试验站	金关荣	浙江省萧山棉麻研究所
	S11	漳州黄/红麻试验站	洪建基	福建省农业科学院
	S12	南宁黄/红麻试验站	李初英	广西壮族自治区农业科学院
	S13	大庆大麻试验站	李泽宇	黑龙江省农业科学院
	S14	汾阳大麻试验站	康红梅	山西省农业科学院
	S15	六安大麻红麻试验站	杨　龙	安徽省六安市农业科学研究所
	S16	西双版纳大麻试验站	孙　涛	云南西双版纳州农业科学研究所
	S17	南宁剑麻试验站	陶玉兰	广西壮族自治区亚热带作物研究所
	S18	沅江苎麻试验站	朱爱国	麻类所
	S19	哈尔滨亚麻试验站	吴广文	黑龙江省农业科学院

2008—2010 年是体系的试运营期。2009 年开始，对体系的架构和岗位和试验站进行优化和职责描述。2009 年 3 月 9 日，农业部办公厅以农办科〔2009〕9 号文印发现代农业产业技术体系执行专家组人员组成名单，确定了国家麻类产业技术体系首席由熊和平研究员担任，以熊和平、张德咏、彭成祥、王朝云、刘正初和陈收分别担任育种、病虫草害防控、栽培与耕作、设施设备、加工和产业经济研究室主任；执行专家组由熊和平、张德咏、彭定祥、王朝云、刘正初、陈收、关凤芝、祁建民、周文钊、杨明、魏刚、黄建平和潘兹亮 13 位同志组成。

2009 年 9 月 29 日，农业部科技教育司产业技术处发出《关于上报体系岗位设置和综合试验站布局的通知》，开始部署“十二五”现代农业产业技术体系框架优化与人员聘任工作。按照农业部统一部署，麻类体系组织由功能研究室主任负责响应研究室岗位设置理由及职责的描述，由知名麻类岗位专家负责试验站布局说明，并于 2009 年 11 月 14—15

日召开了执行专家组会议，就“十二五”体系岗位设置和综合试验站布局有关事项进行了专题讨论，2009年11月17日向农业部上报《关于国家麻类产业技术体系岗位设置和综合试验站布局建议的报告》。农业部经向全体系人员征求意见、修订后，于2010年6月18日发布《关于开展“十二五”体系聘任人员推荐工作的有关说明》，批复了体系《“十二五”岗位设置和综合试验站布局》。随后出台了《“十二五”体系建设工作方案》《人员遴选条件》《人员遴选程序》《所在单位承诺书》，规定了”十二五”体系人员推荐与聘任的工作方式、人员条件和依托单位义务等内容。

根据农业部要求，麻类体系按照直接推荐进入相应岗位的专家、岗位名称变动专家进入相应岗位、推荐竞聘答辩岗位与试验站站长人选三类进行推荐。其中竞聘岗位共9个，征集到竞聘人员22人。2010年6月30日，麻类体系协商中国作物学会第四届麻类专业委员会常务委员会对有竞聘岗位专家意向的人员进行了评议和投票。此次麻类专业委员会常务委员会共有主任委员孙庆祥，副主任委员孙家曾、熊和平、雷炳乾、赖占钧，副秘书长唐守伟，常务委员尹继中、关凤芝、祁建民、胡资生、彭定祥11人参加并投票。麻类体系执行专家组根据相关规定，向河南省农业厅、云南省农业厅、广东省农垦局和广东省农业厅发函，由这些单位向体系推荐“十二五”试验站站长竞聘人选。通过学会和地方农业主管部门的推荐，最后确定每个岗位2位竞聘专家上报农业部。2010年9月9日发布《关于开展“十二五”产业技术体系聘任人员遴选工作的通知》，批复了《参与国家麻类产业技术体系“十二五”岗位专家和试验站站长竞岗答辩人员名单》，并对遴选条件和程序进行了调整。按照新要求，麻类体系于2010年9月18日至20日召开“‘十二五’聘任人员遴选工作会议”并向农业部报告会议情况。

（二）2011—2015年

2011年启动“十二五”工作，3月8日《农业部关于印发现代农业产业技术体系建设依托单位和岗位聘用人员名单（2011—2015）的通知》（农科教发〔2011〕3号）发布，确定国家麻类产业技术体系整体框架，局部进行优化调整，共设立27个科学家岗位和20个综合试验站。与“十一五”框架相比，变化如下。

（1）研究室名称变更：病虫害防控研究室、栽培与土壤营养研究室和产后处理与加工研究室名称分别变更为病虫草害防控研究室、栽培与耕作研究室和加工研究室。

（2）研究室主任变更：育种研究室主任变更为麻类所李德芳，熊和平不再兼任育种研究室主任。

（3）聘用人员接替：2011年，福建农林大学方平平副教授接替祁建民教授担任黄麻育种岗位专家，湖南省张家界市农业科学研究所庹年初接替熊玉双担任张家界苎麻试验站站长，广西壮族自治区亚热带作物研究所王春田接替陶玉兰担任南宁剑麻试验站站长；2013年新疆维吾尔自治区伊犁哈萨克族自治州张正接替黄建平担任伊犁亚麻试验站站长。

（4）新增岗位：种质资源评价岗位、剑麻栽培岗位、工业大麻栽培岗位、湛江剑麻试验站站长4个岗位，并分别由麻类所粟建光、中国热带农业科学院环境与植物保护研究所易克贤、云南大学刘飞虎和广东省湛江农垦科学研究所黄标分别担任岗位专家和试验站站长。

（5）岗位名称变更：原生物技术育种、农药与杂草防控、栽培生理、土壤与水土保持、亚麻大麻栽培、营养与肥料、麻地膜、收获机械、剥制机械、纤维生物提取、酶制剂和生物质能源等岗位名称分别变更为分子育种、杂草防控、栽培与耕作、山坡地栽培与水土保持、亚麻栽培、土壤肥料、可降解麻地膜生产、种植机械与设备、初加工机械与设备、脱胶技术与工艺、酶处理与副产品综合利用。

对“十三五”体系岗位的设置和任务的调整，农业部进行了部署。2014 年 9 月 30 日农业部科技教育司发布《关于开展现代农业产业技术体系建设“十三五”优化调整方案研究编制工作的通知》[农科（产业）函〔2014〕第 299 号]。文件指出，体系“十三五”优化调整方案研究编制，是关系到体系建设科学完善和长远发展的一项重要工作，各体系要在实事求是、认真总结本体系“十一五”“十二五”建设运行的成绩与存在问题，在全面研究分析本产业未来发展面临的重大问题的基础上，依据十八届三中全会以来，党中央和国务院关于“创新驱动战略”、农业农村经济发展等一系列文件和讲话精神，《国务院关于改进加强中央财政科研项目和资金管理的若干意见》（国发〔2014〕11 号）及体系相关管理办法和考评结果等开展研究编制工作。

2015 年，农业部对“十三五”体系人员的上岗条件进行了规定：首席科学家连任可放宽到 1953 年 1 月 1 日后出生的专家，竞聘首席科学家年龄须在 1958 年 1 月 1 日后出生的专家；岗位专家和试验站连任年龄可放宽到 1958 年 1 月 1 日以后出生的专家，竞聘岗位和试验站的专家须在 1963 年 1 月 1 日后出生的专家。

（三）2016—2020 年

2016 年，麻类体系按照农业部科教司体系处的部署，开展了 2017 年 6 月 13 日发布《农业部关于印发现代农业产业技术体系聘用人员名单（2017—2020）的通知》（农科教发〔2017〕10 号）正式启动“十三五”体系建设工作，并于 2017 年 8 月 31 日发布《农业部关于印发现代农业产业技术体系产业技术研发中心依托单位、功能研究室主任和执行专家组名单（2017—2020）的通知》（农办科〔2017〕38 号），批复执行专家组名单。调整后的麻类体系组织架构主要变动如下。

（1）功能研究室名称变更：原育种研究室、栽培与耕作研究室、设施设备研究室分别变更为遗传改良研究室、栽培与土肥研究室、机械化研究室，主要依据是响应 2017 年 1 月 1 日新《中华人民共和国种子法》对科研事业单位的新定位、同时根据现代化农业发展的要求，突出机械化研究等。

（2）病虫草害防控研究室岗位职能合并：将病害防控和虫害防控两个岗位职能合并，仅设立病虫害防控一个岗位。

（3）人员接替：依据“十三五”人员聘任条件，麻类体系共有“七岗四站”的专家因年龄限制不再续聘。经执行专家组商依托单位报农业部审批，均以团队成员接替形式完成过渡。

（4）科学家岗位、综合试验站名称变更及执行专家组组成变更见表 14-28。

表 14-28 2017—2020 年国家麻类产业技术体系组织机构与聘用人员组成

组织机构	编 号	岗位名称	专 家	所在单位
遗传改良研究室	E01	种植资源收集与评价	粟建光	麻类所
	E02	育种技术与方法	赵立宁	麻类所
	E03	苎麻品种改良	喻春明	麻类所
	E04	亚麻品种改良	康庆华	黑龙江省农业科学院
	E05	红麻品种改良	李德芳	麻类所
	E06	黄麻品种改良	方平平	福建农林大学
	E07	工业大麻品种改良	杨 明	云南省农业科学院
	E08	剑麻品种改良	周文钊	中国热带农业科学院南亚热带作物研究所
栽培与土肥研究室	E09	生态与土壤管理	黄道友	中国科学院亚热带农业生态研究所
	E10	水分生理与节水栽培	刘立军	华中农业大学
	E11	养分管理	崔国贤	湖南农业大学
	E12	苎麻生理与栽培	唐守伟	麻类所
	E13	亚麻生理与栽培	王玉富	麻类所
	E14	黄麻红麻生理与栽培	陈 鹏	广西大学
	E15	工业大麻生理与栽培	刘飞虎	云南大学
	E16	剑麻生理与栽培	易克贤	中国热带农业科学院环境与植物保护研究所
病虫草害防控研究室	E17	病毒与线虫防控	张德咏	湖南省农业科学院
	E18	病虫害防控	陈绵才	海南省农业科学院
	E19	杂草与综合防控	柏连阳	海南省农业科学院
机械化研究室	E20	种植与收获机械化	李显旺	农业部南京农业机械化研究所
	E21	初加工机械化	吕江南	麻类所
加工研究室	E22	生物脱胶与初加工	段盛文	麻类所
	E23	纤维性能改良	郁崇文	东华大学
	E24	麻纤维膜生产	王朝云	麻类所
	E25	副产品综合利用	彭源德	麻类所
产业经济研究室	E26	产业经济	杨宏林	湖南大学
综合试验站	S01	汾阳工业大麻试验站	康红梅	山西省农业科学院
	S02	长春亚麻试验站	凤 桐	吉林省农业科学院
	S03	哈尔滨麻类综合试验站	吴广文	黑龙江省农业科学院
	S04	大庆工业大麻试验站	李泽宇	黑龙江省农业科学院
	S05	萧山麻类综合试验站	金关荣	浙江省萧山棉麻研究所
	S06	六安工业大麻红麻试验站	杨 龙	安徽省六安市农业科学院
	S07	漳州黄/红麻试验站	洪建基	福建省农业科学院
	S08	宜春苎麻试验站	高海军	江西省麻类科学研究所
	S09	信阳麻类综合试验站	潘兹亮	河南省信阳市农业科学院
	S10	咸宁苎麻试验站	汪红武	湖北省咸宁市农业科学院
	S11	张家界苎麻试验站	庹年初	湖南省张家界市农业科学技术研究所

续表

组织机构	编　号	岗位名称	专　家	所在单位
综合试验站	S12	沅江麻类综合试验站	朱爱国	麻类所
	S13	湛江剑麻试验站	黄　标	广东省湛江农垦科学研究所
	S14	南宁剑麻试验站	陈　涛	广西壮族自治区亚热带作物研究所
	S15	南宁麻类综合试验站	李初英	广西壮族自治区农业科学院
	S16	涪陵苎麻试验站	吕发生	重庆市渝东南农业科学院
	S17	达州苎麻试验站	魏　刚	四川省达州市农业科学研究院
	S18	西双版纳工业大麻试验站	孙　涛	云南西双版纳州农业科学研究所
	S19	大理工业大麻亚麻试验站	朱　炫	云南省大理白族自治州农业科学院推广研究院
	S20	伊犁亚麻试验站	张　正	新疆维吾尔自治区伊犁哈萨克族自治州农业科学研究所

三 麻类体系运行与制度

（一）研发任务组织模式

1. 任务设置框架

现代农业产业技术体系研发任务按照重点任务、基础性工作、前瞻性研究和应急性工作四类设置，旨在将重点科技攻关、基础数据累积、前瞻性领域探索和应急性产业服务相结合，为产业发展提供坚强、持续的支撑。在此框架下，麻类体系依据本产业的特点及现状，本着“以麻产品为单元，产业为主线，依托科技资源，建立生产、研发、市场网络，大力发展现代麻产业”的宗旨，麻类体系于2009年2月组织全国54位麻类科研专家，组成16个调研组分赴北京、湖南、湖北、四川、重庆、江西、广东、广西、河南、福建、浙江、江苏、黑龙江、吉林、安徽、山西、新疆、甘肃、云南、海南等20个省（自治区、直辖市）进行考察与调研，通过对麻类作物主产区农业主管部门、纺织厂、原料加工厂及种麻农户的调研，了解我国麻类产业从品种、种植、收获、加工以及进出口贸易等各个环节的现状、存在的问题，以及种植效益、加工效益和市场经营情况，掌握麻类产业的主要技术需求，为国家制定产业政策及麻类体系确定重点任务、基础性工作以及前瞻性研究提供依据。此次调研是麻类体系任务凝练、提升和落实的基础。

2. 组织实施模式

在任务组织实施方面，主要流程包括：①体系向农业部提交任务内容与分解实施方案；②农业部征求行业专家意见并反馈体系；③体系修订并报农业部审批；④首席科学家代表体系与农业部签订《任务书》；⑤首席科学家与各聘任人员签订《委托协议》；⑥执行专家组督促各聘任人员落实；⑦执行专家组组织体系总结任务完成情况进行自评；⑧农业部组织体系间互查并邀请第三方对体系进行评估。

3. 科研工作沿革

在完成“十一五”期间的四大重点任务和十二项攻关课题的基础上，为了适应专家长期以来形成的”做项目”的科研习惯，从“十二五”起，将重点任务的组织模式进行了调整。“十一五”期间主要依据主体任务进行任务分解，强调学科布局和分工，其弊端在于个体的岗位对总体的任务规划和目标把握程度不一，在研发过程中对研究内容和方式的调整方向容易出现偏差而减小合力。通过将“重点任务”部分凝练为若干个较独立的“项目”，既可以发挥体系在学科布局、联合协作等方面的优势，又能进一步强化个体团队对总体任务的把握。“十二五”期间重点任务见表 14－29。

表 14－29　麻类体系“十二五”重点任务（2011—2015 年）

编　号	任　务	牵头人	技术总负责人
CARS－19－01A	麻类作物高产高效种植与多用途关键技术研究	熊和平*	熊和平*
CARS－19－02A	非耕地麻类作物种植关键技术研究与示范	熊和平*	李德芳*
CARS－19－03A	苎麻剑麻固土保水关键技术研究与示范	熊和平*	彭定祥
CARS－19－04B	麻类作物育种与制种技术研究	李德芳*	关凤芝
CARS－19－05B	麻类作物重大有害生物预警及综合防控技术研究与示范	张德咏	张德咏
CARS－19－06B	麻类作物抗逆机理与土壤修复技术研究	彭定祥	彭定祥
CARS－19－07B	麻类作物轻简化栽培技术研究与示范	彭定祥	唐守伟*
CARS－19－08B	可降解麻地膜生产与应用技术研究与示范	王朝云*	王朝云*
CARS－19－09B	麻类作物收获与剥制机械的研究和集成	王朝云*	李显旺
CARS－19－10B	麻类生物脱胶与新产品加工技术研发	刘正初*	刘正初*
CARS－19－11B	基于多用途的麻类产业持续发展研究	陈　收	陈　收

注：* 标记专家为麻类所专家。

“十三五”任务组织在“十二五”的基础上，创新了“工作组”运行模式。其中以麻类所牵头实施的“膜用苎麻协同创新与示范工作组”为代表，以科研组织与攻关机制改革为根本途径，落实了高密矮化麻园建设、机械化种收管理、绿色脱胶技术研发和成膜技术创新等任务，初步形成了苎麻全程机械化、清洁化生产方案。“膜用苎麻协同创新与示范工作组”设有领导小组、创新小组和示范小组，其中创新小组包括高密矮化麻园建设协同创新小组、机械收获与初加工协同创新小组、绿色脱胶与纤维提取协同创新小组；协同示范小组设于 3 个不同生态区，分别为：华东区协同示范工作小组、中南区协同示范工作小组、西南区协同示范工作小组。这种运行模式在体系内进一步加强了核心任务的组织力度，明确了各项重点任务的主从关系（表 14－30）。

表 14－30　麻类体系“十三五”重点任务（2016—2020 年）

编　号	任务名称	牵头人/技术总负责人
CARS－16－01A	地膜用麻高效生产及成膜技术研究与示范	熊和平*，王朝云*
CARS－16－02A	纤饲两用麻类作物绿色生产技术研究与应用	熊和平*，李德芳*
CARS－16－03A	苎麻机械化收获及绿色脱胶技术研究与示范	熊和平*，李显旺，彭源德*，刘立军

续表

编　号	任务名称	牵头人/技术总负责人
CARS-16-04B	功能型麻类作物品种选育	李德芳*
CARS-16-05B	麻类作物固土保水及逆境种植技术研究与示范	刘立军
CARS-16-06B	麻类作物轻简可持续种植技术研究与示范	刘立军
CARS-16-07B	麻类作物病虫草害绿色高效防控技术研究	张德咏
CARS-16-08B	大麻机械化收获仿形切割与智能碾压技术研究	李显旺
CARS-16-09B	麻类生物质高效利用关键加工技术研究与示范	彭源德*
CARS-16-10B	麻地膜与纤饲两用麻类作物产业经济分析	杨宏林

注：* 标记专家为麻类所专家。

（二）工作考评制度

1. 人员考评办法

为了促进现代农业产业技术体系持续健康发展，规范现代农业产业技术体系运行机制，建立现代农业产业技术体系聘用人员业绩考评制度，根据《农业部财政产关于印发〈现代农业产业技术体系建设实施方案（试行）〉的通知》（农科教发〔2007〕12 号）精神，2009 年 9 月 21 日，农业部印发关于《现代农业产业技术体系人员考评办法（试行）》（农科教发〔2009〕9 号）。主要内容由总则、组织实施、考评内容、考评程序、考评结果处理五部分组成。其中首席科学家的考评，由农业部科技教育司会同或委托有关行业司局、省级农业行政主管部门和有关科研管理部门组织实施，主要考评内容包括任务书中各项考核指标完成情况、对产业发展的决策咨询情况、技术研发的全国统筹情况、对本体系的组织管理和各机构、人员的工作协调情况、机制的创新和学风建设情况、经费使用情况。研究室主任、岗位专家和综合试验站站长的考评，由各产业技术体系执行专家组组织实施，研究室主任主要考评内容为对本研究领域的全国统筹情况、对本研究室的组织管理和工作协调情况、与其他研究室的交流协作情况和与综合试验站的结合情况；岗位专家、综合试验站站长主要考评内容为各项考核指标完成情况、对本岗位领域的国际前沿跟踪情况、对本区域产业发展和技术支撑情况、团队人员参加体系工作及团队建设情况、工作日志填报情况、经费使用情况。年终考核评分按照执行专家组成员评分占权重的 60%，体系人员评分占权重的 40%，计算出个人的平均得分。

为加强现代农业产业技术体系管理，规范体系聘用人员科研行为，确保各体系聘用人员有效履行岗位职责，构建“民主开放、务实高效、诚信奉献”的体系文化，根据《农业部财政部关于印发〈现代农业产业技术体系建设实施方案（试行）〉的通知》（农科教发〔2007〕12 号）精神，2012 年 2 月 14 日，农业部科技教育司研究制订了《现代农业产业技术体系信用管理办法（试行）》，主要内容有每月填写体系工作日志少于 5 篇的，当月扣除 1 分；未在每月 10 日前填报上月度经费支出情况的每月扣除 1 分等。

麻类体系根据农业部科技教育司《现代农业产业技术体系人员考评办法（试行）》（农科教发〔2009〕9 号）和《现代农业产业技术体系信用管理办法（试行）》，参照国家麻类产业技术体系工作开展情况，经执行专家组研究，印发了《国家麻类产业技术体系工作日志、考核指标和活动考勤考评办法（2013）》（麻体办〔2013〕20号），考评对象为麻类体系研究室主任、岗位专家和试验站站长。考评实行百分制，其中年终工作会议聘用人员现场打分占75%，全年工作任务落实等包括工作日志、考核指标完成对照和活动考勤占25%。

2. 论文、专著等文字作品发表与会议活动的管理

为加强麻类体系论文、专著等文字作品发表和召开会议等活动的管理工作，培养良好的学术道德，营造实事求是的科研环境，保护本体系的知识产权及聘任人员的权益，根据农业部相关文件精神，经执行专家组研究制订了《国家麻类产业技术体系论文、专著等文字作品发表与召开会议等活动的暂行规定》（麻体办〔2011〕11号），从论文经费开支、署名要求、会议活动计划等方面进行规定。

3. 绩效考评自评估管理工作

根据农业部科技教育司《关于组织现代农业产业技术体系绩效考评自评估工作的通知》[农科（产业）函〔2015〕第224号]要求，为总结麻类体系建立以来的成效与贡献、查找体系建设运行中的问题与不足、规划体系下一步发展，并为下一步农财两部门组织第三方绩效评估打好基础，2015年7月2日，麻类体系发布《关于开展国家麻类产业技术体系绩效考评自评估工作的通知》（麻体办〔2015〕5号），主要评估了自建立以来的建设运行情况，体系的建设成效、机制和管理创新，对产业发展的推动作用和重要贡献。

4. 工业大麻研究管理

为明确区分工业大麻与药用大麻，规范管理麻类体系内工业大麻研究的安全性，经执行专家组会议讨论决定，麻类体系发布《关于规范工业大麻研究与示范管理的通知》（麻体办〔2017〕3号），对麻类体系涉及的工业大麻研究与示范的工作进行规范，确定麻类体系研究范畴，研究的品种首先需要进行程序鉴定，明确THC含量小于0.3%的作为研究对象，对涉及相关研究的岗位和试验站名称进行统一。

四 成绩与贡献

（一）国家及省部级奖励

麻类体系自2008年成立以来，专家和团队成员对麻类产业发展中的重大问题开展研发、集成和试验示范，积极培育科研成果，共获得国家奖2项，省部级奖41项。

（二）科研杰出人才

麻类体系重视人才培育工作，2010年12月发布《关于召开国家麻类产业技术体系后备人才遴选会议的通知》，旨在纳入青年人才在培养规划中，通过承担各种科技项目，在科研实践中重点加强培养。自麻类体系成立来，共2人获得国家级人才称号，8人获得省部级人才称号。

（三）其他科技成果

育成了71个麻类作物新品种。获得国家发明专利165项，软件著作权22个，知识产

权保护范围涵盖了种植技术与机械、种养结合、育种繁种技术、脱胶工艺与设备、新型纤维产品与设备、纤维加工新技术等各个环节。大量专利正在申请中。已发表科技论文947篇。编写《国家麻类产业技术发展报告》系列、《中国现代农业产业可持续发展战略研究（麻类分册）》等专著27部；提交《重金属严重污染耕地产业结构调整工程实施方案——麻类作物》、《关于制订和完善耕地污染修复治理相关法律法规的建议》等研究报告200份。

麻类体系专家主持制订、修订了43项各类标准与规范，其中国家标准7项，行业标准19项，地方标准12项，企业标准5项。通过培训会、科技下乡等方式发放资料146 613份，培训农技人员29 030人次。

第十五章　行政管理

第一节　运行机制的改革

由于2002年以来麻类所按科技型企业运作的模式越来越不适应研究所发展的需要，从2008年始，麻类所从两方面着手开展运行机制的改革：一方面不断纵深拓宽研究领域，逐步推进从麻类所向南方经济作物研究所的转型；另一方面构建麻类体系和创新体系，加速从拟转企研究所向公益性研究所的转型。

一　南方经济作物研究中心（“经作中心”）的成立背景

麻类所长期以来以麻类作物为研究对象，对我国麻类产业发展起到了科技支撑作用。自20世纪90年代以来，随着化学纤维、棉花和现代运输工具集装箱的问世，麻类产业发展受到严重冲击，种植面积从鼎盛时期的3 000余万亩降到2017年的不足300万亩，麻类所面临研究领域拓展和转型的严峻挑战。在不同的发展阶段，麻类所为拓宽研究领域做了大量前期性工作。

自我国改革开放以来，麻类所研究领域逐渐拓宽。在保留原有优势学科的基础上，初步形成了特色明显的新兴学科。研究对象包括麻类与同类纤维、秸秆与副产物、能源植物与发酵微生物。研究领域主要有纺织纤维、造纸原料、生物质材料、燃料乙醇与生物制剂。一方面麻类研究向纵深拓宽，从纺织原料拓展到国家所急需的燃料乙醇、麻地膜和饲料等生物质产业，从农业微生物提升到生物制剂；另一方面，就突破“麻”字做了大量探索性工作，包括麻类所更名的尝试和争取，研究领域已拓展到包括竹纤维、龙须草、秸秆等在内的生物质资源。形成了纺织纤维、造纸原料、生物质材料、燃料乙醇与生物制剂五大重点研究领域。这些研究工作取得了重要的科研成果：

在生物质利用方面，建成中国农业科学院麻类研究所农产品加工微生物菌种库，储存了专用微生物资源3 970份，研究形成了多项麻类纤维生物提取技术，形成了一批微生物发酵提取纤维素的成果和专利，选育出500余株具有高效脱胶且功能不一的菌种，可解决传统方法提取木质纤维素存在的诸多问题。

在饲料作物研究方面，育成了饲料专用苎麻新品种并配套栽培、收割、苎麻蛋白质饲料加工贮藏和塑料膜地窖青贮、小包装圆捆青贮等简便实用的配套青贮技术，还建有苎麻饲料中试车间，生产了苎麻草块、草粉及草粉混合饲料，建成了肉牛养殖示范基地。在生物能源研究方面，研究的纤维素乙醇和木聚糖酶的酶活比国产的高出 5～10 倍，取得了纤维乙醇技术鉴定成果和国家发明专利；进行了麻类、芦苇纤维质等非粮燃料乙醇技术研究；初步形成了以麻骨、麻秆等废弃物作培养基培养杏鲍菇等食用菌的生产技术，为后续食用菌研究奠定了较好的基础。

在人才储备方面，为适应国家科技发展的新形势和新要求，从两方面推动新领域的拓展，一方面从满足新兴学科需要入手，引进和催生一批包括质量标准、分子生物、微生物、酶和信息工程基础研究领域以及造纸、地膜、工程微生物、酒精、生物质利用在内的初加工研究领域的人才。另一方面，实施人才工程战略，通过自我培养和引进相结合的办法，造就领军人才，培养中国农科院二级岗位杰出人才 2 名，三级岗位杰出人才 6 名。实行重点学科首席专家负责制，形成了“麻类作物”“麻产品加工”2 个一级创新团队和 5 个二级创新团队。科技队伍整体水平有了较大提高。

在学科建设方面，“十一五”期间，为适应市场的发展需要，在原有学科建设的基础上，将重点学科不断向交叉学科和前沿学科延伸。使重点学科由原来的 5 个发展到 7 个。增加了纤维质能源利用、麻质环保材料、工程微生物、麻类质量检测技术和麻业经济与信息技术等学科内容，为跟踪国家动态、适应研究方向调整做了前期准备。

就麻类所拓展研究领域问题，2006 年始，很多业内专家、上级和兄弟单位领导先后提出不同的建议，为全所长远发展提供了重要参考。科技部农村科技司杜占元司长、贾敬敦副司长和向仲怀、方智远、刘旭等院士曾先后提出将研究领域拓展到蚕桑、柑橘、整个纤维或植物纤维研究。

由于研究领域的拓展，需要一个名正言顺的技术平台作支撑。2010 年 12 月 10 日、21 日，麻类所召开所务会和党政联席会就挂牌成立“经作中心”的可行性进行了认真讨论，一致认为麻类所在拓宽研究领域方面已有一定的基础，但仍是以麻类研究为主业，更名的条件仍不具备，决定分两步走推动该项工作，先成立“经作中心”，以其为支撑平台，继续围绕“两个延伸，一个拓展”开展工作。待时机成熟后，再将“经作中心”更名为“中国农业科学院南方经济作物研究所”。会议确立了分四步成立“经作中心”的方案：第一步是挂牌，成立“经作中心”，下设“南方饲料作物研究室”“农业微生物研究室”和“南方特色作物研究室”；第二步组织人员到南方相关各省调研，并邀请相关领域的权威专家对“经作中心”的研究方向、核心研究内容等进行论证；第三步聘用“经作中心”的首席专家，建立聘用合同关系；第四步组建团队，由首席专家自主选聘团队成员并配套配置办公和实验方面的硬件设施，确保在“十二五”第一年能够开始正常运作。明确了“经作中心”发展思路：依托新挂牌的“经作中心”，以引进人才为手段，在“十二五”期间，以“两个延伸”为主开展研究工作，同时集中 1/3 的力量开展“一个拓展”工作。在“十三五”，对“十二五”拓展的新研究领域从麻类作物延伸到饲料作物，从脱胶微生物延伸到农业微生物；依托麻类所地处南方的区域优势，将研究领域拓展到南方特色作物。逐步加大资金投入和研究力量，一半以上的科研力量从事拓展新的研究领域，实现麻类所向“中国农业科学院南方经济作物研究所”的转型。

为加速搭建“经作中心”这个技术平台，麻类所从两方面开展工作，一方面申请挂牌成立“经作中心”。2010 年 12 月 22 日，以农科麻〔2010〕92 号文向中国农业科学院上报了关于成立‘经作中心’的请示”。另一方面组织专家进行充分论证。2011 年 1 月 9 日组织在北京召开了“从麻类作物拓展到南方经济作物专家咨询会”，刘旭、方智远、范云六 3 位院士和农业部马淑萍副司长等领导、专家认为，麻类所拓展研究领域势在必行，并建议“十二五”期间，在继续抓住麻类研究不放松的同时，充分依托和发挥自身已有的学科与技术优势，结合引进南方经济作物研究领域的人才，并配套建立起新的运行机制，启动“两个延伸”，先起好步，铺好路，广泛积累经验，待时机成熟，将大部分科研力量和科研投入转移到南方经济作物的研究上来。

2011 年 1 月 25 日，中国农科院科技局按照院领导的批示精神，对麻类所申请成立“经作中心”的请示进行了研究，并组织作物科学研究所、蔬菜花卉研究所、农业资源与农业区划研究所、农业经济研究所和麻类所等 5 个研究所的专家进行座谈讨论，形成了“关于麻类所申请成立中心的调研意见”，认为“依托麻类所成立南方经济作物研究中心不仅及时也很有必要”。

2011 年 2 月 11 日，中国农科院以农科办科〔2011〕23 号文件向麻类所下达了关于同意成立中心的批复：“同意在你所成立中国农业科学院南方经济作物研究中心，中心为非法人机构的学术性科研协作组织。”

“经作中心”运行两年多后，因中国农科院清理院级平台，于 2013 年 12 月 23 日被取缔。麻类所新任所长陈万权上任后，于 2014 年 6 月 11 日提出恢复“经作中心”的请示。2014 年 12 月 11 日，中国农科院以农科院科〔2014〕312 号文“中国农业科学院关于同意麻类研究所继续使用中国农业科学院南方经济作物研究中心”的复函批复同意：在麻类所正式更名之前，继续使用“中国农业科学院南方经济作物研究中心”的名称。

二 “经作中心”建设与发展

2011 年成立“经作中心”的请示获批后，麻类所围绕机构设置、人才团队组建、学科调整、研究领域拓展等方面加速推动“经作中心”工作的展开。

建立健全组织机构。2011 年 2 月 26 日，举行了“中国农业科学院南方经济作物研究中心暨我国南方经济作物恳谈会”启动仪式，标志着“经作中心”正式挂牌成立。同年 5 月初，按照“一套人马，两块牌子”的模式，构建了“经作中心”组织机构，由中国农科院批复同意设立了饲料作物、农业微生物、南方特色作物 3 个研究室，增加 6 个处级干部职数。

调整凝练学科。在传统学科的基础上，着力使学科建设朝着多元性、综合化方向发展。

2012 年 5 月，中国农科院现代农业科研院所建设行动启动，根据建设世界一流农业科研院所的总目标和研究领域拓展的需要，麻类所将之前的麻类学、微生物工程、农产品加工与贮藏、农业标准与检验 4 个学科领域和 8 个研究方向进行调整，组建了麻类作物、饲料作物、南方特色作物、农业微生物、农产品加工 5 个学科领域和 12 个研究方向。在原有研究方向上，增加了南方园艺作物资源与利用、南方饲料作物资源与利用、食用菌栽培等研究方向。优先建设麻类作物、饲料作物、农业微生物 3 个优势学科，从人才团队、创新平台、试验基地、研究经费配置上予以重点倾斜；同时培优农产品加工、南方特色作物 2 个重点学科；通过学科间的交叉融合与渗透，培植新兴学科。

2012 年 7 月，根据中国农科院学科建设会议精神，麻类所对学科集群、学科领域和研究方向进行了合并与增减，设置了麻类资源与育种、麻类作物栽培、南方特色作物、农业微生物、麻类综合加工 5 个学科领域，确立了麻类资源评价、一年生麻类育种、多年生麻类育种、一年生麻类栽培、多年生麻类栽培、南方园艺作物、南方饲料作物、脱胶微生物与酶制剂、南方食用菌栽培与育种、多功能麻地膜等 10 个研究方向。在继续开展以苎麻为重点的南方饲料作物研究的基础上，进一步向营养体作物研究延伸，将微生物研究从脱胶菌、食用菌进一步向秸秆资源化研究延伸，将南方特色作物进一步拓展到非粮能源作物研究。增设了包括麻类作物草害与外来生物防控、南方饲料作物营养体评价与饲养、小桐子种质创新与高效生产、南方果树、南方蔬菜（芋头、芥菜等）、共生菌遗传改良与高效栽培、麻质套袋材料 7 个重点命题。

2014 年 5 月，根据申报创新工程的需要，结合麻类所的总体定位，本着既要立足目前，又要兼顾长远；既要考虑学科领域，又要顾及人才团队；既要紧盯国际前沿，又要瞄准产业需求；既要保证学科的完整性，又要确保现实的可行性等原则，对学科进行了优化调整，设置了作物种质资源、作物遗传育种、农产品质量与加工、植物保护 4 个学科领域，以及麻类作物种质资源与利用、南方饲料作物种质资源与利用、一年生麻类作物遗传改良、多年生麻类作物遗传改良、特色蔬菜资源与遗传改良、麻类作物栽培与收获技术、麻纤维产品与加工技术、农产品加工微生物遗传改良与应用、南方经济作物有害生物防控、特色蔬菜质量安全 10 个研究方向。通过学科的凝练和调整，巩固了麻类学科的传统优势和地位，拓展了特色蔬菜作物、南方饲料作物、南方经济作物病虫害防控 3 个新兴学科。2015 年 1 月 25 日，麻类所与中国农科院签定绩效任务书，麻类所正式实施创新工程。

2016 年，创新工程从试点期进入全面推进期，麻类所按照 1/3 从事传统麻类学科、1/3从事新兴特色学科、1/3 从事基础理论和共性技术研究的“三三制”学科布局，进一步调整优化了与产业发展需求结合不紧密、发展空间和潜力不大的学科方向，将“麻类作物种质资源与利用”调整为“南方经济作物种质资源与利用”，“麻类作物栽培与收获技术”调整为“南方经济作物栽培与收获技术”，提出了“135”学科发展战略，即一个创新团队（多年生麻类作物遗传改良）引领国际前沿，3 个创新团队（一年生麻类作物遗传改良、南方经济作物种质资源与利用、麻纤维产品与加工技术）达到国际先进水平，其他5个创新团队处于国内行业领先地位。

广泛开展资源收集工作。2011年3月中下旬，组织了7个调研组到广东、福建、山东、江苏、浙江、上海、四川7省市调研，各个调研组走访了7个省市的75家科研和相关单位，收集了近500余份各类资源。

加强新学科新领域科研骨干特别是南方经济作物研究人才的引育。“经作中心”成立前三年，人才引进一直没有到位。2014年，按照“不求所有，但求所用”的用人原则，结合申报创新工程，借助中国农科院青年英才计划，通过实施”三个一”，即每个团队至少引进1名青年英才计划人才、聘请1名团队顾问、选培1名优秀青年人才（助长计划）的人才团队建设计划，首次从国内外引进了3名领军人才、9名科研骨干和11名研究助理，组建了3个新的创新团队。2015年，聘请了9名国内外知名专家作为团队顾问，培养出2名全国农业科研杰出人才、3名中国农科院农科英才领军人才，其中领军人才A类1名、C类2名；中国农科院青年英才科研培育工程人才1名，其他省部级人才5名和11名优秀青年人才助长计划人选。

依托“经作中心”这个平台，研究领域逐步向纵深拓宽，取得了一批科研成果：2010—2017年，获得院级以上成果奖励12项，包括省部级奖5项（主持4项、参加1项）；鉴定成果4项；获得发明专利授权16项；育成蔬菜品种10个，出版著作3部。

育成的10个蔬菜品种包括帝王菜1号、帝王菜2号、中萝1号、中葵1号、中葵2号、中葵3号、中葵4号、中葵5号、菜用黄麻4号、菜用黄麻5号。

2016年出版了《药菜兼用植物图谱》《食药用菌加工技术》《肉鹅标准化养殖操作手册》等著作。

依托“经作中心”，建成了“369工程”苎麻园、肉鹅放牧苎麻园、饲料加工车间、肉牛养殖场、肉鹅养殖场、鹅粪养鱼池和食用菌栽培室。形成了种养加一体化的“麻改饲”产业链。

第二节　回归公益性事业单位的探索

麻类所自2002年划归拟转企所以来，吁请回归公益性国家级农业科研事业单位的努力一直没有放弃，在争取回归非营利性科研机构方面做了大量工作。一方面抓住麻类体系牵头单位、中央事业单位分类改革和实施创新工程的多重机会，积极推进重大的制度创新、机制创新和管理创新，为争取进入公益一类或二类单位创造条件；另一方面积极参与改革，拓展研究领域，创新内部运行机制，加快发展进程，巩固和提升麻类所公益性特性和在行业中的地位。

一 回归公益性事业单位的进程

2007年4月，麻类所成为麻类体系首席科学家单位，受农业部委托，负责麻类体系的管理工作，确立了麻类所在国家麻业技术创新和产业发展上的牵头地位和领衔作用。

2008年3月，财政部办公厅和农业部财务司向麻类所发文，开展中央部门事业单位基本情况调查，麻类所以中央机构编制委员会办公室和国家事业单位登记管理局明确的财政补助事业单位及基本支出由中央财政拨款安排及事业编制数等为依据，向中国农科院申请将麻类所纳入定员定额试点单位。同年4月，中国农科院办公室要求报送单位编制，麻类所在上报材料中，指出麻类所是麻类体系的牵头单位，研究内容和服务任务增多，要完成麻类体系赋予的使命，必须将主要力量转移到科学研究方面，并要求回归到科研事业单位建制，将事业编制从1994年核定的234人增加到294人。

2009年9月27日，中国农科院党组薛亮书记到麻类所调研，在全所职工大会上指出：前几年科研单位改革中确定麻类所为拟转企所，对干部人才队伍建设造成一定影响，改革的问题由农业部、中国农科院根据形势发展，做进一步协调和推进。对麻类所来说，从现在起，就要按承担公益性研究任务方向来推动工作。同年12月，为确保机构设置与事业的发展需要相适应、与单位的职责相符合，本着充分发挥麻类所现有的资源和研究优势，按照作物和技术分类的原则，麻类所重新恢复了事业单位机构建制，以综合处、科技管理处、计划财务处、科技开发处和后勤服务中心为管理服务系统，以6个专业研究室和沅江实验站为研究系统，取消了董事会、总经理办公会和副总经理办公会等决策机构，代之以所务会、所长办公会和所长碰头会的决策机构。

2011年8月，麻类所以农科麻办〔2011〕53号文件上报了“关于上报农业部部属事业单位分类改革信息表的报告”，要求划归公益一类科研事业单位。其理由陈述如下：麻类所一直承担着国家大量公益性科研任务，但同非营利公益性农业科研单位相比，拟转企研究所在多种多项经费来源渠道无法获得国家财政的稳定支持，如新增的基本科研业务费、农业科研机构改革启动费、离退休人员费、研究生培养补助费等财政拨款经费，也无法加入国家财政对公益性农业科研单位、农业事业单位定员定额试点单位，以获取事业费增加的稳定支持等。

2012年，国家以中央一号文件形式明确了农业科技的公共性、基础性和社会性的“三性”定位。中国农科院建设“世界一流农业科研院所”的总目标中，对中国农科院在国家农业科技发展的引领作用、核心作用和骨干作用做了更加具体的导向性解读。

2012年5月，依据国家对农业科技属性的界定，按照中国农科院李家洋院长关于“现代农业科研院所建设行动”的总体要求，结合“十二五”科技发展规划，围绕“两个延伸、一个拓展”的发展思路，麻类所研究确立了科研定位：充分利用麻类学科的研究发展基础，继续保持麻类科研在国内外的引领作用，积极稳妥开拓南方经济作物研究领域。重点开展南方饲料作物研究和开发，保障国家草蛋白饲料的供应；针对农业微生物应用特点，开展食用菌菌种筛选和培养基质的研究；研究南方特色经济作物，重点包括南方蔬菜和南方果树。同时加大了向上级有关部门的汇报力度，力争将国家政策落到实处，明确麻类所公益性定位，解决制约麻类所跨越式发展的瓶颈。

2013 年 1 月，创新工程正式启动。4 月，中央编办（中央机构编制委员会办公室，全书简称中央编办）、财政部、人社部（中华人民共和国人力资源和社会保障部，全书简称人社部）联合下发《关于做好中央国家机关所属事业单位分类工作的通知》（中央编办发〔2013〕12 号），根据通知精神，农业部印发了《农业部办公厅关于做好部属事业单位分类工作的通知》（农办人〔2013〕28 号）。同年 5 月，麻类所以农科麻办〔2013〕25 号、26 号文件向中国农科院上报《关于呈报我所事业单位分类意向情况说明的报告》和《关于呈报我所事业单位分类意向情况说明（备用方案）的报告》：根据学科设置及科技创新工程的要求，申请拟进入公益一类事业单位或公益二类事业单位。

2014 年 4 月，陈万权所长上任伊始，根据中国农科院的总体部署、研究所发展现状以及国家产业发展需求，围绕中国农科院“现代科研院所建设”的总体目标，通过广泛调研和充分研讨，确立了“以南方经济作物为主要研究对象，以麻类作物为重点，应用基础和应用研究相结合的社会公益性国家级农业科研机构”的总体定位，制定了“建设现代科研院所，努力实现管理科学化、成果大型化、人才国际化、民生幸福化”的总体目标，提出了“民主办所，开放兴所，快乐科研，幸福生活，团结奋斗，共创未来”的发展理念和“以人为本，以研为本，顶天立地，稳健发展”的发展思路。

2017 年 2 月，根据中国农科院人事局《关于协助开展拟转企研究所发展现状的通知》要求，制订了《麻类研究所分类改革意见方案》：麻类所作为我国从事麻类作物研究的唯一国家级综合性专业研究所和麻类体系依托单位，承担了大量公益性和社会性的工作职能与任务，站在国家发展和产业需求的高度，充分显示麻类所在向南方经济作物研究所转型的过程中，面向国家重大战略需求，在“麻改饲”、麻育秧膜等方面做出的积极探索和在填补南方经济作物研究空白方面取得的科研进展。

二　内部运行机制的探索

随着国家科技体制改革的不断推进，自 2008 年以来，围绕提升自主创新能力和拓展研究领域，着力深化体制机制创新，以“服务产业重大科技需求、跃居世界农业科技高端”两大使命为中心，对建立与现代农业科研院所发展需求相适应的体制机制进行了不断地探索。

（一）用人机制的改革

2008—2017 年 10 年间，麻类所不断深化内部改革，把用人制度的改革作为重要环节，坚持“引进和培养双管齐下、双轮驱动”“宁缺毋滥、保证质量”“不看年纪看能力、不看资历看业绩”，用人方面坚持“不求所有、但求所用，不求所在、但求所为”，培养方面坚持压重担、上讲台、下基层全方位培养原则，多渠道全面发现和招揽各类优秀人才；逐步完善干部人事管理的招聘程序，引入公平竞争机制，全面调动各层次人才的工作积极性，做到人尽其才，才尽其用。进行了两轮全员聘用工作，不断优化配置全所人力资源，在全所实行了中层领导干部聘任制、试用制和职工竞争上岗制，采取先下后上方式对科研、管理、开发、服务等不同岗位，实行按需设岗定编，按岗定责，按岗聘任，先由所领导聘用中层领导干部，再由中层领导聘用其他人员，并签订劳动协议，按合同进行考核。初步建立起“按需设岗、公开招聘、择优聘用、合同管理”和“开放、流动、协作、竞争”的选人用人机制。

2009 年 11—12 月完成了第四轮全员聘用工作：随着 2009 年 2 月麻类体系正式启动和 2009 年 9 月麻类所所级领导班子增补到位，麻类所撤销了过去以事业部、项目组和职能部门为架构的现代企业机构设置，成立了以科研为主的 7 个研究室、以管理为主的 4 个职能部门和以服务为主的后勤服务中心，以所务会、所长办公会、所长碰头会取代了董事会、总经理办公会和副总经理办公会的议事制度，恢复了事业单位建制。

新的机构成立后，麻类所于 2009 年 11 月 9 日召开党政联席会讨论研究了全员聘用工作，通过了《中国农业科学院麻类研究所各部门工作人员竞争上岗的公告》，其中职能（服务）部门人数及岗位原则上保持不变；原事业部人员分类整合进入相应研究室。同年 11 月 19 日，向全所各部门下发了《麻类所岗位聘用工作实施方案》和《处级干部竞争上岗总体思路》。在全所范围内对职能部门、研究室、沅江实验站、后勤服务中心等 11 个处级机构空缺的 14 个处级岗位进行竞争上岗，通过竞争上岗系列程序聘用了 4 名中层领导，并签定了聘用协议书。新聘用的中层领导按《麻类所岗位聘用工作实施方案》规定，统一向全所张榜公布各部门各个岗位的应聘要求和条件，根据应聘者的述职报告和能力水平等情况，经 12 月 21 日麻类所党政联席会研究决定，并以农科麻办〔2009〕90 号文聘用了 102 名职工，其中职能部门岗位 16 人、科研岗位 72 人、后勤服务中心岗位 14 人。本着平稳过渡、新老兼顾的原则，此次处级干部竞争上岗适当放宽了年龄和资历。原享受正处级别的竞争正处级干部的年龄不超过 55 周岁；原享受副处级竞争副处级干部的年龄不超过 47 周岁；担任副处级干部的年龄不超过 47 周岁，担任处级干部的年龄不超过 52 周岁。同时为让德才兼备、年轻有为的科技人员有机会走向领导岗位，本科毕业在所工作 8 年以上、硕士毕业在所工作 5 年以上、博士毕业在所工作 3 年以上并担任正科级 2 年或中级职务 3 年以上者，大专毕业在所工作 5 年以上并担任部门负责人 2 年以上者，均可报名参加竞聘。

2014 年 5—11 月和 2015 年 10 月至 2016 年 8 月，麻类所分两次完成了全员聘用工作。

第一次（2014 年 5—8 月）：创新工程团队的组建与人员聘用。2014 年 5 月，按照《中国农业科学院科技创新工程实施方案》和《中国农业科学院科技创新工程综合管理办法》的规定，进行了麻类所创新工程岗位设置。

首先组建科技创新团队：2014 年 5 月，所务扩大会议讨论并原则通过《麻类所学科设置方案》，初步确定了 12 个研究方向，按每个研究方向组建一个创新团队的要求，拟组建麻类作物种质资源与利用、南方饲料作物种质资源与利用、一年生麻类作物遗传改良、多年生麻类作物遗传改良、特色蔬菜资源与遗传改良、麻类作物栽培与收获技术、麻纤维产品与加工技术、农产品加工微生物遗传改良与应用、南方经济作物有害生物防控、特色蔬菜质量风险评估、柑橘资源与遗传改良、蚕桑资源与遗传改良 12 个创新团队。

其次招聘首席科学家：为解决创新团队首席科学家候选人严重不足问题，按照“不求所有，但求所用”的选人用人机制，通过中国农科院“青年英才计划”从国内外引进 A、B、D 类候选人 3 人，连同这 3 人在内全所共 12 人申报了除特色蔬菜质量风险评估、柑橘资源与遗传改良、蚕桑资源与遗传改良 3 个创新团队外的 9 个科技创新团队的首席科学家。通过组织所内外专家进行了会议评选推荐，确定了 12 名首席科学家候选人，参加中国农科院组织的首席科学家评审遴选，最终确定了 9 位首席科学家。

再次，由首席科学家按岗聘人确定科研序列创新岗位的人选。技术支撑岗位和管理岗位人员不进行评审确定。

最后，采取签署合同和分级考评等办法加强对创新岗位的管理。

第二次（2015 年 10 月—2016 年 8 月）：2015 年 10 月，麻类所按照国家《党政领导干部选拔任用工作条例》《事业单位人事管理条例》、中共中央组织部印发的《事业单位领导人员管理暂行规定》和《中国农业科学院党政干部选拔任用工作规定》等文件规定，依据中国农科院人事局批复的所内设机构与中层岗位设置意见以及《2015 年度麻类所中层干部竞聘上岗实施方案》（农科麻党委〔2015〕10 号），启动了中层领导的竞聘上岗工作，设置了 32 个处级岗位，明确了竞聘正、副处长（主任）的任职资格，其中竞聘正处长（主任）应具有以下资格：5 年以上工龄和基层工作经历；现任正处级干部，或任副处级职务 2 年以上；一般应具有大学本科及以上文化程度；聘用研究室主任，应具备高级专业技术职务，办公室主任、党办人事处处长应是中共正式党员，财务处处长应取得会计从业证书，并具备会计师以上专业技术职务资格或者从事会计工作 3 年以上经历；年龄不超过 55 周岁，距离法定退休年龄 5 年以上。竞聘副处长（副主任）职务应具备以下资格：现任副处级干部，或担任正科级职务 3 年、中级技术职务 4 年或本科毕业在所工作满 8 年、硕士毕业在所工作满 5 年、博士毕业在所工作满 2 年以上；一般应具有大学本科及以上文化程度；聘用研究室副主任应具有高级专业技术职称或博士学位，聘用党办人事处副处长要求是中共正式党员，聘用财务处副处长应取得会计从业资格证书，并具备会计师以上专业技术职务资格或者从事会计工作 3 年以上经历；原副处级干部竞聘同级岗位的年龄不超过 50 周岁，竞聘处级岗位的年龄不超过 40 周岁，引进人才担任副处级干部不受年龄限制。

通过报名与资格审查、确定能力素质测评推荐人选、召开能力素质测评会、组织会议民主测评与组织考察、讨论决定拟聘用人选、拟聘用人选填写《领导干部个人有关事项报告表》等一系列聘用程序，2016 年 3 月 2 日完成了 24 名中层领导干部竞聘上岗工作。

2016 年 7—8 月，麻类所启动了全员聘用工作。7 月 20 日出台了《麻类所 2016 年在编职工竞聘上岗实施方案》和《麻类所新技术推广中心 2016 年对所在编职工竞聘上岗实施方案》，就岗位设置原则、岗位总量、聘用程序等做了具体安排，确立了“按需设岗、人岗合一，人人有岗、岗岗有人，自由申报、双向选择、公开竞聘、择优上岗”的原则，创新团队设不少于 2 个科研辅助岗位，职能部门岗位数控制在总岗位数的 15%左右，新技术推广中心单独进行招聘，沅江试验站的职工原则上就地应聘，鼓励长沙所部的职工应聘沅江试验站岗位。分类成立了包括职能部门工作人员招聘工作小组、研究室工作人员招聘工作小组和沅江试验站工作人员招聘工作小组，分头负责各部门工作人员的公开竞聘工作。

按照以上两个“实施方案”，各公开竞聘工作小组于 8 月启动了聘用程序，职能部门工作人员招聘工作小组和沅江试验站工作人员招聘工作小组完成了对参加竞聘的工作人员公开遴选；研究室工作人员招聘工作小组按照“科研业务部门与创新团队一体化的组建模式，即研究室主任和创新团队首席科学家合二为一，首席科学家一般就是研究室主任，创新团队成员构成研究室核心科研人员”和“首席科学家岗位、骨干专家岗位和研究助理岗位控制在 1∶7∶8 的比例、每个创新团队设不少于 2 个科研辅助岗位”的要求，对参聘人员进行公开遴选，对未进入创新工程的科研人员及科研辅助人员通过竞聘进入各研究室，成为创新团队的替补队员。新技术推广中心由自行成立的招聘领导小组完成了中心参聘人员的聘用工作。

2016 年 8 月中旬完成了全员聘用工作，共招聘 218 人，其中职能部门岗位人员 13 人，研究室岗位人员 148 人，沅江试验站岗位人员 32 人，新技术推广中心岗位人员 25 人。各部门负责人与相应部门的聘用工作人员签订了聘用协议。

（二）分配制度的改革

2008—2017 年 10 年期间，麻类所分配制度经过了两次大的调整。

2008—2009 年一直沿用 2004 年麻类所参照企业运行机制实行的基本工资、岗位工资和绩效工资来确定职工收入的三位一体的分配制度。固定工资，主要由国家现行工资制度中所规定的部分组成。岗位工资，按科研、开发、党政、后勤 4 类岗位设置，打破职级界限，打破工人与干部的界限，根据职工实际从事的岗位确定，实行系数制。系数分为 1～12 档。固定工资和岗位工资按月发放。绩效工资，由项目经费、开发与技术服务等收入提成组成，按所属系列实行年底一次性分配，上不封顶，下不保底，向贡献大和业绩突出者倾斜。

2010 年实行了第一次分配制度的调整：由于之前实行的三位一体制度执行多年导致了利益分配的不平衡，暴露出越来越多的矛盾和问题。2010 年年初开始，麻类所酝酿着手全面规范工资和分配制度改革，确立了规范工资与分配制度总的思路：在确保全所职工现有收入水平不降低的前提下，实现“提低、调中、控高”（即提高低收入阶层的收入水平，调节中等收入群体不合理的收入部分，并且通过相关措施对高收入群体进行调节）的目标。明确了以国家政策为依据，以统筹兼顾大多数职工的利益为准绳，对以前不合理的分配部分全面进行规范的指导思想。并通过五大措施解决职工收入普遍偏低问题：一是参照湖南省人事厅《关于规范省直机关公务员（机关工作人员）津补贴有关问题的通知》（湘人发〔2004〕44 号文）的标准，进行适当微调，形成《中国农业科学院麻类研究所地区津贴发放实施办法》；二是将 2006 年之前未发足的基本工资全部发足，即给每个在职职工补发30%的基本工资；三是参照国家基本工资体现的档差（最高工资与最低工资相差4.4倍）标准，规范岗位津贴发放标准，将最高与最低控制在2.3倍以内。在规范2004年执行的岗位津贴标准时，将高收入群体的档次基本保持不变，把低收入群体的档次上调2～3档；四是改变过去以科研经费来定科研人员岗位津贴档次的做法，科研人员、行政人员、工勤人员分别按职称等级、职务等级、考工等级来确定岗位津贴档次。

根据以上设计思路，2010年4月初完成了《中国农业科学院麻类研究所规范工资与分配制度实施办法》和《中国农业科学院麻类研究所地区津贴发放实施办法》起草工作，并在4月9日召开的所务会议上讨论通过，4月12日召开全所职工大会，举手表决全票通过了两个“实施办法”。

本次实施的职工收入分配，由基本工资、上级规定的津贴补贴（包括地区津贴）及福利待遇、岗位津贴、绩效工资4部分内容组成。每月固定发放。

2014年始实行了第二次分配制度的调整：此次分配制度对第一次分配制度进行了规范和调整，实施由基本工资、岗位工资和绩效工资3部分组成的分配制度。

奖励性绩效工资由各创新团队科研奖励性绩效工资、开发创收奖励性绩效工资和管理服务岗奖励性绩效工资3部分组成。其中各团队科研奖励性绩效工资和开发创收奖励性绩效工资额度，按照《麻类所科技成果奖励办法》和《麻类所科技成果转化工作管理办法》执行。

各创新团队奖励性绩效工资自行分配，公示无异议足额发放。

管理服务岗位人员的奖励性绩效工资额度按照《麻类所管理服务岗奖励性绩效工资发放试行办法》执行。以全所科研成果转化工作人员的平均奖励性绩效工资为基数，按照管理服务岗位实际参加奖励性绩效工资分配人数和相应岗位系数进行核算，管理服务岗位人员奖励性绩效工资总额＝科研、成果转化人员平均奖励性绩效工资×管理服务岗位实际分配人数。年度绩效考核基本合格以上者按表15-1进行分配；年度考核优秀者，发给全额奖励性绩效工资和年度优秀奖金；年度考核为不合格者，扣发全年奖励性绩效工资。

表15-1 麻类所管理服务岗位奖励性绩效工资系数

级别	系数
正所级领导	3.0
副所级领导或享受正所级待遇	2.7
正处长（正主任）或享受副所级待遇	2.4
副处长（副主任）或享受正处级待遇或具有正高级职称	2.1
享受副处级待遇或具有副高级职称	1.9
主任科员、中级职称	1.7
副主任科员、班组长或技师	1.6
科员、高级工	1.5
办事员、初级职称或中级工及以下	1.3

返聘人员的奖励性绩效工资额度由创新团队首席和拟聘人员协商确定。新技术推广中心在编职工奖励性绩效工资额度按照《麻类所新技术推广中心（公司）薪酬分配管理制度》自行确定。

奖励性绩效工资，可年底一次性发放和分期发放，由个人自行抉择。

第三节 文秘与档案工作

一 文 秘

2008—2017 年，综合处/办公室下设秘书岗位，主要负责所发文件的审核，日常公文的起草，各类总结报告的撰写、上报文字材料的审核并参与重大项目和规划的编制工作，协助进行日常接待、联络，重大活动的组织、负责全所的新闻宣传、科技传播、摄像摄影、信息网络等工作。

随着事业的发展，对信息、网站等工作提出了新的要求，2011 年 6 月，安排质量与信息研究室一名懂信息网络的职工到综合处，充实秘书工作力量。秘书岗位先后获得院优秀通讯员、院党建宣传信息工作优秀信息员等荣誉。

二 档 案

2009 年以前档案一直由信息咨询部管理，有 1 名档案专职管理员，档案室面积 67.48 平方米，库存档案 5 471 卷，其中，科研档案 933 卷、基建档案 53 卷、财会档案 3 520卷、仪器设备档案 41 卷、照片档案 22 卷。2009 年农科麻办〔2009〕85 号、90 号文规定档案由质量信息研究室分管，设有一名专职管理员负责档案工作，相继制订了《办公室档案、图书工作若干细则》《各类档案的归档制度》《档案、图书的保管与借阅制度》等规章制度。为加强纸质资料的保存入档，对档案书架进行全新的更换，将陈旧的木质书架改为合金钢的书架，档案柜改为 12 柜的档案密集柜，同时对财务档案进行了分格加密保管。2012 年财会与基建档案各有一次移交，整理编辑归放到综合实验楼六楼档案密集柜里。照片档案因数码相机拍摄，由电脑与 U 盘存放，影像资料全部存在电脑与邮箱。2015 年新的二级机构成立，质量信息研究室同时撤销，档案包括机要档案、人事档案、财会档案、科研档案、基建档案、科研课题与团队档案等由各部门分散保存。根据农科麻办〔2015〕52 号文和农科人干函〔2015〕113 号文，单位对机构进行了调整，档案由科研管理处归口负责管理。

（一）机要文件档案

机要室归口办公室管理。2008—2017 年共增加 214 卷，机要文件档案由 3 部分组成：一是密码文件的收编，专机由湖南省国家保密局单线发文，将当年所有文件核对后，于次年 4 月专车送湖南省国家保密局指定地点销毁。二是电子公文系统收文，由湖南省机要局专线发文，每年 10 月由湖南省机要局提供需退回文件的目录，按文号密级（绝密、机密、秘密，普通文件）如数退回文件，由专车送湖南省国家保密局销毁。三是纸质文件的收编，即接收湖南省保密局邮政专线派车送来的文件并进行处理。其他文件的销毁是次年再做清理，进行编目制表，送湖南省保密局销毁中心进行登记销毁。

机要室 2017 年完成了网络密码机 PWL333－2 的配件核对退装工作，将于 2018 年启用新的收文系统三体一机（密码电报、电子公文、纸质文件）的收文模式。机要文件档案共有 1 098 卷，保存在 10 个铁皮柜内。

（二）基建、修缮档案

基建办公室配备了 1 名专职的档案管理员，负责全所基建日常工作中形成文件的收集、整理、保管、预立卷、移交归档工作。配有专用设备，及时对收集的文件材料进行归档立卷。档案库房采用白炽灯照明，窗户安装了避光窗帘，每个楼道口都配备了消防器材，每个柜子里都放有樟脑丸和干燥剂，另外，档案室有空调、防护窗，达到了档案室防盗、防光、防高温、防火、防潮、防尘、防鼠、防蛀的“八防”要求，保证了档案的安全存放。配置 6 组共 30 个符合国家标准的档案铁皮柜，能容纳 5 年左右的档案，按基建和修缮分成二组，每组中又按年度和项目名称区分，将每个项目分列开来，单独存放，并在每个铁皮柜上都贴有醒目的标签。归档时，档案移交人和档案管理人员须填写《基建档案资料归档登记表》，确保每一份档案的类别、名称、份数、移交时间都有详细记录；借阅档案，须通过部门领导批准后，再办理填写《基建档案借用登记表》，载明借用的资料名称、借用单位、借用人，并明确借用日期、归还日期、用途等借阅手续；查阅档案要随查随还，一律不得拿出室外。不论是借阅还是查阅，尽量使用复印件，保留原件，以确保档案资料的安全、完整。修缮、购置项目档案清单见表 15－2 和表 15－3。

表 15－2　麻类所修缮、购置项目档案

序　号	年　度	项目名称	项目类型	档案卷数	仪器档案	移交日期
1	2006	长沙市㮾湾镇科研辅助用房修缮	房屋修缮	9	—	2016 年 4 月 1 日
2	2006	沅江实验站科研用房修缮	房屋修缮	8	—	2016 年 4 月 1 日
3	2006	所区天然气管道改造	基础设施改造	3	—	2016 年 4 月 1 日
	2006	野生纤维植物保存圃基础设施改造	基础设施改造	5	—	2016 年 4 月 1 日
5	2006	农业部麻类遗传改良与工程微生物重点开放实验室仪器设备购置	仪器设备购置	5	10	2016 年 4 月 1 日
6	2006	麻产品加工实验室仪器设备购置	仪器设备购置	3	—	2016 年 4 月 1 日
7	2006	农业部麻类产品质量监督检验测试中心仪器设备购置	仪器设备购置	3	1	2016 年 4 月 1 日
8	2006	纤维乙醇实验室食品设备购置	仪器设备购置	3	2	2016 年 4 月 1 日

续表

序　号	年　度	项目名称	项目类型	档案卷数	仪器档案	移交日期
9	2006	苎麻遗传育种实验室X射线衍射仪升级改造	仪器设备升级改造	1	—	2016年4月1日
10	2007	沅江实验站苎麻原种基地工作房修缮	房屋修缮	10	—	
11	2007	麻类研究所所区综合改造	基础设施改造	14	—	
12	2007	农业部麻类产品质量监督检验测试中心仪器设备购置	仪器设备购置	6	19	
13	2008	农业部沅江麻类资源重点野外科学观测试验站科研及辅助用房修缮	房屋修缮	13	—	
14	2008	农业部沅江麻类资源重点野外科学观测试验站基础设施综合改造	基础设施改造	13	—	
15	2009	麻类创新综合实验基地田间基础设施改造	基础设施改造	26	—	
16	2009	沅江实验站资源保护区工作房修缮	房屋修缮	12	—	
17	2009	麻类遗传育种功能研究室仪器设备购置	仪器设备购置	4	4	
18	2009	麻类病虫害防控功能研究室仪器设备购置	仪器设备购置	6	3	
19	2010	沅江实验站观测试验区科研辅助用房修缮	房屋修缮	11	—	
20	2012	麻类产后处理和加工实验室仪器设备购置	仪器设备购置	13	36	
21	2013	经作中心纤维与饲料加工实验室仪器设备购置	仪器设备购置	7	21	
22	2014	经作中心长沙先导区试验基地基础设施改造	基础设施改造	10	—	
23	2016	南方经济作物有害生物防控实验室仪器设备购置	仪器设备购置	6	5	

表15-3　麻类所基本建设项目档案

序　号	年　度	项目名称	档案卷数	仪器档案	移交日期	备　注
1	2006	麻类所所区配套设施建设	21	—	2014.3.25	
2	2006	麻类加工酶制剂科技成果中试熟化	30	1	2014.3.25	
3	2007	农业部沅江麻类资源重点野外科学观测试验站项目	13	10	2014.3.25	
4	2010	国家麻类种质资源中期库	25	19	2015.8.12	

续表

序 号	年 度	项目名称	档案卷数	仪器档案	移交日期	备 注
5	2012	农业部麻类质量安全监督检验中心	38	102		仪器档案移交检测中心
6	2014	国家麻类作物育种中心二期	15	31		进口仪器档案移交特色蔬菜研究室
7	2016	麻类所综合实验室	142	163		项目未完成
8	2016	国家种质麻类资源圃				项目未完成
9	2017	沅江实验基地建设项目				项目未完成

通过立卷归档修缮档案共 292 卷，其中文书档案 191 卷、仪器设备档案 101 卷；基建档案共 305 卷，其中文书档案 142 卷、仪器设备档案 163 卷。

（三）人事档案

截至 2017 年年底，麻类所党办人事处共存有人事档案 377 卷，其中在职人员人事档案 164 卷，离退休人员人事档案 124 卷，去世人员人事档案 89 卷。

（四）会计档案

随着经济业务规模扩大与会计核算工作的不断细化，全所会计工作量不断扩大，档案质量要求也不断提高。记账凭证数量增长较快，2008 年全年记账凭证不足 2 000 号，到 2017 年增加到 5 000 多号；另外原始凭证内容也在不断增加，财务处对原始凭证的审核要求也从 2008 年的有交易凭证到 2017 年的要附决策审批依据、出入库等资料附件；部门决算报表主附表从 2008 年不超 50 页到 2017 年超过 100 页，并要求同时提供财务分析等文字报告。

第四节 安全生产与综合治理

2008—2017 年，麻类所安全生产工作主要受农业部、中国农科院，以及湖南省、长沙市、麓谷高新技术开发区等地方安全管理部门的监督和管理；综治工作主要接受湖南省委、省政府开展的省直和中央驻湘单位综治工作考评，受组长单位湖南省农业委员会/农业厅的监督和指导；平安建设（或平安单位创建）工作接受湖南省直机关工委、省综治机构和中国农科院分别开展和监管。

麻类所在安全生产和综治工作中实行“三级领导责任制”：第一责任人是研究所党政主要领导，负首要领导责任；第二责任人是分管安全稳定工作领导，负具体领导责任；第三责任人是各部门（处、室、中心、站）主要负责人，对本部门安全稳定工作负主要管理责任。三级责任人每年签订责任书。

麻类所安全生产管理原则是“安全第一，预防为主”；安全生产责任机制是“一岗双责，谁主管，谁负责”。麻类所各部门安全管理主要职责（2016—2017 年）：办公室负责牵头做好全所安全管理工作，完善安全管理的体制机制，督察督办各部门落实相关任务和职责；新技术推广中心负责所院区治安保卫、消防、水电、交通安全管理；各研究室负责本实验室、试验地等专用科研场所和科研人员的安全管理；科研管理处与科研部门共同负责实验室、图书期刊室、研究生、实习生、研究室临聘人员的安全管理；成果转化处负责场站基地和渫湾镇等出租房的安全管理；沅江试验站负责站本部、石矶湖基地、山巷口小区的安全管理；基建办负责施工建设的安全管理。

2014 年麻类所提出“求生存、谋发展、保平安”的研究所发展总基调，将平安稳定作为麻类所发展的重要基础和保障，不断完善体制机制，从人防、物防、技防上强化安全生产与综合治理等方面的投入。

一 安全生产

2009 年 12 月和 2016 年 8 月，麻类所二级机构和岗位设置先后两次发生变化，安全生产领导小组相应做了调整。2009 年 12 月，麻类所安全生产领导小组组长由副所长贺德意担任，办事机构设在所后勤服务部门。2016 年 8 月，调整为副所长李德芳担任，办事机构设在所办公室。

2016 年 1 月颁布实施《中国农业科学院麻类研究所安全生产管理办法》（农科麻办〔2015〕76 号）。2016 年，沅江试验站根据该部门实际情况，相应出台了《沅江试验站综合治理与安全生产实施办法》，并成立沅江试验站综合治理与安全生产领导小组，加强了对安全维稳工作的管理。每年在“安全生产月”、节假日和重大活动前，由分管安全生产工作的所领导带队，对全所各部门实验场所安全管理制度、药品试剂、实验操作、仪器设备、水电使用等方面的安全情况进行监督检查；利用多媒体、宣传栏、单位办公信息系统和手机通信软件等多种传媒，普及安全生产知识；对研究生、实习生和临聘人员进行安全生产培训；加大对隐患和问题的整改。从 2016 年开始，每年投入资金安排专业生物防治队伍和卫生清洁队伍，对办公楼老鼠、蟑螂等有害生物进行防治，对中央空调管道等隐蔽空间进行卫生清理；委托专业维保公司对电梯、锅炉、压力容器等特种设备进行维护。

（一）消防安全管理

2014 年 5 月，成立“麻类研究所消防安全领导小组”，时任副所长贺德意任组长，办事机构设在所后勤服务中心，同时配备了义务消防员；2016 年 8 月，领导小组进行调整，李德芳副所长任组长，办事机构设在所办公室；完善了微型消防站的建设，成立了由消防安全管理人员和义务消防员组成的临时消防队。2014—2017 年，长沙高新消防大队多次对麻类所进行消防检查和隐患整改督办，2014 年 3 月和 2017 年 8 月向麻类所下达《改正通知书》2 次。麻类所领导高度重视检查发现的问题，带领所消防安全领导小组进行内部检查，完善管理机制，讨论解决方案，投入资金对自动报警系统故障等问题实施了整改。

根据长沙高新消防大队消防检查和隐患整改督办要求，麻类所消防安全领导小组多次开展内部检查，排查安全隐患。定期在“安全生产月”组织消防机构对麻类所安全责任人、消防管理人员、值班人员和义务消防员进行消防知识、管理职责、案例警示分析和操作演练方面的培训学习。组织安全生产相关管理人员、安保值班人员和义务消防员多次参加高新区消防大队组织的微型消防站消防员消防实战培训、演练和比赛。2017 年 9 月，邀请长沙高新区麓谷消防中队来所进行消防演习，研究所安全生产相关管理人员和消防工作人员配合消防官兵，以麻类所三楼实验室为重点火灾对象进行了灭火演习。

2008 年 4 月，麻类所和相关人员向长沙市消防支队申请补办莯湾镇房屋消防手续。2014 年开始，麻类所作为国家级科研机构被列为长沙市区级消防安全重点单位。按消防重点单位的管理要求，所安全管理部门安排人员配合地方消防管理机构完善重点单位各类档案资料，按照“户籍化”管理要求落实“三项申报”备案制度，每日、每月、每季度、每年填报相关信息报表，推进微型消防站、区域联防组织建设，按有关要求，在麻类所逐步完善标准化管理。按国家有关要求改造了一批消防设施。针对中国农科院和地方消防管理部门的各级检查以及自查，麻类所完善“物防”和“技防”体系，按轻重缓急逐步实施消防问题整改。主要工作包括：对综合楼陈旧的消防控制室进行了升级改造，更换消防自动控制主机；完善微型消防站建设，补充了消防装备；对综合楼消防水泵系统进行了修缮，更换水泵配电箱和电路系统，维护水泵；完成了档案室图书室防爆灯安装和综合楼地下室水泵房、配电间、厨房以及酶制剂车间防火门的更换；在院区增加和维修了约 100 台灭火器以及 10 余套室内外消防栓；对莯湾镇出租房屋自动消防系统进行了整体更换。对麻类所院内主要建筑内的自动消防系统进行统一维保，保障火灾自动报警、消防联动控制系统、自动喷淋灭火系统、消防栓系统、水泵系统和防火卷帘等消防设施的正常运转。

（二）院区场站安全保卫

2008—2014 年，委托湖南华佳宏物业管理有限公司实施麻类所长沙麓谷所内院区安全保卫工作，双方签定《麻类研究所安全管理委托合同》。2005—2017 年，先后由所后勤服务中心、新技术推广中心负责所院区的治安保卫、消防值守巡查、水电、燃气、电梯、食堂和交通等安全管理方面的具体工作。

2005 年，在麻类所麓谷院区南门和西门新建 2 个门卫室，在院内安装视频监控点，改善了院区的安全保卫条件。

2011—2017 年，先后投入资金对所大院、实验楼办公场所、国家种质长沙苎麻圃、长沙创新综合试验基地、沅江试验站石矶湖试验基地的视频监控系统不定期进行升级和维护，提升技防能力。2017 年，在所大院南门门卫室建成远程视频监控系统，实现了对所大院、各楼办公场所、试验场所等全所范围内的安全生产情况监控全覆盖。

2016 年，针对电动摩托车在各办公楼内外充电可能引发火灾或堵塞消防通道等存在的隐患，对车棚进行修缮改造，安装了专用充电设备，规范了所区内电动车的管理。

（三）自然灾害应急管理

2008 年 1 月，湖南省遭遇严重的冰冻自然灾害，麻类所科研实验、生产示范、大田试验、资源苗圃等工作生活环境设施遭灾，受灾面积 19 公顷，因灾造成的直接经济损失达

300 余万元。灾情发生后，麻类所成立抗冰救灾指挥部，由熊和平所长任指挥长，下设募捐组、物资供应保障组、科研救灾组 3 个工作组，分别由王朝云、贺德意、臧巩固 3 位所领导任组长，办事机构设在所综合处，开展自救和赈灾；投入 50 余万元用于除冰、抢救资源、修缮水毁设施等抗灾救灾工作。

2013 年 8 月，针对灾情，成立麻类研究所抗旱救灾领导小组，由熊和平任组长，办事机构设在所成果转化处。

2016 年 9 月和 2017 年 6—7 月湖南连年发生特大暴雨，造成国家种质长沙苎麻圃、国家野生纤维植物保护圃、长沙创新综合实验基地、沅江石矶湖试验基地和所部院区等重要场所进水，遭受不同程度的损失，相关科研材料和配套设施损毁严重，两次洪灾直接经济损失 1 300 余万元。面对洪灾，麻类所颁布实施了《麻类研究所防洪抢险救灾应急预案》（农科麻办〔2016〕49 号）。根据应急预案，麻类所党政领导班子第一时间赶赴现场，带领全所干部职工及时抢救资源、转移物资，洪水退后，组织开展清淤疏通、修复设施、恢复生产等灾后自救工作，两次洪灾，未发生人员伤亡事故。

二 综合治理工作

2008—2017 年，麻类所没有出现危害国家安全事件、负面舆情、网络安全、邪教组织、进京上访、重大安全事故、精神障碍患者肇事肇祸以及刑事和治安案件等方面的重大事件。麻类所综合治理工作在湖南省综治委组织的历年考评中评定为“合格”。杨学文获 2015 年度省直和中央驻湘单位综治工作先进个人，2017 年，麻类所获得“中国农科院平安建设优秀单位”称号，所办公室郑科获“中国农科院平安建设先进个人”称号。

2009 年 12 月，调整“麻类研究所社会治安综合治理平安创建领导小组”，党委副书记王朝云任组长，办事机构设在所综合行政部门。2012 年 7 月，“麻类研究所社会治安综合治理平安创建领导小组”更名为“麻类研究所社会管理综合治理平安创建领导小组”。2014 年 5 月，调整“麻类研究所综治工作（平安建设）领导小组”，时任副所长贺德意任组长，办事机构设在所后勤服务中心。2016 年 8 月，调整“麻类研究所综治工作（平安建设）领导小组”，陈万权所长任组长，办事机构设在所办公室。2016 年 1 月始颁布实施《中国农业科学院麻类研究所综合治理工作管理办法》（农科麻办〔2015〕76 号）。

（一）机要保密管理

成立、调整“麻类研究所保密工作领导小组”，由所领导任组长，办事机构设在所办公室/综合处。同时明确了法定定密责任人和指定定密责任人。设置了机要员岗位，机要员持有中共湖南省委机要局颁发的上岗证。

规范人员管理。确定了涉密岗位和涉密人员及其等级；与重要岗位人员签定了《麻类研究所保密工作承诺书》；涉密人员离岗需签定《离岗人员保密承诺书》。

2015 年以来，调整和完善保密要害部位，配置专用软硬件和涉密计算机，为机要室和阅文室设置了专门的办公场地，对视频监控、电报设备、保密柜、红外报警等设施进行了功能检查和维护修缮；按上级管理部门的要求安装了保密软件系统，完成了内网设施的建设。

加强保密工作的学习教育。给涉密人员、保密工作管理人员发放相关简明读本、法律法规、典型案例等学习资料；2016 年，聘请专家面向全所职工开展保密知识和责任培训。

2015—2017 年，经常性开展全所保密隐患自查自纠，配合上级管理部门的检查。所相关管理人员指导、检查全所信息、资料、文档的日常管理，定期组织清查计算机，统计涉密课题。严格管理信息公开发布，制定了《麻类研究所信息公开审查管理办法》（农科麻办〔2016〕62 号），填报审批《信息公开保密审查签发单》，实行“未经保密审查的信息不得公开、未经解密并准予公开的信息不得公开、公开与保密界定不清的信息不得公开”，确保信息安全。

加强各部门保密工作的督查督办，对工作没有执行到位的部门发出督办通知，并监督落实整改。

（二）维稳工作

2008 年、2012 年和 2016 年，沅江市数十名村民先后 4 次以“六十年代精简退职”老职工的名义多次来麻类所长沙院区，提出发放相关证明、落实生活补助，且多次发生干扰正常工作秩序的情况。麻类所组织人员屡次安抚、劝解，不断与沅江市政府办、信访局、民政局和省信访局等部门多次协调沟通，控制和平息了事态的发展。至 2016 年，问题和矛盾基本解决。

2009 年 9 月，麻类所平息了有关工程建设项目民工 2 次来所聚众闹事、干扰工作秩序的事件，并在所管理部门与施工方的协商下得以解决。2009 年，麻类所 1 名退休老职工因修炼”法轮功”被政府相关部门安排学习。麻类所积极配合相关部门派出 4 名职工陪同学习，通过做思想工作帮助这名老职工改邪归正，最终经过学习转化，提前获批结业出班。2016 年后，麻类所综治管理部门通过努力重新掌握这名前“法轮功”学员情况，长期未出现异常举动，同时协助属地管理部门，及时出具相关情况说明。

2014 年，成立“麻类研究所国家安全小组”，由党委主要负责人担任组长，日常办事机构设在综合处，并指定了联络员。2017 年，对国家安全小组进行了调整。

由所党委办事机构牵头法制建设工作，组织全所干部职工进行普法考试。常年聘请湖南湘军律师事务所律师担任麻类所法律顾问。

2017 年 8 月，与省农委组织了 14 家省直和中央驻湘单位来麻类所进行综治工作交流。麻类所综治工作在 2017 年首次实行省综治管理部门组织的严格第三方考评，促进了研究所综治工作的改进。

第五节 科技传播

麻类所科技传播工作包括科技论文和科技信息的传播，科技论文的传播以《中国麻业科学》期刊为主要载体，科技信息的传播以电视、报纸、网络等媒体为主要载体。这里主要是指科技信息传播。

2008—2013 年，麻类所科技传播工作分布在两个部门，一是信息咨询部（2010 年并入质量信息研究室），主要承担中国麻业信息网的管理工作；二是综合处，主要承担对外的信息宣传工作。2014 年起，科技传播工作由综合处归口管理，2015 年 8 月，改由办公室管理，由秘书岗位负责科技传播工作。

科技传播在充分利用麻类所门户网站（2011 年之前为中国麻业信息网）等自有平台的基础上，以中国农科院网、中国农科院报等平台为起点，逐步向中央电视台、湖南卫视、人民网、《湖南日报》、中国农业信息网、《人民日报》《农民日报》等高端媒体发展，宣传麻类所最新的科技成果和科研进展，展示麻类所的形象，提高麻类所在国内外的知名度。

一 科技传播制度

2011 年，农科麻办〔2011〕73 号文印发《中国农业科学院麻类研究所信息宣传工作暂行管理办法》，首次对麻类所信息宣传工作制度、信息宣传工作要求及考评方法进行了规定。2014 年 12 月，中国农科院出台《中国农业科学院科技传播工作管理办法》，界定了新闻宣传、院媒传播、政务信息报送、舆情监测与应对 4 方面科技传播工作的内涵，并对工作机构、人员队伍、工作内容、工作程序、条件保障、考核奖惩等作出了具体规定，为麻类所科技传播工作提供重要参考。

二 重点宣传内容

麻类所科技传播工作以院所发展理念和发展目标为指导，坚持围绕中心工作、聚焦重大成果、先进典型等方面展开工作。

在中国农科院信息化建设大背景下，以中国农科院院网为重点，以院通讯员为纽带，及时传递麻类所最新科研信息。2008—2017 年，麻类所在中国农科院院网发表新闻稿件近 300 篇，其中 2014 年发表 55 篇，为历年之最。

（一）先进典型宣传

通过发挥先进典型的示范引领作用，积极探索先进典型宣传长效机制，注重发挥先进的示范引领作用，进一步健全先进典型的搜集、报送网络，不断挖掘各部门的先进人物和先进事迹，在全所形成知荣辱、树新风的良好风尚。2014 年，《紫光阁》杂志以《一辈子就干一件事，当然要干好》为题，刊登麻类所陈万权的先进事迹；2015 年，中国农科院院网“走进科研一线，讲述精彩故事”一栏刊登麻类所梅时勇、刘头明以及多年生麻类遗传改良团队的先进事迹；2016 年，院“科学技术成果奖”专题刊登《潜心研究二十余载，攻克脱胶技术难题》一文，报道“高效节能清洁型麻类工厂化生物脱胶技术”完成人刘正初及其团队；2017 年，院网刊登陈万权同志在农业部系统先进集体先进个人事迹报告会上的发言“回顾职业生涯，付出便有收获”，点击数近 5 000 次。

（二）重大成果宣传

在重大成果宣传方面，“苎麻生物脱胶”“苎麻饲料化与多用途”及“麻育秧膜”等新技术频频亮相国家级和省级重要媒体。

2008 年 4 月，中央电视台第七套农业频道“聚焦三农”栏目以《我国苎麻生物脱胶技术取得重大突破》为题对麻类所生物脱胶技术进行了深入报道；2013 年，“苎麻饲料化与多用途研究和应用”成果获湖南省科技进步一等奖后，《湖南日报》《农民日报》等媒体进行了重点报道；2013 年 5 月，湖南卫视新闻联播以《麻育秧膜新技术：机插水稻效率提高两成》为题对麻育秧膜技术进行重点宣传；2014 年，“麻类所构建苎麻首张分子标记遗传图谱”一文在中国农科院院网发表后，被《农民日报》《工人日报》等刊发；《麻类所在苎麻驯化起源研究中取得新突破》的新闻在中国农科院院网发表后，被多家网站转载；2014 年 3 月，《中国科学报》以《生物脱胶：告别传统‘沤麻’》为题报道麻类所在生物脱胶领域的最新成果；2015 年 12 月 10 日，《农民日报》以“一张薄膜带来的育秧革命”报道了麻育秧膜在水稻机插育秧过程中的重要作用，引发强烈反响。

结合重要成果示范推广，借助地方媒体扩大成果影响力。2008—2017 年来，麻类所与湖南益阳、常德、涟源，湖北利川、贵州威宁、黑龙江佳木斯等地方媒体合作，助推技术成果落地生根。

近年来，随着新媒体的发展，借助微信公众号等手机新媒体传播成为新的科技传播途径。2017 年 7 月，中国农科院微信公众号“农科先锋”刊登《特别的‘七一’：与洪水争分夺秒的四个小时》讲述了麻类所党员干部抗洪抢险，抢救试验材料的英勇事迹。

三　获得荣誉

2008—2017 年，科技传播工作在引领创新、促进科研、树立典型、宣传成果和产业示范等方面发挥了积极作用，取得了明显成效。2008 年 1 月，麻类所研发的高效节能清洁型苎麻生物脱胶技术替代化学脱胶在湘获得成功，此举破解了困扰麻纺业多年的化学脱胶污染难题获评“2007 年湖南十大科技新闻”；2008 年 12 月，孙进昌被评为中国农科院 2006—2007 年度优秀通讯员；2015 年 5 月，农科直党字〔2015〕24 号文发布《2014 年度党建宣传信息工作情况通报》，麻类所党委被评为 2014 年度中国农科院党建宣传信息工作先进单位，王真栋被评为 2014 年度院党建宣传信息工作优秀信息员；2015 年 11 月，农科办办〔2015〕224 号文印发《院办公室关于表彰 2013－2014 年度科技传播工作先进单位与个人的通知》，麻类所获评 2013—2014 年度科技传播工作先进单位，王真栋被评为 2013—2014 年度优秀通讯员。

第六节　信息化建设

随着信息技术的不断发展，信息化手段对于农业生产及农业科研的作用日趋重要。农科办办〔2013〕122号文《中国农业科学院关于进一步加强全院信息化工作的指导意见》指出，信息化建设作为科研创新的有力支撑、科技服务的主要平台和政务管理的有效手段，信息化建设和信息利用状况已成为现代科研院所建设的重要指标。2015年5月，农科院办〔2015〕100号文印发《中国农科院信息化发展规划（2014—2025）》，要求各单位把信息化工作列入本单位、本部门“十三五”规划以及日常重要工作任务。

一 基础网络建设

2005年，麻类所整体搬迁至长沙市咸嘉湖西湖348号启用综合实验大楼后，加快了信息化建设进程。在综合实验楼一楼消防控制室和五楼分别设置电话网络机房。在固定电话通信设施方面，根据2005年麻类所与中国电信长沙市分公司签订的《关于安装公众网电话的协议》，中国电信预留88998500－88998599段为麻类所固网集团号，内部通话免费。2014年与中国电信签定《固网优惠续签协议》，对固定电话的部分业务和条款进行了更新和明确。在网络带宽建设方面，2009年1月，麻类所结束与其他单位共用一条网络的历史，与中国电信签定租用协议，建成基于互联网的局域网，办公楼实现100M光纤连接。2008—2017年，投资近100万元，完成网络基础环境改造，推进机房标准化建设，提高设施水平，通过加固防火墙等核心安全设备，加快信息安全保障建设。电话通信管理职能主要由中国电信提供售后服务，在网络管理方面，2016年与网络维护公司签订网络维保协议，聘用专业网络工程师为网络安全保驾护航，确保网络运行满足日常科研和办公需要。

二 网站建设

中国麻业信息网2002年开通，是麻类所对外交流传播的平台和窗口。2008年，对中国麻业信息网功能模块进行更新改版，完善并增加了麻业新闻、政策法规、科研成就、实用技术、产品快递、数据统计等栏目，麻业信息网的传播功能基本完善。2011年9月，与中企动力科技股份有限公司签订合同，设计制定麻类所门户网站（中英文），替代中国麻业信息网，2012年1月正式上线。新门户网站以绿色为基调，设计风格简洁明朗，稳重大方，提升了用户体验度和信任度，首次推出了麻类所英文版网站。2016年11月，麻类所门户网站再次改版，采用农科绿为主色调，并对版面进行了优化设计。2017年12月，根据中国农科院政务信息资源整合共享的要求，麻类所门户网站数据资源迁移至中国农科院信息所统一管理，网站一级域名 chinaibfc. com 在北京联通备案成功，网站登录采用双域名登录模式，即一级域名 chinaibfc. com 和二级域名 ibfc. caas. cn 均可登录。

三 自动办公系统

2008 年，在原信息咨询部的建议和组织下，以图书馆集成管理系统为重点开发建设麻类所第一套内网办公系统，主要功能包括人员管理、文件处理、科研管理、期刊档案、车辆管理等，涉及研究所日常事务的各个方面，功能完备，推进了办公自动化进程。

2013 年，根据中国农科院逻辑内网建设项目要求，作为院属单位之一的麻类所与中国软件与技术服务股份有限公司签订合同，购买 VPN 设备，统一接入中国农科院逻辑内网系统，在公文流转、出国境审批、财务管理等方面实现院所对接。

为进一步提高麻类所工作效率，促进资源共享，降低行政成本，提高服务水平，2016 年，麻类所办公室与北京致远互联软件股份有限公司签定合约，开发建设麻类所 OA 协同办公系统。系统功能包括公文流转、流程审批、文件共享、通知公告等，囊括了麻类所全部日常性的工作，以促进办公自动化、无纸化进程。2016 年 12 月 10 日系统完成制作并开始试运行。2017 年农科麻办办函〔2017〕21 号发布《关于正式启用 OA 协同办公平台系统的通知》，确定从 2017 年 7 月 1 日开始，全面启动麻类所 OA 协同办公系统，原则上不再受理纸质审批材料，农科麻办办函〔2017〕22 号《关于公布 OA 协同办公平台系统管理员名单的通知》明确了各部门的平台管理员。为进一步规范 OA 协同办公平台系统的各项使用规程，《中国农业科学院麻类研究所 OA 协同办公平台系统运行管理办法》经 2017 年 6 月 30 日所务扩大会议讨论通过，并予以颁布，对 OA 系统的管理程序和实施细则进行明确。

四 电子资源

为促进麻类所教学和科研活动，2008 年 12 月，信息咨询部与北京万方数据股份有限公司签订合约，购买数字化期刊全文库、中国学位论文和会议论文全文库等数据资源，与北京书生数字图书馆软件技术有限公司签定合约，购买局域网版书生数字资源数据库的使用权以及相关服务。

为实现全院电子资源建设的规范化、制度化和常态化，2014 年 11 月，农科院办〔2014〕273 号文件印发《电子资源建设管理办法（试行）》的通知，根据“谁使用谁付费”要求，探索和完善院级投入带动、院属各单位费用共担的电子文献投入机制和模式。2015 年，麻类所开始参与到院所电子资源共建，订购了包括知网、万方两个中文数据库和 Web of Science 等 12 个外文数据库的共建。2016 年，增加至 3 个中文库，18 个外文库。2017 年在 2016 年的基础上又增加了 6 个外文库。通过电子资源共建，麻类所科研人员和研究生可以使用中国农业科技文献信息平台的大部分电子资源，基本满足科研和教学需要。

五 其他建设

信息化建设除了基础环境建设、网站建设、OA 系统和电子资源等主要建设内容，还包括远程视频系统以及电子邮件系统等方面的工作。

中国农科院数字校园远程视频系统麻类所视频分会场位于综合实验楼二楼学术报告厅，2014 年开始建设，2015 年 7 月召开第一次院视频会议，实现院所之间、所所之间的会议实时直播，达到预期效果。根据农科办办〔2015〕160 号文件《关于加强院视频会议系统使用与管理的通知》要求，在确保系统带宽方面专门安装一条 20M 的宽带用于保证视频直播效果。通过视频会议系统，每年的中国农科院年度工作会议、国家自然基金申报培训、研究生招聘工作安排等会议实现院所同步直播。

长期以来，麻类所都没有单独开发建设电子邮件系统。2012 年，农科办办〔2012〕262 号文件印发《中国农业科学院电子邮件管理办法》要求所属各单位公务活动使用中国农科院公务邮件系统，院属各单位职工均可申请。所综合处设立联络员负责职工邮箱的申请、变更、注销等相关工作，2016 年该职能调整至办公室。

第十六章　党建和精神文明建设

第一节　所党委会

所党委在农业部党组、中国农科院党组及湖南省直工委的领导下，团结和带领全体党员，着力提升政治核心作用，发挥基层党组织的战斗堡垒及党员的先锋模范作用，推进全面从严治党，提升工作水平，围绕“求生存、谋发展、保平安”主基调，创先争优、共谋发展，为研究所的稳定、和谐和持续发展提供有力支撑，为各项事业发展提供强大的思想和组织保障。截至 2017 年 12 月，麻类所现有基层党组织 11 个，其中党委 1 个、党支部 10 个。党支部有 8 个在职党支部、2 个离退休党支部。党委下设办公室，与所综合处合署办公，办公室主任由综合处处长黄志辉兼任；2016 年 3 月，机构改革时成立了党办人事处，成为所党委的专门办事机构。

一　党委换届

2008 年至 2017 年 6 月，未进行党委换届。麻类所 2002 年被定位为“拟转企”研究所后，发展步入困境，农业部党组、中国农科院党组综合考虑麻类所的实际情况，未按时对行政领导班子换届。根据《中国农业科学院院属单位党委、纪委换届审批办法（试行）》（〔2006〕24 号）文件规定：党委换届与行政领导班子换届时间尽可能保持一致，特殊情况经报上级党组织批准，故党委换届工作未按时进行。其间，麻类所上报《关于延期进行党委换届选举的请示》（农科麻党委〔2015〕3 号），对麻类所未换届原因进行了说明。

所党委虽未进行换届，但是成员进行了几次调整：2009 年 9 月增补所领导班子成员 2 名，其中党委委员 1 名；2014 年 3 月，对麻类所的主要行政领导进行了调整，党委委员相应进行了增加。2015 年 9 月，增补选举李德芳、吕江南 2 位同志为中共麻类所委员会委员。2014 年 1 月，陈万权任麻类所所长、党委副书记，所长、书记开始分设。2015 年 8 月，陈万权兼任党委书记。2016 年 9 月，麻类所召开党委换届动员大会。2016 年 12 月，邱化蛟调任麻类所党委书记。

2017 年 6 月，经中国农科院、湖南省委组织批复同意，中共麻类所委员会召开了换届选举大会。大会选举产生了中共麻类所第五届委员会和中共麻类所第一届纪律检查委员会。湖南省委组织部以湘组干〔2017〕106 号文批复，第五届委员会成员为：党委书记邱化蛟，党委副书记陈万权、王朝云，党委委员李德芳、吕江南、粟建光、孙进昌。中共麻类所第一届纪律检查委员会：纪委书记王朝云，纪委副书记王真栋，纪委委员王玉富、龚友才、成莉凤。

二 支部换届

2010 年 5 月，各支部进行了换届。根据《关于中共麻类研究所委员会支部换届的通知》（农科麻党委〔2010〕4 号），对党支部进行了调整，共设 7 个支部：行政支部书记为孙进昌，委员为蒋群策、吕江南；苎麻与生物加工支部书记为喻春明，委员为许英、郑科；红黄麻与质量信息支部书记为粟建光，委员为李建军、程毅；亚麻大麻与设施农业支部书记为龙超海，委员为龙松华、李懋；后勤服务中心支部书记为杨辉，委员为张宵滨、陈青；沅江实验站支部书记为朱爱国，委员为文少玻、佘永廷；离退休支部书记为蒋金根，委员为邓硕苹、吴柏根。

2014 年 7 月，鉴于离退休党员的增加，决定分设科研离退休党支部、行政服务离退休党支部。根据《关于公布离退休党支部选举结果的通知》（农科麻党委〔2014〕4 号），科研离退休支部书记为蒋金根，薛召东任组织委员，杨进怀任宣传委员。行政服务离退休支部书记为王学安，胡陵任组织委员，邓硕苹任宣传委员。

2016 年 8 月，根据麻类所机构调整及创新工程团队建设的要求，对全所的党支部进行了调整。完成了支部换届，共设 10 个党支部。根据《关于公布党支部换届选举结果的通知》（农科麻党委〔2016〕33 号）文件，行政第一党支部书记孙进昌，组织委员蒋群策，宣传委员胡镇修；行政第二党支部书记朱爱国，组织委员汤清明，宣传委员刘珊；科研第一党支部书记粟建光，组织委员李建军，宣传委员许英；科研第二党支部书记喻春明，组织委员朱四元，宣传委员陈平；科研第三党支部书记成莉凤，组织委员谭志坚，宣传委员谢纯良；科研第四党支部书记王玉富，组织委员龙松华，宣传委员佘永廷；沅江试验站党支部书记杨辉，组织委员文少玻，宣传委员朱涛涛；新技术推广中心党支部书记龚友才，组织委员陈基权，宣传委员尹志成；科研离退休党支部书记臧巩固，组织委员薛召东，宣传委员杨进怀；行政服务离退休党支部书记王学安，组织委员黄晓明，宣传委员毛昌斌。

三 党员发展

2008 年 12 月底共有党员 99 人，其中在职党员 59 人、离退休党员 40 人。截至

2017年12月，共有党员133人。其中在职党员81人，占总职工总数的47.4%，比1997年底提高11.4个百分点。党员学历：研究生48人（其中博士研究生28人），大学本科16人，大学专科5人，中专3人，高中5人，高中及以下的1人，学生党员3人。党员身份：党员干部72人，工人6人。

党员发展情况：2010年2人，2011年3人，2013年1人，2017年2人，共计8人。

四　党员教育

在中国农科院党组、湖南省委、湖南省直工委的统一组织和安排下，先后开展了学习实践科学发展观、创先争优、党的群众路线教育实践活动、“三严三实”专题教育、“两学一做”学习教育和“两学一做”学习教育常态化制度化学习教育活动。

（一）学习实践科学发展观活动

2009年4月14日召开学习实践科学发展观动员大会，党委书记、所长熊和平同志作动员讲话，省委第十五指导检查组到会指导。4月29日，邀请省委党校党建教研办主任龚永爱进行了专题讲座。4月30日，组织召开了思想解放大讨论会。5月26日，召开了学习实践科学发展观活动专题民主生活会，会议由该所学习实践科学发展观活动领导小组组长、所长和党委书记熊和平同志主持。省委学习实践科学发展观活动领导小组第二协调组曹晓虎、省委组织部干部五处谭邵春处长、省委学习实践科学发展观活动领导小组第十五指导检查组组长匡彦博等一行到会指导。5月27日至6月4日，各党支部召开了组织生活会。通过系列学习活动，在全面归纳整理全所党员意见的基础上，结合民主生活会和组织生活会提出的意见，就班子协调问题、规章制度严格执行问题、加强思想政治工作问题、职工待遇问题、创新机制问题等提出了具体整改意见，形成了分析检查报告。

（二）创先争优活动

2010年5月17日，麻类所召开党委会，对“创先争优”活动进行了部署，成立了创先争优领导小组及办公室，讨论通过了“中国农业科学院麻类研究所创先争优活动实施方案”。5月26日，召开了创先争优动员大会，对整个活动进行了整体部署，提出了具体要求。6月23日各支部先后制订出了详细的实施方案和工作计划。开展“党员公开承诺”和“党支部公开承诺”活动，全所7个党支部和72名党员按要求制订了公开承诺目标，将7个党支部的公开承诺制成展板向全所职工公示，每个党员的公开承诺书通过座签等载体进行公开，广泛接受群众监督。根据省直机关工委的安排明确了领导小组成员对口联系点，将责任进一步落实到人；先后召开了党委会、支部会、所党委中心组理论学习会议6次，出版活动简报7期。各党支部安排人员参加湖南省直机关工委提出的“我是一名共产党员和我的承诺活动”网上大讨论，跟帖62条，在驻湘单位中，名列第二，并获省直机关工委优秀组织奖。各党支部书记对党员承诺书进行了详细点评，分层次先后对党委成员、各党支部、支部书记和党员进行了详细点评，肯定成绩，指出缺点，提出今后努力方向。所有党员承诺书做到了“上墙、入网、进档”。

按照湖南省直机关工委的有关要求，制定《中国农业科学院麻类研究所支部分类定级晋位升级考评验收办法》，完成了各支部的分类定级。召开了中层及副研以上干部参加的会议，5 名党委成员进行了述职报告，18 名中层干部对开展创先争优活动及本职工作进行了汇报。认真开展群众测评。召开了群众测评会，全所 115 名职工按照“五个好”“五带头”的要求，对全所 6 个支部 63 名在职党员进行了测评。6 个支部的测评为 100%满意（含基本满意），不存在“不满意”的情况。在对全所 63 名党员的测评中，满意率为 100%，不存在“不满意”的情况。

（三）党的群众路线教育实践活动

2013 年 7 月 12 日，开展了党的群众路线教育实践活动。坚持把学习教育贯穿于整个活动的始终，充分发挥简报、所网、宣传展板的宣传平台的作用，编辑教育实践活动简报 4 期；在所网开辟“深入开展党的群众路线教育实践活动”专栏；在一楼大厅摆放了 2 块活动展板；向院教育实践活动专栏报送并刊发信息 5 条。始终坚持高标准、严要求，通过自己查、领导点、群众提，全方位、多角度查找自身存在的问题。针对发现的问题，进行了分类整理，形成了 47 条意见建议。准确把握教育实践反映出的问题，形成了“两方案一计划”。对需要整改的内容从措施安排、进度安排、整改落实责任进行了明确。制定了所风问题专项整治方案，明确了阶段性工作及成效、整改措施、完成时间、责任分工。从 9 个方面共计 48 项规章制度进行了全面梳理，明确了工作形式、牵头部门和完成时间。

10 月 26 日，召开了专题民主生活会。班子成员紧扣职工群众反映的意见，结合个人思想状态和分管的工作，深刻剖析自身存在的“四风”突出问题，提出明确的努力方向和改进措施。并通过批评和自我批评，深化了认识，凝聚了共识。专题民主生活会得到了李金祥副院长和院第八督导组林聚家组长的充分肯定，认为对群众路线教育实践活动认识深、查找问题准、原因分析透、发展思路清、工作措施实，对今后的工作具有很强的指导意义。

所党委紧扣“照镜子、正衣冠、洗洗澡、治治病”的总要求，牢牢把握以为民务实清廉为主要内容，切实加强领导，精心组织，统筹安排，有序推动，顺利完成了整个教育实践活动各环节的任务，改善了工作作风，促进了各项事业的科学发展。

（四）“三严三实”专题教育活动

2015 年 6 月 10 日，所党委召开会议，对专题民主生活会进行了专题研究和部署。制定了《中共中国农业科学院麻类研究所委员会“三严三实”专题教育工作方案》，组织开展了 3 次党委理论中心组学习活动，开展了 2 次专题教育党课，购买下发了专题学习材料，系统学习了“三严三实”的重要论述。12 月 21 日，召开了麻类研究所 2014 年度民主生活会整改落实情况通报会，在会上做了满意度测评。测评结果满意率 100%（含基本满意），整改落实情况得到全所职工的充分认可。2016 年 1 月 19 日，召开了“三严三实”专题民主生活会。会前，召开全所职工大会对 2014 年度民主生活会整改落实情况进行了通报并进行了满意度测评，群众满意率达到 100%。在本次民主生活会上，麻类所所长、党委书记陈万权代表所领导班子做对照检查，所领导班子成员紧紧围绕民主生活会的主题，从存在的主要问题、产生问题原因分析、今后努力的方向和改进措施3个方面逐一作个人对照检查，班子其他成员坦诚相见、开门见山地提出批评意见。根据民主生活会意见及研究所发展的需要，结合“三严三实”专题教育活动立规执纪的要求，制定（修订）了19个规章制度，基本形成了新的规章制度体系。

（五）“两学一做”学习教育和“两学一做”学习教育常态化制度化

2016年5月13日，召开“两学一做”学习教育动员部署会，会议传达了中国农科院“两学一做”学习教育动员部署会精神，要求全体党员把思想统一到中央的部署上来，扎实开展学习教育活动。购买发放了4种“两学一做”学习教育教材，先后参加了湖南省直机关“两学一做”学习教育推进会、湖南省直机关理论中心组大讲堂等活动。推荐参加了湖南省直“两优一先”和中国农业科学院“两优一先”评选。一位同志获得湖南省直机关和中国农科院“优秀共产党员”称号，一位同志获得中国农科院“优秀党务工作者”称号。

2017年7月，制定了《中国农业科学院麻类研究所党委推进“两学一做”学习教育常态化制度化的实施方案》，成立了“两学一做”学习教育常态化制度化领导小组，实行所长、书记任组长的双组长制。

在加强学学习方面，制订中心组学习计划，紧紧围绕党章党规、系列讲话，结合工作实际重点学习，特别是逐字逐句学习了习近平总书记致中国农科院建院60周年时的贺信。组织开展了向黄大年同志、廖俊波同志学习活动，开展了“全面从严治党主体责任和科研放管服”主题宣讲会和“两学一做”学习教育常态化制度化专题党课。

在强化制度保障方面，结合2017年“规章制度建设年”主持修订了近百项规章制度。对涉及“放管服”改革、“两学一做”常态化制度化的规章制度进行了优先出台。落实主体责任，结合标准化党支部建设，对各党支部的工作进行及时进行检查，重点检查了“三会一课”的开展情况，对部、院党组要求的学习内容的落实情况等。

在完善组织建设方面，一是完成了党支部的重新组建和换届工作。按照党员的分布情况，对全所的党支部进行调整，由8个支部扩大到10个支部。二是完成了所党委的换届。2017年6月21日，麻类所召开全体党员大会，进行党委、纪委换届选举。全体党员听取并审议通过了党委换届工作报告，选举产生了新一届党委、纪委委员。三是启动了标准化党支部的建设。制定了量化考核表，从五大方面23项指标对党支部进行考核和评测。统一发放支部工作记录本，要求如实填写，定期检查，实行支部工作过程化管理。四是坚持基层党务干部培训常态化，根据湖南省直工委的安排，对在职党支部书记进行轮流培训。五是坚持党日活动。将党日主题活动经费纳入年度预算，从经费上给予保证，所属支部均组织开展了形式多样的党日活动。

在争做合格党员方面，教育引导广大党员按照“四讲四有”标准，做到政治合格、执行纪律合格、品德合格、发挥作用合格。组织开展了“亮身份、学榜样”主题实践活动，要求坚持佩戴党徽，亮明党员身份，争做“四个合格”党员，引导党员立足岗位作贡献。结合庆祝建院60周年活动安排，在党员中宣讲受到表彰的先进个人和集体事迹，大力宣传践行农业部、院所优秀党员的先进事迹，引导党员、干部学赶先进、见贤思齐。陈万权同志作为5名代表之一，参加了农业部组织的农业部系统先进集体先进个人事迹报告会。三是开展公益服务活动。先后开展2次公益募捐活动，共募集善款3万元，救助偏远山区农民和洪水受灾群众；坚持开展党员服务“三农”活动，发挥农业科学技术及人才优势，在湘西土家族苗族自治州花垣、永州市宜章县开展科技富农，精准扶贫，助力当地经济发展，受到了当地农户的热烈欢迎。

第二节　所纪委会

2008年至2017年5月，麻类所纪检监察工作由副所长、副书记兼纪委书记王朝云同志和纪检监察员承担。2010年1月，农科麻办〔2010〕7号《关于刘珊2位同志职务任免的通知》免去黄志辉纪检监察员职务，任命刘珊为纪检监察员。纪检部门先后组织开展了多次廉政学习教育活动，完成了风险防控手册的制定，开展了监督监察和执纪问责。

2017年6月，中共麻类所委员会换届选举大会产生了麻类所第一届纪委：纪委书记王朝云，纪委副书记王真栋，纪委委员王玉富、成莉凤、龚友才。2017年开展了高档白酒、加油卡、公车管理使用自查，重点开展了所办企业、试验基地、学会、期刊编辑部、检测中心等“五个领域”的专项整治自查工作。

第三节　群团组织

2008—2017年，麻类所党委高度重视群团组织的发展与健全，先后成立了青委会、妇委会、工会，完成了职代会、共青团等群团组织的换届选举。群团组织在麻类所党委的领导下，充分发挥联系群众的桥梁纽带作用，按照农业部、中国农科院和湖南省直工委有关要求，开拓创新，认真履职，充分发挥出基层群团组织应有的作用。

一　职工代表大会

麻类所第二届职代会于2003年12月选举产生。2011年7月，麻类所组织召开了麻类所第二届职工代表大会，大会审议通过“关于废止2004年《中国农业科学院麻类研究所职工工资改革方案》的决定”。

2017年12月28—29日，麻类所组织召开了第三届职工代表大会，经群众推荐、组织审核、民主选举、党委研究决定等相关程序，选举产生了第三届职工正式代表共43人（按姓氏笔画排序）：马兰、王延周、王朝云、毛虎龙、文少玻、邓建光、成莉凤、吕江南、朱四元、朱爱国、刘头明、刘珊、汤清明、孙进昌、杨辉、李智敏、李德芳、肖爱平、吴端饮、邱化蛟、邱财生、余永廷、陈万权、陈建华、陈继康、陈基权、赵立宁、胡镇修、段盛文、贺正金、栾明宝、高春生、郭兵、郭媛、黄思齐、龚友才、彭源德、粟建光、喻春明、童华兵、谭志坚、黎宇、戴志刚；选举产生列席代表 9 人（按姓氏笔画排序）：文建平、邓灿辉、杨媛茹、宋益、陈安国、陈胜飞、贺建红、唐慧娟、梅时勇。

麻类所第三届职工代表大会会议审议通过了《不忘初心、牢记使命，决胜麻类产业翻身仗，为建设世界一流现代研究所努力奋斗》的工作报告、《中国农业科学院麻类研究所 2018—2020 年发展规划》。

二　工会委员会

2017 年 12 月，麻类所成立了第一届工会委员会，经群众推荐、组织审核、民主选举、党委研究决定等相关程序，选举产生了第一届工会会员代表共 43 人（按姓氏笔画排序）：马兰、王延周、王朝云、毛虎龙、文少玻、邓建光、成莉凤、吕江南、朱四元、朱爱国、刘珊、刘头明、汤清明、孙进昌、李智敏、李德芳、杨辉、肖爱平、吴端钦、邱化蛟、邱财生、余永廷、陈万权、陈建华、陈继康、陈基权、赵立宁、胡镇修、段盛文、贺正金、栾明宝、高春生、郭兵、郭媛、黄思齐、龚友才、彭源德、粟建光、喻春明、童华兵、谭志坚、黎宇、戴志刚。

经大会选举产生麻类所工会委员 7 名。其中，李德芳副所长担任主席，刘珊任副主席，戴志刚任经费审查委员会主任，成莉凤任妇工委主任，黄思齐任文体委员，邱财生任宣教（提案）委员，文少玻任生活（福利）委员。麻类所工会委员会隶属于湖南省直工会委员会，划入省直工会第六片会管理。

三　共青团支部

1999 年，蒋群策被任命为所团支部书记，童华兵、许英为委员。长期以来，团委配合所党委办组织开展活动。2013 年 12 月成立青委会后，相关职能由青委会承担。2017 年 12 月，进行了团支部换届工作，经所党委同意：占莎为所团支部书记，郭兵、樊融为委员。2008 年，全所共有团员 14 人，之后随着超龄团员退团和新进人员中团员人数减少，团员队伍不断缩小。2017 年年底，全所共有团员 5 人。

四　青年工作委员会

麻类所党委高度重视青年工作，委托所党委办组织开展青年工作，每年均组织开展有益身心健康的文娱体育和学术活动，先后多次组织召开青年职工和学生代表座谈会、青年学术论坛、青年志愿者服务等活动，提升广大青年朋友的凝聚力。

2013 年 12 月，根据《中华全国青年联合会章程》有关规定，麻类所党委酝酿成立麻类所青年工作委员会，经群众推荐、组织审核、民主选举、党委研究决定等相关程序，成立了麻类所第一届青年工作委员会。第一届青年工作委员会主任由王朝云副所长兼任，黄思齐、高春生任副主任，王真栋、邓欣、刘头明、刘志远等 4 人任委员。

2017 年 12 月，麻类所党委组织召开了麻类所青年工作委员会换届选举大会，经群众推荐、组织审核、民主选举、党委研究决定等相关程序，选举产生了麻类所第二届青年工作委员会，主任由黄思齐担任，谭志坚、占莎任副主任，吴端钦、高钢、廖勇凤、杨泽茂等 4 人任委员。

青年工作委会自成立以来，在麻类所党委的领导下，结合麻类所青年职工的人员结构特点，始终以“凝聚人心，传承文化”为青年工作委员会的工作指南，以激发青年职工的活力，增强青年职工的团队协作力和集体凝聚力为活动主要内容，开展了深受广大青年职工喜爱的活动。一是开展丰富多彩的学术交流活动。定期举办青年学术论坛品牌活动，截至 2017 年底已举办 37 余期，举办各种学术会议和讲座近百余次；二是举办形式多样的文体活动。为丰富青年职工业余生活，先后举办了登山、拓展训练、篮球赛、羽毛球赛等活动；三是教育引导青年职工发扬艰苦奋斗、增强爱岗敬业精神。先后组织参加了院新入职职工培训、所情教育、党史知识教育等活动。

五 妇女委员会

2013 年 12 月，根据《中华全国妇女联合会章程》和《机关、事业单位妇女委员会工作条例》有关规定，经群众推荐、组织审核、民主选举、党委研究决定等相关程序，成立了麻类所第一届妇女委员会。第一届妇女委员会由刘珊担任主任，吕拓任副主任，汪洪鹰、朱四元、廖丽萍等 3 人任委员。

2017 年 12 月，根据《中华全国妇女联合会章程》和《机关、事业单位妇女委员会工作条例》有关规定，麻类所党委组织在职女职工召开了妇女委员会换届选举大会，经群众推荐、组织审核、民主选举、党委研究决定等相关程序，换届产生麻类所第二届妇女委员会。第二届妇女委员由成莉凤担任主任，吕拓任副主任，朱四元、廖勇凤、占莎等 3 人任委员。

麻类所妇女委员会自成立以来，在麻类所党委和中国农科院妇女委员会领导下，结合麻类所女职工实际情况开展工作，以增强女职工工作凝聚力为工作目标，密切与女职工的联系为工作重心，全心全意服务麻类所女职工，充分发挥妇委会的作用，进一步团结动员广大女职工完成好各项工作，组织女职工开展了多种形式的活动。一是组织广大女职工加强学习，提高女职工综合素质。大力弘扬“自尊、自信、自立、自强”精神，开展“社会公德、职业道德、家庭美德”教育；二是积极开展各项活动，搭建女性交流平台。组织女职工参加新春晚会、羽毛球、乒乓球竞赛，举办妇女健康讲座，加强“珍爱生命、关注健康”的意识；三是弘扬正气，营造风清气正的美好氛围。先后的组织了“五好文明家庭”“优秀妇女工作者”等活动的评选，抓住先进典型，表彰好人好事及先进模范人物；四是维护妇女合法权益，做妇女职工的贴心组织。积极维护女职工的合法权益和利益，深入宣传《妇女权益保障法》和《女职工劳动保护规定》等法律、法规，积极为妇女伸张正义，维护妇女、儿童的合法权益，使女职工提高法律保护意识；五是加强卫生保健宣传工作。对本单位男女职工进行晚婚、晚育、优生、优育教育，提高做好计划生育工作的自觉性，加强对育龄妇女的科学规范化管理和孕产女职工的关爱。

第四节　民主党派

一　组织建设

2011年11月24日，民进湖南省委下发了文件《民进湖南省委关于同意成立省直科技支部及第一届委员会委员候选人的批复》，同意成立民进湖南省委直属科技支部。2011年12月3日，经民主推选与会省委审批，彭源德当选第一届民进湖南省委直属科技支部主任委员，傅学正当选副主任委员，段盛文任委员。2016年11月20日，民进省直科技支部进行了选举换届。大会通过无记名投票，选举彭源德、傅学正、段盛文为第二届民进省直科技支部委员会委员，其中，彭源德任主任委员、段盛文任宣传委员。

2017年10月12日九三学社湖南省委员会批准九三学社中国农科院麻类所支社成立（“社湘〔2017〕40号”），并于2017年10月18日召开了支社领导班子选举会，2017年10月19日九三学社湖南省委员会下达“社湘〔2017〕40号”批文，批准了选举结果，同意梅时勇同志任第一届支社委员会主任委员，邓欣任副主任委员，邱财生任委员。

二　参政议政

2014年，彭源德牵头承担民进湖南省委重点调研课题《发展经济作物，振兴湖南经济》，先后赴湖南麻阳、泸溪、安化、隆回、新宁、津市、澧县、石门和安乡等经济作物生产大县进行实地调研，历时8个多月，完成的调研报告《大力发展经济作物，打造湖南富民产业》，获湖南省戴道晋及张硕辅两位副省长的正面批复，并获民进湖南省委年度参政议政成果三等奖；2016年，彭源德牵头承担民进湖南省委重点调研课题《发展现代种业，打造种业强省》，联合湖南省农业委种子管理处、亚华种业，先后赴湖南安化、溆浦、邵阳、常德等地，对湖南省种子企业、生产农户、销售商等进行了实地调研，提出了加大种业研发经费投入和政策扶持力度、加强种业人才建设力度及国内外合作交流、培育种业科技创新体系、建设现代制种基地和健全种业监管和保险体系等建议，《发展现代种业，打造种业强省》调研报告获民进湖南省委年度参政议政成果三等奖；2017 年，彭源德与民进湖南省委经济科技委员会副主任宋励共同主持民进湖南省委重点调研课题《现代农业生产社会化服务体系建设》，在湖南桃源、益阳、麻阳和洞口等地开展农业生产社会服务体系建设调研，《关于加快湖南农业社会化服务体系建设》调研报告，获湖南省隋忠诚副省长正面批示，并获民进湖南省委年度参政议政成果三等奖。《加快现代农业生产社会化服务体系建设，促进全省农业供给侧结构性改革》。2016 年，彭源德参加“加快转变农业发展方式和加大农村面源污染治理”湖南省政协界别协商会，并做了“关于我省农业产业结构调整的对策研究建议”的专题发言。支部主委彭源德 2016 年被聘为湖南省统一战线智库专家；2017 年被任命为民进湖南省直工委副主任委员，当选为民进湖南省第八届委员会委员、常务委员；2018 年被任命为民进中央第十四届科技医卫委员会委员，湖南省第十二届政协委员。

九三学社支社成立以来，主要开展了以下活动：一是参政议政，从社员之家网络工作平台向社中央和社省委提交参政议政议案 9 件，其中 3 项获得网络批复。获得网络批复的议案中，有一件在社省委议政处的安排下提交了纸质议案材料，由社省委修改、审批后上交社中央。二是科技扶贫，支社成员结合各自本职工作，在湖南城步、湖北恩施土家族苗族自治州、贵州威宁、新疆昌吉、宁夏固原、甘肃酒泉等地区开展了科技扶贫、产业技术讲座 10 余场，代表支社为扶贫工作尽了一份力量。三是支社与新疆和田县巴格其镇喀斯皮村初步建立了扶贫结对帮扶工作。

第五节　精神文明建设

所党委高度重视文明创建工作，始终把文明创建贯穿于各项工作之中，深入开展“创文明、转作风、优服务、提效能”主题活动，把文明创建工作与中心工作共同谋划，成立了由党政一把手任组长的文明创建领导小组，印发了“关于印发中国农业科学院麻类研究所创建文明单位工作规划（2011—2012 年度）的通知”（农科麻党委〔2010〕19 号），提出争取在 2012 年申报成为省直文明单位，在 2014 年申报省直文明标兵单位。经过全所上下的共同努力，2012 年获评湖南省直机关文明单位，2014 年获批湖南省直文明标兵单位，2016 年顺利通过复查。2017 年获评 2016—2017 年中国农科院文明单位，中国农科院创新文化建设先进单位。

在学习贯彻社会主义核心价值观方面，开辟网上学习专栏，设置宣传展板，进行了广泛动员和宣传。全国五一劳动奖章获得者陈万权研究员先后 6 次受邀在中央国家机关践行社会主义核心价值观先进典型报告会作典型发言。2017 年陈万权同志作为先进个人在农业部系统先进集体先进个人事迹报告会做了题为《回顾职业生涯，付出便有收获》的事迹报告，引起了广泛的好评和全所职工争相学习热潮。

在创新发展理念方面，根据学科发展国际前沿动态和国家产业发展的战略需求，在广泛调研和充分论证基础上，研究确立了“以南方经济作物为主要研究对象，以麻类作物为重点，应用基础和应用研究相结合的社会公益性国家级农业科研机构”的总体定位，制定了“建设现代科研院所，努力实现管理科学化、成果大型化、人才国际化、民生幸福化”的总体目标，提出了“民主办所，开放兴所，快乐科研，幸福生活，团结奋斗，共创未来”的发展理念和“以人为本，以研为本，顶天立地，稳健发展”的发展思路。通过加强资源整合利用，着力培植核心竞争能力，重点抓好创新工程和麻类体系建设，推进从拟转企研究所向公益性研究所、麻类所向南方经济作物研究所的“两个转变”，牢牢掌握生存和发展的自主权，为建设“两个一流”奠定了良好的基础。

在创新文化建设方面，加强理念和标示文化建设。科学总结和提炼出了能充分反映麻类所精神特质的“所训”，即“求真、求新、至理、至善”。设计了充分反映研究重点、学科领域、发展历程的所歌、所徽、所旗，全面、科学地展示麻类所的崭新形象，增强了每位职工的荣誉感和自豪感。健全了单位的形象标识，完成了所情介绍画册、所情宣传片、办公用品的设计等；建立了新进职工到沅江试验站基层锻炼 3 个月的机制，培养职工吃苦耐劳、奉献三农的意志和品质，实地感受老一辈麻类所人筚路蓝缕、以身许国的创业和报国精神；开展创新文化的研究和实践，共发表创新文化论文近 10 篇。创新文化研究论文先后获得中国农科院“我向院长建言跨越式发展”职工征文优秀奖、湖南省机关党建研究会理论调研成果三等奖、湖南省直机关文化建设成果优胜奖。

第十七章　人力资源管理

第一节　人才建设与职工培训

一　人才引进

为引进和培养一批具有高学历和发展潜力的青年科技人才，进一步加快麻类所人才队伍建设，规范人才管理，2008 年 2 月制定《麻类所引进博士毕业生福利待遇的规定（试行）》，博士除享受正常工资福利待遇外，另享受住房补助待遇 9 万元整。具体发放办法为：每月住房补助 1 500 元，时限为 5 年；若 5 年内购买住房，则从新购住房之日起，一次性发放剩余住房补助。2012 年 3 月 8 日，中国农科院颁发《中国农业科学院公开招聘人员暂行办法》，截至 2017 年 12 月底，麻类所硕士及以上学历在职职工 79 人，其中博士研究生 45 人。

2015 年 11 月 26 日，陈万权所长主持召开人事办公会，就在职职工申请攻读学历学位事宜进行专题研究。会议决定，自 2015 年起，凡申报攻读在职学历学位的职工，可以申请报考院内外的高等院校、科研院所的学历学位，学费及其他费用均自理，并同时废止 2002 年《关于在职人员报考研究生的有关规定》（农科麻人〔2002〕9 号）文件。

2013 年 1 月 10 日，中国农科院以农科人〔2013〕11 号文印发了《中国农业科学院“青年英才计划”管理办法》，启动了院青年英才计划。为充分发挥院所两级积极性，采取研究所先行引进，院再择优支持的方法。随后，麻类所主动出击，从国内外广揽人才。2014 年 5 月 16 日，麻类所决定从湖北省农科院经济作物研究所引进萝卜专家梅时勇研究员及其团队 2 名成员到麻类所工作（所长碰头会议纪要〔2014〕6 号）。2014 年 8 月，麻类所成立了以陈万权所长为组长的评审专家小组，从学科领域、发展方向、岗位职责、拟开展工作等方面对严准和梅时勇进行考核，在评审考核的基础上，经党委会研究决定，全职在岗引进严准为院“青年英才计划”A 类人才候选人，梅时勇为院“青年英才计划”B 类人才候选人。2015 年 9 月，梅时勇顺利通过院人才工作领导小组审批，被聘为特色蔬菜资源与遗传改良创新团队首席科学家；2016 年 5 月，严准顺利通过院人才工作领导小组审批，被聘为南方经济作物有害生物防控创新团队首席科学家。

2014年10月，麻类所成立了以陈万权所长为组长的评审专家小组，从学科领域、发展方向、岗位职责、拟开展工作等方面对戴求仲进行考核，在评审的基础上，经党委会研究决定，全职在岗引进戴求仲为院“青年英才计划”D类人才候选人。2014年12月，戴求仲顺利通过院人才工作领导小组备案审核，并被聘为南方饲料作物种质资源与利用创新团队首席科学家。2016年4月，全职在岗引进侯振平为院“青年英才计划”D类人才。

二 人才培养

2014年4月，陈万权荣获“全国五一劳动奖章”，该奖项是全国总工会为奖励在社会主义各项建设事业中做出突出贡献的职工而颁发的荣誉奖章。2015年12月，陈万权荣获中华农业英才奖，该奖项主要表彰奖励在农业科技进步、促进我国农业和农村经济发展中做出突出贡献的科技人才。

2015年12月，彭源德和梅时勇被评为全国农业科研杰出人才，分别领衔的农产品加工微生物遗传改良与应用团队和特色蔬菜种质资源与遗传改良团队被评为农业部创新团队。

2016年8月，根据中国农科院青年英才计划“科研英才培育工程”有关通知和《中国农业科学院青年英才计划“科研英才培育工程”实施方案》（农科院人〔2015〕45号）有关精神，通过麻类所遴选推荐，中国农科院院人才工作领导小组评审，聘任刘头明为第一批“科研英才培育工程”院级人才入选者，培育期5年；聘任栾明宝、朱四元为第一批“科研英才培育工程”所级人才入选者，培育期5年。2017年9月，聘任谭志坚、谢纯良为第二批“科研英才培育工程”所级人才入选者。

2017年8月1日，中国农科院印发《中国农业科学院农科英才特殊支持管理暂行办法》（农科院党组〔2017〕44号），农科英才包括培养和引进的顶端人才、领军人才和青年英才3个层次。2017年9月，经过所党政联席会讨论确定，推荐彭源德和梅时勇为中国农科院农科英才领军人才C类候选人，严准和刘头明为中国农科院农科英才青年英才候选人。

为稳定农科英才和青年英才，麻类所按《中国农业科学院农科英才特殊支持管理暂行办法》和《中国农业科学院“青年英才计划”管理办法》（农科院人〔2013〕11号）等有关规定落实其相关待遇。

一是科研经费和支持条件。按规定比例拨付给领军人才C类科研经费和仪器设备费80万元/(人·年)，青年英才60万元/(人·年)。

二是工资待遇。除享受用人单位该岗位正式职工的基本工资、绩效工资、国家统一规定的津贴补贴等待遇外，领军人才C类入选者可再享受每年每人20万元岗位补助（院、所按6∶4比例分担），青年英才入选者可再享受每年每人10万元岗位补助（院、所按6∶4比例分担）。

三是住房待遇。根据“优先保障，租售相辅，实物配置与货币补贴相结合”的原则，建立、健全农科英才住房保障体系。各层次人才可以选择购买院所政策性保障住房、租住院所周转住房，申请安家费补助或租房补助等方式解决住房问题。按照100平方米住房标准为A、B、C类入选者提供安家费补助（根据用人单位所在城市上一年度商品房销售均价折算，最高不超过100万元），或优先安排购买院所自建的政策保障性住房。四是其他支持条件。在职务晋升、研究生招生等方面对特殊支持的农科英才予以倾斜支持。继续坚持高层次人才职称评审绿色通道，对于特殊支持的农科英才可以不受年限资历等限制，直接聘任高级专业技术职务和相应等级岗位。保障农科英才导师资格和研究生指标，参照研究生院关于导师遴选和研究生指标分配等有关规定执行。

对于青年英才计划D类入选者，科研启动费、仪器设备费、安家费补助、岗位补助等均由研究所自筹经费解决。2015年1月19日，麻类所出台了《中国农业科学院麻类研究所“青年英才”—D类管理办法》。对于引进的D类人才，提供不少于50万元科研启动费，一次性补助15万元安家费或提供不超过100平方米的租住房。同时，引进的D类人才中具有省部级认定的团队首席、学科带头人和其他省部级人才称号的，其待遇参照院“青年英才计划”B类人才待遇执行。

2017年12月12日，中国农科院印发的《中国农业科学院“青年英才计划”管理办法》（农科院党组〔2017〕67号）指出，“青年英才计划”下设“引进工程”和“培育工程”，其中“引进工程”按渠道分为“海外引进青年”和“国内引进青年”两类人才。《中国农业科学院“青年英才计划”管理办法》（农科院人〔2013〕11号）和《中国农业科学院青年英才计划“科研英才培育工程”实施方案》（农科院人〔2015〕45号）同时废止。

2008年以来，麻类所共培养出站博士后2名，在站博士后2名。2015年7月15日谢冬微荣获第59批中国博士后科学基金面上项目二等资助。2016年7月，麻类所在站博士后李辉被评为中国农科院2016年度优秀博士后。

2015年9月，人力资源社会保障部、全国博士后管委会《关于批准合肥国轩高科动力能源股份公司等628个单位设立博士后科研工作站的通知》（人社部发〔2015〕86号），批准麻类所设立博士后科研工作站。2015年10月，湖南省人力资源和社会保障厅印发《关于博士后科研工作站新设站单位尽快做好建站工作的通知》（湘人社函〔2015〕281号），要求麻类所等10个设站单位抓紧建站并开展工作。2016年12月，根据长沙市财政局、长沙市人力资源与社会保障局制定的《长沙市企业博士后科研工作站（流动站）项目资助经费管理办法》（长财社〔2016〕19号），麻类所积极组织申报，提交《关于申请博士后科研工作站（流动站）项目资助经费的报告》（农科麻办〔2016〕82号），成功申请获得博士后科研工作站项目资助经费100万元。

三 职务晋升与评聘

为深化干部人事制度改革，建立健全岗位设置管理制度，实现人员管理的科学化、规范化和制度化，根据《中国农业科学院关于印发中国农业科学院岗位设置管理暂行办法》（农科院人〔2008〕316号）等文件要求，麻类所岗位总量在中编办或农业部核定的编制范围内进行设置，分为管理岗位、专业技术岗位和工勤技能岗位3种类别，管理岗位占单位岗位总量的10%～20%，专业技术岗位占单位岗位总量的70%以上，工勤技能岗位原则上按不超过单位岗位总量的10%进行设置。《中国农业科学院关于岗位设置方案的批复》（农科院人〔2008〕324号）文件同意麻类所设置管理岗位35个、专业技术岗位121个和工勤岗位29个。

（一）专业技术干部的职称晋升与评聘

专业技术岗位指从事专业技术工作，具有相应技术资格要求的工作岗位，其设置应符合科学研究和人才成长的规律，适应中国农科院科技创新和团队建设的需要。专业技术岗位可分为科学研究、科学辅助和其他专业技术岗位三类。麻类所专业技术职务晋升由所专业技术评审委员会进行评审和推荐，2008—2013年评审科研主系列初级和中级专业技术职务任职资格，推荐高级专业技术职务任职资格人员，报中国农科院进行终评。2014—2017年中国农科院将科研主系列副高级专业技术职务评审权限下放到各研究所，麻类所专业技术评审委员会评审科研主系列副高级（含）以下专业技术职务任职资格，推荐正高级专业技术职务任职资格人员，由中国农科院高级专业技术职务评审委员会组织评审，报农业部备案。其他岗位人员（管理系列、实验系列）中级职称（含）以上任职资格均由中国农科院专业技术职务评审委员会统一评审。

1. 初级职称

2014年7月1日以前，大学本科生毕业工作试用期满12个月，经考核合格初聘为研究实习员（初级）；硕士研究生毕业工作试用期满6个月，经考核合格初聘为研究实习员（初级）。2014年7月1日以后，应届本科（硕士）毕业新进职工工作试用期满12个月，经考核合格初聘为研究实习员（初级）。2008—2017年晋升的研究实习员（初级）专业职称人员如表17-1所示。

表17-1 2008—2017年麻类所晋升的初级专业技术职称人员（27人）

年份	姓名	职称	聘期
2008	侯文新、尹志成、聂兆君、成莉凤	研究实习员	2008年7月1日
2009	李懋、朱作华、廖丽萍	研究实习员	2009年7月1日
2010	陈继康、刘志远、谭佩莲	研究实习员	2010年7月1日
2012	周晚来、吕拓、廖勇凤、朱施琴、易谷秀	研究实习员	2012年7月1日
2013	刘佳杰、卢凌宵	研究实习员	2013年1月1日
2014	丁薇、易晴、段叶辉、张鑫慧	研究实习员	2014年1月1日
2015	孙凯、朱涛涛、伍淑	研究实习员	2015年7月1日
2015	杨媛茹	研究实习员	2015年12月1日
2016	陈佳	研究实习员	2016年7月1日
2017	周韦	研究实习员	2017年7月1日

2. 中级职称

2014年7月1日以前，博士研究生工作试用期满6个月，经考核合格初聘为助理研究员（中级）。2014年7月1日以后，博士研究生工作试用期满12个月，经考核合格初聘为助理研究员（中级）；硕士研究生工作满3年，经考核合格聘为助理研究员（中级），晋升中级职称人员均报中国农科院人事局备案审批。2008—2017年晋升的中级专业职称人员如表17－2所示。

表17－2　2008—2017年麻类所晋升的中级专业技术职称人员（60人）

年　份	姓　名	职　称	批准文号	聘用日期
2008	朱四元、李建军	助理研究员		2008年1月1日
2008	程超华、戴志刚	助理研究员	农科麻办〔2008〕44号	2008年5月1日
2009	栾明宝、余永廷	助理研究员		2009年1月1日
2009	马兰、王晓飞、邓欣、邱财生、陈基权、程毅	助理研究员	农科麻办〔2009〕55号	2009年7月1日
2009	龙松华、严智燕	助理研究员	农科麻办〔2009〕41号	2008年7月1日
2010	刘头明、陈平、曾粮斌、李智敏、郑霞	助理研究员		2010年1月1日
2010	张翠萍	实验师	农科麻办〔2010〕38号	2010年5月1日
2010	唐蜻	助理研究员		2010年5月1日
2010	郭媛	助理研究员		2010年10月1日
2011	尹志成、成莉凤	助理研究员	农科麻办〔2010〕68号	2010年7月1日
2011	王真栋	助理研究员	农科麻办〔2011〕29号	2011年4月1日
2011	黄思齐	助理研究员		2011年7月1日
2011	朱作华、李懋、廖丽萍	助理研究员		2011年7月1日
2012	彭瑛	助理研究员	农科麻办〔2012〕27号	2012年5月1日
2012	孙志民	实验师		
2012	刘志远、陈继康	助理研究员		2012年1月1日
2012	温岚	助理研究员		2012年12月1日
2013	谢纯良、高春生	助理研究员		2013年1月1日
2013	唐慧娟	助理研究员	农科麻办〔2013〕28号	2013年5月1日
2014	谭石勇、谭志坚、孙向平、朱娟娟	助理研究员		2014年1月1日
2014	吕拓、周晚来、廖勇凤	助理研究员	农科麻办〔2014〕34号	2014年7月1日
2015	吴端钦、陈小军	助理研究员		2015年11月1日
2015	刘佳杰	助理研究员	农科麻办〔2016〕35号	2015年7月1日
2015	陈佳	助理研究员		2015年12月1日
2016	杨泽茂、刘亮亮	助理研究员		2016年5月1日
2016	张冀芳、陈坤梅、高钢	助理研究员	农科麻办〔2017〕39号	2016年7月1日
2016	龚文兵	助理研究员		2016年6月1日
2017	杨媛茹	助理研究员	农科麻办〔2018〕10号	2017年11月1日
2017	郭利桃、王满生	助理研究员		2017年7月1日
2017	王慧	助理研究员		2017年12月1日
2017	杨琦	助理研究员		2017年9月1日

3. 高级职称

2008—2017年晋升的副高级、正高级专业职称人员如表17－3和表17－4所示。

表17－3　2008—2017年麻类所晋升的副高级专业技术职称人员（30人）

年份	姓名	职称	批准文号	聘期
2008	朱爱国	副研究员	农科麻办〔2008〕44号	2008年5月1日
2009	杨喜爱、李建军	副研究员	农科麻办〔2009〕41号	2009年5月1日
2010	段盛文	副研究员	农科麻办〔2010〕38号	2010年5月1日
2010	严理	高级实验师	农科麻办〔2010〕38号	2010年5月1日
2011	栾明宝、刘珊、朱四元	副研究员	农科麻办〔2011〕29号	2011年4月1日
2012	刘头明、许英、易永健	副研究员	农科麻办〔2012〕27号	2012年5月1日
2013	佘永廷、郑科、唐蜻	副研究员	农科麻办〔2013〕28号	2013年5月1日
2014	黄志辉、戴志刚、王延周、黄思齐	副研究员	农科麻办〔2014〕22号	2014年5月1日
2015	龙松华、邱财生、陈平、高春生	副研究员	农科麻办〔2015〕32号	2015年6月1日
2016	李智敏、陈基权、郭媛、邓欣	副研究员	农科麻办〔2016〕35号	2016年5月1日
2017	曾粮斌、谢纯良、谭志坚、吴端钦	副研究员	农科麻办〔2017〕39号	2017年6月1日

表17－4　2008—2017年麻类所晋升的正高级专业技术职称人员（12人）

年份	姓名	职称	批准文号	聘期
2008	王玉富	研究员	农科麻办〔2008〕44号	2008年5月1日
2009	龚友才、肖爱平	研究员	农科麻办〔2009〕41号	2009年5月1日
2010	喻春明	研究员	农科麻办〔2010〕38号	2010年5月1日
2011	吕江南	研究员	农科麻办〔2011〕29号	2011年5月1日
2012	陈安国、陈建华	研究员	农科麻办〔2012〕27号	2012年5月1日
2014	朱爱国	研究员	农科麻办〔2014〕22号	2014年5月1日
2016	严准	研究员	农科麻办〔2016〕35号	2016年5月1日
2017	孙进昌、刘头明、朱四元	研究员	农科麻办〔2017〕39号	2017年6月1日

4. 2017年底中级职称以上人员名单

正高级职称（22人）：陈万权　王朝云　李德芳　吕江南　孙进昌　朱爱国　杨瑞林　粟建光　戴求仲　唐守伟　刘头明　朱四元　赵立宁　陈安国　喻春明　陈建华　肖爱平　梅时勇　王玉富　彭源德　严　准　龚友才

副高级职称（33人）：郑　科　刘　珊　黄思齐　汤清明　邓　欣　龙正武　胡镇修　栾明宝　唐　蜻　戴志刚　许　英　王延周　侯振平　吴端钦　李建军　陈　平　杨喜爱　冷　鹃　龙松华　邱财生　郭　媛　易永健　谭志坚　段盛文　冯湘沅　谢纯良　高春生　佘永廷　曾粮斌　李智敏　严　理　贺正金　陈基权

中级职称（43 人）：邱化蛟　廖勇凤　张瑞香　王真栋　吕　拓　童华兵　侯文新
杨泽茂　程超华　刘　婵　郑　霞　王满生　唐慧娟　张翠萍
李育君　陈继康　王晓飞　陈坤梅　高　钢　孙志民　廖丽萍
刘亮亮　张冀芳　陈小军　黎　宇　郝冬梅　马　兰　刘佳杰
王　慧　李　懋　周晚来　杨媛茹　汪洪鹰　成莉凤　朱作华
刘志远　龚文兵　杨　琦　陈　佳　程　毅　孙向平　郭利桃
尹志成

5. 2008—2016 年历届专业技术职务任职资格评审委员会人员名单

2008 年：熊和平　王朝云　贺德意　臧巩固　黄志辉　唐守伟　吕江南　刘正初
龙超海　李德芳　粟建光　陈信波　杨瑞林　彭源德　王玉富　崔国贤
彭定祥　祁建民

2009 年：熊和平　王朝云　贺德意　臧巩固　黄志辉　唐守伟　吕江南　刘正初
龙超海　李德芳　粟建光　喻春明　朱爱国　肖爱平　胡镇修　刘　珊
崔国贤　彭定祥　祁建民

2010 年：熊和平　王朝云　贺德意　臧巩固　黄志辉　唐守伟　吕江南　刘正初
龙超海　李德芳　粟建光　喻春明　朱爱国　肖爱平　彭源德　赵立宁
胡镇修　刘　珊　崔国贤　彭定祥　祁建民

2011 年和 2012 年：熊和平　王朝云　贺德意　臧巩固　黄志辉　唐守伟　吕江南
刘正初　龙超海　李德芳　粟建光　喻春明　朱爱国　肖爱平
彭源德　赵立宁　胡镇修　刘　珊

2013 年：熊和平　王朝云　臧巩固　唐守伟　吕江南　刘正初　王克林　李德芳
龙超海　胡镇修　粟建光　喻春明　朱爱国　肖爱平　彭源德　赵立宁
刘　珊　柏连阳　陈　收　崔国贤　周建林　戴求仲　陈永忠

2014 年：陈万权　熊和平　王朝云　臧巩固　李德芳　黄志辉　唐守伟　吕江南
胡镇修　喻春明　粟建光　赵立宁　彭源德　刘正初　龙超海　肖爱平
朱爱国　魏　琦　梅旭荣　袁龙江　李志纯　周清明　柏连阳　喻大昭
王克林　陈　收　刘　勇　马国辉　周建林

2015 年：陈万权　熊和平　王朝云　臧巩固　李德芳　黄志辉　唐守伟　吕江南
胡镇修　喻春明　粟建光　赵立宁　彭源德　刘正初　龙超海　梅时勇
朱爱国　王玉富　魏　琦　梅旭荣　袁龙江　李志纯　周清明　柏连阳
喻大昭　戴求仲　刘现武　方　放　王克林　陈　收　刘　勇　马国辉
周建林　郁崇文

2016 年：陈万权　王朝云　李德芳　黄志辉　唐守伟　吕江南　戴求仲　粟建光
胡镇修　喻春明　赵立宁　彭源德　龙超海　梅时勇　严　准　朱爱国
王玉富　梅旭荣　袁龙江　周清明　柏连阳　喻大昭　刘现武　文　学
王克林　刘　勇　马国辉　周建林　郁崇文

（二）工人考工晋级与行政干部的晋级

1. 工人考工晋级

2008 年 7 月，根据《湖南省人事厅关于做好 2007 年度省直事业单位工人技术等级岗位升级实际操作考核等有关事项的通知》（湘人函〔2008〕59 号）和《关于开展 2007 年机关事业单位工人技术等级岗位升级考核工作的通知》（湘人发〔2007〕201 号）文件精神，麻类所杨进怀、贺立元、谢朝辉、宋云、聂纯武、文纲佑、文少玻、文燕飞、文海兵、严真、文庆华、肖月娥、王飞跃、聂亚辉、高红、肖清明、肖赛彪、何钢强、毛虎龙、邓继红、金建兵、文永忠、胡晓瑜、江运清、邓建光、李新园、刘泽民、张琼虎、陈胜飞、文超群、周龙辉、胡晓琦等 32 人参加考核报名并顺利通过，于 2008 年 7 月正式聘任为麻类所高级工。2012 年，根据《湖南省机关事业单位工勤技能考核（考试）实施办法（施行）》（湘人社函〔2012〕239 号）文件通知，麻类所共有范志芳、陈青、张翠娥、钟国乾、江国新、姜卿、黄雪云、谢朝晖 8 名工勤技能岗位人员符合高级工申报条件，组织申报并顺利通过了培训和考核工作，于 2012 年 10 月，聘任范志芳、陈青、钟国乾、张翠娥、江国新、姜卿、黄雪云、谢文辉等 8 人为高级工（工勤技能岗位三级）。根据湘人社函〔2016〕205 号和湘人社函〔2017〕201 号文件精神，麻类所工人报考工勤技能岗位考试，张宵滨、陈斌等 2 人获得高级技师岗位资格（工勤技能岗位一级）；文庆华、文少玻、文传如、文永忠、高红、陈胜飞、周龙辉、晏正生等 8 人获得技师岗位资格（工勤技能岗位二级）；苏晏等 1 人获得高级工岗位资格（工勤技能岗位三级），由于受技师岗位职数的限制，以上人员未聘任。截至 2017 年年底，全所工人共 52 人，其中技师 2 人、高级工 48 人、中级工 1 人和 初级工 1 人（表 17－5）。

表 17－5　工人技术等级岗位晋级

晋升等级	姓　名									
技　师	张宵滨	陈斌								
高级工	文海兵	高　红	方冬兵	陈　青	周龙辉	文少科	晏正生	谭志坚	张翠娥	肖清明
	钟国乾	范志芳	吴永新	张琼虎	文传如	聂纯武	贺建红	荣　裔	文建云	宋　益
	陈建斌	聂仕良	李新园	毛虎龙	文纲佑	王飞跃	肖赛彪	江国建	严　真	宋　龙
	谢建军	谢朝辉	文少玻	邓建光	文永忠	姜　卿	谢文辉	邓继红	黄雪云	苏　晏
	邓国华	文庆华	胡晓琦	刘泽民	宋　涛	陈胜飞	江国新	文建平		
中级工	文绍明									
初级工	郭孟科									

2. 行政干部晋级

2008—2017 年，麻类所共进行两次科级干部聘任工作。2010 年 3 月 3 日，经所党政联席会议研究，以农科麻办〔2010〕14 号文件，决定聘任徐建斌、黄晓明、毛昌斌、胡建辉、苏倩萍、彭正红、蒋群策等为七级职员；聘任胡陵、聂晴岚、文立云、叶春玲为八级职员。2013 年 4 月 17 日，经所党政联席会议研究，以农科麻办〔2013〕23 号文件，决定聘任文立云、胡陵、聂晴岚为七级职员。

根据中国农科院党组关于恢复麻类所研究室建制指示精神，经2009年11月30日所党政联席会议研究决定（农科麻办〔2009〕85号文件），经中国农科院人干函〔2009〕148号文件批复同意，任命黄志辉兼任综合处处长、孙进昌任综合处副处长、刘珊任综合处副处长、唐守伟任科技管理处处长、童华兵任计划财务处副处长（主持工作）、胡镇修任计划财务处副处长、吕江南任科技开发处处长、汤清明任科技开发处副处长、喻春明任苎麻研究室副主任、粟建光任红麻黄麻研究室主任、赵立宁任亚麻大麻研究室副主任、彭源德任生物加工研究室副主任、龙超海任设施农业研究室主任、肖爱平任质量信息研究室主任、朱爱国任沅江实验站副站长（主持工作）、陈权任沅江实验站副站长、杨辉任后勤服务中心主任，同时保留刘正初正处级待遇；保留谢国炎、田小兰、杨瑞林、杨学文等4人副处级待遇。免去原建制所有中层干部职务。

2015—2016年，根据中组部、人社部、农业部、中国农科院等上级管理部门干部任免有关文件精神，麻类所组织实施了中层干部竞聘上岗工作。经岗位设置、自由申报、能力素质测评、民主测评、组织考察、党委会集体研究等竞聘上岗程序，以农科麻党委〔2016〕17号文件，决定任命：孙进昌任办公室主任，免去其综合处副处长职务；郑科任办公室副主任；刘珊任党办人事处处长，免去其综合处副处长职务；王真栋任党办人事处副处长；朱爱国任科技管理处处长，免去其沅江实验站副站长职务；汤清明任成果转化处副处长（主持工作）；邓欣任成果转化处副处长；童华兵任财务处副处长（主持工作），免去其计划财务处副处长职务；胡镇修任基建办公室主任，免去其计划财务处副处长职务；栾明宝任基建办公室副主任；粟建光任种质资源研究室主任，免去其红麻黄麻研究室主任职务；唐蜻任种质资源研究室副主任；刘头明任南方饲料作物与利用研究室副主任；赵立宁任一年生麻类育种研究室副主任（主持工作），免去其亚麻大麻研究室副主任职务；喻春明任多年生麻类育种研究室主任，免去其苎麻研究室副主任职务；陈平任多年生麻类育种研究室副主任；肖爱平任特色蔬菜育种研究室主任，免去其质量信息研究室主任；王玉富任栽培研究室副主任（主持工作）；彭源德任生物加工研究室主任，免去其生物加工研究室副主任职务；成莉凤任生物加工研究室副主任；高春生任植物保护研究室副主任（主持工作）；余永廷任植物保护研究室副主任；杨辉任沅江试验站站长，免去其后勤服务中心主任职务；陈权任沅江试验站副站长，免去其沅江实验站副站长职务；王朝云兼任麻产品研究室主任；免去唐守伟科技管理处处长职务，保留正处级待遇；免去龙超海设施农业研究室主任职务，保留正处级待遇；免去吕江南成果转化处处长职务；免去黄志辉综合处处长（兼任）职务。其职务任职时间自2016年3月2日起。

四 职工培训

麻类所的职工培训主要指自行组织的专题集中培训、专业技术人员的培训、行政管理人员的培训、工勤人员的培训。麻类所本着提高职工整体素质的思路，对全所不同类型、不同层次的职工在培训、选拔办法上，采用多形式、多渠道的方式，有针对性地设置了相应的培训内容，建立和健全了职工培训制度，充分开发人力资源。

（一）专题集中培训

1. 新职工入职培训

2008—2017 年，麻类所每年组织一次新职工的入职培训，其中理论培训与新入学研究生培训合并进行，由人事部门组织，请各职能部门负责人授课，对培训学员进行为期 1 天的理论培训，培训内容主要包括研究所基本情况、规章制度、福利待遇、晋升渠道、创新文化、安全知识、党组织生活等。

根据所长办公会〔2015〕7 号文件精神，自 2015 年起，麻类所建立了新入职职工到基层锻炼 3 个月的实践培训机制。2015—2017 年，由人事部门组织实施，在每年的下半年将当年入职的新职工送到沅江试验站进行为期 3 个月的基层锻炼，锻炼内容主要包括田间操作、麻类所历史传统教育、学术交流、基地考察等。2015 年、2016 年和 2017 年参加沅江基地基层锻炼的新进职工分别有 7 人、3 人和 11 人。

2. 财务培训

麻类所财务方面的培训主要由财务部门组织，主要包括财务人员的继续教育和其他职工的专题培训。财务人员的继续教育根据工作需要适时组织，其他职工的专题培训由财务处集中组织。

2017 年 9 月 6 日，为提高麻类所各创新团队财务助理的业务素质，财务处组织了财务助理的专题培训。

麻类所网上报销系统 2017 年 10 月 10 日上线试运行。为推进信息化建设，提高工作效率和管理水平，加快麻类所由传统报销模式向电子化报销模式的转变，2017 年 9 月 11 日，财务处组织了全所在职职工网上报销系统操作培训。

3. 保密培训

2016 年 12 月 21 日，为提高麻类所全体干部职工保密意识、夯实保密知识，由办公室组织，邀请了湖南省国家保密局专家来所为干部职工作“保密工作形势”和“保密知识技能”的培训报告。

4. 办公自动化系统操作培训

麻类所办公自动化系统 2016 年 12 月 10 日正式上线试运行。为进一步推进麻类所信息化建设，提高工作效率和管理水平，加快所由传统办公模式向电子化办公模式的转变，2016 年 12 月 12 日，办公室面向全所在职职工举办了办公自动化系统的操作培训。

5. 安全生产培训

2016—2017 年，麻类所每年举办 2 次安全生产培训，具体由办公室负责组织，各部门负责人、义务安全员和学生参加培训，内容包括安全理论知识和消防实操演练等。

6. 知识产权培训

2008—2017 年，麻类所成果转化部门组织了 10 余次知识产权培训活动，培训对象主要为科研人员，培训内容包括知识产权保护、知识产权管理、成果转化、专利申请、专利撰写、专利检索分析专题培训、著作权与学术著作出版等。

7. 青年学术论坛

2014 年 5 月起，麻类所青委会每月举办一次青年学术论坛，邀请院士、外籍知名专家和优秀青年科学家等到所做学术报告，同时安排所内 1～2 名青年学者上台演讲，报告内容广泛，既有科研思想、学术道德，也有重大成果和阶段性进展，参加人员为全所科技人员和研究生，截至 2017 年年底，共举办了 37 期。

（二）专业技术人员培训

对专业技术人员的培训，麻类所主要以培养中青年业务骨干为主，采用重点培养和普遍提高相结合的方式。主要方式有：在职攻读学位，出国深造，参加部、院组织的各种培训，选派参加国际会议、学术考察、学术访问、合作研究、学术研讨，聘请国内外专家、学者讲授专业知识。对于优秀青年人才实施人才助长计划，主要培训机制为出国深造、学术交流、基层锻炼。

农业部麻类产品质量监督检验测试中心培训了国家计量认证评审员 2 名、农业部农作物种子检验员 3 名、内审员 8 名。

（三）行政管理人员培训

麻类所注重行政管理人员综合素质的培养和工作潜能的发掘。所级领导参加部、院举办的领导干部培训班、政治理论培训班等；中层干部参加部、院组织的处级干部培训班、办公室主任研讨班、组织人事部门能力建设培训班、科研管理培训班、成果转化培训班、财务管理培训班、基建培训班、党务培训班、离退休工作培训班、纪检监察培训班等。其他行政管理人员根据工作岗位的实际需要参加相关的培训，人事干部参加劳资业务能力培训班、领导干部个人事项填报政策培训班、干部人事档案培训班，财务人员参加会计人员继续教育培训、财务软件培训、资产管理培训、国库集中支付培训，相关工作人员参加保密工作培训、知识产权培训班、博士后管理培训班、党支部书记轮训班等。

（四）工勤人员培训

麻类所注重工勤人员专业知识和操作技能的培训，对特殊岗位执行国家职业资格证书制度和就业准入制度，技术工种必须持证上岗。组织水电工人参加水电安装、调试及管理方面的培训，4 名人员参加建（构）筑物消防员培训，安全保卫岗位参加消防知识培训，考级人员参加工勤技能岗位考核（考试）培训班等。

麻类所注重工勤人员技术能力的提升，2008 年、2012 年和 2016 年组织工勤人员参加湖南省机关事业单位的工勤技能岗位考试（考核）。

第二节 劳动工资与社会保障

一 劳动工资

麻类所劳动工资实行属地化管理，参照湖南省直驻长沙市事业单位有关工资制度执行，具体由湖南省人力资源和社会保障厅工资福利处代管。每逢工资标准调整、薪级正常晋升、职务晋升、岗位晋级、人员异动、人员退休等涉及工资异动的情况，由党办人事处（2016 年 3 月以前为综合处）到省人社厅工资福利处办理工资审批（备案）手续，为职工兑现相关的工资待遇。

截至 2017 年年底，麻类所在职职工工资结构由“基本工资＋绩效工资＋统一的津补贴”构成。基本工资包括岗位工资和薪级工资，绩效工资包括基础性绩效工资和奖励性绩效工资，统一的津贴补贴指女职工卫生费。基础性绩效工资在月工资中发放，不同的职务职称对应不同的工资标准，奖励性绩效工资主要分为按季度发放的季度奖、年终一次性核算的年终奖励性绩效，实行按贡献大小取酬，多劳多得。

截至 2017 年年底，麻类所退休职工的工资待遇由“基本退休费＋退休补贴＋女职工卫生费＋独生子女父母奖金＋月增养老金”构成，其中 11 人发放政府特殊津贴，2 人发放华侨补贴。离休人员 1 人，其工资待遇由“基本离休费＋离休补贴＋保留津补贴”构成。

2014 年，麻类所获评“湖南省直属机关文明标兵单位”，根据湖南省文明办《关于进一步规范省级文明建设先进单位奖励政策的通知》（湘文明办〔2002〕11 号）文件精神，自 2014 年起，发放文明奖，发放时间为每年年底，发放范围为在职职工和离退休职工，发放额度为 1.5 个月工资。该文明单位称号实行 2 年一复查，6 年一评审，复查通过后方可发放文明奖。2016 年，麻类所通过了文明单位的复查。

（一）基本工资调整和薪级工资正常晋升

1. 基本工资调整

继 2006 年收入分配制度改革之后，国家对基本工资标准 8 年内未进行调整。根据国办发〔2015〕3 号、湘政办发〔2015〕79 号文件精神，从 2014 年 10 月 1 日起，调整机关事业单位工作人员基本工资标准，同时将部分绩效工资纳入基本工资，相应增加机关事业单位离退休人员离退休费。此次工资调整是实施机关事业单位养老保险制度改革的重要配套措施，与养老保险改革同步进行。麻类所结合自身实际情况，分批次实施了工资调整。2015 年 8 月，麻类所全部兑现了离退休人员增加离退休费标准，同时补发 2014 年 10 月至 2015 年 7 月差额。参与此次调标的退休人员 107 人，人均增资 382 元/月；离休人员 2 人，人均增资 570 元/月。与此同时，根据湘人社函〔2015〕132 号文件，按 300 元/月标准部分兑现在职人员的基本工资调标。2016 年 12 月补发在职职工 2014 年 10 月至 2016 年 12 月增资差额，并于 2017 年 1 月 1 日起执行新的基本工资标准。参与此次基本工资调标的在职职工共 176 人，人均增资 1 076 元/月。

2016 年，国家实施了养老保险改革后的第二次基本工资标准调整，此次工资调标范围不再包括退休人员，退休人员自 2016 年起参与养老保险正常调待机制。根据国办发〔2016〕62 号、湘政办发〔2016〕88 号文件精神，从 2016 年 7 月 1 日起调整事业单位工作人员基本工资标准，同时为机关事业单位离休人员增加离休费。麻类所于 2016 年 12 月实施了此次工资调整，补发在职人员与离休人员 2016 年 7—12 月增资总额，并于 2017 年 1 月 1 日起执行新的基本工资和离休费标准。参与此次调标的在职职工 170 人，人均增资

731 元/月；离休人员 1 人，人均增资 400 元/月。

2. 薪级工资正常晋升

2008—2017 年，麻类所为年度考核合格（称职）及以上等次的在职职工，每年增加一级薪级工资，于次年 1 月 1 日起执行。因遇养老保险改革和基本工资调标，2016 年的薪级工资正常晋升延迟到 2017 年执行，与 2017 年的薪级工资正常晋升同步实施。期间部分人员由较低等级岗位聘用到较高等级岗位，原薪级工资低于新聘岗位起点薪级工资，执行新聘岗位起点薪级工资，次年不再正常增加薪级工资。

（二）绩效工资的实施

根据湘政办发〔2011〕89 号文件精神，湖南省事业单位正式工作人员自 2010 年 1 月 1 日起实施绩效工资，同时为离退休人员发放补贴。按照文件要求，麻类所在清理规范津贴补贴的同时，逐步实施绩效工资。

1. 在职人员绩效工资实施

（1）基础性绩效工资的实施。根据农科麻办〔2010〕31 号文件精神，从 2010 年 5 月起，所对岗位津贴分配方案进行调整，同时增发地区津贴。岗位津贴实施范围为在职职工，岗位津贴＝基数×系数，系数按照岗位确定，最高与最低相差 18 个系数，2010 年基数确定为 100 元。地区津贴实施范围为在职职工（包括内退）和退休职工，由职务职级确定发放标准，在职最高与最低相差 290 元，退休最高与最低相差 261 元。根据湘人社发〔2016〕60 号文件精神，结合研究所实际，2017 年 1 月，所将岗位津贴与地区津贴纳入基础性绩效工资发放，对个别高出文件标准的部分暂时予以保留，待今后统一调整标准时逐步冲抵。基础性绩效工资按月发放，人均发放额为 2 154 元。

（2）奖励性绩效工资的实施。根据湘政办发〔2011〕89 号、湘人社发〔2012〕84 号、湘人社发〔2014〕24 号等文件精神，研究所于 2015 年 1 月印发了农科麻办〔2015〕15 号文件，确定了奖励性绩效分配办法，具体包括《中国农业科学院麻类研究所科技成果奖励管理办法》《中国农业科学院麻类研究所科技成果转化工作管理办法》《中国农业科学院麻类研究所管理服务岗奖励性绩效工资发放试行办法》。根据以上办法，科研人员、成果转化人员奖励性绩效工资按产出核算，管理人员奖励性绩效工资取科研、成果转化人员的人均值核算总量，再根据职务职级所对应的系数进行分配。根据《中国农业科学院麻类研究所年度绩效考核实施意见》，年度考核基本合格及以上人员发放全额奖励性绩效工资，不合格者扣发全年奖励性绩效工资。2015 年度年终奖励性绩效人均发放水平为 3.169 万元，2016 年度人均发放水平为 4.0934 万元，2017 年度人均发放水平为 6.15078 万元。麻类所在实施奖励性绩效工资后，于 2015 年起不再发放年终一次性奖金。

2014 年，根据所长碰头会会议纪要〔2014〕6 号、所领导班子会议纪要〔2014〕14 号，麻类所取消过节费、防暑防寒费的发放，新增季度绩效奖。经 2017 年 7 月 18 日所党委会研究决定，从 2017 年 8 月 1 日起停止发放每月 100 元交通补助。

2. 离退休人员补贴发放与调整

根据湘人社发〔2012〕84 号文件精神，2012 年 11 月研究所为退休职工执行退休补贴标准并补发2010年1月至2012年10月差额，除保留政府特殊津贴、华侨补贴、女职工卫生费等项目，其余地区津贴、门诊费、误餐费、肉贴等津贴补贴予以归并纳入退休补贴。退养人员参照同类（高级工）退休人员标准的一半发放退养补贴。

根据湘人社发〔2014〕24号文件精神，2016年6月，麻类所为离退休职工调整离退休补贴标准，同时补发2015年1月至2016年5月差额，2014年1月至2014年12月调整差额于2017年1月补发到位。此次离退休补贴调整，离休人员2人，人均增资527.5元/月；退休人员112人，人均增资453元/月。退养人员参照同类（高级工）退休人员标准的一半执行调整退养补贴，参与调整人员4人，人均增资235元/月。

根据湘人社发〔2016〕60号文件精神，2018年1月，麻类所为离退休职工调整离退休补贴标准，同时补发2014年7月至2017年12月差额。此次离退休补贴调整，离休人员2人，人均增资607元/月；退休人员132人，人均增资443.5元/月。退养人员参照同类（高级工）退休人员标准的一半执行调整退养补贴，参与调整人员4人，人均增资166.5元/月。

（三）基本养老金待遇调整

根据湘人社发〔2016〕55号文件，2016年1月1日起，为2015年12月31日前已按规定办理退休手续并按月领取基本养老金的退休人员调整增加基本养老金，调整标准由3部分组成：一是退休人员每人每月增加基本养老金70元；二是以本人2015年12月基本养老金为基数，每月增加4%；三是对2015年12月31日前年满70周岁以上（含70周岁）至80周岁以下的退休人员每人每月再增加基本养老金25元，对2015年12月31日前年满80周岁以上（含80周岁）的退休人员每人每月再增加基本养老金35元。2016年12月底，麻类所依据以上文件为退休人员兑现了此次基本养老金调整待遇，参与调整待遇退休人员108人，人均增资255元/月。退养人员参照同类人员（高级工）水平，取定额调整标准的一半、挂钩调整、年龄调整标准的一半进行待遇调整，4名退养人员人均增资93元/月。退休人员按规定参加了机关事业单位养老保险，其调待资金先由麻类所垫付，在2017年4月麻类所养老保险正式启动时，养老中心拨付了此笔费用。退养人员未参加机关事业单位养老保险（不符合参保条件），其调待资金由研究所解决。

根据湘人社发〔2017〕48号文件，2017年1月1日起，为2016年12月31日前已按规定办理退休手续并按月领取基本养老金的退休人员调整增加基本养老金，调整标准由3部分组成：一是退休人员每人每月增加基本养老金50元；二是以本人2016年12月基本养老金为基数，每月增加3%；三是对2016年12月31日前年满70周岁以上（含70周岁）至80周岁以下的退休人员每人每月再增加基本养老金20元，对2016年12月31日前年满80周岁以上（含80周岁）的退休人员每人每月再增加基本养老金30元。2017年12月底，麻类所依据以上文件为退休人员兑现了此次基本养老金调整待遇，参与调整待遇退休人员118人，人均增资200元/月。退养人员参照同类人员（高级工）水平，取定额调整标准的一半、挂钩调整、年龄调整标准的一半进行待遇调整，4名退养人员人均增资69元/月。退休人员调待资金由养老中心拨付，退养人员调待资金由麻类所解决。

（四）其他福利待遇

根据湘政办函〔2005〕62号、湘财综〔2007〕56号、湘直房改办〔2008〕84号文件精神，麻类所继续为在职职工发放住房补贴。1998年12月31日以前参加工作的“老职工”，采取一次性计发住房补贴的方式，后因职务、职称变更，按新任职务、职称增加的可享受住房建筑面积和补贴标准计算，补发差额。1999年1月1日以后参加工作的“新职工”，住房补贴采取按年发放的方式，年补贴额＝当年住房公积金月缴存基数×11.37%×12，自参加工作后发满25年后终止。

二 社会保障

（一）养老保险

麻类所养老保险工作由党办人事处具体负责。根据国发〔2015〕2号、国办发〔2015〕18号、人社部发〔2015〕28号、湘政发〔2015〕38号、湘人社发〔2016〕21号等文件精神，2014年10月1日起，国家实施机关事业单位养老保险制度改革，所依政策参加了湖南省机关事业单位养老保险制度改革，并于2016年5月完成了养老保险参保数据采集工作，共采集上报在职人员168人，退休人员107人，参保人员均为编制内人员。2017年4月省机关事保中心正式启动了麻类所的养老保险正常征缴和基本养老金拨付工作，从4月开始按月向所收缴在职人员养老保险费用，同时按月拨付退休人员的基本养老金，并清算了2014年10月至2017年3月的在职人员缴费与退休人员养老金拨付差额费用。

1. 基金征缴

基本养老保险费由单位和个人共同负担。单位缴纳基本养老保险费的比例为本单位缴费工资总额的20%，个人缴纳比例为本人缴费工资的8%。基本养老金单位缴费实行社会统筹，个人缴费存入个人账户，原则上退休后按政策领取。职业年金所需费用由单位和个人共同承担，单位缴费比例为本单位缴费工资总额的8%，个人缴费比例为本人缴费工资的4%，实行个人账户管理，单位缴费与个人缴费均存入个人账户，退休后按政策领取待遇。

缴费基数每年定期进行调整，新基数执行时间为每年1月，基本养老保险与职业年金实行统一的缴费基数。麻类所2014—2016年的缴费基数在2016年数据采集时上报，缴费工资基数为上年度工资收入总额。根据湘人社发〔2016〕40号文件精神，2017年7月6日麻类所召开所务会进行研究，对缴费工资基数项目进行了规范，明确在职职工养老保险和职业年金缴费工资基数申报项目为基本工资、基础性绩效、统一的津贴补贴。

2. 待遇发放

(1) 基本养老金计发办法。根据湘人社发〔2016〕52号文件，基本养老金计发办法分3类人员。第一类是2014年9月30日以前退休的人员，按政策参加养老保险制度改革，退休待遇发放方案维持不变，统筹内项目由养老保险基金支付，并参与基本养老金的正常待遇调整。第二类是 2014 年 9 月 30 日以前参加工作、2014 年 10 月 1 日以后退休、有视同缴费年限的参保人员，退休后按月计发基本养老金，由基础养老金、个人账户养老金、过渡性养老金构成。第三类是 2014 年 10 月 1 日以后参加工作的参保人员，退休后按月计发基本养老金，包括基础养老金和个人账户养老金。职业年金实行账户积累，退休后按政策按月领取待遇。

（2）基本养老金拨付。截至 2017 年 12 月，基本养老金尚未按新办法进行计发。省机关事保中心对于 2014 年 10 月 1 日以后退休人员暂按省工资福利处依原办法核定的标准进行待遇预发。从 2017 年 4 月起，省机关事保中心按月向麻类所拨付退休人员基本养老金，根据湘人社发〔2016〕40 号文件，统筹拨付项目为基本退休费、退休补贴、女职工卫生费。

基本养老金自 2016 年起每年进行一次调整，截至 2017 年 12 月，麻类所按要求完成了 2016—2017 年基本养老金待遇调整工作。在基本养老金实行社会化发放之前，退休人员待遇由机关事保中心委托参保单位进行代发。

3. 原试点制度养老保险清算

麻类所参加原试点养老保险的 25 名劳动合同制工人按政策参加了 2014 年 10 月 1 日启动的基本养老保险制度改革。原试点期间单位缴费实行社会统筹，个人缴费本息按政策在退还给本人后，其试点期间的缴费年限确认为视同缴费年限。截至 2017 年 12 月，所原试点养老保险制度的人员信息核对、退费确认等工作均已完成，机关事保中心尚未正式退费。

（二）医疗工伤生育保险

2016 年 9 月，麻类所医疗工伤生育保险工作从财务处移交至党办人事处。

麻类所职工在湖南省医疗工伤生育保险管理服务局参保，参保的险种包括基本医疗保险、工伤保险、生育保险，其中基本医疗保险中包含了大病互助医疗。基本医疗保险费由单位和个人共同负担，单位缴纳 8%，个人缴纳 2%；生育保险单位缴纳 0.7%，个人无须缴纳；工伤保险单位缴纳 1%，个人无须缴纳；大病互助缴费标准为 120 元/(年·人)，目前由单位承担了此笔费用。省医保局每年定期调整三险的缴费基数，新基数执行时间为 1 月，根据省医保局对缴费工资总额申报范围的规定，所将在职职工上年度所有工资性收入均纳入当年度的缴费工资总额。

基本医疗保险待遇，包括医保卡个人账户划补、住院费用报销等。2017 年年底，根据湘人社函〔2017〕154 号文件，麻类所为跨省医保异地安置的 8 名退休职工办理了社会保障卡，实现了异地就医住院费用直接结算。截至 2017 年年底，湖南省人社厅尚未正式启动省本级参保人员（跨省异地安置退休人员以外参保人员）社保卡办理工作，研究所异地安置人员的医保卡余额，经本人申请并提交相关资料，由党办人事处专管员在每年年底统一办理取款手续。

生育保险待遇，包括生育医疗费用报销与生育津贴。根据生育保险有关政策规定，研究所为保障女职工产假期间的生活不受影响，女职工在休产假期间，工资待遇正常发放，产假结束后申领的生育津贴再上交到所财务账内，生育津贴高出产假期间工资待遇总额的部分无须上交。

工伤保险待遇，指职工发生工伤事故后，可以申请工伤待遇报销。

（三）住房公积金

住房公积金是国家实行住房货币化政策的一部分。根据湘财综〔2007〕56号文件精神，2008年1月1日起，研究所公积金缴存比例调整为12%，住房公积金月缴存基数为职工本人上一年度月平均工资，即上年度全年税前总收入（包括工资、奖金、年终绩效奖励和各种津补贴）除以12之金额。职工住房公积金缴存基数原则上最高不超过长沙市统计局公布的上一年度职工月平均工资的3倍，超出部分缴存的住房公积金计入个人当月的工资收入，并按规定缴交个人所得税。月缴存基数不得低于长沙市人力资源和社会保障部门发布的最低月工资标准。缴存基数每年按长沙住房公积金管理中心文件通知进行调整。

截至2017年年底，麻类所所部在职职工住房公积金由长沙市住房公积金管理中心管理，沅江在职职工住房公积金有26人由益阳市住房公积金管理中心管理，5人由长沙住房公积金管理中心管理。

第三节　离退休工作

离退休工作长期以来由综合处负责管理，安排专人负责。随着我国老年化社会的到来，麻类所近几年迎来职工退休的高峰。2016年3月，所里机构改革时将有关职能划入党办人事处，目前由党办人事处负责管理。

至2017年12月，我所离退休人员共有129人，其中按行政职务分类，副厅级10人，正处级2人，副处级11人，正科级12人（离休干部1人），副科级2人。按技术职务分类，其中正高级12人，副高级15人，中级11人。干部总数为55人，工人总数为74人。离退休党员44人，退休干部37人，退休党员7人。

为体现组织关怀，在患病住院期间，由所领导或党办人事处带队分层次看望慰问，送上慰问金；每年年底对患重大疾病的离退休职工给予一定的特困补助；每逢重大节日，由所领导、相关部门等坚持看望慰问，或召开所情通报会，向老同志通报研究所发展概况，听取意见建议。2015年，院离退休办公室吴京凯主任来所调研，专门看望了离休职工张怀芳。

为使老有所乐，组织离退休人员参加在职职工的各种形式的文娱活动，如文艺晚会、歌咏比赛等活动；利用重阳节组织参观浏阳大围山、石燕湖、百果园等。2017年，组织开展了展望十九大“五个一”活动，退休职工徐建斌同志的摄影作品在院庆六十周年上展出。熊和平同志撰写的文章，入选我院建院60周年征文集。

坚持做好退休党员的管理，设立行政离退休党支部和科研离退休党支部。“七一”前夕开展主题党日活动，先后到胡耀邦故居、新农村建设示范基地、原所部基地等开展主题党日活动。2014年，离退休党支部书记蒋金根获评农业部离退休工作先进个人。

第十八章　财务管理

第一节　部门预算管理

2008年财政部制定了《中央部门预算管理工作规程》，同时实行出国费零增长。编制2009年预算时，对公务购车用车经费、会议费、公务接待费、出国费等支出，全部实行零增长，在部门预算表中新增“中央行政事业单位资产存量情况表”和“中央行政事业单位新增资产配置预算表”。2010年修订了《中央部门预算管理工作规程》和《中央部门财政拨款结转和结余资金管理办法》。按照《国务院关于深化预算管理制度改革的决定》（国发〔2014〕45号）和《国务院关于实行中期财政规划管理的意见》（国发〔2015〕3号），从编制2016年预算开始，对纳入中央部门预算的一般公共预算和政府性基金预算拨款收支实行中期财政规划管理。中央部门预算项目实行分级管理，分为一级项目和二级项目两个层次，加强项目库建设和管理，积极推进预算评审和绩效管理。2017年加强”三公”经费分类管理，对教学科研人员开展学术交流活动区别对待，同时加强机构编制管理与预算管理的相互衔接，建立事业单位编制内增人和新增机构编制评审制度。

麻类所部门预算按照原农业部和中国农科院关于部门预算编制的文件要求进行编制和报送。《中国农业科学院麻类研究所财务管理办法》规定，部门预算编制在所长主持下，由财务管理部门会同全所各部门，参考历年年度预算执行情况，根据国家相关政策、预算年度收入增减因素和措施，以及历年年度结转和结余情况，测算编制收入预算。根据事业发展需要和财力可能，测算编制支出预算。经所领导班子集体研究同意后，由财务管理部门按照上级部门有关预算编制文件要求逐级上报，始终坚持以收定支、收支平衡、统筹兼顾、保证重点、不得编制赤字预算的原则。

2008—2017年10年间，麻类所部门预算批复情况如表18-1。

表 18-1　2008—2017 年麻类所部门预算批复情况

（单位：万元）

科　目	2008 年	2009 年	2010 年	2011 年	2012 年	2013 年	2014 年	2015 年	2016 年	2017 年
1　预算总收入	3 230.63	4 670.52	5 626.81	4 824.59	4 790.57	6 303.81	7 345.55	10 203.53	10 954.21	14 297.72
1.1　财政拨款收入	2 103.04	3 334.51	2 339.98	1 819.85	2 601.15	3 433.30	3 182.27	5 073.32	6 656.72	7 040.78
1.1.1　基本支出	601.04	795.51	689.98	718.85	840.15	967.84	1 190.27	1 298.32	1 399.72	1 592.78
1.1.1.1　人员经费	464.81	706.03	596.84	599.61	708.01	838.53	1 057.13	1 165.18	1 263.58	1 382.31
1.1.1.2　公用经费	58.23	89.48	81.14	119.24	132.14	129.31	133.14	133.14	136.14	210.47
1.1.2　项目支出	1 502.00	2 539.00	1 552.00	1 101.00	1 761.00	3 118.00	3 877.00	3 775.00	5 257.00	5 448.00
1.2　事业收入	857.59	1 126.01	1 037.30	1 515.70	1 692.42	1 782.97	1 868.28	2 455.21	2 880.81	4 223.86
1.3　事业单位经营收入	270.00	210.00	210.00	210.00	210.00	230.00	260.00	380.00	280.00	280.00
1.4　其他收入	0.00	0.00	100.00	230.00	180.00	210.00	150.00	196.00	543.00	1 300.00
1.5　上年结转	0.00	0.00	2 039.53	1 049.04	107.00	647.54	1 885.00	2 099.00	593.68	1 453.08
2　预算总支出	3 230.63	4 670.52	5 626.81	4 824.59	4 790.57	6 303.81	7 345.55	10 203.53	10 954.21	14 297.72
2.1　基本支出	1 458.63	1 921.52	1 842.76	2 464.55	2 592.07	2 955.81	3 208.55	3 944.18	4 816.61	7 116.64
2.2　项目支出	1 502.00	2 539.00	3 574.05	2 150.04	1 988.50	3 118.00	3 877.00	5 874.00	5 850.68	6 901.08
2.3　经营支出	270.00	210.00	210.00	210.00	210.00	230.00	260.00	380.00	280.00	280.00
2.4　上缴上级支出	0.00	0.00	0.00	0.00	0.00	0.00	0.00	5.35	5.35	6.92

第二节 部门预算项目管理

部门预算项目是中央部门为完成其特定的行政工作任务或事业发展目标，在基本支出之外设置的年度支出计划，包括基本建设、有关事业发展专项计划、专项业务费、大型修缮、大型购置、大型会议等项目支出。部门预算项目分为一级项目和二级项目两个层次。一级项目按照部门主要职责设立并由部门作出项目实施主体。项目要有明确的名称、实施内容、支出范围和总体绩效目标，项目数量严格控制，项目名称、实施内容和支出范围等在年度之间保持相对稳定。预算明细到支出功能经济分类的款级科目。又分为通用项目和专用项目。二级项目立项单位为项目实施主体，包括预算单位现有项目基础上整合而成的项目和新设的项目。二级项目的设立必须与一级项目相匹配，有充分的立项依据，实施内容明确，绩效目标合理。按照项目的重要性，二级项目划分为重大改革发展项目、专项业务费项目和其他项目三类。

部门预算项目实行项目库管理。项目库是对项目进行规范化、程序化管理的数据系统。分为基层单位项目库、中央部门项目库和财政部项目库。

2008—2017 年，麻类所承担的主要部门预算项目如表 18－2 所示。

表 18－2　2008—2017 年麻类所承担的主要部门预算项目

项目名称	下达开始年度
麻类体系岗位科学家经费	2008
麻类体系首席科学家经费	2008
麻类体系综合试验站站长经费	2008
物种资源保护费	2008
科研设施专项运行维护费（国家麻类作物育种中心）	2010
中央级科学事业单位修缮购置项目	2007
农产品质量安全监管专项经费	2014
农业行业标准制定和修订	2014
创新工程专项经费	2015

第三节 国库支付管理

国库集中收付制度是指政府将所有财政性资金纳入国库单一账户体系管理，收入直接缴入国库或财政专户，支出通过国库单一账户体系支付到商品和劳务供应者或用款单位。逐步建立和完善以国库单一账户体系为基础，资金缴拨以国库集中收付为主要形式的财政国库管理制度，是整个财政管理制度改革的有机组成部分和主要内容。

为了加强对财政性资金的管理与监督，提高资金的运行效率和使用效率，保证资金不被截留、挤占和挪用以及财政国库管理制度改革试点工作的顺利进行，根据财政部《财政国库管理制度改革试点方案》及有关法律法规，麻类所从2008年开始对财政资金的有序支付实行国库集中收付管理。

一 支付方式管理

国库资金支出方式包括财政授权支付和财政直接支付两种方式。

财政授权支付由麻类所按照预算级次层层上报用款计划，再由财政按下达的预算，将资金从国库拨付到一级单位农业部，再由农业部按照预算级次层层下拨到麻类所，麻类所根据有关规定及业务需要，购买商品或支付劳务款项，形成财政资金实际支出。

财政直接支付，即由具体办理财政性资金支付业务的代理银行根据财政部的支付要求，通过指定的账户将资金直接支付到收款人（即商品供应商或劳务提供商等）或用款单位（即具体申请和使用财政性资金的预算单位）账户。财政直接支付的具体流程如下：麻类所按项目填写《财政直接支付申请书》，财政部驻湖南省财政监察专员办事处审核确认麻类所提出的支付申请加盖印鉴后，麻类所将《财政直接支付申请书》通过中国农科院上报到农业部，再由农业部报送到财政部。财政部通过代理银行将资金直接划转给收款人。财政部通过代理银行办理直接支付后，同时附开具的《财政直接支付入账通知书》发给麻类所及其上级主管部门。《财政直接支付入账通知书》作为麻类所和收款人收到和付出款项的凭证。

二 用款计划管理

麻类所按上级主管部门下达的年度预算指标（含追加预算），编制用款计划，并按审批的用款计划使用财政性资金。财政性资金的支付坚持按财政预算、用款计划、规定程序和项目进度支付的原则管理。

用款计划的编制，统一使用财政部制定的格式。用款计划编制流程如下：基本支出用款计划一般按照均衡性原则编报；项目支出用款计划先由所财务处征求各项目资金使用部门或使用人意见后，按照其提供的项目进度和农业科研试验的实际需要按年度财政预算指标编报。麻类所编制本单位的用款计划后，先报中国农科院审核，再通过农业部报送到财政部相关职能部门。

三 结转资金管理

财政拨款结转资金是指当年支出预算已执行但尚未完成，或因故未执行，下年需按原用途继续使用的财政拨款资金。麻类所的结转资金包括部门预算基本支出结转资金和项目支出结转资金。其中基本支出结转资金包括人员经费结转资金和日常公用经费结转资金。基本支出结转资金原则上结转下年继续使用，用于增人增编等人员经费和日常公用经费支出，但在人员经费和日常公用经费间不得挪用，不得用于提高人员经费开支标准。项目支出结转资金结转下年按原用途继续使用，结转资金原则上不得调整用途。在年度预算执行过程中，确需调整结转资金用途的，必须由麻类所报请主管部门和财政部门审批。

四 结余资金管理

财政拨款结余资金是指支出预算工作目标已完成，或由于受政策变化、计划调整等因素影响工作终止，当年度剩余的财政拨款资金。对某一预算年度安排的项目支出连续两年未使用、或者连续 3 年仍未使用完而形成的剩余资金，视同结余资金管理。基本建设项目支出结余资金的确认另按基本建设财务管理有关规定执行。

麻类所基本支出和科研项目结余资金需在年度终了时报上级主管部门和财政部审批，在得到上级主管部门和财政部的批复后或上缴财政专户或按有关批复规定留用。麻类所基本建设项目竣工后按规定向中国农科院报送项目竣工财务决算，根据主管部门批复的项目竣工财务决算中确认的结余资金数额，按基本建设财务管理有关规定，在中国农科院批复竣工财务决算后 30 日内，将结余资金上交中央国库。

五 支付资金情况

随着国家对农业和科技投入力度的不断加大，麻类所的财政资金规模不断扩大，经费逐年增加，从 2008 年的年预算财政资金规模 3 000 多万元逐步增加到了 2017 年的 7 000 多万元。10 年间，麻类所财政资金收入情况如表 18 - 3 所示。

表 18-3　2008—2017 麻类所财政资金收入与支出

（单位：万元）

年　度	总收入	财政收入占比（%）	财政资金支出							
			总　计	基本支出				项目支出		
				合计	机构运行	公积金	购房补贴	合　计	科研项目	条件建设项目
2008	3 745.48	89.66	3 358.04	601.04	523.04	78.00		2 757.00	1 897.00	860.00
2009	3 716.90	89.71	3 334.51	795.51	555.01	90.50	150.00	2 539.00	1 514.00	1 025.00
2010	3 371.82	69.54	2 344.78	792.78	661.47	79.00	52.31	1 552.00	1 412.00	140.00
2011	2 707.94	76.07	2 060.01	959.01	827.33	108.00	23.68	1 101.00	1 101.00	
2012	3 245.58	80.14	2 601.15	840.15	720.15	120.00		1 761.00	1 126.00	635.00
2013	4 348.37	81.28	3 534.30	937.30	802.30	135.00		2 597.00	1 101.00	1 496.00
2014	4 501.22	74.51	3 353.80	1 191.80	1 028.47	137.85	25.48	2 162.00	1 177.00	985.00
2015	6 871.90	74.89	5 146.40	1 371.40	1 196.90	144.30	30.20	3 775.00	3 775.00	
2016	9 538.30	79.83	7 614.10	1 472.10	1 256.70	158.70	56.70	6 142.00	4 742.00	1 400.00
2017	9 271.27	79.17	7 339.72	1 623.02	1 400.33	162.00	60.69	5 716.70	3 947.70	1 769.00
合　计	51 318.78	79.28	40 686.81	10 584.11	8 971.70	1 213.35	399.06	30 102.70	21 792.70	8 310.00

注：以上数据来自历年决算数据。

第四节 国有资产管理及政府采购

2008—2014年，麻类所国有资产管理与政府采购一直由计划财务处/财务处负责，专管人员为范志芳，2014—2016年改由童华兵兼管，2017年4月以后由蒋群策兼任。

国有资产管理主要包括全所固定资产的登记、年度国有资产保值增值工作、按照上级部门的要求报送国有资产年报、新增资产需求报表以及在“行政事业单位资产管理信息系统”填报数据等。根据财政部文件的要求，自2014年度起开始对固定资产进行折旧、无形资产进行摊销。

政府采购工作主要按照2003年颁布的《中华人民共和国政府采购法》《中华人民共和国政府采购法》（2014年修订版）以及国务院每年颁发《集中采购目录》等文件要求，进行货物、工程和服务采购。2008年以后，每年开展政府采购预算和上年度政府采购执行情况的上报等。

2008—2017年，固定资产管理由计划财务处/财务处专人管理，进行固定资产的登记、清查以及部分仪器设备的保管。10年间，麻类所固定资产由2008年的4 789.6万元增加到2017年的12 931.2万元；拥有产权的土地面积为422 800.75平方米；5万元以上仪器设备价值3 283.17万元。具体情况见表18－4至表18－6。

表18－4 2008—2017年麻类所固定资产情况 （单位：万元）

年 度	年末数	年 度	年末数
2008	4 789.6	2013	6 198
2009	5 031.3	2014	7 602.4
2010	5 571.5	2015	9 217.3
2011	6 009.2	2016	12 531.7
2012	6 172	2017	12 931.2

注：以上数据出处均来自历年决算报表。

表18－5 2008—2017年麻类所5万元以上仪器设备

资产名称	价值（元）	规格型号	财务入账日期
两轴驱动板（X一射线射衍仪配件）	53 400.00	419－306500	2008年11月28日
超滤支架	52 620.00	1套	2009年4月24日
PCR仪	62 700.00	S1000双头	2009年6月5日
酒精分子蒸馏装置	281 799.18	Po Pe22L	2009年6月8日
螺杆式空气压缩机	91 200.00	GA37AP－7.5	2009年12月28日
GCK污水处理设备	352 500.00		2010年2月8日
模块化水冷冷水机组	161 800.00	IMS116	2010年7月9日
陶瓷膜循环罐（2009年购的配件）	91 000.00		2010年7月15日
紫外可见分光光度计	129 422.15	DU800	2010年9月2日

续表

资产名称	价值（元）	规格型号	财务入账日期
体视显微镜	98 600.00	SMZ800	2010 年 9 月 2 日
荧光定量 PCR 仪	346 748.48	IQS	2010 年 9 月 2 日
纯水和超纯水系统	119 700.00	Prima15＋U1tra Genetic	2010 年 9 月 2 日
三维视频显微镜	395 000.00	KH－2700STD	2010 年 9 月 2 日
高速冷冻离心机	238 685.83	Aunati J－26XP	2010 年 9 月 2 日
分子杂交箱	53 000.00		2010 年 10 月 8 日
冷冻离心机	52 900.00	MIKKO 220R	2010 年 10 月 8 日
牧草颗粒饲料机组	440 000.00		2010 年 10 月 25 日
梯度 PCR 仪	59 800.00	S1000	2010 年 11 月 22 日
梯度 PCR 仪	59 800.00	S1000	2010 年 11 月 22 日
梯度 PCR 仪	59 800.00	S1000	2010 年 11 月 22 日
人工气候室	169 000.00	AUTO－CL－A	2010 年 12 月 7 日
人工气候室	169 000.00	AUTO－CL－A	2010 年 12 月 7 日
麻地膜生产设备	780 000.00		2010 年 12 月 7 日
数字式解剖显微镜	344 000.00		2010 年 12 月 7 日
冷冻离心机	52 900.00	MIKRO220R	2010 年 12 月 22 日
高浓实验盘磨机	116 000.00	ZSP－300	2011 年 1 月 24 日
超纯水处理系统	87 540.00		2011 年 5 月 27 日
台式离心机	66 150.00	3K15	2011 年 5 月 30 日
微波消解系统	219 773.94	MARSS	2011 年 5 月 30 日
酶液浓缩装置	115 250.00	Sartocon Slice	2011 年 5 月 30 日
恒温恒湿箱	114 500.00	TH－PE－065	2011 年 5 月 30 日
束纤维强力仪	68 000.00	YG065CD	2011 年 5 月 30 日
高压细胞破碎机	63 800.00	JN－3000	2011 年 5 月 30 日
单纤维强力仪	202 829.36	H1KS－0241	2011 年 5 月 30 日
纤维细度（成分）分析仪	191 000.00	定制	2011 年 5 月 30 日
熟黄（红）麻束纤维强力仪	73 000.00	YG065CSD	2011 年 5 月 30 日
循环热疏解仪	149 800.00	800－1	2011 年 7 月 26 日
SANYO 光照培养箱	58 150.00	MLR－352	2012 年 7 月 18 日
SANYO 光照培养箱	58 150.00	MLR－352	2012 年 7 月 18 日
食用菌制冷机组	129 000.00		2012 年 11 月 2 日
离心机	62 000.00		2014 年 11 月 11 日
暖通设备	50 000.00		2014 年 12 月 19 日
高效液相色谱仪	325 933.00		2014 年 12 月 31 日
搔菌联合机	55 000.00		2014 年 12 月 31 日
固定接种联合机	165 000.00		2014 年 12 月 31 日
装瓶联合机	210 000.00		2014 年 12 月 31 日
全自动生化分析仪	440 000.00		2014 年 12 月 31 日
搅拌机	60 000.00		2014 年 12 月 31 日

续表

资产名称	价值（元）	规格型号	财务入账日期
电穿孔仪	75 000.00		2014 年 12 月 31 日
造粒机	390 000.00		2014 年 12 月 31 日
全自动菌落影像分析仪	85 000.00		2014 年 12 月 31 日
全自动灭菌锅	100 000.00		2014 年 12 月 31 日
全自动真空包装机	100 000.00		2014 年 12 月 31 日
真空干燥箱	88 000.00		2014 年 12 月 31 日
酒精连续发酵系统	128 000.00		2014 年 12 月 31 日
超低温冰箱	68 000.00		2014 年 12 月 31 日
液压打包机	68 000.00		2014 年 12 月 31 日
数显全自动气爆机	220 000.00		2014 年 12 月 31 日
全自动凝胶成像系统	90 000.00		2014 年 12 月 31 日
真空离心浓缩仪	150 000.00		2014 年 12 月 31 日
荧光显微镜	170 000.00		2014 年 12 月 31 日
全自动核酸分析仪	350 000.00		2014 年 12 月 31 日
电泳洗脱浓缩仪	60 000.00		2014 年 12 月 31 日
多功能水质分析仪	100 000.00		2014 年 12 月 31 日
全波长酶标分析仪	148 000.00		2014 年 12 月 31 日
紫外可见分光光度计	160 000.00		2014 年 12 月 31 日
双向电泳分析系统	400 000.00		2014 年 12 月 31 日
流式细胞仪	600 000.00		2014 年 12 月 31 日
全自动氨基酸分析仪	587 000.00		2014 年 12 月 31 日
气相色谱仪	270 000.00		2014 年 12 月 31 日
厌氧培养系统	60 000.00		2014 年 12 月 31 日
全自动微生物螺旋接种仪	180 000.00		2014 年 12 月 31 日
全自动菌落计数仪	80 000.00		2014 年 12 月 31 日
蛋白质分离纯化系统	270 000.00		2014 年 12 月 31 日
切向流膜过滤分离系统	80 000.00		2014 年 12 月 31 日
生物质成分系统分析仪	250 000.00		2014 年 12 月 31 日
制冷机组	149 800.00		2014 年 12 月 31 日
储藏柜架	132 800.00		2014 年 12 月 31 日
发酵液储罐	118 500.00		2014 年 12 月 31 日
发酵罐	248 800.00		2014 年 12 月 31 日
补料罐	268 850.00		2014 年 12 月 31 日
分消罐	81 500.00		2014 年 12 月 31 日
原料混合罐	75 000.00		2014 年 12 月 31 日
通风柜	190 000.00	1500×800×2350	2014 年 12 月 31 日
中央实验台	466 177.50		2014 年 12 月 31 日
钢结构农机库房	138 300.00		2015 年 6 月 10 日
电穿孔系统	98 890.00	ECM－630	2015 年 9 月 30 日

续表

资产名称	价值（元）	规格型号	财务入账日期
台式高速冷冻离心机	94 990.00	1580R	2015 年 10 月 10 日
超微量分光光度计	99 480.00	Nanodrop	2015 年 10 月 10 日
发酵罐	73 000.00	0.5 - 10ul	2015 年 11 月 9 日
食用菌配套气动挖瓶设备	129 700.00	GXWP-Q	2015 年 11 月 12 日
离心机	75 500.00	3K15	2015 年 11 月 24 日
梯度 pcr 仪	97 980.00	C1000T0UCH	2015 年 11 月 24 日
96 孔板离心机	59 000.00	sigma3 - 15	2015 年 11 月 24 日
超低温冰箱	51 000.00	DW - HL540 有效容积 540L	2015 年 11 月 24 日
海珀尼卡栽培系统工程	455 000.00	系统	2015 年 11 月 24 日
冷冻离心机	73 900.00	3K - 15	2015 年 11 月 25 日
PCR 仪	62 500.00	ESCO Aeris	2015 年 12 月 4 日
凝胶成像系统	89 800.00	FLUOR	2015 年 12 月 12 日
96 孔梯度 PCR	51 800.00	SEDI-G	2015 年 12 月 12 日
高速大容量冷冻离心机	98 800.00	FHR21	2015 年 12 月 12 日
全自动脂肪测定仪	80 000.00	SOX500	2015 年 12 月 12 日
紫外分光光度计	110 000.00	UC - 2600	2015 年 12 月 12 日
全自动定氮仪	195 000.00	K1100F	2015 年 12 月 12 日
能量分析仪	147 000.00	5E - C5508	2015 年 12 月 17 日
超低温冰箱	82 500.00	DW—86L828J 环保型（—86C）	2015 年 12 月 17 日
人工气候箱	51 000.00	LTC - 450	2015 年 12 月 17 日
人工气候箱	51 000.00	LTC - 450	2015 年 12 月 17 日
超纯水仪	88 500.00	Purelab Option Q7	2015 年 12 月 17 日
并条实验机	130 000.00	DHUA261	2015 年 12 月 31 日
细纱实验机	150 000.00	DHUA501	2015 年 12 月 31 日
粗纱实验机	300 000.00	DHUA401	2015 年 12 月 31 日
棉精梳实验机	280 000.00	DHUA261	2015 年 12 月 31 日
清梳联合实验机	300 000.00	DHUA301	2015 年 12 月 31 日
开松机	100 000.00	DHFZ100	2015 年 12 月 31 日
电子万能试验机（液晶数显）	62 000.00	TFW - 50S	2015 年 12 月 31 日
非接触式动态扭矩仪及传感器	58 000.00	RK060 - 500Q	2015 年 12 月 31 日
圈带传动卧式硬支撑平衡机	68 000.00	DZH - 500Q	2015 年 12 月 31 日
大幅面绘图仪	280 000.00	HPZ6800	2015 年 12 月 31 日
数据库网络系统	100 000.00	KTM8000	2015 年 12 月 31 日
水势测定仪	55 000.00	Psypro 主机	2015 年 12 月 31 日
叶面积仪	50 000.00	YMJ - B	2015 年 12 月 31 日
全自动植物茎流仪	135 000.00	DT80 型	2015 年 12 月 31 日
土壤养分分析仪	85 500.00	TFC - 203 综合型	2015 年 12 月 31 日
快速土壤水分测定	110 000.00	TZS - II	2015 年 12 月 31 日
50L 发酵罐	99 800.00	SF - 50L A 型	2016 年 4 月 21 日

续表

资产名称	价值（元）	规格型号	财务入账日期
专用设备	94 900.00		2016 年 9 月 2 日
会议室设备	198 800.00		2016 年 10 月 8 日
灭菌锅	97 500.00	GXMQ - 2.83JS	2016 年 11 月 1 日
仿生消化分析系统	428 000.00	SDS - III	2016 年 11 月 23 日
插秧机	105 000.00	2Z - 6B3（PZ60 - HGSR）	2016 年 12 月 5 日
拖拉机	128 000.00	LX904	2016 年 12 月 5 日
机械粉碎机	76 000.00	MZ06	2016 年 12 月 5 日
气相色谱仪	70 800.00	GC112A	2016 年 12 月 5 日
陶瓷膜小实验机（果胶分离试验）	68 000.00	SPPM - C - 10	2016 年 12 月 5 日
高精度植物生长箱	240 000.00	E - 41L1	2016 年 12 月 5 日
全自动脂肪分析仪	180 000.00	XT15i	2016 年 12 月 5 日
全自动纤维分析仪	190 000.00	A2000i	2016 年 12 月 5 日
高精度植物生长箱	240 000.00	E - 41L1	2016 年 12 月 5 日
全自动凯式定氮仪	250 000.00	K360	2016 年 12 月 5 日
台式高速离心机	50 000.00	3K15	2016 年 12 月 5 日
台式高速离心机	50 000.00	3K15	2016 年 12 月 5 日
台式高速离心机	50 000.00	3K15	2016 年 12 月 5 日
原子吸热光谱仪	288 000.00	AA6880	2016 年 12 月 5 日
PCR 仪	100 000.00	Labcyler 梯度基座	2016 年 12 月 5 日
PCR 仪	90 000.00	SEDI - G	2016 年 12 月 5 日
PCR 仪	90 000.00	SEDI - G	2016 年 12 月 5 日
凝胶成像系统	130 000.00	Quantum - ST5	2016 年 12 月 5 日
台式高速离心机	110 000.00	3K15	2016 年 12 月 5 日
浓缩系统	130 000.00	东京理化 TVE - 1100A	2016 年 12 月 6 日
核酸蛋白测定仪	55 000.00	莱伯泰科 UV9100B	2016 年 12 月 6 日
冷冻干燥箱	110 000.00	东京理化 FDU - 1200	2016 年 12 月 6 日
高速逆流色谱	200 000.00	同田 TBE - 300A	2016 年 12 月 6 日
微孔板读板机	113 200.00	美国伯腾 Epoch	2016 年 12 月 6 日
制备型液相	195 700.00	赛卡姆（北京）S500	2016 年 12 月 6 日
日立电梯	276 000.00	HGP - 1050 - CO90	2016 年 12 月 6 日
汽爆设备	105 000.00	QBS—80B	2016 年 12 月 6 日
植物生长箱	115 000.00	MLR - 352H - PC	2016 年 12 月 6 日
超低温冰箱	58 000.00	DW - 86L486	2016 年 12 月 6 日
高速冷冻离心机	158 000.00	Allegra 64R	2016 年 12 月 6 日
超纯水系统	142 500.00	Chorus2/Classic UV	2016 年 12 月 6 日
超纯水系统	142 500.00	Chorus2/Classic UV	2016 年 12 月 6 日
显微镜	125 000.00	Ci - L	2016 年 12 月 6 日
恒温恒湿箱	99 000.00	MLR - 352 - PC	2016 年 12 月 6 日
土壤三相测量仪	60 000.00	TZS - ECW	2016 年 12 月 6 日

续表

资产名称	价值（元）	规格型号	财务入账日期
卤素水分仪	68 000.00	HE53	2016 年 12 月 6 日
微波马氟炉	168 000.00	PYRO	2016 年 12 月 6 日
旋转蒸发系统	51 000.00	EV351	2016 年 12 月 6 日
紫外/可见分光光度计	130 150.00	2700	2016 年 12 月 6 日
近红外分析系统	459 000.00	NIRS DS2500	2016 年 12 月 6 日
全自动定氮仪	220 000.00	Kjeltec 8400	2016 年 12 月 6 日
索氏浸提系统	210 000.00	ST255	2016 年 12 月 6 日
纤维测试系统	198 000.00	Fibertec 8000	2016 年 12 月 6 日
液相色谱仪	564 000.00	1260	2016 年 12 月 6 日
气相色谱	796 000.00	7890B/5977A	2016 年 12 月 6 日
原子吸收光谱仪	610 000.00	iCE 3500	2016 年 12 月 6 日
原子荧光光度计	180 000.00	AFS-2100	2016 年 12 月 6 日
恒温恒湿系统	324 450.00	39CBFI07/开利	2016 年 12 月 6 日
恒温恒湿系统	324 450.00	39CBFI07/开利	2016 年 12 月 6 日
日晒色牢度仪	72 820.00	YG611D	2016 年 12 月 6 日
苎麻刺痒感测试仪	135 000.00	YM-06Z	2016 年 12 月 6 日
麻纤维细度自动分析仪	219 000.00	BFU-1	2016 年 12 月 6 日
纤维全自动仪	188 000.00	A2000i	2016 年 12 月 6 日
织物透气量仪	63 000.00	YG461	2016 年 12 月 6 日
电子织物强力机	65 000.00	YM065H	2016 年 12 月 6 日
纱线毛羽仪	68 000.00		2016 年 12 月 6 日
自动单纱强力仪	50 000.00	YM061-30	2016 年 12 月 6 日
亚麻分离机	58 000.00	YM-120	2016 年 12 月 6 日
万能材料试验机	432 000.00	Instron 3345	2016 年 12 月 6 日
亚麻电子强力仪	79 000.00	YM065D	2016 年 12 月 6 日
纤维强伸度仪	88 000.00	YM065 MS-1000	2016 年 12 月 6 日
单纤维电子强力仪	78 000.00	YM-06D	2016 年 12 月 6 日
纤维直径分析仪	995 000.00	OFDA200BT	2016 年 12 月 6 日
苎麻联合收割机	125 800.00	4QZ-2.0	2017 年 4 月 12 日
其他农林牧渔专用仪器	78 600.00	4QZ-1.0	2017 年 4 月 12 日
高效液相色谱维护升级	65 933.00		2017 年 5 月 2 日
苎麻饲料粉碎机	210 000.00	9CJ-1000	2017 年 5 月 3 日
小型苎麻切割压扁机	100 000.00	9GYZ-1.2	2017 年 5 月 3 日
苜蓿收割机	52 000.00	4QZ-0.8	2017 年 6 月 14 日
柴油叉车	65 000.00	CPCDF30-Q9K	2017 年 10 月 1 日
PCR 仪	58 000.00	T100	2017 年 12 月 19 日
合　计	32 831 722.44		

表 18-6 2017 年止麻类所土地拥有情况

坐落位置	权属类型	取得日期	使用面积（平方米）
湖南省沅江市山巷口	出让地	1986 年 4 月 5 日	7 259.60
湖南省沅江市石矶湖	出让地	1994 年 2 月 3 日	133 240.00
湖南省沅江市马公铺乡	划拨地	1958 年 2 月 1 日	4 150.00
湖南省沅江市马公铺乡	划拨地	1974 年 2 月 3 日	194 334.00
湖南省沅江市枫树汊路二号	划拨地	1958 年 2 月 1 日	48 330.00
湖南省长沙市望城坡产业基地	出让地	2002 年 4 月 26 日	35 487.15
合 计			422 800.75

第五节 会计管理

一 制度建设管理

以 2013 年为分水岭，2013 年前麻类所主要按照旧的《科学事业单位会计制度》和《政府收支科目》开展会计核算。2013 年之后新的《事业单位会计准则》和《科学事业单位会计制度》先后于 2013 年 1 月 1 日、2014 年 1 月 1 日实施。“精细化”是新会计制度的最大特征，对各类事业单位的财务会计工作进行了相应的规定，小到会计科目的设置、大到单位财务报告的编制，都进行了详细的说明与规定。与旧制度相比，新制度对事业单位内部无形资产的财务处理规定更加明确，对固定资产的管理提出了新的要求。为适应新制度的实施，麻类所对会计核算科目和核算方法做出了相应的调整。

2016 年 7 月 20 日，中共中央办公厅、国务院办公厅印发了《关于进一步完善中央财政科研项目资金管理等政策的若干意见》（中办发〔2016〕50 号），为贯彻落实“放、管、服”文件精神，改革和创新科研经费使用和管理方式，加大简政放权和激励力度，更好地适应科研活动规律和特点，提升财政科技资金使用效率，麻类所于 2017 年 5 月 4 日颁布实施了《中国农业科学院麻类研究所会议管理实施细则》《中国农业科学院麻类研究所科研财务助理管理办法》《中国农业科学院麻类研究所科研项目经费预算调剂管理办法》《中国农业科学院麻类研究所科研项目经费间接费用管理办法》《中国农业科学院麻类研究所科研项目结转和结余资金管理办法》《中国农业科学院麻类研究所专家咨询费等报酬费用管理办法》《中国农业科学院麻类研究所资金支出审批管理暂行办法》等 7 项制度。

二 财务人员管理

从 2008 年开始，财会人员积极参与主管单位和地方税务、社保、专员办等职能部门组织的各类业务培训，特别是2014年新一届领导班子组建后，加大了对财务人员业务培训，从时间和经费上给予支持。先后有2人次通过了会计师、高级会计师专业技术资格考试，业务能力得到了一定的提升。2008—2017年财务人员的变动情况如表18-7所示。

表18-7　2008—2017年麻类所财务人员情况

姓　名	工作年份	岗　位	工作内容
蒋群策	2008—2016	出纳	工资发放，资金支付等
	2016—	会计	国有资产管理，政府采购，所部税务等
童华兵	2008—2010	财务部负责人	全面负责财务部工作
	2010—2015	计划财务处副处长	全面负责计财处工作
	2015—	财务处副处长	全面负责财务处工作
范志芳	2008—2014	会计	资产管理
苏倩萍	2008—2010	会计	基建项目账务，所部税务，社保，公积金
	2010—2014	内退	
	2014—2015	会计	会计档案管理
侯文新	2008—2010	会计	事业费账务，协助编制预决算
	2010—2015	会计	基建项目账务，所部税务，社保，公积金
	2015—	财务处处长助理	基建、修购项目管理，公积金，支出复核，协助编制预算
易谷秀	2010—2012	会计	事业费账务
丁　薇	2013—2016	会计	事业费账务
陈　佳	2015—2016	会计	事业费账务
樊　融	2017—	出纳	工资发放，资金支付等

三　基础工作管理

（一）工作职能变化及管理

2016年3月前，计划财务处主要履行财务核算、资产管理、政府采购、基本医疗保险和基本养老保险及住房公积金交缴等职能，其中有部分年份承担了中央级科学事业单位修缮购置专项的现场实施工作。2016年3月新的二级机构成立后，计划财务处撤销，成立了财务处，负责全所的财务管理、会计核算、成本核算、资金监管、资金运营、资金筹措、专项资金、国有资产的保值增值、国有资产管理与处置、内部审计、年度预决算、政府采购、所属企业、野外台站、纳税核算、申报上缴、工资、公积金等工作，同时还负责社会保险、各项津贴补贴等福利的具体发放与实施工作。

（二）会计基础工作管理

收支核算管理从2008年全年收支规模6 000多万元增加到2017年全年收支规模超过18 000多万元，对麻类所的会计基础工作管理提出了很大的挑战（表18-8）。

表 18-8　2008—2017 年麻类所核算资金情况

年　度	总收入（万元）	总支出（万元）
2008	3 745.48	2 317.25
2009	3 716.90	3 165.11
2010	3 371.82	4 606.80
2011	2 707.94	3 846.98
2012	3 245.58	3 141.27
2013	4 348.37	3 257.26
2014	4 501.22	4 099.61
2015	6 871.90	8 761.80
2016	9 538.30	8 717.20
2017	9 271.27	8 978.87

四　内部控制管理

（一）内部审计管理

2008 年以来财务处对内部审计加大了力度。一是加强了内部审计控制的硬件环境建设，进一步规范了财务内部的控制节点、审批流程。2013 年更换了财务核算软件，2016 年在麻类所 OA 办公平台中嵌入了部分财务审批环节，2017 年委托用友公司开发了麻类所网上报销平台。二是加大了麻类所内部控制管理和制度建设。

（二）内控人员管理

实行不相容职务相分离。一是出纳、稽核会计档案保管，收入、支出、费用、债权债务账目的登记等每一项业务不能由一人经办，实行多人分岗处理；二是钱、账、物分流，由不同人员管理，做到管账不管钱、管物不管账。

第六节　部门决算管理

根据财政部 2013 年《部门决算管理制度》和《部门决算评价指标（试行）》等管理制度，麻类所制定了《中国农业科学院麻类研究所财务管理办法》，所财务处每年按照农业部、中国农科院的制度和通知，按统一格式和要求，编制全所部门决算。全所部门决算主要包括资产负债表、收入支出表、财政拨款收入支出表、固定资产投资决算报表等主表和有关附表以及财务情况说明书。财务情况说明书主要说明全所每年单位收入及其支出、结转、结余及其分配情况、资产负债变动、对外投资、资产出租出借、资产处置、固定资产投资、绩效评价的情况，对本期或者下期财务状况发生重大影响的事项，以及需要说明的其他事项进行报告。2008—2017 年历年部门决算情况如表 18-9 所示。

表 18－9　2008—2017 年麻类所历年部门决算情况

（单位：元）

科　目	2008 年	2009 年	2010 年	2011 年	2012 年	2013 年	2014 年	2015 年	2016 年	2017 年
1　收入合计	37 454 787.44	37 169 026.23	33 718 219.52	27 079，424.87	32 445 779.35	43 483 699.71	45 500 388.05	68 718 571.48	95 383 145.20	92 712 677.74
1.1　财政拨款收入	33 580 400.00	33 345 100.00	23 447 800.00	20 600，100.00	26 001 500.00	35 343 000.00	34 638 000.00	51 464 000.00	76 140 900.00	73 397 200.00
1.2　上级补助收入	51 400.00	5 400.00	0.00	0.00	1 000.00	20 000.00	7 000.00	22 300.00	200 000.00	420 000.00
1.3　事业收入	2 003 116.65	1 349 208.13	7 265 941.68	6 146 659.17	5 750 199.40	4 075 942.68	5 769 795.01	15 776 399.45	16 474 008.00	16 766 922.36
1.4　经营收入	206132.45	339 780.45	449 842.60	327 957.70	643 099.00	497 096.50	1 246 758.44	1 259 947.50	2 437 364.62	1 012 960.08
1.5　附属单位上缴收入	0.00	0.00	0.00	0.00	0.00	0.00	0.00	0.00	0.00	0.00
1.6　其他收入	1 613 738.34	2 129 537.65	2 554 635.24	4 708.00	49 980.95	3 547 660.53	3 838 834.60	195 924.53	130 872.58	1 115 595.30
2　上年结转	14 199 008.85	28 656 121.09	34 17 077.84	21 824 328.08	10 433 947.70	11 477 063.23	22 388 167.39	24 943 499.40	6 814 293.33	15 025 837.99
3　支出合计	22 997 675.20	31 651 069.48	46 067 969.28	38 469 805.25	31 412 663.82	32 572 595.55	43 045 056.04	87 617 777.55	87 171 600.54	89 788 704.02
3.1　基本支出	9 383 565.99	11 047 645.00	17 123 739.44	16 037 533.20	14 494 875.69	17 235 642.97	21 451 138.63	29 689 729.98	31 439 380.58	34 449 917.66
3.1.1　人员经费	6 928 670.80	8 553 937.75	11 210 051.94	10 798 150.98	9 635 344.70	12 326 120.57	17 559 107.13	24 876 195.45	26 695 901.77	30 242 929.02
3.1.2　日常公用经费	2 454 895.19	2 493 707.25	5 810 794.50	5 239 382.22	4 859 530.99	4 909 522.40	3 892 031.50	4 813 534.53	4 743 478.81	4 206 988.64
3.2　项目支出	13 287 676.76	20 263 644.03	28 494 387.24	22 104 314.35	16 274 689.13	14 839 856.08	20 347 158.97	56 668 100.07	53 294 855.34	54 325 826.28
3.2.1　基本建设类项目	683 336.09	1 002 338.14	3 259 823.24	5 472 940.45	1 509 562.64	2 305 799.26	3 027 709.82	13 499 872.54	8 067 136.56	10 176 617.18
3.2.2　行政事业类项目	12 604 340.67	19 261 305.89	25 234 564.00	16 631 373.90	14 765 126.49	12 534 056.82	17 319 449.15	43 168 227.53	45 227 718.78	44 149 209.10
3.3　上缴上级支出	120 300.00	0.00	0.00	0.00	0.00	0.00	0.00	0.00	0.00	0
3.4　经营支出	206 132.45	339 780.45	449 842.60	327 957.70	643 099.00	497 096.50	1 246 758.44	1 259 947.50	2 437 364.62	1 012 960.08
4　结转下年	28 656 121.09	34 174 077.84	21 824 328.08	10 433 947.70	11 477 063.23	22 388 167.39	24 943 499.40	6 814 293.33	15 025 837.99	17 949 811.71

注：以上数据出处均来自历年决算报表。

第十九章　条件建设

第一节　基本建设

2008—2017年，麻类所共实施基建项目11个，总经费11 198.46万元。中央预算内投资项目9个，经费10 548.862万元。所自筹资金项目2个，投资649.598万元（2015—2016年）。10年间，新建房屋14 316.39平方米，新建科研温室及大棚19 944平方米，购置仪器设备（含农机具）327台（套）。2008—2017年麻类所基本建设投资见表19-1。

表19-1　2008—2017年麻类研究所基本建设投资

序　号	项目名称	实施年月	主要建设内容	投　资（万元）
1	麻类所所区配套设施建设	2008.1—2009.8	长沙所区新建传达室161.32平方米，所区道路1 805平方米，广场砖铺装2 810平方米，室外水电、绿化28 680平方米等。购置中央实验台桌146组、电动门1张	502.37
2	麻类加工酶制剂科技成果中试熟化	2008.1—2010.11	长沙所区新建酶制剂中试车间1 978.7平方米，购置工艺设备21台（套）	768.88
3	农业部沅江麻类资源重点野外科学观测试验站	2010.3—2012.9	沅江试验站改造房屋1 337.66平方米、农机库79.93平方米；新建网室304.6平方米、围栏5 094.29米、水渠7 757米；田间道路11 226平方米。购置实验检测仪器设备16台（套），农机具8台（套）	575
4	国家麻类种质资源中期库	2011.4—2012.1	长沙所区新建麻类种质资源中期库及附属用房1 225.64平方米，其中（−10±2）℃冷库134.4平方米。购置制冷机组、储藏柜架、种子清选机等仪器设备28台（套）	270.62
5	农业部麻类产品质量监督检验测试中心	2013.11—2014.8	长沙所区新建实验室1 541.05平方米及配套室外工程。购置纤维检测分析仪器设备211台（套）	1 645

续表

序　号	项目名称	实施年月	主要建设内容	投　资（万元）
6	国家麻类作物育种中心二期	2014.12—2016.5	白箬铺基地新建科研温室 616 平方米，晒场 1 023平方米。购置育种仪器设备 44 台（套）	440
7	沅江试验基地动物实验房及其配套工程	2015.8—2016.10	沅江石矶湖基地新建动物实验房 1 580 平方米，建设 16 亩南方饲料作物品种资源圃	376.14
8	沅江试验基地科研大棚	2015.4—2015.12	沅江石矶湖基地新建葡萄及果蔬大棚 19 328 平方米	273.45
9	麻类研究所综合实验室	2016.11—2017.12	长沙所区新建实验楼 7 889.73 平方米，地下 1 层，地上 8 层。购置实验台并建设配套室外工程	2 986
10	国家种质麻类资源圃	2017.7—	沅江石矶湖基地改造田间工作用房 547.68 平方米，新建大棚 11 776 平方米、日光温室 587.87 平方米，遮阴系统 5 580 平方米，配套建设通信工程一项；资源圃土地整理与改良 9 公顷，改造田间道路 8 060 平方米，排水渠 2 083 米，蓄水池护坡 1 720 平方米，建设田间给水管道 1 210米，配套潜水泵 4 套，场区围栏 1 775 米，晒场 1 000 平方米，场区供电工程 3 200 米，场区监控系统 1 套；购置仪器设备 29 台（套）	769
11	沅江试验基地建设	2017.12	新建智能温室 2 112 平方米，人工气候室 330 平方米，农机库 125 平方米，挂藏室 477 平方米，暗室 219 平方米，传达室及大门 104 平方米，水泵房消防水池 125 平方米，道路 3 567 平方米；改造科研用房 4 706 平方米，研究生宿舍 536 平方米，机械试制车间 464 平方米，晒场 4 745 平方米，围墙 1 089 米，地面恢复改造 12 600 平方米，危房拆除 7 475 平方米，场区绿化 9 650 平方米，水塘清淤；配套电气、给排水等室外工程；购置农机具 5 台（套）	2 592
合　计				11 198.46

一　中央预算内投资

（一）麻类所所区配套设施建设

2004 年 9 月，农业部（农计函〔2004〕92 号）批准项目可行性研究报告，2006 年 1 月，农业部（农办计〔2006〕1 号）批复项目初步设计与概算，2008 年 1 月开工建设，

2009年8月通过四方验收，2012年9月通过中国农科院组织的竣工验收。项目总投资502.37万元，总占地面积3.55公顷，建设正侧门传达室161.32平方米，挡土墙197立方米，附属配套、园林及道路等6 255平方米（所区道路1 805平方米、青石板路452平方米、广场砖铺装2 810平方米、篮球场420平方米、门球场456平方米）、蓄水池贴面302平方米等，围墙777米，挡土墙1 977立方米，室外水电、场区绿化28 681平方米等。购置中央实验台桌146组、电动门1张。

（二）麻类加工酶制剂科技成果中试熟化

2004年12月，农业部（农计函〔2004〕109号）批复项目可行性研究报告，2006年4月，农业部（农办计〔2006〕25号）批复项目初步设计和概算，2008年1月1开工建设，2010年11月19日通过四方验收，2012年9月通过中国农科院组织的竣工验收。项目总投资768.88万元，新建酶制剂中试车间1 978.7平方米，包括技术研发中心、酶制剂制备车间、锅炉房、空压机房、酶制剂贮藏室和污水处理池等，购置工艺设备21台（套）。

（三）农业部沅江麻类资源重点野外科学观测试验站

2006年11月及2007年8月，农业部分别以农计函〔2006〕205号文和农办计〔2007〕76号文，批复该项目可行性研究报告、初步设计及概算。2010年3月开工建设，2012年9月竣工并通过四方验收，2013年8月通过中国农科院组织的竣工验收。项目总投资575万元，改造科研辅助用房1 337.66平方米，改造农机具库房79.93平方米，新建网室304.60平方米，围墙5 094.29米，新建排水渠4 733米，灌水渠3 024米，田间道路11 226平方米，购置仪器设备24台（套），其中实验检测仪器设备16台（套），生产农机具8台（套）。

（四）国家麻类种质资源中期库

2008年12月、2009年12月，农业部分别以农办计〔2008〕123号文和农办计〔2010〕57号文批复该项目的可研报告和初步设计及概算。2011年4月开工建设，2012年1月竣工并通过四方验收，2012年11月通过了农业部竣工验收。项目总投资270.62万元，新建麻类种质资源中期库及附属用房1 225.64平方米，其中−10±2℃冷库2间共134.4平方米，购置制冷机组、储藏柜架、种子清选机等仪器设备28台（套）。

（五）农业部麻类质量安全监督检验测试中心

2008年8月22日，农业部（农计函〔2008〕186号）批复项目可行性研究报告。2013年1月10日，农业部（农办计〔2012〕132号）批复项目初步设计与概算。2013年11月14日开工，2014年8月27日通过四方验收，2015年3月10日通过长沙国家高新区规划建设房产局组织的竣工联合验收，2015年5月6日完成工程竣工验收备案，2015年5月25日获得建设工程档案合格证，2015年12月11日通过中国农科院组织的项目竣工验收。项目总1 645万元，新建检验检测实验室1 541.05平方米及配套室外工程，采购仪器设备294台（套）。

（六）国家麻类作物育种中心二期

2013年9月10日，农业部（农计函〔2013〕169号）批复项目可行性研究报告，2014年7月8日，农业部（农办计〔2014〕71号）批复项目项目初步设计与概算。2014

年 12 月开始实施，2016 年 5 月 13 日完成四方验收，2016 年 9 月 21 日通过中国农科院组织的竣工验收。项目总投资 440 万元，新建科研温室 616 平方米，晒场 1 023 平方米，购置育种科研仪器设备 44 台（套）。

（七）麻类所综合实验室

2014 年 11 月，农业部（农计发〔2014〕209 号）批复项目可行性研究报告。2016 年 3 月，农业部（农办计〔2016〕14 号）批复项目初步设计和概算。项目总投资 2 986 万元，新建实验楼 7 889.73 平方米，地下 1 层，地上 8 层。购置实验台并建设配套室外工程。2016 年 10 月 17 日、11 月 22 日和 2017 年 5 月 8 日，先后举行了麻类所综合实验室建安工程施工合同签字仪式、开工仪式和封顶仪式。2017 年 12 月 14 日，麻类所组织建设、设计、勘察、监理及施工单位进行了初步验收。

（八）国家种质麻类资源圃

2016 年 5 月，农业部以（农计函〔2016〕74 号）批复项目可行性研究报告。2016 年 11 月，农业部（农办计〔2016〕114 号）批复项目初步设计和概算。项目总投资 769 万元，主要建设内容包括：改造田间工作用房 547.68 平方米，扩建大棚 11 776 平方米、日光温室 587.87 平方米，遮阴系统 5 580 平方米，配套建设通信工程一项，资源圃土地整理与改良 9 公顷，改造田间道路 8 060 平方米，排水渠 2 083 米，蓄水池护坡 1 720 平方米，建设田间给水管道 1 210 米，配套潜水泵 4 套，场区围栏 1 775 米，晒场 1 000 平方米，场区供电工程 3 200米，场区监控系统 1 套，购置仪器设备 29 台（套）。2017 年 7 月开始实施。

（九）沅江试验基地建设

2016 年 12 月，农业部（农计函〔2016〕101 号）批复项目可行性研究报告，2017 年 11 月，农业部（农办计〔2017〕91 号）批复项目初步设计和概算。项目总投资 2 592 万元，主要建设内容包括：新建智能温室 2 112 平方米，人工气候室 330 平方米，农机具库 125 平方米，挂藏室 477 平方米，暗室 219 平方米，传达室及大门 104 平方米，水泵房消防水池 125 平方米，道路 3 567 平方米，改造科研用房 4 706 平方米，研究生宿舍 536 平方米，机械试制车间 464 平方米，晒场 4 745 平方米，围墙 1 089 米，地面恢复改造 12 600平方米，危房拆除 7 475 平方米，场区绿化 9 650 平方米，水塘清淤 1 项，配套电气、给排水等室外工程，购置农机具 5 台（套）。2017 年 12 月项目开始实施，计划 2019 年完成项目竣工验收。

二 自筹资金项目

（一）沅江试验基地动物实验房及其配套工程

2015 年 8 月 16 日工程开标，沅江市一建建筑工程有限公司为施工单位，同年 8 月 20 日签定建安工程施工合同，8 月 28 日开工建设。2016 年 10 月 19 日通过麻类所组织的竣工验收。项目总投资 376.14 万元，新建动物实验房 1 580 平方米，建设 16 亩南方饲料作物品种资源圃，改造工作房 2 间，购置办公家具、简易厨房用具，新建化粪池、停车坪、电动伸缩门等。

（二）沅江试验基地科研大棚

在沅江石矶湖试验基地内，新建科研大棚 19 328 平方米，约 1.93 公顷。棚内建设有葡萄攀爬钢丝网架，以及棚区道路，排水、种植槽、板房等附属工程，7 座大棚都为跨度 8 米，8 连栋的连栋钢架大棚，大棚肩高 3 米，顶高 4.8 米，具有避雨、保温、防虫功能，四周手动卷膜通风，顶部手动卷膜通风，通风处设 30 目防虫网。工程总投资 273.45 万元。该工程 2015 年 4 月 8 日施工，2015 年 12 月 12 日通过麻类所组织的竣工验收。

第二节　修缮购置

2008—2017 年，麻类所实施修缮购置专项支持项目 23 个，投资金额 4 591 万元。其中房屋修缮类项目 6 个，金额 703.46 万元；基础设施改造类项目 6 个，金额 1 581.54 万元；仪器设备购置类项目 10 个，金额 2 285.35 万元；仪器设备升级改造类项目 1 个，金额 20.65 万元。通过修缮购置专项支持，麻类所修缮房屋面积 17 813 平方米，改造试验基地 3 个，购置仪器设备 112 台/套，升级改造仪器设备 1 台。

一　房屋修缮类项目

2008—2017 年共实施房屋修缮项目 6 项，投资金额 703.46 万元，修缮面积 17 813 平方米，详见表 19 - 2。

表 19 - 2　2008—2017 年麻类所房屋修缮项目实施情况

序　号	项目名称	实施年度	投资金额（万元）	修缮面积（平方米）
1	长沙市湶湾镇科研辅助用房修缮	2008	160.46	1 966
2	沅江实验站科研用房修缮（四层科研楼）	2008	93	2 223
3	沅江实验站苎麻原种基地工作房修缮（原所行政楼）	2010—2012	90	2 577
4	农业部沅江麻类资源重点野外科学观测站科研及辅助用房修缮（三层科研楼及辅助用房）	2010—2012	145	2 988
5	沅江试验站资源保护区工作房修缮（山巷口 1.2 号楼）	2010—2012	75	4 143
6	沅江试验站观测试验区科研辅助用房修缮（山巷口 3.4 号楼及学生食堂等）	2010—2012	140	3 916
合　计			703.46	17 813

二 基础设施改造类项目

2008—2017 年，共实施基础设施改造类项目 6 个，投资金额 1 581.54 万元，详见表 19 - 3。

表 19 - 3　2008—2017 年麻类所基础设施改造项目实施情况

序　号	项目名称	实施年度	投资金额（万元）	改造内容
1	所区天然气管道改造	2008—2009	76.54	所区天然气开户、管道及设备安装
2	野生纤维植物保存圃基础设施改造	2008	65	完成望城腾飞村 40 亩野生纤维植物保存圃田间基础设施改造：排水渠 0.6 米×0.8 米砖砌 1 450.5米、灌水渠 0.4 米×0.5 米砖砌 2 500 米、排水混凝土管 780 米、蓄水池 25 米×2 米×2 米 1 个、场内外水泥路面硬化 1 500 平方米、活动板房 192 平方米、隔离栅 46 米
3	麻类所所区综合改造	2008	345	道路恢复 4 840 平方米。其中原道路路面摊铺沥青 3 937 平方米，新建沥青混凝土路面 903 平方米；停车坪恢复 1 015 平方米，新建停车棚 307 平方米；绿化恢复改造 11 500 平方米，种植大香樟树 76 棵，大型桂花树 10 棵，银杏树 26 株，其他树木 451 株等；蓄水池不锈钢栏杆 120 米；围墙改造 469 平方米，土方外运 1 030立方米；篮球场改造 510 平方米，广场篮球场高杆卤灯 6 座，钢丝围栏（高 4 米）480 平方米；所区西门入口路灯管线改造，路灯井 2 座、铺设铜芯电缆线 679 米等；所区展厅、配电房改造装饰 380 平方米；安装空调机 8 台、电动门 1 套、防盗监控系统 1 套；所区酶制剂中试车间天然气改造
4	农业部沅江麻类资源重点野外科学观测试验站基础设施综合改造	2008	350	完成道路改造：沥青路面 4 086 平方米、混凝土路面 540 平方米、路沿石 1 662 米；围墙改造：墙面抹灰 5 422 平方米；场区地面改造：草坪砖及植草 1 702 平方米；大门改造：干挂块料墙柱面 120.36 平方米、仿瓷涂料 83.8 平方米、大门天面防水 78.68 平方米、电动门 1 樘；便桥改造：钢筋混凝土便桥 1 座（宽 2.5 米、长 12 米）；晒坪改造：354 平方米；配电台区及线路改造：变压器 3 台（315KVA、160KVA、80KVA 各 1 台）、电力电缆 3 597 米、钢芯铝绞线 11 953 米、配电房改造 3 间和新建 1 间；室外给排水改造：室外钢管 871.1 米、双壁波纹排水管 492 米、室外消火栓 10 套、检查井、进水井 96 座、化粪池 8 座

续表

序　号	项目名称	实施年度	投资金额（万元）	改造内容
5	麻类创新综合试验基地田间基础设施改造	2009	585	完成望城白箬铺基地土地平整及土壤改良140.8亩；新打机井及配套1眼、化粪池1个；改造田间道路9 315平方米；修建浸塑钢丝围栏1 655米；排水渠改造：修建排水渠3 944米、涵洞26座140米；蓄水池改造：铺设灌水管道2 762米、喷灌带650米；田间电力设施改造：安装电力电缆2 874.67米、插座箱36个；田埂护坡改造：晒坪932平方米、下田坡道27处；修建沤麻池和蓄水池997.07立方米；修建工具及管理用房175.59平方米、泵房38.94平方米、大门及传达室37.01平方米
6	经作中心长沙先导区试验基地基础设施改造	2014—2016	160	完成白箬铺基地电力改造：新增250KVA油浸式变压器1台；新装低压计量柜1台、低压电容柜1台、低压出线柜1台；敷设YJV22－3X70电缆约65米；敷设CPVC－110X6电缆保护管约55米；新增电缆井2口；安装负荷开关1台，安装接地保护装置2组；新砌变压器围栏室1座，在原有配电间新砌间隔墙1面，电缆沟1组；更换低压配电箱36台。新建玻璃日光温室1126.4平方米
合　计			1 581.54	

三　仪器设备购置类项目

2008—2017年，共实施仪器设备购置类项目10个，购置仪器设备112台/套，投资金额2 285.35万元，详见表19－4。

表19－4　2008—2017年麻类所仪器设备购置项目实施情况

序　号	项目名称	实施年度	购置数量（台/套）	投资金额（万元）
1	农业部麻类遗传改良与工程微生物重点开放实验室	2008	11	256.55
2	麻产品加工实验室	2008	11	74.00
3	农业部麻类产品质量监督检验测试中心	2008	1	23.80
4	纤维乙醇实验室	2008	2	80.00
5	农业部麻类产品质量监督检验测试中心	2009	15	365.00
6	麻类遗传育种功能研究室	2010	4	45.00
7	麻类病虫害防控功能研究室	2010	3	50.00

续表

序号	项目名称	实施年度	购置数量（台/套）	投资金额（万元）
8	麻类产后处理和加工实验室	2013—2015	35	635
9	经作中心纤维与饲料加工实验室	2013—2015	22	396
10	南方经济作物有害生物防控实验室	2016	8	360
合计			112	2 285.35

四 仪器设备升级改造类项目

2008—2017 年，实施仪器设备升级改造类项目 1 个，即苎麻遗传育种实验室 X 射线衍射仪器设备升级改造项目。购置探测器高压板、闪烁计数器与 B104PCB 板，对 X 射线衍射仪室进行了重新装修，配备稳压电源和除湿机，引进 jade5.0 软件等，投资 20.65 万元。

第三节 基建项目和修缮项目仪器设备

2008—2017 年，通过基建项目和修缮购置项目共购置仪器设备 440 台，价值 3 980.508万元。其中基建项目共购置仪器设备 327 台，价值 1 695.158 万元；修缮购置项目共购置和升级仪器设备 113 台（套），价值 2 285.35 万元。具体情况详见表 19－5 和表 19－6。

表 19－5 麻类所基建项目购置仪器清单

项目名称	序号	仪器名称	型号	数量（台/套）	总价（万元）
国家麻类种质资源中期库项目	1	种子数粒仪	SLY－C	1	0.196
	2	种子吹机仪	CFY－II	1	0.2
	3	电动粉碎机	JFSD－100	1	0.06
	4	分析振动筛	DSX（含筛子）	1	0.166
	5	真空封口机	DZQ400	1	0.53
	6	海尔冰箱	BCD－258WBS	2	0.819
	7	种子低温储藏柜	CZ－1600FC	1	1.36
	8	种子清选机	5XZC－3B	1	2.26
	9	电热风干燥箱	DHG－9053	1	0.19
	10	电子天平	ML104	1	1
	11	光照培养箱	RTOP－268D	2	1.3

续表

项目名称	序 号	仪器名称	型 号	数 量（台/套）	总 价（万元）
国家麻类种质资源中期库项目	12	数字式种子水分测定仪	M - 20p	1	0.28
	13	种子净度工作台	TJD - 900	2	0.3
	14	种子老化箱	LH - 80	2	0.77
	15	恒温真空干燥箱	DZF - 6021	1	0.2
	16	海尔空调	KFRD50LW/06RA1 - S2	2	0.839
	17	密集柜	L4000 * W550 * H2600	1	13.28
	18	种子储存冷库	10.67 米×6.3 米×3 米	2	14.98
	19	除湿机	HT300E	4	0.58
农业部麻类产品质量监督检验测试中心项目	20	纤维直径分析仪	OFDA2000BT	1	99.5
	21	单纤维电子强力仪	YM - 06D	1	7.8
	22	纤维强伸度仪	YM065MS - 1000	1	8.8
	23	亚麻电子强力仪	YM065D	1	7.9
	24	白度仪	WSB - 3A	1	0.48
	25	切断器	Y171A	2	0.144
	26	万能材料试验机	Instron 3345	1	43.2
	27	原茎自动脱胶箱	YM091 - 1	1	4.8
	28	亚麻束纤维切断器	YG171M	1	0.1
	29	亚麻分离机	YM - 120	1	5.8
	30	自动单纱强力仪	YM061 - 30	1	5
	31	纱线捻度仪	Y331LN/PC	1	0.9
	32	纱线毛羽仪	YG171	1	6.8
	33	缕纱测长仪	YG086	1	0.9
	34	摇黑板机	YG381	1	0.5
	35	电子织物强力机	YM065H	1	6.5
	36	织物透气量仪	YG461	1	6.3
	37	织物沾水测定仪	Y813	1	0.09
	38	织物渗水性测定仪	YG812	1	3.5
	39	织物厚度仪	YG141	1	0.8
	40	纤维全自动仪	A2000i	1	18.8
	41	织物耐磨仪	YG522F	1	1.296
	42	织物缩水率试验机	YG701B	1	3.2
	43	缩水率烘箱	YG741	1	1.08
	44	起毛起球仪	YG401	1	3.8
	45	密度仪	Y511B	1	0.036
	46	圆盘取样器	Z01B	1	0.039
	47	织物阻燃性测试仪	YM - 07D	1	1
	48	织物折皱弹性仪	YG541	1	3.9
	49	麻纤维细度自动分析仪	BFU - 1	1	21.9
	50	苎麻刺痒感测试仪	YM - 06Z	1	13.5

续表

项目名称	序　号	仪器名称	型　号	数　量（台/套）	总　价（万元）
农业部麻类产品质量监督检验测试中心项目	51	梳片式纤维长度测试仪	Y131	1	0.6
	52	日晒色牢度仪	YG611D	1	7.282
	53	耐洗色牢度仪	SW-12	1	2.5
	54	耐热压色牢度仪	YG605-3	1	1
	55	标准光源箱	BZGY908A	1	0.3
	56	汗渍色牢度仪	YG631	1	0.2
	57	汗渍色牢度烘箱	Y902	1	0.18
	58	染色摩擦色牢度仪	Y571	1	0.7
	59	全自动快速八篮烘箱	YG802Z	1	4.5
	60	恒温恒湿系统	39CBFI07/开利	2	64.89
	61	温湿度自动记录仪	TV-4500	2	4
	62	电热鼓风烘箱	ZXFD-B5140	3	2.385
	63	原子荧光光度计	AFS-2100	1	18
	64	样品粉碎机	FW100	2	1.4
	65	原子吸收光谱仪	iCE 3500	1	61
	66	气质联用仪	7890B/5977A	1	79.6
	67	液相色谱仪	1260	1	56.4
	68	纤维测试系统	Fibertec8000	1	19.8
	69	索氏浸提系统	ST255	1	21
	70	全自动定氮仪	Kjeltec 8400	1	22
	71	样品磨	CT193	1	3.2
	72	近红外分析系统	NIRS DS2500	1	45.9
	73	纯水循环冷却设备	SH150-900	2	5.1
	74	紫外/可见分光光度计	2700	1	13.015
	75	真空泵	VP50	3	1.5
	76	旋转蒸发系统	EV351	1	5.1
	77	微波马氟炉	PYRO	1	16.8
	78	精确温控多孔消解炉	ST36-iTouch	2	9.7
	79	电热板	EG35A-plus	3	1.5
	80	卤素水分仪	HE53	1	6.8
	81	电子天平	ME204E/MS105DU	6	9.7
	82	酸度计	FE20K	2	1.2
	83	笔式 PH 计	FG2-ELK	1	0.6
	84	电位滴定仪	ET18	1	4.8
	85	黏度计	NDJ-5S	1	0.5
	86	土壤水分仪	TZS-1	1	0.95
	87	土壤三相测量仪	TZS-ECW	1	6
	88	土壤渗透性测定仪	TRS-1	1	1.9
	89	多孔水浴锅	WEB-6	2	2.6

续表

项目名称	序 号	仪器名称	型 号	数 量（台/套）	总 价（万元）
农业部麻类产品质量监督检验测试中心项目	90	恒温水浴振荡器	WE-1	1	1
	91	数显气浴恒温振荡器	HNY-200B	1	2
	92	恒温恒湿箱	MLR-352-PC	1	9.9
	93	显微镜	Ci-L	1	12.5
	94	超纯水系统	Chorus2/Classic UV	2	28.5
	95	高速冷冻离心机	Allegra 64R	1	15.8
	96	超低温冰箱	DW-86L486	1	5.8
	97	植物生长箱	MLR-352H-PC	1	11.5
	98	智能光照培养箱	GZX-250	2	2
	99	全自动发芽箱	GZ—250AE	1	0.95
	100	分样器	HGG-11	2	0.2
	101	种子净度分析台	TJD-900	2	2.9
	102	磁力搅拌器	ES35A	1	0.6
	103	溶液蒸发器	PRO-12D	2	1.1
	104	液晶触摸系统	H-2 型	1	2.8
	105	移液枪	Research Plus	4	3
	106	超声波清洗器	KQ-5200DV	2	1.9
	107	汽爆设备	QBS-80B	1	10.5
	108	冰箱	BCD-231WDCY	5	2.25
	109	数码相机	佳能 EOSM	3	2
	110	小型摄像机	HDR-PJ790E	1	1.6
	111	扫描仪	爱普生 20000	1	2.05
	112	多媒体投影仪	松下 UX352C	1	2.6
	113	复印机	美能达 363	1	3.5
	114	彩色激光打印机	惠普 CP5525n	1	2.2
	115	日立电梯	HGP-1050-CO90	1	27.6
	116	通风设备	湖南正海	10	149.9474
	117	实验台	湖南正海	30	
	118	药品（样品、资料）柜	湖南正海	40	
	119	样品采集车（北京现代）	BH6470MBY	1	26.2032
	120	固相萃取装置	W-SPE24	1	1.78
	121	制备型液相	赛卡姆 S500	1	19.57
	122	微孔板读板机	美国伯腾 Epoch	1	11.32
	123	高速逆流色谱	同田 TBE-300A	1	20
	124	超低温冷冰箱	海尔 DW-86L388A	1	4
	125	台式高低速冷冻离心机	长沙英泰 TGL16B	1	3.9
	126	视频显微系统	尼康（中国）E200	1	3.5
	127	细胞破碎仪	天津欧诺 HX-2G	1	2.5
	128	冷冻干燥箱	FDU-1200	1	11

续表

项目名称	序号	仪器名称	型号	数量（台/套）	总价（万元）
农业部麻类产品质量监督检验测试中心项目	129	智能摇床	HNY-2102C	1	2.2
	130	核酸蛋白测定仪	UV9100B	1	5.5
	131	荧光光度计	F96PRO	1	4
	132	样品低温保存柜	中国美的 610L	2	0.7
	133	浓缩系统	TVE-1100A	1	13
国家麻类作物育种中心二期项目	134	台式高速离心机	3K15	1	11
	135	凝胶成像系统	Quantum-ST5	1	13
	136	PCR 仪	SEDI-G	2	18
	137	PCR 仪	Labcyler 梯度基座	1	10
	138	原子吸热光谱仪	AA6880	1	28.8
	139	台式高速离心机	3K15	3	15
	140	核酸蛋白检测仪	HD-21C-A	1	1.5
	141	紫外交联仪	SCIENTZ03-Ⅱ	1	1.8
	142	加热制冷循环器/水浴	DC-2030	1	1.5
	143	分子杂交炉	LF-Ⅲ	1	1.8
	144	摇床	ZWF-211B	1	2
	145	台式恒温振荡器	ZWF-103B	1	0.9
	146	全自动凯式定氮仪	K360	1	25
	147	高精度植物生长箱	E-41L1	1	24
	148	全自动纤维分析仪	A2000i	1	19
	149	全自动脂肪分析仪	XT15i	1	18
	150	高精度植物生长箱	E-41L1	1	24
	151	陶瓷膜小实验机（果胶分离试验）	SPPM-C-10	1	6.8
	152	气相色谱仪	GC112A	1	7.08
	153	含油率测定仪	HCY-20	1	3.8
	154	叶片厚度测定仪	YH-1	1	0.8
	155	分析天平	ML104	1	1.8
	156	叶面积测定仪	YMJ-C	1	1.82
	157	养分测定仪	Rqflex	1	1.8
	158	粗纤维测定仪	F600	1	4.8
	159	叶绿素测定仪	TYS-A	1	0.8
	160	茎秆强度测定仪	YYD-1	1	0.6
	161	粗脂肪测定仪	SZF-06C	1	0.8
	162	消化炉	KDN-12C	1	0.5
	163	马弗炉	SX-8-10	1	0.4
	164	快速水分测定仪	DHS16-A	1	1.5
	165	电导率测定仪	DDBJ-350	1	0.3
	166	纤维开松机	SW909	1	2.8

续表

项目名称	序　号	仪器名称	型　号	数　量（台/套）	总　价（万元）
国家麻类作物育种中心二期项目	167	机械粉碎机	MZ06	1	7.6
	168	麻秆切段机	93Z-10	1	2
	169	种子脱粒机	SLTL-125	1	1.28
	170	拖拉机	LX904	1	12.8
	171	五铧式犁	1L-525	1	0.58
	172	旋耕机	1GQN-230	1	0.61
	173	开沟机	1WG4.0	1	0.34
	174	插秧机	2Z-6B3	1	10.5
国家种质麻类资源圃项目	175	超纯水机	Direct Q8	1	10.65
	176	梯度 PCR 仪	C1000	1	12.8
	177	PCR 仪	JY-96G	2	7
	178	高速冷冻离心机	Neofuge 1600R	1	8.5
	179	凝胶成像系统	GEL DOC XR+	1	12.6
	180	超低温冰箱	MDF-86V588	1	5.5
	181	电泳系统	JY3000e+JY-SCZF-A	1	1.5
	182	高压自动灭菌器	GI54DWS	1	2.5
	183	人工智能培养箱	DRX-1100	1	10
	184	电子天平	AX124ZH\E	2	2.4
	185	手持 GPS	JUNO 3B	2	1
	186	干燥箱	CS-50XZ	1	0.5
	187	恒温水浴振荡器	SHA-B（A）	1	0.6
	188	培养基定量灌装机	NH-GZ	1	0.8
	189	显微镜	E200	1	3
	190	分光光度计	UV-5100B	1	0.75
	191	旋转蒸发仪	RE5203	2	1.2
	192	超声波破碎仪	JY92-IIN	1	1.5
	193	太阳能频振式杀虫灯	PS-15IV-4	1	4
	194	拖拉机	JD350	1	5.5
	195	小型旋耕机	XXJF-901	2	0.25
	196	小型挖掘机	HW180	1	7.3
	197	小型农用植保遥控喷雾直升机	TH80-3	1	10
	198	物联网数据获取与处理系统	定制	1	39.75

表 19－6　麻类所修购项目仪器设备清单

项目名称	序　号	仪器名称	型　号	数　量（台/套）	总　价（万元）
农业部麻类遗传改良与工程微生物重点开放实验室设备购置项目	1	酒精蒸馏装置	Pope	1	28.18
	2	粉碎机	SWFL	1	3.98
	3	实时荧光定量 PCR 仪	IQ5	1	34.674
	4	三维视频显微镜	KH－2700STD	1	39.50
	5	高分辨率显微数码照相系统		1	5.00
	6	高压反应釜	FCH	1	33.77
	7	冷冻高速离心机	AunatiJ－26XP	1	23.868 583
	8	纯水和超纯水制备系统	Prim15 \ U1tra Genetic	1	11.97
	9	陶瓷膜微滤系统	SG－MFT－18 \ SG－UF－90	1	49.235 5
	10	体视显微镜	SMZ800	1	9.86
	11	紫外可见分光光度计	DU800	1	12.942 215
麻产品加工实验室设备购置项目	12	交叉铺网机	SHPW－120	1	5.75
	13	烘筒式烘燥机	SHYH－120	2	17.00
	14	卷分切机	SHC－120	1	3.00
	15	精开松机	SHYK－100 \ SHJK－100	2	6.00
	16	浸渍黏合机	SHZG－120，SHQJ－120，SHPJ－120	1	9.25
	17	单锡林双道夫梳理机	SHSL－150	1	10.00
	18	气流成网机	SHQW－1201 \ SHGM－140	1	15.00
	19	开包混合机	SHK－100	2	8.00
农业部麻类产品质量监督检验测试中心仪器设备购置项目	20	恒温恒湿机组	Jov18	1	20.282 936
生物乙醇实验室设备购置	21	加压冷却系统	100L 定制	1	70.03
	22	生物预处理设备	1.5 米^{3}定制	1	9.97
农业部麻类产品质量监督检验测试中心仪器设备购置项目	23	单纤维强力机	H1KS	1	20.60
	24	高压细胞破碎机	GLTC－2008HN231/01	1	8.80
	25	酶液浓缩装置	Sartocon Slice	1	11.525
	26	多用途固态培养装置	ZWP－A1230，LDZH－100KBS	1	4.72
	27	振荡培养装置	WP－Up－UV－20RH—QTHZ－82	1	4.90
	28	台式离心机	3K15	1	6.615
	29	牧草颗粒饲料机组	HKJ25	1	28.60
	30	牧草压块机组	YK90－2	1	15.40
	31	梅特勒电子天平系列	XS205DUAB204－S/FACTPB303－S/FACTPB602－L	1	8.722

续表

项目名称	序 号	仪器名称	型 号	数 量（台/套）	总 价（万元）
农业部麻类产品质量监督检验测试中心仪器设备购置项目	32	恒温恒湿箱	TH - PE - 065	1	11.45
	33	束纤维强力仪	YG065CSD	1	6.80
	34	熟黄（红）麻束纤维强力仪	YG065CSD	1	7.30
	35	微波消解系统	MARS5	1	21.977 394
	36	纤维细度（成分）分析仪	CX31	1	19.10
	37	大容量纤维测试系统	HVI—1000	1	175.447 386
麻类遗传育种功能研究室仪器设备购置项目	38	一年生麻类智能人工气候室	AUTO - CL - A	1	18.55
	39	多年生麻类智能人工气候室	AUTO - CL - D	1	17.80
	40	多年生麻类人工气候箱	RTOP - 1000B	1	3.90
	41	一年生麻类人工气候箱	MGC - 450HPY - 2	1	3.50
麻类病虫害防控功能研究室仪器设备购置项目	42	数字式解剖显微镜（3059 型）	AZ100	1	34.40
	43	水净化装置（sg - ro16c）	WP - 2RO - 500L	1	8.754
	44	植物生长环境数据专集处理系统	AUTO - 22	1	5.40
麻类产后处理和加工实验室仪器设备购置项目	45	生物质成分系统分析仪	Fibertec2000	1	25
	46	切向流膜过滤分离系统	Quixstand	1	8
	47	蛋白质分离纯化系统	Purifier UPC	1	27
	48	全自动菌落计数仪	Scan 500	1	8
	49	全自动微生物螺旋接种仪	Easyspiral Pro	1	18
	50	厌氧培养系统	INC153H9T6	1	6
	51	自动细胞计数仪	TC20	1	5
	52	全自动微生物鉴定仪	ARIS 2X	1	55
	53	高效液相色谱仪	Ultimate 3000	1	32.593 3
	54	气相色谱仪	Trace 1300	1	27
	55	全自动氨基酸分析仪	S - 433D	1	58.7
	56	流式细胞仪	BD Accuri C6	1	60
	57	双向电泳分析系统	Ettan	1	40
	58	紫外可见分光光度计	UV2700	1	16
	59	全波长酶标分析仪	MultiskanGO	1	14.8
	60	多功能水质分析仪	DR5000	1	10
	61	电泳洗脱浓缩仪	WholeGelElute	1	6
	62	全自动核酸分析仪	QIAxceAdvanced	1	35
	63	荧光显微镜	BX - 53	1	17
	64	数显全自动气爆机	QBS - 200B	1	22
	65	智能食用菌培养箱	ZJX - 1500A	1	3.5
	66	低温低湿储藏柜	CZ - 1600FC	1	2.5
	67	液压打包机	Y82 - 25X	1	6.8
	68	超低温冰箱	DW - HL388	1	6.8
	69	酒精连续发酵系统	GRTL - 30D	1	12.8

续表

项目名称	序号	仪器名称	型号	数量（台/套）	总价（万元）
麻类产后处理和加工实验室仪器设备购置项目	70	全自动菌落影像分析仪	YLN－2800	1	4.8
	71	真空干燥箱	1000L	1	8.8
	72	全自动真空包装机	SA	1	10
	73	全自动灭菌锅	GR110DR	1	10
	74	真空离心浓缩仪	RVC2－18	1	15
	75	全自动凝胶成像系统	QUANTUM－ST5	1	9
	76	惠普大幅面绘图仪	HPZ6800	1	28
	77	圈带传动卧式硬支撑平衡机	DZH－500Q	1	6.8
	78	非接触式动态扭矩仪及传感器	RK060－500	1	5.8
	79	电子万能实验机	TFW－50S	1	6.2
中国农科院南方经济作物研究中心纤维与饲料加工实验室仪器设备购置项目	80	小型自走式饲用苎麻切割压扁机	9GYZ－1.2	1	10
	81	苎麻饲料粉碎机	9CJ－1000	1	21
	82	常规原料粉碎机	9FQC 锤片粉碎机	1	7
	83	苎麻草颗粒饲料机及安装	9KLH－350	1	30
	84	饲料苎麻快速烘干设备及安装	HG1800 型	1	30
	85	全自动菌落影像分析仪	YLN－2800	1	8.5
	86	造粒机	LN－5L/70	1	39
	87	电穿孔仪	Micropulser	1	7.5
	88	搅拌机	GXJB－4	1	6
	89	全自动生化分析仪	BS—480	1	44
	90	装瓶联合机	GXZP－L	1	21
	91	固体接种联合机	GXJZ－G	1	16.5
	92	搔菌联合机	GXSJ－C	1	5.5
	93	禽畜代谢笼	120 米×0.6 米×1.6 米	1	13.8
	94	饲料加工机组	5.5kw－250L	1	4.7
	95	恒温恒湿实验室	3.3 米×7 米	1	5.2
	96	开松机	DHFZ100	1	10
	97	清梳联合实验机	DHUA201	1	30
	98	并条实验机	DHUA301	1	13
	99	棉精梳实验机	DHUA261	1	28
	100	粗纱实验机	DHUA401	1	30
	101	细纱实验机	DHUA501	1	15

续表

项目名称	序 号	仪器名称	型 号	数 量（台/套）	总 价（万元）
南方经济作物有害生物防控实验室仪器设备购置项目	102	S3e 型荧光激活细胞分类仪	S3eTM Cell Sorter	1	155.6
	103	纯水/超纯水一体化系统	Milli-Q Integral 15	1	30
	104	超速低温离心机	Optima XE-100	1	68
	105	酶联免疫分析仪	Infinite 200 pro	1	38.6
	106	全自动电泳系统	Amersham WB	1	58.6
	107	离心管混合器	SB2	1	2.144 5
	108	微孔板振荡器	MIX—1500	1	1.213 3
	109	精密设备专用净化交流稳压器	JJW—20KVA	1	0.8775

第二十章　物业管理

第一节　房屋管理

截至2017年年底，麻类所房屋建筑面积53 851.57平方米，包括长沙所本部（咸嘉湖西路348号）已建成使用5栋，房屋建筑面积22 011.65平方米，即麻类所综合实验大楼9 210平方米，酶制剂中试车间1 969.26平方米，国家麻类种质资源中期库大楼1 225.64平方米，农业部麻类质量安全监督检验中心大楼1 541.05平方米，麻类所综合实验室8 181平方米和办公辅助用房2个，包括所本部正门传达室124平方米，侧门传达室52平方米；溁湾镇原麻类所驻长沙办事处四、五、六楼等3层办公楼1 766.45平方米；位于望城白箬铺的长沙创新综合试验基地科研辅助用房面积共计251.95平方米，包括传达室37.01平方米，农机具存放及休息管理用房160平方米，泵房38.94平方米；国家种质长沙苎麻圃科研辅助用房1 117.45平方米，包括科研楼（烤麻房、标本室、工作房）418.11平方米，试验车间650平方米，传达室大门49.34平方米；沅江试验站房屋共计28 619.7平方米，包括站本部的科研用房及科研辅助用房、宿舍和其他生活用房；山巷口宿舍区的宿舍、学生食堂、老干活动室、车库；农场宿舍和石矶湖试验地的工作用房等四大块。

长沙地区的房屋一直由后勤服务中心负责管理，2015年8月机构改革后，后勤服务中心撤销，其职能归并到新技术推广中心，长沙地区的房屋由成果转化处进行管理。沅江试验站房屋由沅江试验站进行管理。

所长沙本部综合实验楼自2005年入住以后，随着部门、机构的变动、国家政策的变化、各部门办公场所、实验室及使用面积分别在2010年、2015年出现两次大的变化。但管理及使用上始终坚持“标准配置，有偿使用”的原则。2015年始，在保证职工的基本科研和办公用房面积的基础上，按照“谁使用，谁出钱，多用房多出钱”的原则收取房屋使用费：在标准配置面积范围内，实行有偿使用；超过规定以上的面积，实行阶梯收费制度。在充分调研的基础上，考虑到我所实际情况，适度降低标准统一收取租金，即在标配面积范围内，按40元/(平方米·月）收缴，超过标配面积的10%，超出面积按80元/(平方米·月）收缴，超过标配面积的20%，超出面积按160元/(平方米·月）收缴，超过标准面积30%，超出面积按320元/(平方米·月）收缴，依此类推。行政人员用房费用由所承担，团队与中心用房费用由团队与中心研发经费支付。

2010 年 1 月 5 日所务会议决定，因麻类所按中央事业单位建制调整了内部机构，对全所职工进行全员聘用，科研和办公用房进行了重新调整，以实用、就近、保障科研为原则，苎麻研究室办公室与后勤在综合实验楼一楼，行政职能部门在二楼、其他研究室办公室与实验室在三、四、五、六楼。

2014—2016 年麻类所启动了创新工程，对外引进了特殊人才，组建了新的团队，同时结合创新工程对二级机构进行了重置与调整，在此期间，国家出台了办公用房使用面积新的政策。为认真贯彻落实中央“八项规定”精神，严格依据中共中央办公厅、国务院办公厅《关于党政机关停止新建楼堂馆所和清理办公用房的通知》（中办发〔2013〕17 号）、国家发展改革委、住房城乡建设部《党政机关办公用房建设标准》（发改投资〔2014〕2674 号）和中共中国农科院党组关于转发《农业部党组关于进一步集中整治领导干部办公用房超标和公务用车超标的紧急通知》的通知等文件要求，促进科研发展，麻类所于 2015 年 4 月开展了办公、科研用房摸底调查，并于 2015 年 6 月 1 日召开党政联席会，讨论通过了《中国农业科学院麻类研究所科研办公实验用房调整方案》。2015 年年底对各研究室与科研团队办公用房及科研用房进行了调整。办公用房面积依据国家办公用房标准配置：所局级 30 平方米/人，副所局级 24 平方米/人，处级（研究员）18 平方米/人，副处级（副研究员）12 平方米/人，其他人员 9 平方米/人。科研用房配置按创新团队进行分配。2016 年 6—9 月按国家政策要求对办公用房进行了再次清理与整改，达到了国家制定的办公用房标准要求。2016 年 8 月，随着所全员招聘工作的完成，创新团队科研用房、职能部门及党政主要领导办公用房全部调整到位，即一年生麻类育种、多年生麻类育种、栽培研究、麻产品研究、生物加工、植物保护等 7 个团队办公室与实验室在综合实验楼三、四、五、六楼，所级领导和职能部门大都集中在综合实验楼二楼办公，一楼为基建办公室与新技术推广中心办公室。南方经济作物种质资源与利用、特色蔬菜种质资源与遗传改良等 2 个团队（包括检测中心）分别入住国家麻类种质资源中期库与农业部麻类质量安全监督检验测试中心大楼。

渫湾镇原麻类所驻长沙办事处办公楼自 2010 年 6 月 23 日起出租给何建辉（身份证号码：430224197703183311，联系地址：湖南省茶陵县平水镇石朱村蛇咀 046 号）经营旅馆活动，房屋租期 10 年（2010 年 6 月 23 日至 2020 年 10 月 2 日）。房屋租金（含税）按年计算，第一年至第四年，每年租金为 45 万元；第五年至第七年，每年租金为 47.25 万元；第八年至第十年每年租金为 49.62 万元。2013 年 6 月 23 日，经麻类所同意，将渫湾镇房屋转租给孟凡林（身份证号码：432322196610182619，联系地址：长沙市雨花区高桥现代商贸城 3 栋 2 单元 607 房），三方签定补充协议，租赁期在原有基础上延长 6 年，至 2026 年 10 月 2 日，继续开展合法的旅馆经营活动，房屋租金（含税）按年计算，第十一年至第十三年，在原《房屋租赁合同》第十年的基础上增加 5%，即每年租金为 52.10 万元；第十四年至第十六年在第十三年的基础上增加 5%，每年租金为 54.71 万元。渫湾镇房屋租赁活动由所成果转化处负责管理。

第二节　交通工具管理

麻类所现拥有各类车辆共 9 台，车辆配置与使用具体情况如表 20 - 1 所示。

表 20-1　车辆配备与使用情况

序号	机动车所有人	品牌型号	车牌号码	车型	车架号	发动机号	登记日期（年月日）	排气量（升）	价格（万元）	备注
1	麻类研究所	厦门金龙	湘 A—10788	厦门金龙	G3320300040	LKLR1HSUX3A000059	2003.3.6		58	2017 年 10 月报废
2	麻类研究所	奥迪	湘 A. WE290	奥迪 A6	LFVBA14BX43023886	BDV093805	2004.7.19	2.4	32.144	
3	麻类研究所	本田	湘 A—WE306	本田雅阁	LHGCM462942007403	K20A71407401	2004.6.23	2	18.1	
4	沅江实验站	五菱	湘 H—75711	五菱 LZW6371	LZWABCJ1052095692	509262539	2005.10.20	1.1	5	2016 年报停
5	新技术推广中心	陆尊	湘 A—CM528	别克商务	L3GUD82C58E008383	LZC81220402	2008.3.15	3	32.144	
6	麻类研究所	厦门金旅	湘 A—44081	卡斯特	301149	LL3BCAAD1BA003826	2011.12.1	2.8	30.74	
7	麻类研究所	五十铃	湘 A—JX385	P600	LWLNKRHWXBL064109	4KH1—TC30079176	2011.12.1	3	12.65	
8	测试中心	北京现代	湘 A—38818	新胜达	G4KJCU940091	LBEDMBNBODZ013275	2013.9.17	2.4	24.14	
9	沅江试验站	江淮瑞风	湘 A—7KL48	7 座商务	LJ166A340G7105521	G3022454	2017.4.17	2.0	14.58	

一　车辆使用情况

2008年至2016年7月，麻类所所有车辆均由原后勤中心进行统一管理。主要任务如下：为科研人员出差、下基地提供交通服务；接送职工上下班；接待来宾与行政人员公务活动；科研物质运输。

车辆使用由所统一调度，谁用车，谁付费，按公里（千米）数计费，严禁公车私用与私车公用。

用车流程：用车人提出用车申请，所在处室主管领导审核，报主管后勤副所长审批，交车队长安排司机出车。用车人凭用车人申请单、司机签字、用车人主管领导签字，分管副所长、所长签字后到财务部门报销用车费用，用车费用统一从课题或团队经费中转账。

2016年，奥迪与现代车因为排量超过国家公务车使用规定而暂停使用，2017年1月向中国农科院请示后作为科研人员用车而重新启动使用。

职工上下班和科研人员去试验基地原由大客车接送，2011年12月，改由外聘司机驾驶卡斯特面包车接送。2016年8月后勤服务中心撤销后，后勤服务实行社会化，后勤服务中心所有工作大部分由新技术推广中心投资成立的长沙锦农物业服务公司承担，麻类所大部分交通运输业务由长沙锦农物业服务公司承接，少部分由社会运输公司承接。

原后勤中心车队人员重新进行全员竞聘后，张宵滨进入长沙锦农生物科技有限公司工作，陈青进入团队工作，陈胜飞、宋涛、陈斌、江国新仍选择从事驾驶工作。为保证完成麻类所相关交通运输业务，长沙锦农物业服务有限公司从社会上招聘了2名外挂驾驶员（自带车），从麻类所租用的现代越野车、广本雅阁等2台车辆，由公司交纳租赁费。原挂靠或由中心购置的车辆直持接交由司机驾驶。长沙锦农物业服务有限公司承运麻类所相关交通运输业务，按市场价收取费用。

所内用车由部门用车人在麻类所OA系统填写用车申请单，经用车人主管部门领导签字、所办公室审批（长途需要分管副所长审批）后，流转到公司车辆调度员，车辆调度员将用车单交给执行本次出车任务的驾驶员，驾驶员按用户要求执行出车任务。驾驶员出车时需在车辆启动时向用车人出示起始公里数，完成出车任务后请用车人查看行车公里数，并如实填写本次用车公里数，交由用车人签字确认。

麻类所用车用户可以根据需要向公司指定用车，但需先向公司车辆调度员先行报备。车辆调度员调配车辆原则是：用户需求、所内车辆优先、保证需求。

金龙面包车仍然执行麻类所职工上下班接送服务，司机由公司招聘并管理，但相关费用由乘车人支付。奥迪车由于车况较差，维修费用太高，暂由公司代管，执行紧急任务时使用。

二 车辆维修与油料管理

2016年8月以前，所有车辆均在定点维修企业进行维修，车辆维修均须由驾驶员先提出纸质申请，在相关领导批示同意后再进行维修；加油实行一卡制，加油卡由车队长掌握，由车队长与司机一同去加油站加油，原则上只能在所附近中石化加油站加油，驾驶车辆出长途需加油须事前请示车队长。车辆使用燃油费，维修费、保险及过桥过路费等相关费用由所统一支出。除大客车司机外聘外，其他均为麻类所在职职工。司机外出长途享受麻类所职工同等待遇，司机服务质量、行车里程与年终绩效未挂钩。2016年8月后，麻类所注册车辆由公司租赁，然后由进入公司的司机总承包，油费、过桥过路费、小件维修费等费用计入用车成本，由驾驶员个人开支，大件维修由公司送定点企业，维修费用由公司支付。

第三节 水电管理

2008—2009年，所部的水电管理、安装与维护工作，由物业管理部负责，2009年年底麻类所成立后勤服务中心后水电相关工作交由后勤服务中心统一管理。长沙所部用水执行之前与长沙市自来水公司签订的城市供水合同，用电与长沙市电力局签订供电合同，所部各部门、科研团队水电费用，按照“谁使用，谁负责”原则，由各使用部门承担，每年收取1～2次水电费。国家种质长沙苎麻圃用水用电延续了与望城县（区）自来水有限公司，望城县（区）电力局签订的合同，未做变动。为保证国家种质长沙苎麻圃用电需求，2010年购置一套备用发电机组，保证试验基地所需的大功率用电需求。渶湾镇出租房屋水电费用由承包户自行缴纳，沅江试验站水电费实行总包干。

第四节 食堂管理

麻类所综合实验楼建成后，在负一楼设立食堂，2008—2016年，采取承包经营、自负盈亏的模式进行运作，并由后勤服务中心对食堂进行管理。同时，内聘2名食堂工作人员，外聘1名，后改为内聘2名食堂工作人员，外聘2名，有专人兼职从事食堂管理工作，满足职工和来客就餐的需要。2013年4月，后勤服务中心为提高食堂服务质量和水平，先后对湖南省农业厅、湖南省科技厅、中国科学院亚热带农业生态研究所、奥拓公司的食堂管理工作开展调研工作；2015年，由于职工人数不断增加，针对就餐环境、走廊墙面等进行修缮；2017年，对职工食堂、客餐食堂进行了硬件改造和升级，食堂工作和就餐环境得到进一步改善。为便于食堂管理，2015 年 7 月，职工食堂实行就餐打卡制度，每月固定给予职工就餐补贴；2016 年 6 月，食堂工作由后勤服务中心转交给新技术推广中心统一管理。2017 年，食堂为职工提供中餐、晚餐。

为规范食堂管理，麻类所沿用了《中国农业科学院麻类所食堂管理办法》《中国农业科学院麻类所客人用餐管理暂行办法》《麻类所食堂工作人员职责》《食堂管理制度》《用餐申报表》等制度。

从 2010 年开始，沅江试验站食堂管理模式参照麻类所标准，对在职人员实行就餐补贴制度，只开设中餐，食堂由站办公室统一管理。

第二十一章　沅江试验站管理

第一节　概　述

沅江试验站属麻类所正处级二级法人单位，是麻类所内设机构。位于南洞庭湖湿地，是洞庭湖冲积平原与丘陵接壤的边际区，有着黄红壤、冲积土和板页岩风化土较为复杂的土壤类型，属亚热带季风湿润气候区，具有湖区气候特色，年平均气温 16.9℃，1 月平均气温 4.3℃，7 月平均气温 29.1℃，年平均日照数为 1 743.5 小时，年平均降水量 1 322毫米，无霜期 276 天，四季分明，降水量充沛，属我国有典型生态代表性的南方农作物种植区，具有良好的自然生态条件与耕作栽培制度。

麻类所 2001 年迁址长沙后，依托原所址的土地、房屋设施建设沅江试验站，距长沙市约 110 千米，周边高速公路有南益高速、长张高速、益娄高速、洞庭湖生态经济区的环洞庭公路，交通十分便利。试验站于 2005 年 10 月 14 日被命名为农业部沅江麻类资源重点野外科学观测试验站，是农业部首批命名的 58 个重点野外科学观测试验站之一。2008 年，随着麻类体系的启动，沅江试验站成为建设麻类体系沅江苎麻试验站的依托单位。2015 年 10 月 12 日，经农科人干函〔2015〕113 号批复，同意将麻类所沅江实验站更名为麻类所沅江试验站。2014 年列入中国农科院综合试验站建设规划。

截至 2017 年年底，沅江试验站现有在职职工 31 人，其中科研及辅助人员 20 人，管理及辅助管理人员 11 人，下设办公室、工程部、技术部等部门，分别负责站务管理、科研试验、示范推广等工作。

第二节　固定资产管理

一　土地资源情况

沅江试验站土地面积共计 38.73 公顷，其中站部（原沅江所部）4.833 公顷，试验农场19.43公顷（包括水田4.33公顷、旱土约6公顷、鱼塘2公顷）、石矶湖基地13.324公顷，市区住宿小区0.73公顷，水泵房实验地0.415公顷。

二 房屋资源情况

沅江试验站房屋建筑面积共计28 619.7平方米，主要用作站部办公用房、麻类体系及农业部沅江麻类资源野外科学观测试验站实验用房。在沅江市商贸街建有山巷口宿舍区，共有住宿楼房5栋，面积7 820平方米，老干部活动室117平方米，车库91平方米。2007年，对站部南科研楼完成了维修改造，2012年对站部办公楼、北科研楼、山巷口宿舍区、职工宿舍楼完成了维护修缮。

三 仪器设备

沅江试验站现有仪器设备及农机具35台（套）。其中，小型仪器设备32台，农机具3台。农机具包括2007年购置的黄海金马804拖拉机、2016年购置的力佳牌拖拉机以及2017年购置的威马牌开沟机。有车辆2部，一部是2005年购置的五菱之光牌微型商用车，已超过使用年限待报废；另一台为2017年5月租用的江淮牌商务车。

第三节 承担的有关科研试验

2008年，依托沅江试验站，麻类体系沅江苎麻试验站承担的科研试验以体系委托协议为主。2009—2010年主要开展麻类优良品种筛选、配套栽培技术研发试验与示范、麻类主要病虫害预警控制技术研发与试验示范等。“十二五”期间，以苎麻高产高效种植与多用途关键技术研究与示范、苎麻青贮饲料技术及麻骨利用研究及推广示范、苎麻育种与制种技术试验等为主。2013—2014年开展苎麻养鹅技术示范、麻地膜基布育秧技术示范、苎麻机械收获与剥制技术试验示范。2015年开展了苎麻耐镉及镉富集机理研究、苎麻嫩茎叶饲料初加工技术及推广等。2016—2017年更改为沅江麻类综合试验站，主要合作开展了以下工作：纤饲两用麻类作物绿色生产技术研究与应用、苎麻机械化收获和绿色脱胶技术研究与示范、麻类作物病虫草害绿色高效防控技术研究、地膜用麻高效生产及成膜技术研究与示范、麻类作物固土保水及逆境种植技术研究与示范、麻类作物轻简可持续种植技术研究与示范等。

2014年以来，承担麻类所创新工程科研团队在沅江开展的田间试验工作，主要涉及以下方面。

（1）多年生麻类作物遗传改良团队的苎麻种质资源收集、引种及保种，苎麻新品种选育与推广，苎麻饲料化与多用途研究与应用，苎麻与肉鹅种养结合技术研究与应用等。

（2）一年生麻类作物遗传改良团队的红麻、亚麻、大麻高产优质多抗新品种选育，黄麻食用、重金属吸附、红麻饲用及副产物利用等研究领域。

（3）南方经济作物栽培与收获技术团队的马铃薯品种试验，苎麻、黄红麻剥麻机械的应用示范工作。

（4）南方经济作物种质资源与利用团队的黄麻、红麻种质资源的收集、引种及保种，新品种的选育，麻类农艺性状测量、抗病（虫）性鉴定，黄麻示范与推广等工作。

（5）南方饲料作物种质资源与利用团队的饲料苎麻、饲用葛、苜蓿、桑等南方特色饲料作物的种质资源收集与评价，参与培育适合于南方地区的高产、优质饲料作物新品种等研究工作。

（6）南方经济作物有害生物防控团队的苎麻、萝卜、水稻等病虫害防控试验，管理水培育苗蔬菜大棚。

（7）农产品加工微生物遗传改良与应用团队的芦苇多点观测试验、麻类副产品工厂化栽培高档食用菌技术试验与推广、苎麻生物脱胶试验等。

（8）麻纤维产品与加工技术团队的麻地膜育秧技术试验与推广。

（9）特色蔬菜种质资源与遗传改良团队的优质芦苇笋实生苗无性系选育、有性世代种质资源收集等。

（10）开展了洞庭湖区气候、土壤养分动态变化等方长期、稳定监测工作，包括在沅江、资阳区、大通湖、汉寿等地苎麻产区，设立检测点，监测收集2009—2017年间温度、湿度、日照、降水量、无霜期数据，在沅江石矶湖试验地开展土壤养分多年监测，采集土样并分析碱解氮、速效磷、速效钾、有机质和酸碱性等数据。现已在试验农场建有长期定位观测试验小区，为长期定点观测试验及土壤、气象等数据的稳定收集提供保障。

第四节　站务管理

一　机构设置

2008—2017年，共有3人主持站务工作。2016年8月以前，沅江试验站下设5个机构，即办公室、财务室、物业管理部、科技与产业开发部、试验站农场管委会。根据麻类所和沅江试验站发展和改革的需要，所部机构变动及职工的异动调整、试验站机构设置、人员有较大变化。到2017年，设有办公室、技术部、工程部等部门，财务室已于2009年撤销，到所部财务处实行报账制。站长主持全面工作，负责行政和党务方面工作，包括试验站发展规划、制度制定、接待、综合治理、安全生产、条件与人才建设、退休、物业管理等工作，分管办公室。副站长：协助站长工作，负责科研试验方面工作，包括成果展示、推广、开发，试验项目的发展规划、申报、考核、核算、实施方案，科研课题的申报，麻类体系沅江试验站日常工作等，分管技术部、工程部。

试验站设立两类岗位，分别是科研辅助岗位和工勤岗位。科研辅助岗位的职责是：负责全站科研试验、成果转化与开发工作，科研项目、麻类体系沅江苎麻试验站日常工作，经费、资产、计划生育等及站领导安排的其他工作；工勤岗位职责是：负责试验站行政、党务、离退休、综合治理、安全生产、水电消防、物业管理、人才、试验设施、试验站田间试验以及站领导安排的其他工作。

二 试验站的运行

（一）站长办公会议

从2016年8月开始，沅江试验站将站长办公会议作为处理日常事务的经常性会议制度，由站领导和有关部门负责人参加。在站长主持下讨论研究和决定站内各部门提出的日常事务，讨论需要提交站务会议决定的重大问题，如有特殊情况，参会人员范围可适当扩大。

（二）站务会议

站务会为试验站的行政业务权力机构，由正、副站长和各部门负责人组成，其职责是研究制订试验站的工作方向和任务，年度计划、财务计划和预决算，重大决议，如有特殊情况，参会人员范围可扩大。

为规范站务管理，2016年起制订了《中国农业科学院麻类所沅江试验站综合治理与安全生产实施办法》《中国农业科学院麻类所沅江试验站竞聘上岗实施办法》《中国农业科学院麻类所沅江试验站车辆管理办法》等制度。试验站中层以下在站内实行全员应聘上岗，经过公开招聘、双向选择、竞聘上岗，站内职工全部应聘到合适岗位开展工作。

（三）协调管理

2010年，农场终止了“三自”政策即自主经营、自我发展、自负盈亏的管理模式，沅江试验站收回农场管理权。同年，麻类所成立专项工作小组，对农场土地管理开展指导工作，原农场所辖土地虽已进行手续变更，归属沅江试验站统一管理。沅江试验站作为麻类所的二级法人单位，除了开展日常工作、完成科研项目、做好田间试验示范外，与沅江当地政府和各职能部门，以及周边社区、村庄积极交流，协调沟通，保障各项任务的顺利完成。

（四）职工管理

截至2017年年底，随着人员变化，机构调整，沅江试验站在职职工为31人。从2014年开始，沅江试验站负责安排麻类所新进职工为期3个月的基层锻炼，一般为每年8—10月。

第五篇

人物简介、名录与大事记

第二十二章　人物简介

熊和平

男，1955 年生，湖南省永州市人，中国共产党党员，二级研究员，博士生导师。

1982 年毕业于湖南农学院，同年到麻类所工作。曾任麻类所所长、党委书记，湖南省政协委员、中国农科院学术委员会委员、国家麻类作物品种鉴定委员会主任委员、中国作物学会理事、国家麻类作物育种中心主任、《中国麻业科学》主编等职务。2016 年 2 月退休。

长期从事麻类作物遗传育种与多功能开发研究。在麻类作物遗传改良与应用、苎麻饲料化、麻类副产物多功能开发与应用等方面取得重大创新与突破。先后主持完成国家"973"前期、"863"计划、科技支撑计划、自然科学基金、农业部重点项目等重大科研课题 23 项。被聘任为 2008—2020 年麻类体系首席科学家。1999 年获农业部有突出贡献中青年专家称号。以第一完成人获得省部级科技进步一等奖 2 项、鉴定 5 项、发明专利 3 件。参与获得国家科技进步一等奖及省部级奖 5 项、育成品种 3 个。

发表论文 97 篇，其中 SCI 论文 9 篇。主编著作 5 部，指导博士后 1 名，培养博士、硕士各 7 名。

陈万权

男，1962 年生，重庆市丰都县人，中国共产党党员。二级研究员。享受国务院政府特殊津贴。

1983 年毕业于西南农学院，同年分配到中国农科院植物保护研究所工作。曾任植保研究所植物病理系主任、副所长和纪委书记。2014 年 1 月调任麻类所所长、党委副书记，2015 年 4 月至 2016 年 12 月，任麻类所所长、党委书记。先后前往美国夏威夷大学、墨西哥国际玉米小麦改良中心、荷兰瓦赫宁根大学等访问学习或开展合作研究。现兼任欧洲和地中海禾谷类锈病基金会执委，农业部麻类生物学与加工重点实验室主任，中国植物保护学会理事长，中国科协第九届全国委员会委员，农业部植物保护专家指导组副组长，中国农科院第六、七、八届学术委员会委员，《植物保护》主编等职务。

长期从事麦类真菌病害生物学与综合防治研究，主持完成国家和省部级重大科研项目20余项。在小麦条锈病源基地综合治理研究方面取得突出成绩，获得国家和省部级科技成果奖励9项、国家授权专利19件。曾获中华农业英才、全国五一劳动奖章、全国优秀科技工作者、全国农业先进个人、全国农业科研杰出人才等荣誉。

发表论文213篇，其中SCI论文50多篇，主编或副主编著作18部，主持制定农业行业标准8项。培养博士后、博士和硕士研究生40多名。

邱化蛟

男，1972年生，山东省济南市人，中国共产党党员。

1999年7月至2002年9月，在山东省烟台市农科院工作；2002年9月至2007年3月，中国农业大学博士研究生、农业资源利用学流动站博士后；2007年3月至2015年5月，任湖南省农业厅副处长调研员；2009—2010年在娄底涟源市挂职锻炼，任市委常委、副市长；2015年5月—2016年12月，任湖南省农委副处长调研员，湖南省种子管理服务站站长；2016年12月调到麻类所工作，任党委书记；2017年1月，任麻类所副所长。

从事小麦栽培生理、农业生态学与可持续发展、植物资源利用等研究和管理工作，曾在墨西哥国际玉米小麦改良中心、农业部赴美国知识产权培训班学习。参与中国工程院咨询项目等国家和省级课题，曾获山东省科技进步一等奖（排名第12位），全国植物新品种保护先进个人。发表论文40多篇，主编和副主编著作3部。

王朝云

男，1959年生，湖北省仙桃市人，中国共产党党员，二级研究员。

1982年毕业于华中农学院，同年分配到麻类所工作。曾任麻类所栽培研究室副主任，科技开发处处长，所长助理，湖南省东安县科技副县长等职。现任麻类所副所长、党委副书记兼纪委书记。兼任农业部麻类产品质量监督检验测试中心主任，FAO第37届硬质纤维、第18届剑麻政府间工作组联合会议第一副主席等职。先后前往联合国粮农组织，法国造纸研究所，意大利卡塔尼亚大学、美国斯坦福大学等访问学习和合作研究。

主要从事麻类栽培、产品质量检测、加工等方面的研究工作。1997年以后，主持开展麻类纤维产品加工及其应用研究，先后主持完成国家国际合作重点项目、“948”项目等

16 项，参加 15 项。获得省部院级科技成果奖 13 项，专利和软件著作权 20 多项。以第一完成人获得省部级和中国农业科学院科技成果奖 8 项，国家发明专利 5 件。

发表论文 60 多篇，其中 SCI 论文 7 篇。参编著作 8 部。培养硕士研究生 8 人。

贺德意

男，1954 年生，湖南省南县人，中国共产党党员。

1971 年 11 月，任湖南省南县荷花嘴农技站农民技术员。1977 年 10 月，分配到麻类所苎麻室工作。1987 年 8 月，任麻类所副主任科员。1990 年 4 月，任麻类所人事处副处长。1991 年 5 月，任麻类所监察员、党委办公室主任。1993 年 3 月，任麻类所人事处处长。1997 年 4 月，任麻类所所长助理。1998 年 1 月，任麻类所党委副书记。1999 年 3 月，任麻类所副所长，2014 年 12 月退休。曾任麻类所第五届学术委员会委员。

主要从事党务、科技开发和行政管理等工作。2000—2002 年，主持完成农业部科技兴农“高产优质多抗杂交红麻种子的产业化项目”；2001—2004 年，参加完成科技部成果转化“苎麻生物脱胶工艺技术设备示范生产线”建设项目（排名第二）；2002—2003 年，参加完成农业部专项“全国麻类产供销调查”（排名第二）。1986 年 12 月，在全国科技普查工作中获农牧渔业部表彰；1994 年，被评为益阳地委农口系统优秀党务工作者。

臧巩固

男，1956 年生，山东省诸城市人，中国共产党党员，三级研究员。

1982 年毕业于西北农学院，曾任农业部麻类遗传改良与工程微生物重点开放实验室副主任，麻类所副所长，国家“973”前期项目首席专家。2016 年 2 月退休。

主要从事麻类基因工程和生物技术育种研究。首次发现和确证苎麻属专性无融合生殖种质资源，并对其进行了系统的细胞学和胚胎学研究。首次建立起红麻农杆菌介导转基因技术体系。先后主持国际合作项目“应用生物技术改良红麻、黄麻及类同纤维作物”、国家自然科学基金“苎麻无融合生殖种质的发掘及其转育探索”“苎麻无融合生殖遗传研究”、国家 863 专题“麻类转基因研究”、国家重大基础研究专项等共 12 项。以第一完成人获得农业部中华神农科技三等奖、中国农科院科技二等奖、部级和省级科技进步三等奖各一项。鉴定成果 8 项。以主要完成人或参与者选育麻类新品种 6 个。

发表论文 36 篇，其中 SCI 收录 3 篇。参编著作 1 部。培养硕士研究生 4 人。

李德芳

男，1962年生，湖南省涟源市人，中国共产党党员，博士生导师、二级研究员。

1984年毕业于湖南农学院，1986年南京农业大学硕士研究生毕业后分配到麻类所工作，2011年毕业于中国农科院研究生院，获农学博士学位。曾任麻类所红麻黄麻研究室副主任、主任，现任麻类所副所长，创新工程一年生麻类遗传改良团队首席科学家，麻类体系品种改良研究室主任，品种改良岗位专家，国家项目及国家科技奖励评审专家，全国麻类专业委员会副主任委员，麻类所学术委员会副主任委员。

主要从事红麻、黄麻、大麻新品种选育与杂种优势利用研究。先后承担科研项目30余项，包括创新工程、麻类体系岗位专家、国家自然科学基金、国际合作等。获得科研成果20多项，主持选育红麻、大麻新品种新组合16个、红麻高产抗病细胞质雄性不育系4个，获得国家发明专利3件、软件著作权1项，获奖成果5项。通过全国农作物品种审定（鉴定）品种9个。

发表论文90余篇，其中SCI 8篇，培养硕士研究生8人、博士研究生6人、博士后2人。

黄志辉

男，1957年生，湖南省沅江市人，中国共产党党员。副研究员。

1975年3月至1976年9月，在沅江市三眼塘农技站工作。1978年调入麻类所工作。曾任苎麻室副主任科员、科研处干部、后勤处副处长、办公室主任、综合办公室主任、党委办公室主任、财务部主任。2009—2015年任副所长兼综合处处长、党委办公室主任。2017年5月退休。

1993年获中国农业科学院科学技术进步奖二等奖（排名第五）；1998年获国家科学技术奖三等奖（参加人）；2006年获湖南省科技进步奖三等奖，为参加人；2004年被评为中国农科院优秀党务工作者；2015年被评为中国农科院妇女之友。

吕江南

男，1964年生，湖南省常德市人，中国共产党党员，三级研究员。

1986年毕业于合肥工业大学，同年分配到麻类所工作。2006年获得中南大学工商管理硕士学位。先后担任麻类所科技开发处副处长、处长，成果转化处处长，副

所长。

主要从事麻类剥麻机械与麻纤维膜加工技术研究。先后主持国家麻类产业技术体系初加工机械化岗位、农业部科技专项、湖南省科技计划项目、国家“十三五”重点研发计划项目子课题、横向合作项目以及院科研经费项目等7项；第二主持国际合作重大专项、“948”引进项目、成果转化项目等4项；参加40余项。获得中国专利优秀奖2项（排名第二、第八）、湖南省技术发明三等奖2项（排名第二，二级证书）、湖南省科学技术进步奖3项（排名第二、第四，二级证书）、湖南省专利三等奖1奖（排名第二）、神农中华农业科技三等奖2项（排名第三，二级证书）、中国农科院杰出科技创新奖2项（排名第三、第九）、中国农业科学院科学技术成果二等奖3项（2项排名第二，1项排名第八），获得国家授权专利36件。

发表论文54篇，EI、CA收录期刊第一作者共5篇。参编著作8部。

粟建光

男，1964年生，湖南省沅江市人，中国共产党党员，三级研究员。

1984年毕业于华中农学院，1986年南京农业大学硕士研究生毕业。同年分配到麻类所工作。曾担任湖南省益阳市政协第二届常委。现任麻类所党委委员、种质资源研究室主任、南方经济作物种质资源与利用团队首席科学家、麻类体系种质资源岗位专家、国际黄麻研究组（IJSG）咨询专家组成员、中国农学会植物遗传资源分会理事、中国作物学会麻类专业委员会常委等职务。

长期从事麻类等南方作物种质资源考察收集、鉴定评价、创新利用、新基因发掘的研究。先后主持各类国家级科研项目25个，取得获奖成果9项，其中国家级奖4个，省、部级奖5个；审定（鉴定、登记）品种24个，其中国审2个，获得国家专利4件，制定农业行业标准1项。

发表论文59篇，其中SCI论文14篇。主编著作5部，参编7部。培养博士后1名、硕士研究生8名。

孙进昌

男，1966年生，湖南省益阳市人，中国共产党党员，四级研究员。

1990年毕业于湘潭大学中文系，同年分配到麻类所工作。曾任主任科员、综合处副处长，现任麻类所党委委员、办公室主任。

主要从事行政、党务等管理工作。主持完成中国农科院基本科研业务费研究项目

2 项；获得各类奖励 9 项，包括征文比赛二等奖 2 项、三等奖 4 项、优秀奖 2 项。连续 20 年聘为《中国农业科学院院报》通讯员，3 次评为中国农科院优秀通讯员，3 次评为中国农科院思想政治工作先进个人和积极分子，1 次评为中国农科院优秀党务工作者。作为主要贡献者，获得集体荣誉 12 次，包括党建方面的荣誉 6 次、文明创建的荣誉 5 次、宣传工作的荣誉 1 次。

发表论文和新闻报道 370 余篇，其中管理论文 35 篇；在中国农科院院报发表诗歌、散文 100 余篇。主编著作 1 部，参编著作 6 部。

刘正初

男，1956 年生，湖南省岳阳市人。二级研究员，博士生导师。曾获农业部有突出贡献中青年专家称号，享受国务院政府特殊津贴。

1982 年毕业于湖南农学院，同年分配到麻类所工作。1993 年于中国农科院研究生院申请并获得微生物学专业硕士学位。

主要从事草本纤维生物提取科学与工程研究。参与（1991）和独立主持（1996）国家自然科学基金、“863”计划、科技支撑（攻关）计划以及国际合作等研究任务共计 30 项，取得各类科技成果或知识产权 20 项，包括国家发明奖、农业部和湖南省科技进步奖等 5 项，公开、授权的发明专利 8 项，鉴定（审定）成果 5 项，发掘新基因 2 个。主持设计并成功指导建设麻类脱胶工艺改造工程 8 项，主笔撰写可行性研究报告并参与组建农业部麻类遗传改良与工程微生物重点开放实验室等创新平台 4 个。

发表论文 50 多篇，SCI 论文 1 篇。培养博士研究生 3 名、硕士研究生 12 名。

龙超海

男，1957 年生，湖南省南县人，中国共产党党员，三级研究员。

1978 年毕业于湖南农学院，同年分配到麻类所工作。曾任机械研究室副主任、主任，加工工程研究室副主任、植保与机械研究室主任、基建办主任和设施农业研究室主任。麻类体系岗位专家，全国农业机械化与设施农业工程技术专家库专家，湖南省农业机械与工程学会理事，国家农作物种质资源科技创新联盟第一届理事会理事 2017 年 1 月退休。

主要从事麻类机械研究工作。先后承担国家科技攻关、部（委）、省、院（所）级科研项目 29 项，其中主持项目 15 项，参加项目 14 项。共获科技鉴定、验收成果 9 项，省、部、院级奖励成果 4 项，其中主持省、院奖励 2 项，主持编写地方标准 2 项，获得国家发明专利 5 件，实用新型专利 16 件。

发表论文 50 余篇。参编著作 8 部。

唐守伟

男，1958 年生，湖南省醴陵市人，中国共产党党员，三级研究员。

1982 年毕业于湖南农学院，同年分配到麻类所工作。先后任育种研究室副主任，麻类所科技处处长，麻类体系苎麻生理与栽培岗位专家，中国作物学会麻类专业委员会常委、秘书长，湖南省作物学会理事等职务。

主要从事苎麻育种与栽培技术研究和科研行政管理工作。组织协调麻类体系和创新工程团队建设。主持国家科技部科技支撑项目“麻类资源高效利用与产业化”专题、中欧国际合作 FIBRA 等项目。作为主要完成人选育了圆叶青、中苎一号等多个苎麻新品种。获得省部级和院级成果 6 项。参加的“苎麻饲料化与多用途研究与应用”2013 年获湖南省科技进步一等奖（排名第六）。作为第一完成人研制成功的“青饲料（饲用苎麻）联合收获机与农艺融合技术”，通过专家组成果评价，2017 年获常德市科技进步一等奖（排名第一）。申报国家专利 12 项，其中发明专利 4 件，实用新型专利 7 件。

发表论文 50 余篇。参编著作 10 余部。培养硕士研究生 4 名。

梅时勇

男，1965 年生，湖北省黄梅县人。九三学社麻类所支社主任委员，三级研究员。

1985 年毕业于华中农业大学，同年分配到湖北省鄂州市农业办公室工作。2004 年入选武汉市 213 人才，2010 年任国家大宗蔬菜产业技术体系萝卜育种岗位科学家，2011 年获湖北省突出贡献专家称号，2012 年担任中国农村专业技术协会萝卜产业技术交流中心主任，2013 年担任湖北省萝卜产业技术体系顾问，2014 年 7 月任中国农科院麻类所特色蔬菜种质资源与遗传改良创新团队首席专家。2014 年入选中国农科院青年英才 A 类人才，2015 入选全国农业科研杰出人才，2017 年入选中国农科院农科英才 C 类人才。

主要从事萝卜等蔬菜作物遗传育种工作。建立了萝卜单倍体育种技术体系，获得萝卜 DH 系 3 000 余份、优良 DH 雄性不育系 30 余份。优良 DH 系 500 余份，6 个双单倍体新组合通过湖北省审（认）定。获得湖北省技术发明一等奖 1 项（排名第一），农业部成果推广二等奖 1 项（排名第二）和国家发明专利授权 10 件。

发表论文 10 余篇，其中 SCI 论文 6 篇。培养博士、硕士研究生 5 名。

赵立宁

男，1962 生，湖南省宁乡市人，九三学社社员，四级研究员。

1986 年毕业于湖南农学院，同年分配到麻类所工作。曾任亚麻大麻研究室副主任，现任一年生麻类育种研究室副主任。

主要从事麻类作物遗传育种，麻类生物技术及无融合生殖等研究工作。主持或参加麻类体系育种技术与方法、科技部国际科技合作子课题亚麻大麻品种改良新技术与种质资源创新、中欧合作欧盟第七框架项目大麻多用途利用子课题、“863”计划、农业创新工程一年生麻类育种团队等 30 余项研究工作。对苎麻属无融合生殖资源进行系统的细胞学和分子进化研究，并提出无融合生殖物种同源多倍化形成机制。作为主要完成人获农业部、湖南省科技进步一等奖 1 项（参加）、三等奖 4 项（其中 1 项排名第六，2 项排名第七，1 项参加），中国农科院科技成果奖 4 项。认定或登记大麻、菜用黄麻、苎麻等 11 个品种；获软件著作权 1 项，国家发明专利授权 1 件。引进大麻种质资源 200 余份，包括雌雄同株及高 CBD 大麻品系。

发表论文 50 余篇，其中 SCI 收录 8 篇；参编著作 2 部；培养硕士研究生 4 人。

杨瑞林

男，1961 年生，中国共产党党员，四级研究员。

1982 年毕业于湖南农学院，同年分配到麻类所工作。曾先后担任麻类所测试中心副主任、农业部麻类产品质量监督检验测试中心常务副主任、麻类所综合办公室副主任职务。曾任湖南省沅江市第十三届人大代表。

主要从事麻类微生物脱胶、麻类作物栽培、土壤培肥和麻类产品质量标准研究。先后主持了“苎麻高产平衡施肥和提高肥效的相关因子研究”“红黄壤低丘旱地苎麻高产土壤的培肥技术研究”等 10 多项研究课题。主持筹建的农业部麻类产品质量监督检验测试中心，2000 年通过了国家计量认证和农业部审查认可“双认证”验收。参加的“南方红黄壤丘陵低产地治理与农业持续发展研究”于 2003 年获国家科技进步二等奖（二级证书），“苎麻生物脱胶综合治废方法与设备”1998 年获农业部科技进步三等奖（排名第五）。共获得科研成果 14 项，国家专利授权 2 件。

发表论文共 56 篇。参编著作 3 部。

彭源德

男，1965 年生，湖南省新邵县人，民进会员，三级研究员。

1987 年毕业于湖南农学院。同年分配到麻类所工作。曾任麻类所加工与环保事业部经理，生物加工研究室副主任（主持工作），现任麻类所生物加工研究室主任。全国农业科研杰出人才、中国农科院农科英才（领军人才 C 类）、创新工程“农产品加工微生物遗传改良与应用”首席科学家，麻类体系“副产品综合利用”岗位专家；兼任湖南省政协委员、民进中央科技医卫委员会委员、民进湖南省委常委和湖南统一战线智库专家。

主要从事农产品加工微生物遗传改良与应用，麻类副产品综合利用和南方特色蔬菜工程化技术等研发工作。主持国家科技支撑计划课题、国家“948”项目、麻类体系岗位专家等科研课题 20 余项。主持实施成果转化合同收入 1 000 多万元。获得省部级以上奖励成果 9 项，国家专利和软件著作权近 30 件。

发表论文 60 余篇，其中 SCI 收录近 20 篇。参编著作 8 部。培养硕士研究生 5 人。

王玉富

男，1962 年生，山东省泰安人，中国共产党党员，三级研究员。

1985 年毕业于吉林农业大学，2003 年由黑龙江省农业科学院调入麻类所，先后担任栽培研究室副主任，学术委员会副主任等职务。主要从事亚麻、大麻的育种、高效栽培技术、功能基因组、种质资源及转基因方面的研究。先后主持及承担了国家重点研发计划、麻类体系、创新工程、国家“863”项目、国家攻关项目、农业部“948”项目、黑龙江省和湖南省科技厅项目等 40 余项。取得各级获奖成果 10 余项，其中国家一等奖、二等奖各 1 项（二级证书），农业部一等奖 1 项（排名第十），农业部一等奖 1 项（二级证书），农业部三等奖 1 项（排名第二），黑龙江省二等奖 2 项（1 项排名第七，1 项二级证书）。选育了黑亚 7 号至 15 号、中亚麻 1 号至 11、中大麻 1 号、中大麻 5 号等优质亚麻新品种。构建了 26 份亚麻种质资源的分子身份证。筛选出了一批优质、早熟、抗逆、多胚、高产等优异种质资源。建立了农杆菌介导法亚麻基因转化体系。

发表论文 100 篇，其中 SCI 收录 10 余篇。主编著作 1 部，参编著作 10 余部。培养硕士研究生 6 人。

戴求仲

男，1969 年生，湖南省新宁县人，九三学社湖南省委委员，二级研究员，博士生

导师。

1997 年毕业于福建农业大学，获硕士学位。同年分配到湖南省畜牧兽医研究所工作。2014 年任创新工程南方饲料作物种质资源与利用创新团队首席专家。主要从事动物营养及饲养技术研究。先后主持湖南省科技计划项目、学科带头人项目等 20 多项。参与国家自然科学基金项目 3 项，承担国家水禽产业技术体系鸭饲养管理岗位研发任务。

主持完成的“生物安全饲用共轭亚油酸、活性微生物添加剂作用机理及生产应用技术研究”“湘黄肉鸡饲料营养调控技术研究与应用”“优质麻鸭饲料高效利用及肉蛋品质调控技术研究与应用”分别于 2007 年、2012 年、2017 年获湖南省科技进步奖二等奖、三等奖、二等奖。参与完成的“畜禽氮磷代谢调控及其安全型饲料配制关键技术研究及应用”等 4 项课题获国家级、部省级（院级、市级）科技进步奖和青年科技创新奖。共获各类奖项 7 项。

发表论文 150 多篇，其中 SCI 收录 18 篇。主编专著 1 部，参编专著 2 部。培养博士研究生 2 名，博士后 1 人，硕士研究生 12 人。

肖爱平

女，1963 年生，湖南省娄底市人，三级研究员。

1986 年毕业于湖南农学院，同年分配到麻类所工作。先后担任农业部麻类产品质量监督检验测试中心及农业部植物纤维产品质量安全风险评估实验室常务副主任/技术负责人、国家级实验室资质认定评审员、《中国纤检》专家委员、全国纤维标准化技术会委员兼副秘书长，农业部热带作物及制品标准化委员会委员、麻类所特色蔬菜育种研究室主任等职务。

先后主持参与科研项目 25 项，其中主持科技部科研条件工作专项 2 项、农业行业专项 1 项、农业部质量安全风险评估、农业行业标准等 15 项。主持制定了《苎麻纤维细度快速测定方法》（NY/T 1538—2007）等农业行业标准 6 项，获国家发明专利授权 8 件。率先提出采用自动显微图像技术快速测定麻纤维细度的新理念，改进了麻类检测方法和手段。

发表论文 50 余篇，其中 SCI 收录 6 篇。参编著作 2 部。培养硕士研究生 4 人。

龚友才

男，1963 年 3 月 15 日出生，湖南省安乡县人，中共党员。

1986 年毕业于湖南农学院农学专业，获农学学士学位，2007 年在中国农科院研究生院获硕士学位，四级研究员，硕士生导师。

1998—2000 年赴贵州望谟县任县委常委，科技副县长；2015 年 8 月任中国农业科学

院麻类所新技术推广中心董事长、法人代表。长期从事黄麻育种、栽培与种质资源研究，包括黄麻新品种选育技术与方法、性状遗传规律、种质创新、黄麻多用途研究与开发等，现主要从事麻类新技术、品种、专业等技术推广与产业开发工作。

先后主持和参加的项目有“特优质、高产、多抗黄麻品种引进与消化”“黄麻品种选育”“黄麻新品种推广应用”等“863”、科技部攻关、农业部重点、国家支撑、“948”、CFC/IJSG 国际合作、国家成果转化、麻类产业体系等各类项目 30 多项；获得 2003 年国家科学技术进步一等奖（二级证书）、2009 年国家科学技术进步二等奖（二级证书）、1990 年农业部科技进步三等奖（排名第六），2009 年中华农业科技奖一等奖（二级证书），2009 年中国农科院科学技术成果奖二等奖（排名第六），2014 年福建省科学技术进步奖二等奖（参加）。主持与参加选育黄麻新品种 12 个，所选育的中黄麻 4 号、帝王菜 1 号已成为重金属吸附剂及黄麻保健、化妆品原料生产与开发的当家品种。主持制定农业部行业标准《黄麻种子繁育技术规程》1 项，参加制定麻类种质资源描述规范和数据标准 4 个。

参编著作 4 部；发表论文 38 篇，培养硕士研究生 2 人。

喻春明

男，1963 年生，湖南宁乡人，中共党员，三级研究员。

1986 年毕业于湖南农学院，同年分配到麻类所工作。曾担任苎麻育种研究室副主任，现任多年生麻类育种研究室主任。

主要从事苎麻遗传育种和新品种推广工作。先后主持“863”子课题、国家攻关子专题、国家支撑计划课题、“948”项目、科技部成果转化项目及农业部标准制定项目等 11 项。作为课题负责人或主要执行人，承担国外引进、国家科技平台、国家自然科学基金、麻类体系等省（部）级以上科研项目 15 项。

获得成果 16 项。其中参与的“苎麻饲料化与多用途研究和应用”获 2013 年湖南省科技进步一等奖（排名第二）；“苎麻与肉鹅种养结合研究和应用”获得 2015 年中国农科院青年科技创新奖（排名第三）；“主要麻类作物专用品种选育与推广应用”2009 年获得中华农业科技成果一等奖（排名第六）；优质高产苎麻新品种中苎 1 号选育与推广 2008 年获中国农科院科技成果一等奖（排名第二）。

发表论文 50 多篇，参加编写出版著作 6 部。培养硕士研究生 3 名。

陈建华

男，1963 年生，湖南省沅江市人，四级研究员，博士生导师。

1988 年毕业于沈阳农业大学，获果树学硕士学位，2011 年毕业于中国农科院研究生

院，获农学博士学位，1995—1996 年留学德国洪堡大学。1999 年调入麻类所工作。

现任国家种质长沙苎麻圃负责人、中国农学会植物遗传资源分会理事、国家农作物种质资源科技创新联盟理事。

主要从事麻类、果树等经济作物种质资源、生物技术应用，采用常规和分子生物学手段开展作物种质资源的搜集、保存、鉴定评价以及创新利用等研究工作。先后主持国家及省部级科研项目 10 余项，作为主要执行人参与国家“863”项目、“973”前期项目、科技部社会公益型研究专项等 10 项。编制农业行业标准 2 个，获得发明专利授权 5 件。作为主要完成人获国家科技进步奖二等奖（二级证书）、北京市科技进步一等奖（二级证书）、浙江省科学技术奖二等奖（排名第十）、湖南省科学技术进步奖三等奖（二级证书）和中国农科院科技成果二等奖（二级证书）各一项。

发表论（译）文 50 余篇，其中 SCI 10 余篇，主编、参编著作 6 部。培养博士研究生 4 人，硕士研究生 4 人。

陈安国

男，1964 年生，湖南省益阳市人，四级研究员。

1986 年毕业于湖南农学院，同年分配到麻类所工作。主要从事一年生麻类遗传育种和杂种优势利用及新品种（组合）的示范与推广研究工作。

先后主持国家自然科学基金、科技部成果转化基金、亚洲国际合作、东盟项目、农业部行业标准项目、中国农科院院长基金和农引推等 8 项课题，参与国家攻关、“863”计划、支撑计划、麻类体系岗位和农业部创新团队等 40 余项。作为主要参加人，获中华农业科技奖一等奖 1 项，中国农科院科技进步二等奖 2 项（1 项排名第二，1 项排名第十一）。鉴定 4 个细胞质雄性不育系，审定或登记了中红麻 13 号等 7 个品种。2003 年在三亚发现了红麻细胞核雄性不育材料，构建了其制种模式。近年开展高油脂、α-亚麻酸含量抗病油用亚麻的选育和功能产品开发及综合利用研究，研制了 4 个功能型油脂保健中试产品。

发表论文 40 余篇。参编著作 1 部。培养硕士研究生 1 人。

朱爱国

男，1973 年生，湖南省临澧县人，中国共产党党员，四级研究员。博士研究生导师。

1994 年毕业于湖南师范大学，同年分配到麻类所工作。2001 至 2008 年在中国农科院研究生院攻读博士学位。曾任中国作物学会麻类专业委员会常委、《中国麻业科学》编委、

沅江试验站副站长（主持工作）、科研管理处处长等职务。

主要从事苎麻/罗布麻等多年生麻类新品种选育、苎麻基因组测序与功能基因挖掘、重金属污染土壤苎麻替代种植与生物修复等研究工作。先后主持创新工程多年生麻类作物遗传改良、麻类体系沅江苎麻试验站专项经费、国家科技支撑计划子课题“重金属污染农田苎麻替代种植关键技术”等项目。获得湖南省科技进步一等奖1项（排名第五）；认定或登记品种4个、获得授权专利5件、鉴定成果4项、参与制定行业标准2项。

发表论文50篇，其中SCI收录12篇，参编著作3部。培养硕士研究生1人。

严　准

男，1971年生，湖南省长沙市人，四级研究员。

1995年毕业于湖南农业大学，2006年在加拿大麦克玛斯特大学生物系获博士学位。2006—2013年先后在中国农科院蔬菜花卉研究所、美国肯塔基大学烟草与健康研究所、加拿大麦克马斯大学、加拿大多伦多重组抗体研究中心从事教学及研究工作。2014年任创新工程南方经济作物有害生物防控创新团队首席专家。

主要从事真菌基因功能的研究以及抗体的研发。2000年获得国家科技进步二等奖（排名第七）；2003年获得加拿大莫利卡纪念奖；2004年获加拿大授予的优秀博士研究生奖金。现在主要研究方向为病原菌纳米抗体的研发及其在疾病诊断及治疗中的应用。

在*Nature Biotechnology*、*Genetics*等期刊发表论文20余篇，其中第一作者论文10篇。

刘头明

男，1981年生，湖南省茶陵人，九三学社社员，四级研究员，博士生导师。

2009年7月毕业于华中农业大学，同年分配到麻类所工作，获得理学博士学位，国家自然科学基金委、教育部学位中心通讯评审专家。2016年入选中国农科院青年英才计划。2016年被聘为麻类所南方饲料作物资源与利用研究室副主任。

主要从事苎麻、大蒜等作物基因组和性状分子遗传机制研究，先后主持国家自然科学基金，湖南省自然科学基金等项目

9 项，以第一完成人获得湖南省自然科学三等奖 1 项，作为主要完成人获得常德市科技进步一等奖 1 项（排名第八）。

发表论文 66 篇，其中 SCI 收录 41 篇。培养硕士研究生 4 人。

朱四元

女，1978 年生，湖南省汨罗市人，中国共产党党员，四级研究员，硕士生导师。中国农业科学院青年英才计划“科研英才培育工程”所级人才。

2007 年毕业于湖南农业大学，同年分配到麻类所工作，2007 年获农学博士学位。

主要从事苎麻栽培生理及饲料作物种质资源利用研究。先后主持国家自然科学基金项目 3 项，湖南省自然科学基金项目 1 项，中国农科院中央公益性科研项目 3 项，参与国家行业科技计划、麻类体系岗位专家、创新工程等科研项目。获得国家专利 5 件。第二参与人完成的“苎麻转录组研究” 2017 年获湖南省自然科学奖三等奖，参与选育的中苎 2 号 2009 年通过全国品种鉴定。

发表论文 60 余篇，其中在 *BMC Genomics*、*Gene*、*Euphytica* 等国际刊物上发表论文 18 篇。培养硕士研究生 2 人。

第二十三章　其他人员名录

中国共产党代表名录

刘正初	中共湖南省第十届代表大会代表	2011—2016 年

政协、科协委员名录

熊和平	湖南省政协第十届、十一届委员会委员	2008 年 1 月—
陈万权	中国科协第九届全国委员会委员	2017 年 7 月—

民主党派名录

彭源德	民进湖南第八届委员会	委员、常务委员	2017 年 6 月—2022 年 6 月
	民主湖南省第八届委员会经济科技委员会	副主任	2017 年 10 月—
	民进湖南省直科技支部	主任委员	2011 年 12 月—
	湖南省统一战线智库	专家	2016 年 1 月—
段盛文	民进科技支部	委员	2011 年 12 月—
	中国民主促进会湖南省医、卫科技专业委员会	委员	2012 年 10 月—
梅时勇	九三学社麻类所支社	主任委员	2017 年—
邓　欣	九三学社麻类所支社	副主任委员	2017 年—
邱财生	九三学社麻类所支社	委员	2017 年—

先进人物名录

全国先进人物

陈万权	全国五一劳动奖章	2014 年
陈万权	全国优秀科技工作者	2014 年
陈万权	国际玉米小麦改良中心杰出校友	2014 年

部委、省市级先进人物

王玉富	中共湖南省直工委优秀党员	2011 年

陈万权	全国粮食生产突出贡献农业科技人员	2012 年
陈万权	全国农业先进个人	2013 年
朱四元	湖南省省直机关优秀党员	2016 年

中国农科院先进人物

栾明宝	文明职工	2010 年
王玉富	优秀共产党员	2011 年
余永廷	优秀共产党员	2012 年
王延周	优秀共产党员	2014 年
孙进昌	优秀党务工作者	2014 年
黄志辉	妇女之友	2015 年
陈万权	优秀党务工作者	2016 年
朱四元	优秀共产党员	2016 年
王朝云	妇女之友	2017 年
吕　拓	优秀妇女干部	2017 年

社会兼职名录

欧洲和地中海禾谷类锈病基金会

陈万权　第十三、第十四届执委　2009—2016 年

中国科学技术协会决策咨询专家库

陈万权　专家　2010—2015 年

中国科学技术协会病虫害灾情预测与防治专家组

陈万权　专家　2005—2008 年

国家林业局林业检疫性有害生物审定委员会

陈万权　委员　2012 年—

北京市重大植物疫情防控专家组

陈万权　第一届专家　2012—2016 年

农业部作物有害生物综合治理重点实验室

陈万权　第一届主任　2013—2017 年

全国植物检疫标准化技术委员会

陈万权　委员　2004 年—

中国植物保护学会

陈万权　第九、第十届秘书长　2005—2012 年

陈万权　第十一届、十二届理事长　2013 年—

中国植物保护学会青年工作委员会

余永廷　第十一届委员　2013 年 10 月—2017 年 10 月

高春生　第十一届委员　2013 年 10 月—2017 年 10 月

中国农药发展与应用协会

陈万权　第一、第二届副会长　2006—2015 年

全国植物保护学科科学传播专家组

陈万权　第一届首席专家　2014—2017 年

《植物保护》

陈万权　第十一、第十二届主编　2013 年—

《植物保护学报》

陈万权　第九、第十、第十一、第十二届副主编　2005 年—

《Journal of Integrative Agriculture》

陈万权　第一届编委　2012—2016 年

农业部无公害农产品认证评审委员会

陈万权　第四届委员　2010—2013 年

国家项目及国家科技奖励评审专家

李德芳　专家　2011 年—

农业部特色农产品加工委员会

彭源德　委员　2012 年—

全国农产品地理标志登记专家评审委员会

王朝云　委员　2013 年 10 月 1 日—

安徽省非主要农作物品种鉴定委员会

粟建光　委员　2008 年—

国际黄麻研究组（IJSG）咨询专家组

粟建光　成员　2009 年—

国家农作物种质资源创新联盟

粟建光　理事　2016 年—

陈建华　理事　2016 年—

中国农学会遗传资源分会

粟建光　第六届理事会理事　2011 年—

陈建华　第六届理事会理事　2011 年—

湖南省植物病理学会

余永廷　第七届常务理事　2013—2017 年

湖南省植保学会

高春生　第十届常务理事　2016 年—

湖南省昆虫学会

曾粮斌　第十届理事　2016 年—

郭利桃　第十届理事　2016 年—

湖南省作物学会

熊和平　第七、第八届常务理事　2010 年—

唐守伟　第七、第八届理事　2010 年—

国家自然科学基金委员会

熊和平　第六届委员　2012 年

四川省达州市 苎麻研究特聘专家

熊和平　专家　2010 年

湖南省微生物学会

程毅　第九届理事会理事　2017 年—

全国纤维标准化技术委员会（SAC/TC513）

肖爱平　委员兼副秘书长　2011—2016 年

全国标准样品技术委员会纤维纺织专业标准样品工作组

肖爱平　成员　2007—2012 年

农业部热带作物及制品标准化委员会

肖爱平　委员　2011 年

《中国纤检》专家委员会

肖爱平　第二届委员　2009 年

国家检验检测机构资质认定

肖爱平　国家级评审员　2016 年 12 月—

中国农村专业技术协会萝卜技术交流中心

梅时勇　主任　2013 年—

中国种子贸易协会

梅时勇　理事　2008 年—

全国农技推广协会园艺产业促进分会

梅时勇　常务理事　2011 年—

中国种子协会蔬菜分会

梅时勇　理事　2012 年—

湖南省农业系统工程学会

吕江南　第五届理事会副理事长　2017 年—

王玉富　第五届理事会理事　2017 年—

中国畜牧兽医学会动物营养学分会

戴求仲　第八、第九、第十届理事　2014 年—

中国畜牧兽医学会 家畜环境卫生学分会

戴求仲　第七、第八、第九届常务理事　2014 年—

湖南省动物营养与家畜生态学会

戴求仲　常务理事　长期

中国农科院学术委员会

熊和平　第四、第五、第六、第七届委员　1997—2016 年

刘正初	第五、第六、第七届委员	1998—2016 年
陈万权	第六、第七、第八届委员	2008 年—
王玉富	第八届委员	2016 年—

国家食药同源产业科技创新联盟

王玉富	理事	2017 年—
戴志刚	理事	2017 年—
陈安国	理事	2017 年—

中国作物学会第五届麻类专业委员会所内专家名录（2010 年 12 月—2017 年 12 月）

主任委员：熊和平

副主任委员：王朝云　臧巩固　李德芳

秘书长：唐守伟

常务委员：王朝云　刘正初　朱爱国　李德芳　唐守伟
粟建光　熊和平　臧巩固

顾　问：孙庆祥　孙家曾　刘伟杰　罗素玉

委　员：王玉富　王朝云　龙超海　刘正初　吕江南　朱爱国　汤清明
余永廷　李德芳　杨瑞林　肖爱平　陈安国　陈建华　易永健
段盛文　胡镇修　赵立宁　唐守伟　喻春明　彭源德　粟建光
熊和平　臧巩固　薛召东

国家麻类产业技术体系专家名录

国家麻类产业技术体系首席科学家　熊和平

岗位专家

2008—2010 年	苎麻育种	熊和平
	生物技术育种	臧巩固
	红麻育种	李德芳
	虫害防控	薛召东
	亚麻大麻栽培	王玉富
	苎麻栽培	唐守伟
	麻地膜	王朝云
	剥制机械	龙超海
	纤维生物提取	刘正初
	酶制剂和生物质能源	彭源德
	沅江苎麻试验站	朱爱国

2011—2015 年	种质资源评价	粟建光
	苎麻育种	熊和平
	分子育种	臧巩固
	红麻育种	李德芳
	虫害防控	薛召东
	苎麻栽培	唐守伟
	亚麻栽培	王玉富
	初加工机械与设备	龙超海
	可降解麻地膜生产	王朝云
	脱胶技术与工艺	刘正初
	酶处理与副产品综合利用	彭源德
	沅江苎麻试验站	朱爱国
2016 年	种质资源评价	粟建光
	苎麻育种	喻春明
	分子育种	赵立宁
	红麻育种	李德芳
	虫害防控	薛召东
	苎麻栽培	唐守伟
	亚麻栽培	王玉富
	初加工机械与设备	吕江南
	可降解麻地膜生产	王朝云
	脱胶技术与工艺	段盛文
	酶处理与副产品综合利用	彭源德
	沅江苎麻试验站	朱爱国
2017 年—	首席科学家	熊和平
	种植资源收集与评价	粟建光
	育种技术与方法	赵立宁
	苎麻品种改良	喻春明
	红麻品种改良	李德芳
	苎麻栽培生理与栽培	唐守伟
	亚麻生理与栽培	王玉富
	初加工机械化	吕江南
	生物脱胶与初加工	段盛文
	麻纤维膜生产	王朝云
	副产品综合利用	彭源德
	沅江麻类综合试验站	朱爱国

执行专家

熊和平　　2008 年—
李德芳　　2011 年—
王朝云　　2008 年—
刘正初　　2008—2016 年

研究室主任

熊和平　　2008—2010 年
李德芳　　2011 年—
王朝云　　2008 年—
刘正初　　2008—2015 年

体系管理秘书

陈继康　　2009 年—
赵浩含　　2017 年—

农业部、中国农科院青年英才/杰出人才名录

戴求仲	湖南省 121 人才工程	2009 年（授予时间，下同）
陈万权	全国农业科研杰出人才	2012 年
彭源德	全国农业科研杰出人才	2015 年
梅时勇	全国农业科研杰出人才	2015 年
严　准	中国农科院青年英才计划 A 类人才	2016 年
梅时勇	中国农科院青年英才计划 B 类人才	2016 年
戴求仲	中国农科院青年英才计划 D 类人才	2016 年
侯振平	中国农科院青年英才计划 D 类人才	2016 年
刘头明	中国农科院青年英才计划“科研英才培育工程”院级人才	2016 年
朱四元	中国农科院青年英才计划“科研英才培育工程”所级人才	2016 年
栾明宝	中国农科院青年英才计划“科研英才培育工程”所级人才	2016 年
谢纯良	中国农科院青年英才计划“科研英才培育工程”所级人才	2017 年
谭志坚	中国农科院青年英才计划“科研英才培育工程”所级人才	2017 年
陈万权	中国农科院农科英才（领军人才 A 类）	2017 年
彭源德	中国农科院农科英才（领军人才 C 类）	2017 年
梅时勇	中国农科院农科英才（领军人才 C 类）	2017 年
刘头明	中国农科院农科英才（青年英才）	2017 年
严　准	中国农科院农科英才（青年英才）	2017 年

获博士学位人员名录

邱化蛟　李德芳　朱爱国　黄思齐　邓　欣　栾明宝　唐　蜻
杨泽茂　邓灿辉　戴求仲　刘头明　朱四元　侯振平　郑　霞
吴端钦　王满生　林　谦　李建军　常　丽　潘　根　陈　平
陈建华　陈坤梅　高　钢　刘亮亮　张冀芳　陈小军　郭　媛
王　慧　谭志坚　余　旺　成莉凤　谢纯良　龚文兵　杨　琦
周映君　严　准　高春生　余永廷　曾粮斌　李智敏　陈　佳
程　毅　孙向平　郭利桃

获硕士学位人员名录

王朝云　吕江南　刘　珊　占　莎　刘　娟　唐　超　赵浩含
樊　融　粟建光　程超华　王延周　喻春明　许　英　陈继康
王晓飞　杨喜爱　廖丽萍　龙松华　邱财生　马　兰　刘佳杰
周　韦　李　懋　周晚来　杨媛茹　段盛文　朱作华　刘志远
郭　兵　龚友才　陈基权　尹志成　吕　拓　廖勇凤

创新工程首席科学家名录

粟建光	南方经济作物种质资源与利用首席科学家	2015年1月—
戴求仲	南方饲料作物种质资源与利用首席科学家	2015年1月—
李德芳	一年生麻类作物遗传与改良首席科学家	2015年1月—
熊和平	多年生麻类作物遗传与改良首席科学家	2015年1月—2015年12月
朱爱国	多年生麻类作物遗传与改良首席科学家	2016年1月—
梅时勇	特色蔬菜种质资源与遗传改良首席科学家	2015年1月—
王玉富	南方经济作物栽培与收获技术首席科学家	2015年1月—
王朝云	麻纤维产品与加工技术首席科学家	2015年1月—
刘正初	农产品加工微生物遗传改良与应用首席科学家	2015年1月—2016年1月
彭源德	农产品加工微生物遗传改良与应用首席科学家	2016年1月—
严　准	南方经济作物有害生物防控首席科学家	2015年1月—

享受国务院政府特殊津贴专家名录

孙庆祥　刘伟杰　张木祥　宋贻则　孙家曾　蒋金根　邓丽卿
林华如　吴家琴　黄培坤　胡仲强　熊和平　陈万权　刘正初
戴求仲

去世职工名录

文国铎　昌跃辉　聂仕宽　董显忠　刘恢汉　文超群　陈国斌
张淑珍　吴柏根　刘月英　文国凡　文传如　肖中和　黄棣兴
邵年珍　邓　辉　曾晋生　贺庆山　何石泉　何钢强　李白高
晏健仁　金友余　李友才　陈钦英　张怀芳　王涤青　文菊秋
郎续纲　刘小春　邓阳春

在麻类所工作过的职工名录

刘俊江　郭　刚　张　星　向泓超　谭佩莲　朱捍华　易谷秀
彭　瑛　朱施琴　严智燕　张鑫慧　段叶辉　温　岚　卢凌霄
易　晴　谭石勇　朱娟娟　伍　淑　陈　佳　丁　薇　孙　凯
朱涛涛

第二十四章　大事记（2008—2017 年）

2008 年

1 月 1 日，麻类加工酶制剂中试车间开工建设，项目总投资 768.88 万元，新建酶制剂中试车间 1 978.7 平方米。

1 月 13—2 月 1 日，麻类所遭受历史罕见冰冻灾害，麻类所成立了抗冰救灾指挥部，在开展抗冰自救的同时，向灾区募捐棉衣 202 件、棉被 13 床。

1 月，所区配套设施建设项目开工建设，项目总投资 502.37 万元。

5 月，麻类所主持完成的“优质高产苎麻新品种‘中苎 1 号’的选育与推广”获中国农科院科学技术成果奖一等奖。

5 月 28 日，麻类所 101 名党员向汶川地震灾区缴纳特殊党费共计 20 170 元。

8 月 22 日，农业部麻类产品质量监督检验测试中心建设项目获农业部（农计函〔2008〕186 号）批复，项目总 1 645 万元。

11 月 8 日，召开庆祝麻类所成立 50 周年庆典大会。

12 月 20 日，农业部以农科教发〔2008〕10 号文发布《农业部关于印发现代农业产业技术体系第二批建设依托单位和岗位聘用人员名单的通知》，麻类体系正式成为现代农业产业技术体系建设项目之一，麻类所为该体系牵头单位。

12 月，国家麻类种质资源中期库建设项目获农业部农办计〔2008〕123 号文批复，项目总投资 270.62 万元。

12 月，国家麻类产业技术研发中心挂牌成立。

2009 年

2 月 5 日，麻类体系建设启动大会在北京召开，标志着该体系正式启动。时任中国作物学会理事长、原农业部副部长路明，时任农业部财务司巡视员邓庆海，时任中国农科院副院长刘旭，以及财政部、农业部有关部门的领导，全国麻类产业科研机构、高等院校的专家和麻类主产区的代表共 100 余人出席了大会。

3 月 9 日，农业部办公厅以农办科〔2009〕9 号文印发现代农业产业技术体系执行专家组人员组成名单，确定麻类体系首席由熊和平研究员担任。

3 月，麻类所召开 2009 年国际天然纤维年院士专家座谈会。

6 月，麻类所主持完成的“高效节能清洁型苎麻生物脱胶技术研究与应用”获中国农科院科学技术成果奖二等奖。

6月，麻类所主持完成的“高产优质多抗中红麻系列新品种（中红麻10号、中红麻11号、中红麻12号、中杂红305）的选育和推广”获得中国农科院科学技术成果奖二等奖。

8月20日，中国农科院党组以农科院〔2009〕12号文件任命：李德芳、黄志辉为麻类所副所长。

9月27日，时任中国农科院党组书记薛亮到麻类所指导工作。

11月，麻类所主持完成的“高效节能清洁型苎麻生物脱胶技术”获湖南省技术发明奖三等奖。

11月，通过竞争上岗系列程序聘用了14名中层领导，招聘了102名职工，其中职能部门岗位16人，科研岗位72人，后勤服务中心岗位14人。

12月，重新恢复事业单位机构建制，成立综合处、科技管理处、计划财务处、科技开发处4个职能部门，苎麻研究室、红麻黄麻研究室、亚麻大麻研究室、生物加工研究室、设施农业研究室、质量信息研究室6个专业研究室，以及沅江实验站和后勤服务中心。

12月，麻类所主持完成的“主要麻类作物专用品种选育与推广应用”获得中华农业科技奖一等奖。

12月，麻类所参与完成的“中国农作物种质资源多样性和技术指标体系及应用”获得国家科学技术进步奖二等奖。

2010年

9月19日，麻类所举办麻类体系“十二五”聘任人员遴选工作会议暨中国农科院麻类酶制剂中试车间启动仪式。

10月，麻类所承办联合国工业发展组织国际合作项目“通过特定工业应用提高小农红麻生产效率”第二次协调会。

12月19日，时任中国农科院翟虎渠院长到所调研，并在中层以上干部座谈会上讲话。

12月28日，中国作物学会第五届麻类专业委员会第一次会员代表大会暨现代麻业学术研讨会在海南省海口市召开，选举产生了第五届麻类专业委员会。

12月，麻类所主持完成的“环保型麻地膜及其制造技术”获湖南省技术发明奖三等奖。

12月，麻类所主持完成的“一种环保型麻地膜的制造工艺及其制备的麻地膜”获中国专利优秀奖。

12月，时任中国农科院翟虎渠院长到所指导工作。

2011年

2月11日，中国农科院办公室以农科办科〔2011〕23号文同意成立经作中心，该中心定位为非法人机构的学术性科研协作组织。

2月26日，湖南省人民政府副省长徐明华出席“中国农业科学院南方经济作物研究中心暨我国南方经济作物恳谈会”启动仪式。时任湖南省委书记周强、科技部中国农村技术开发中心主任贾敬敦、中共益阳市委书记马勇等领导发贺信祝贺。

3月，农业部沅江麻类资源重点野外科学观测试验站开工建设，项目总投资575万元。

5月9日，中国农科院人事局以农科人干函〔2011〕45号文件批复同意：成立饲料作物研究室、农业微生物研究室、南方特色作物研究室3个研究室。

6月15日，承办中欧麻类作物可持续发展和多用途开发研讨会暨2011年欧盟第七框架计划招标宣讲会。

7月31日，召开了第二届职工代表大会第三次会议。会议通过了《麻类所职工工资改革方案》。

12月，麻类所主持完成的“环保型麻地膜的研究与应用”获中国农科院科技成果奖二等奖。

12月，农业部麻类生物学与加工重点实验室挂牌成立。

2012年

2月，麻类所主持完成的“苎麻、黄红麻剥麻机械的研制与应用”获中国农科院科技成果奖二等奖。

3月31日—4月1日，时任农业部副部长、中国农科院院长李家洋到麻类所调研指导工作。

5月25日，湖南省委常委、长沙市委书记陈润儿到麻类所调研指导工作。

12月，麻类所获湖南省直机关文明单位。

12月，中国农科院麻产品质量安全风险评估研究中心挂牌成立。

2013年

1月，麻类所在广西大学召开了中国作物学会麻类专业委员会第五届委员会第二次会员代表大会暨学术研讨会。

8月，农业部麻类产品质量监督检验测试中心建设项目通过中国农科院竣工验收，项目总投资1 645万元。新建检验检测实验室1 541.05平方米。

9月10日，国家麻类作物育种中心二期建设项目获农业部（农计函〔2013〕169号）批复，项目总投资440万元。

10月23日，湖南省人民政府张硕辅副省长到麻类所调研，考察了麻类所望城生态种养基地。

12月，麻类所成立第一届青年委员会和第一届妇女委员会。

12月，麻类所主持完成的“欧文氏杆菌工厂化发酵快速提取苎麻纤维工艺”获中国专利优秀奖。

2014 年

1 月，农业部党组以农任字〔2014〕23 号文件任命：陈万权任麻类所所长。

4 月，中国农科院以农科院党组发〔2014〕9 号文件研究决定：陈万权任麻类所党委副书记（兼）。

2 月，麻类所主持完成的"苎麻饲料化与多用途研究和应用"成果获湖南省科技进步一等奖。

3 月，中国农科院党组书记陈萌山到麻类所调研指导工作。

3 月，农业部以农质发〔2014〕10 号文批复同意农业部植物纤维产品质量安全风险评估实验室挂牌成立。

5 月，陈万权所长获"全国五一劳动奖章"。

5—8 月，招聘了包括科研、技术支撑和管理三个序列的创新岗位人员 123 人。

8 月，麻类所分别从加拿大、湖北省农业科学院和湖南省畜牧兽医研究所引进严准、梅时勇、戴求仲 3 名科研人员，分别作为中国农科院青年英才计划 A 类、B 类和 D 类人选。

9 月 15 日，时任农业部党组成员、副部长，中国农科院院长李家洋到麻类所考察指导工作。

9 月，时任农业部种植业管理司曾德衍司长到麻类所指导工作。

11 月 8—9 日，在湖北宜昌召开了中国作物学会麻类专业委员会第五届委员会第三次会员大会暨学术研讨会。

11 月，南方经济作物综合实验楼建设项目获农业部（农计发〔2014〕209 号）批复，项目总投资 2 986 万元，新建实验楼 8 181 平方米。

12 月 30 日，《中国农业科学院关于科技创新工程第 3 批试点研究所及科研团队组建的批复》（农科院办〔2014〕346 号），麻类所组织申报的 9 个创新团队全部进入创新工程第三批试点。

12 月，农业部植物纤维产品质量安全风险评估实验室挂牌成立。

12 月，麻类所主持完成的"苎麻剥麻机的研制及推广应用"获湖南省科技进步奖三等奖。

12 月，中国农科院以农科院任字〔2014〕43 号文件《关于贺德意免职的通知》：研究决定免去贺德意的麻类所副所长职务。

2015 年

2 月，麻类所与马来西亚博特拉大学联合共建红麻联合育种实验站。

4 月，时任农业部种植业管理司司长曾衍德、中国农科院副院长雷茂良一行到麻类所指导工作。

4 月，农业部以农党组发〔2015〕32 号文件《关于熊和平同志免职退休的通知》：研究决定免去熊和平麻类所党委书记职务，按规定办理退休手续。

5月，麻类所与加拿大麦克玛斯特大学联合共建植物病原菌分子生态学联合实验室。

5月，中国农科院党组以农科院党组发〔2015〕16号文件，任命王朝云、李德芳、吕江南为麻类所副所长，免去臧巩固、黄志辉麻类所副所长职务，保留副所级待遇。

7月7日，农业部以农党组发〔2015〕51号文件《关于陈万权同志任职的通知》，经部党组2015年4月23日会议研究，并征得中共湖南省委同意，决定陈万权任麻类所党委书记。

7月10日，中国农科院以农科院党组发〔2015〕30号文件《关于王朝云等两同志职务任免的通知》：经2017年5月7日院党组会议研究，并征得中共湖南省委同意，决定王朝云任麻类所党委副书记、纪委书记；免去陈万权麻类所党委副书记职务。

8月，麻类所与韩国忠南国立大学联合共建蔬菜分子育种联合实验室。

8月13日，中国农科院党组书记陈萌山参加麻类所干部大会，并指导工作。

7月27—28日，由麻类所承办的2015年中欧麻类生物质材料可持续发展研究（FIBRA）项目对接会在北京举行。

8月28日，沅江试验基地动物实验房及其配套工程开工建设，项目自筹投资376.14万元，新建动物实验房1 580平方米，建设1.07公顷南方饲料作物品种资源圃。

9月10日，中国农科院党组以农科院党组发〔2015〕34号文件《关于同意中共中国农业科学院麻类研究所委员增补委员的批复》：原则同意李德芳、吕江南为增补委员候选人。

9月，麻类所主持完成的“麻地膜研制及其在水稻机插育秧中的应用”获中国农科院杰出科技创新奖。

9月，麻类所主持完成的“苎麻与肉鹅种养结合研究和应用”获中国农科院青年科技创新奖。

10月12日，中国农科院人事局以农科人干函〔2015〕113号文批复同意：增设办公室、党办人事处、财务处、基建办公室，撤销综合处、计划财务处、后勤服务中心；保留科研管理处、成果转化处、沅江试验站；成立种质资源研究室、南方饲料作物与利用研究室、一年生麻类育种研究室、多年生麻类育种研究室、特色蔬菜育种研究室、栽培研究室、麻产品研究室、生物加工研究室、植物保护研究室9个研究室，原有9个研究室予以撤销。

11月，麻类所主持完成的“育苗基布及其制造方法”获中国专利优秀奖。

12月，麻类所与波兰弗兰茨瓦夫大学联合共建中波麻类分子生物学联合实验室。

12月，麻类所加入国际天然纤维组织。

12月2日，建成沅江试验基地科研大棚19 328平方米。项目自筹投资273.45万元。

12月，中国农科院原党组书记、全国政协委员薛亮到所考察调研。

2016年

5月，国家种质麻类资源圃建设项目获农业部（农计函〔2016〕74号）批复，项目总投资769万元。

6月，麻类所以农科麻党委〔2016〕17号《关于孙进昌等29人职务任免的通知》，提拔聘用了 24 名处级干部。

7 月 4 日，中国农科院党组书记陈萌山到麻类所调研座谈。

7—8 月，麻类所完成全员聘用工作。共聘用 218 人，其中职能部门 13 人，研究室 148 人，沅江试验站 32 人，新技术推广中心 25 人。

8 月，麻类所主持完成的“高效节能清洁型麻类工厂化生物脱胶技术”获中国农科院杰出科技创新奖。

9 月，国家麻类作物育种中心二期项目通过中国农科院竣工验收，项目总投资 440 万元。

10 月，麻类所与波兰天然纤维及药用植物研究所、粮农组织欧洲亚麻及其他韧皮纤维植物合作研究组织签定中波麻类科技合作框架协议。

12 月，麻类所主持完成的“麻育秧膜研制及其在水稻机插育秧中的应用”获湖南省科学技术进步奖三等奖。

12 月，麻类所主持完成的“育苗基布及其制造方法”获湖南省专利优秀奖。

12 月，麻类所主持完成的“苎麻转录组研究”获湖南省自然科学奖三等奖，此系麻类所建所以来第一个自然科学奖项。

12 月，沅江试验基地建设项目获农业部（农计函〔2016〕101 号）批复，项目总投资 2 592 万元。

2017 年

1 月 23 日，农业部党组以农党组发〔2017〕14 号文件《关于邱化蛟、陈万权同志职务任免的通知》：经部党组 2016 年 12 月 26 日会议研究，并征得中共湖南省委同意，决定调邱化蛟同志任麻类所党委书记，免去陈万权麻类所党委书记职务。

1 月，中国农科院以农科院任字〔2017〕3 号文件，决定邱化蛟任麻类所副所长。

1 月 25 日，中国农科院学术委员会以农科院学委〔2017〕2 号文件批复同意麻类所组建第六届学术委员会。

3 月，麻类所以农科麻党委〔2017〕4 号文件，任命 3 名处级干部。

6 月 27 日，农业部党组成员、农业部办公厅主任叶贞琴来麻类所调研指导工作。

7 月 10 日，中共湖南省委组织部以湘干组〔2017〕106 号文件《中共湖南省委组织部关于麻类所党员大会选举结果的批复》：同意麻类所第五届委员会第一次全体会议选举邱化蛟同志为党委书记，陈万权、王朝云为党委副书记，顺利完成第四届党委班子换届。新的党委班子由 7 位成员组成。

9 月 18 日，在长沙市召开了中国作物学会第五届麻类专业委员会第三次常务委员会。

12 月，湖南省直属机关工会委员会以湘直工组〔2017〕259 号文件批复同意成立麻类所第一届工会委员会。

12 月，麻类所主持完成的“麻纤维膜产品及其应用研究技术”获中华农业科技奖三等奖。